1 Stöchiometrie

Die Stöchiometrie ist ein Teilgebiet der Chemie, das sich mit der atomaren Zusammensetzung chemischer Verbindungen und den Stoffmengenverhältnissen, in denen chemische Elemente und Verbindungen miteinander reagieren, befasst.

Für stöchiometrische Berechnungen sind drei Gesetze grundlegend:

- **Gesetz der konstanten Proportionen:** Die Massen der Elemente in einer definierten chemischen Verbindung stehen in einem konstanten Verhältnis zueinander.
- **Gesetz der multiplen Proportionen:** Die Massenanteile der Elemente stehen in allen chemischen Verbindungen gleicher Elemente in einem ganzzahligen Verhältnis.
- **Gesetz zur Erhaltung der Masse:** Bei einer chemischen Reaktion im geschlossenen System ist die Summe der Massen der Reaktionsprodukte gleich der Summe der Massen der Ausgangsstoffe.

Mithilfe dieser Grundsätze können bei Kenntnis der Edukte Reaktionen und Reaktionsmechanismen theoretisch vorausgesagt werden.

In der Stöchiometrie werden Stoffportionen hinsichtlich der Qualität und der Quantität beschrieben.

- Die Qualität einer Stoffportion wird über die chemische Formel definiert: Die chemische Formel ist eine Aneinanderreihung chemischer Symbole, die die Art und die Anzahl der Atome angibt, die ein Molekül aufbauen.
- Die Quantität einer Stoffportion definiert sich über physikalische Größen: die Masse m, das Volumen V oder die Stoffmenge n.

1.1 Molare Masse und Stoffmenge

Die **Masse *m*** einer Stoffportion kann in der Regel durch Wägen ermittelt werden. Sie wird im Allgemeinen in der SI-Einheit Kilogramm [kg] angegeben.

Die **Stoffmenge *n*** wird in der SI-Einheit Mol [mol] angegeben. Definitionsgemäß enthält 1 Mol einer Substanz ebenso viele Einheiten wie C-12-Atome in 12 Gramm isotopenreinem C-12-Kohlenstoff enthalten sind. Weiterhin ist über die Avogadro-Zahl definiert, dass 1 Mol einer Substanz $6{,}022 \cdot 10^{23}$ Teilchen dieser Substanz enthält.
Im Periodensystem der Elemente werden die relativen Atommassen im Verhältnis zu einem C-12-Atom angegeben. Beispiel:
15,9994 g Sauerstoff enthalten genauso viele Atome wie 12 g Kohlenstoff des Isotops C-12.
⇨ Sauerstoff wird im Periodensystem mit der Atommasse 15,9994 g angegeben.
⇨ 15,9994 g Sauerstoff enthalten $6{,}022 \cdot 10^{23}$ Teilchen.

Die **molare Masse *M*** eines Stoffes wird über den Quotienten aus der Masse m einer Stoffportion und der Stoffmenge n berechnet: $M = m/n$. Einheit: Gramm pro Mol [g/mol].

Um die molare Masse einer beliebigen Substanz zu ermitteln, addiert man die relativen Atommassen der einzelnen in der Verbindung befindlichen Atome. Die Indizes in der Summenformel werden in der Berechnung der molaren Masse als Faktoren eingesetzt.
Beispiel H_2O: $M(H_2O) = 2 \cdot M(H) + M(O) = 2 \cdot 1{,}008$ g/mol + 15,999 g/mol = 18,015 g/mol.

$$n(\mathrm{X}) = \frac{m(\mathrm{X})}{M(\mathrm{X})}$$

$$M(\mathrm{K_kA_a}) = \mathrm{k} \cdot M(\mathrm{K}) + \mathrm{a} \cdot M(\mathrm{A})$$

Beispiele

B 1

Wie groß ist die molare Masse *M* von NaCl in g/mol?
M(Na) = 22,990 g/mol, M(Cl) = 35,453 g/mol

Gegeben:
$M(\text{Na}) = 22{,}990 \text{ g/mol}$
$M(\text{Cl}) = 35{,}453 \text{ g/mol}$

Gesucht:
$M(\text{NaCl})$

Berechnung:
$M(\text{Na}) + M(\text{Cl}) = M(\text{NaCl})$
$22{,}990 \text{ g/mol} + 35{,}453 \text{ g/mol} = 58{,}443 \text{ g/mol}$

B 2

Wie groß ist die molare Masse *M* von $Fe_2(SO_4)_3$ in g/mol?
M(Fe) = 55,845 g/mol, M(S) = 32,065 g/mol, M(O) = 15,999 g/mol

Gegeben:
$M(\text{Fe}) = 55{,}845 \text{ g/mol}$
$M(\text{S}) = 32{,}065 \text{ g/mol}$
$M(\text{O}) = 15{,}999 \text{ g/mol}$

Gesucht:
$M(\text{Fe}_2(\text{SO}_4)_3)$

Berechnung:
$M(\text{Fe}_2(\text{SO}_4)_3) = 2 \cdot M(\text{Fe}) + 3 \cdot M(\text{S}) + 12 \cdot M(\text{O})$
$M(\text{Fe}_2(\text{SO}_4)_3) = 2 \cdot 55{,}845 \text{ g/mol} + 3 \cdot 32{,}065 \text{ g/mol} + 12 \cdot 15{,}999 \text{ g/mol}$
$M(\text{Fe}_2(\text{SO}_4)_3) = 399{,}87 \text{ g/mol}$

B 3

Das Brom-Isotop ^{79}Br kommt in der Natur mit einer Häufigkeit von *w* = 50,69 % vor, das Brom-Isotop ^{81}Br mit einer Häufigkeit von *w* = 49,31 %.

Wie groß ist die mittlere molare Masse *M* von Brom in g/mol?
$M(^{79}\text{Br})$ = 78,91834 g/mol, $M(^{81}\text{Br})$ = 80,91629 g/mol

Gegeben:
$M(^{79}\text{Br}) = 78{,}91834 \text{ g/mol},\ w(^{79}\text{Br}) = 50{,}69\ \%$
$M(^{81}\text{Br}) = 80{,}91629 \text{ g/mol},\ w(^{81}\text{Br}) = 49{,}31\ \%$

Gesucht:
$M(\text{Br})$

Berechnung:
$M(\text{Br}) = w(^{79}\text{Br}) \cdot M(^{79}\text{Br}) + w(^{81}\text{Br}) \cdot M(^{81}\text{Br})$
$M(\text{Br}) = 0{,}5069 \cdot 78{,}91834 \text{ g/mol} + 0{,}4931 \cdot 80{,}91629 \text{ g/mol} = 79{,}90 \text{ g/mol}$

B 4

Wie groß ist die Stoffmenge *n* an Natriumsulfat in mmol bei einer Masse von *m* = 2,585 g Na_2SO_4?
$M(Na_2SO_4)$ = 142,0 g/mol

Gegeben:
$m(\text{Na}_2\text{SO}_4) = 2{,}585 \text{ g}$
$M(\text{Na}_2\text{SO}_4) = 142{,}0 \text{ g/mol}$

Gesucht:
$n(\text{Na}_2\text{SO}_4)$

Berechnung:
$$n(\text{Na}_2\text{SO}_4) = \frac{m(\text{Na}_2\text{SO}_4)}{M(\text{Na}_2\text{SO}_4)} = \frac{2{,}585 \text{ g}}{142{,}0 \text{ g/mol}} = 0{,}01820 \text{ mol}$$

Umrechnung in mmol:
$0{,}01820 \text{ mol Na}_2\text{SO}_4 \cdot 1000 \text{ mmol/mol} = 18{,}20 \text{ mmol Na}_2\text{SO}_4$

EUROPA-FACHBUCHREIHE
für Chemieberufe

Fachmathematik für Chemielaboranten

Sabine Meißner
Henning Schnitger
Matthias Weber

VERLAG EUROPA-LEHRMITTEL · Nourney, Vollmer GmbH & Co. KG
Düsselberger Straße 23 · 42781 Haan-Gruiten

Europa-Nr.: 27610

Autoren des Werkes „Fachmathematik für Chemielaboranten“

Meißner, Sabine	Dresden
Schnitger, Henning	Wardenburg
Weber, Matthias	Waiblingen

1. Auflage 2014, korrigierter Nachdruck 2021
Druck 5 4 3 2
Alle Drucke derselben Auflage sind parallel einsetzbar, da sie bis auf die Behebung von Druckfehlern identisch sind.

ISBN 978-3-8085-2761-0

Satz: rkt, 51379 Leverkusen, www.rktypo.com
Umschlaggestaltung: MediaCreativ, G. Kuhl, 40724 Hilden
Druck: ITC Print, 1035 Riga (Lettland)

Vorwort

Fachmathematik für Chemielaboranten ist ein Lehr- und Übungsbuch, das speziell für fachbezogene Berechnungen der Pflicht- und Wahlqualifikationen in der Ausbildung zur Chemielaborantin/zum Chemielaboranten entwickelt wurde.

Im Vordergrund stehen der Erwerb der erforderlichen Kompetenzen und das Üben anhand von ausführlich erklärten Beispielen sowie zahlreicher Übungsaufgaben in den Bereichen Stöchiometrie, technische Mathematik und Messdatenauswertung.

Alle Kapitel sind einheitlich und übersichtlich gegliedert:

- Einführung in das Stoffgebiet
- Formeln und Gesetzmäßigkeiten zu den im Stoffgebiet erforderlichen Berechnungen
- Beispielaufgaben mit ausführlichem Rechenweg
- Übungsaufgaben

Die Kapitel 1 bis 10 erarbeiten alle Inhalte der **Pflichtqualifikation.** Dabei liegt der Schwerpunkt auf der praxisorientierten Vermittlung der Mathematik.

Im Kapitel 11 sind **Übungsaufgaben zu Testarbeiten** zusammengestellt, die sich an den Prüfungsinhalten im Teil 1 oder Teil 2 der Abschlussprüfungen der Chemielaboranten/Chemielaborantinnen orientieren.

Die Kapitel 12 bis 19 bieten Berechnungen zu den unterschiedlichen **Wahlqualifikationen.**

Den Schwerpunkt bilden die fast 1000 Übungsaufgaben. Diese teilen sich auf in

- ca. 700 Aufgaben zu den Pflichtqualifikationen,
- ca. 300 Aufgaben zu den Wahlqualifikationen.

Zur Vorbereitung auf die unterschiedlichen Übungsaufgaben bietet das Buch mehr als 250 Beispielrechnungen, anhand derer die Methoden und Lösungswege leicht nachzuvollziehen sind.

Die Lösungen zur **Fachmathematik für Chemielaboranten** sind unter der Europa-Nr.: 27665 erhältlich.

Fachmathematik für Chemielaboranten dient auch als Erweiterung und Ergänzung der Fachbücher zur Ausbildung für Chemielaboranten/-innen, womit ein abgerundetes Programm für die Ausbildung angeboten wird:

- Fachtheorie nach Lernfeldern für Chemielaboranten
  Teil 1, 1. und 2. Ausbildungsjahr (Europa-Nr.: 27214)
  Teil 2, 3. und 4. Ausbildungsjahr (Europa-Nr.: 27313)
  Teil 3, Biochemische und mikrobiologische Inhalte (Europa-Nr.: 27412)
- Prüfungsbuch für Chemielaboranten (Europa-Nr.: 27511)
- Fachbegriffe für Chemielaboranten (Europa-Nr.: 27719)
- Tabellen zur Chemie und zur Analytik (Europa-Nr.: 27016)

Verlag und Autoren freuen sich, wenn Ihnen die **Fachmathematik für Chemielaboranten** gefällt. Für kritische konstruktive Hinweise und Verbesserungsvorschläge an **lektorat@europa-lehrmittel.de** sind wir dankbar.

Sommer 2021 | Autoren und Verlag

Inhaltsverzeichnis

Beispiele

B 5		**Wie groß ist die Stoffmenge *n* an Chlor in mol bei einer Masse von m = 172,9 g $FeCl_3$?** **$M(FeCl_3)$ = 162,2 g/mol**
	Gegeben:	$m(FeCl_3)$ = 172,9 g $M(FeCl_3)$ = 162,2 g/mol
	Gesucht:	$n(Cl)$
	Berechnung $n(FeCl_3)$:	$n(FeCl_3) = \frac{m(FeCl_3)}{M(FeCl_3)} = \frac{172{,}9\ g}{162{,}2\ g/mol} = 1{,}066\ mol$
	Berechnung $n(Cl)$:	$n(Cl) = 3 \cdot n(FeCl_3)$ $n(Cl) = 3 \cdot 1{,}066\ mol = 3{,}198\ mol$
B 6		**Wie groß ist die Masse *m* an Bariumsulfat in g bei einer Stoffmenge von n = 1,275 mol $BaSO_4$?** **$M(BaSO_4)$ = 233,4 g/mol**
	Gegeben:	$n(BaSO_4)$ = 1,275 mol $M(BaSO_4)$ = 233,4 g/mol
	Gesucht:	$m(BaSO_4)$
	Berechnung:	$m(BaSO_4) = n(BaSO_4) \cdot M(BaSO_4) = 1{,}275\ mol \cdot 233{,}4\ g/mol = 297{,}6\ g$
B 7		**Wie groß sind die Massen an *m*(Eisen(III)oxid), *m*(Eisen) und *m*(Sauerstoff) in g bei einer Stoffmenge von $n(Fe_2O_3)$ = 2,525 mol?** **$M(Fe_2O_3)$ = 159,7 g/mol, $M(Fe)$ = 55,85 g/mol, $M(O)$ = 16,00 g/mol**
	Gegeben:	$n(Fe_2O_3)$ = 2,525 mol $M(Fe_2O_3)$ = 159,7 g/mol $M(Fe)$ = 55,85 g/mol $M(O)$ = 16,00 g/mol
	Gesucht:	$m(Fe_2O_3)$ $m(Fe)$ $m(O)$
	Berechnung $m(Fe_2O_3)$:	$m(Fe_2O_3) = n(Fe_2O_3) \cdot M(Fe_2O_3) = 2{,}525\ mol \cdot 159{,}7\ g/mol = 403{,}2\ g$
	Berechnung $n(Fe)$:	$n(Fe) = 2 \cdot n(Fe_2O_3)$ $n(Fe) = 2 \cdot 2{,}525\ mol = 5{,}050\ mol$
	Berechnung $m(Fe)$:	$m(Fe) = 5{,}050\ mol \cdot 55{,}85\ g/mol = 282{,}0\ g$
	Berechnung $n(O)$:	$n(O) = 3 \cdot n(Fe_2O_3)$ $n(O) = 3 \cdot 2{,}525\ mol = 7{,}575\ mol$
	Berechnung $m(O)$:	$m(O) = 7{,}575\ mol \cdot 16{,}00\ g/mol = 121{,}2\ g$

Übungsaufgaben

Ü 1 Berechnen Sie in g/mol die molaren Massen *M* folgender Verbindungen:

a) $MgCl_2$
b) $CaCO_3$
c) K_2SO_4
d) Na_3PO_4
e) $AlCl_3$
f) $BaCrO_4$
g) $KClO_4$
h) $Zn_2P_2O_7$
i) $Co(NO_3)_2 \cdot 6\,H_2O$
j) $H_2C_2O_4 \cdot 2\,H_2O$
k) C_2H_5OH
l) C_6H_5COOH

Molare Massen *M* verschiedener Elemente:

M(Al) = 26,982 g/mol
M(C) = 12,011 g/mol
M(Cl) = 35,453 g/mol
M(Cr) = 51,996 g/mol
M(K) = 39,098 g/mol
M(N) = 14,007 g/mol
M(O) = 15,999 g/mol
M(S) = 32,06 g/mol
M(Ba) = 137,33 g/mol
M(Ca) = 40,08 g/mol
M(Co) = 58,933 g/mol
M(H) = 1,0079 g/mol
M(Mg) = 24,305 g/mol
M(Na) = 22,990 g/mol
M(P) = 30,974 g/mol
M(Zn) = 65,38 g/mol

Ü 2 In der Natur kommen das Silber-Isotop ^{107}Ag mit einer Häufigkeit von w = 51,8390 % und das Silber-Isotop ^{109}Ag mit einer Häufigkeit von w = 48,1610 % vor.

Berechnen Sie in g/mol die mittlere molare Masse *M* von Silber.
$M(^{107}$Ag) = 106,905093 g/mol, $M(^{109}$Ag) = 108,904756 g/mol

Ü 3 In der Natur kommen vom Magnesium folgende drei Isotope vor:

Isotop	Häufigkeit	Molare Masse
^{24}Mg	w = 78,9900 %	M = 23,9850419 g/mol
^{25}Mg	w = 10,0000 %	M = 24,9858370 g/mol
^{26}Mg	w = 11,0100 %	M = 25,9825930 g/mol

Berechnen Sie in g/mol die mittlere molare Masse *M* von Magnesium.

Ü 4 Das Silicium-Isotop ^{28}Si kommt mit einer Häufigkeit von w = 92,2300 %, das Silicium-Isotop ^{29}Si mit einer Häufigkeit von w = 4,67000 % und das Silicium-Isotop ^{30}Si mit einer Häufigkeit von w = 3,10000 % in der Natur vor.

Berechnen Sie in g/mol die mittlere molare Masse *M* von Silicium.
$M(^{28}$Si) = 27,97692653 g/mol
$M(^{29}$Si) = 28,97649472 g/mol
$M(^{30}$Si) = 29,97377022 g/mol

Ü 5 Berechnen Sie in mol die Stoffmenge *n* verschiedener Verbindungen mit den folgenden Massen *m*:

a) m = 6,250 mg NaCN, M(NaCN) = 49,01 g/mol
b) m = 45,69 mg $Mg(OH)_2$, $M(Mg(OH)_2)$ = 58,32 g/mol
c) m = 248,2 mg $(NH_4)_2CO_3$, $M((NH_4)_2CO_3)$ = 96,09 g/mol
d) m = 7145 mg $NiSO_4$, $M(NiSO_4)$ = 154,8 g/mol
e) m = 0,1710 g CaF_2, $M(CaF_2)$ = 78,08 g/mol
f) m = 2,482 g $PbCl_2$, $M(PbCl_2)$ = 278,1 g/mol

Übungsaufgaben

Ü 5

g)	m = 57,35 g	CuS,	M(CuS)	= 95,61 g/mol
h)	m = 872,5 g	KBr,	M(KBr)	= 119,0 g/mol
i)	m = 1674 g	$AgNO_3$,	$M(AgNO_3)$	= 169,9 g/mol
j)	m = 0,6255 kg	$BaSO_4$,	$M(BaSO_4)$	= 233,4 g/mol
k)	m = 3,755 kg	$FeSO_4 \cdot 7\,H_2O$,	$M(FeSO_4 \cdot 7\,H_2O)$	= 278,0 g/mol
l)	m = 12,55 kg	V_2O_5,	$M(V_2O_5)$	= 181,9 g/mol

Ü 6 Von dem Salz Natriumnitrat liegt die Masse m = 132,6 g vor.

Berechnen Sie in mol die Stoffmengen n der Verbindung und von jedem der in der Verbindung vorkommenden Elemente.
$M(NaNO_3)$ = 85,00 g/mol, M(Na) = 22,99 g/mol, M(N) = 14,01 g/mol,
M(O) = 16,00 g/mol

Ü 7 Die Masse m = 250,00 g Kaliumchromat wird eingewogen.

Berechnen Sie in mol die Stoffmengen n der Verbindung und von Kalium, Chrom und Sauerstoff.
$M(K_2CrO_4)$ = 194,19 g/mol, M(K) = 39,098 g/mol, M(Cr) = 51,996 g/mol,
M(O) = 15,999 g/mol

Ü 8 Berechnen Sie in g die Masse m verschiedener Verbindungen mit den folgenden Stoffmengen:

a)	n(KOH)	= 0,262 mol,	M(KOH)	= 56,1 g/mol
b)	$n(CaCl_2)$	= 2,18 mol,	$M(CaCl_2)$	= 111 g/mol
c)	$n(KMnO_4)$	= 0,107 mol,	$M(KMnO_4)$	= 158 g/mol
d)	$n(H_2SO_4)$	= 0,162 mol,	$M(H_2SO_4)$	= 98,1 g/mol
e)	$n(KNO_3)$	= 1,04 mol,	$M(KNO_3)$	= 101 g/mol
f)	$n(H_2C_2O_4)$	= 0,500 mol,	$M(H_2C_2O_4)$	= 90,0 g/mol
g)	$n(NH_4Cl)$	= 1,72 mol,	$M(NH_4Cl)$	= 53,5 g/mol
h)	$n(Na_2S_2O_3)$	= 0,624 mol,	$M(Na_2S_2O_3)$	= 158 g/mol
i)	n(KCl)	= 0,412 mol,	M(KCl)	= 74,5 g/mol
j)	$n(Na_2CO_3)$	= 1,67 mol,	$M(Na_2CO_3)$	= 106 g/mol
k)	$n(KBrO_3)$	= 0,0321 mol,	$M(KBrO_3)$	= 167 g/mol
l)	$n(H_3PO_4)$	= 1,50 mol,	$M(H_3PO_4)$	= 98,0 g/mol

Ü 9 Von der Verbindung Ammoniumhydrogensulfat liegt die Stoffmenge n = 1,2500 mol vor.

Berechnen Sie in g die Masse m der Verbindung und die Massen m in g von jedem der darin vorkommenden Elemente.
$M(NH_4HSO_4)$ = 115,16 g/mol, M(N) = 14,007 g/mol, M(H) = 1,0079 g/mol,
M(S) = 32,065 g/mol, M(O) = 15,999 g/mol

Ü 10 Von der vorliegenden Stoffportion der Verbindung Natriumhexafluoroaluminat-(III) ist bekannt, dass darin die Stoffmenge n(Na) = 0,475 mol enthalten ist.

Berechnen Sie in g die Masse m der Verbindung und die Massen m in g von jedem der darin vorkommenden Elemente.
$M(Na_3[AlF_6])$ = 209,94 g/mol, M(Na) = 22,990 g/mol, M(Al) = 26,982 g/mol,
M(F) = 18,998 g/mol

1.2 Empirische Formeln

Eine empirische Formel gibt das einfachste Zahlenverhältnis an, in dem zwei Elemente in einer Verbindung zueinander stehen können.

Empirische Formeln können durch chemische Versuche ermittelt werden. Aus der analytisch ermittelten prozentualen Zusammensetzung ist es möglich, die dazugehörige chemische Formel aufzustellen.

$$M(\text{Gas}) = \rho(\text{Gas}) \cdot V_{mn}(\text{Gas})$$

$$n(\text{X}) = \frac{m(\text{X})}{M(\text{X})}$$

$$M(\text{K}_k\text{A}_a) = k \cdot M(\text{K}) + a \cdot M(\text{A})$$

Beispiele

B 8

	Bei einer chemischen Analyse werden für eine Verbindung die Massenanteile *w*(Ca) = 54,09 %, *w*(H) = 2,720 % und *w*(O) = 43,19 % ermittelt. **Welche Molekülformel hat diese Verbindung?** ***M*(Ca) = 40,08 g/mol, *M*(H) = 1,008 g/mol, *M*(O) = 16,00 g/mol, *M*(Verbindung) = 74,10 g/mol**
Gegeben:	$w(\text{Ca}) = 54{,}09\ \%$ $w(\text{H}) = 2{,}720\ \%$ $w(\text{O}) = 43{,}19\ \%$ $M(\text{Ca}) = 40{,}08\ \text{g/mol}$ $M(\text{H}) = 1{,}008\ \text{g/mol}$ $M(\text{O}) = 16{,}00\ \text{g/mol}$ $M(\text{Verbindung}) = 74{,}10\ \text{g/mol}$
Gesucht:	Molekülformel(Verbindung)
Berechnung Stoffmengen:	Bei der Berechnung wird von *m*(Verbindung) = 100 g ausgegangen. Summe aller Bestandteile = 100 %. ⇨ $w \triangleq$ Masse in g $n(\text{Ca}) = \frac{54{,}09\ \text{g}}{40{,}08\ \text{g/mol}} = 1{,}350\ \text{mol}$ $n(\text{H}) = \frac{2{,}720\ \text{g}}{1{,}008\ \text{g/mol}} = 2{,}698\ \text{mol}$ $n(\text{O}) = \frac{43{,}19\ \text{g}}{16{,}00\ \text{g/mol}} = 2{,}699\ \text{mol}$
Berechnung Stoffmengenverhältnisse:	$\frac{1{,}350\ \text{mol}}{1{,}350\ \text{mol}} = 1{,}000\ \text{Ca}$ $\frac{2{,}698\ \text{mol}}{1{,}350\ \text{mol}} = 1{,}999\ \text{H}$ $\frac{2{,}699\ \text{mol}}{1{,}350\ \text{mol}} = 1{,}999\ \text{O}$ $n(\text{Ca}) : n(\text{H}) : n(\text{O}) \approx 1 : 2 : 2$
Empirische Formel der Verbindung:	$(\text{CaO}_2\text{H}_2)_n$

Beispiele

B 8

Berechnung M(Verbindung):

M(Verbindung) = M(Ca) + 2 · M(H) + 2 · M(O)
M(Verbindung) = 40,08 g/mol + 2 · 1,008 g/mol + 2 · 16,00 g/mol
M(Verbindung) = 74,10 g/mol

Molekülformel der Verbindung: $Ca(OH)_2$

B 9

Bei der Analyse einer kristallwasserhaltigen Verbindung mit der molaren Masse *M* = 146,1 g/mol werden folgende Massenanteile gefunden:
***w*(Ca) = 27,43 %, *w*(C) = 16,44 %, *w*(H) = 1,380 % und *w*(O) = 54,75 %**

a) Welche empirische Formel hat die Verbindung?
b) Welche Molekülformel hat die Verbindung?
***M*(Ca) = 40,08 g/mol, *M*(C) = 12,01 g/mol, *M*(H) = 1,008 g/mol, *M*(O) = 16,00 g/mol**

a) Gegeben:

w(Ca) = 27,43 %
w(C) = 16,44 %
w(H) = 1,380 %
w(O) = 54,75 %
M(Ca) = 40,08 g/mol
M(C) = 12,01 g/mol
M(H) = 1,008 g/mol
M(O) = 16,00 g/mol

Gesucht: empirische Formel(Verbindung)

Berechnung Stoffmengen:

Bei der Berechnung wird von m(Verbindung) = 100 g ausgegangen.
Summe aller Bestandteile = 100 %.
⇨ $w \triangleq$ Masse in g

$$n(\text{Ca}) = \frac{27{,}43\ \text{g}}{40{,}08\ \text{g/mol}} = 0{,}6844\ \text{mol} \qquad n(\text{C}) = \frac{16{,}44\ \text{g}}{12{,}01\ \text{g/mol}} = 1{,}369\ \text{mol}$$

$$n(\text{H}) = \frac{1{,}380\ \text{g}}{1{,}008\ \text{g/mol}} = 1{,}369\ \text{mol} \qquad n(\text{O}) = \frac{54{,}75\ \text{g}}{16{,}00\ \text{g/mol}} = 3{,}422\ \text{mol}$$

Berechnung Stoffmengenverhältnisse:

$$\frac{0{,}6844\ \text{mol}}{0{,}6844\ \text{mol}} = 1{,}000\ \text{Ca} \qquad \frac{1{,}369\ \text{mol}}{0{,}6844\ \text{mol}} = 2{,}000\ \text{Ca}$$

$$\frac{1{,}369\ \text{mol}}{0{,}6844\ \text{mol}} = 2{,}000\ \text{H} \qquad \frac{3{,}422\ \text{mol}}{0{,}6844\ \text{mol}} = 5{,}000\ \text{O}$$

n(Ca) : n(C) : n(O) : n(H) ≈ 1 : 2 : 2 : 5

Empirische Formel der Verbindung: $(CaC_2H_2O_5)_n$

Beispiele

B 9

b) Gegeben:	*M*(Verbindung) = 146,1 g/mol empirische Formel (Verbindung) = $(CaC_2H_2O_5)_n$, siehe a) *M*(Elemente), siehe a)
Gesucht:	Molekülformel(Verbindung)
Berechnung *M*(Verbindung):	*M*(Verbindung) = *M*(Ca) + 2 · *M*(C) + 2 · *M*(H) + 5 · *M*(O) *M*(Verbindung) = 40,08 g/mol + 2 · 12,01 g/mol + 2 · 1,008 g/mol + 5 · 16,00 g/mol *M*(Verbindung) = 146,1 g/mol
Molekülformel der Verbindung:	$CaC_2O_4 \cdot H_2O$

B 10

Eine Verbindung enthält die Elemente Stickstoff, Wasserstoff und Chlor. Bei der Analyse dieser Verbindung werden folgende Werte ermittelt: *m*(N) = 0,6286 g, *m*(H) = 0,1809 g und *m*(Cl) = 1,591 g.

Welche Molekülformel ergibt sich aus diesen Analysewerten?
***M*(N) = 14,01 g/mol, *M*(H) = 1,008 g/mol, *M*(Cl) = 35,45 g/mol, *M*(Verbindung) = 53,49 g/mol**

Gegeben:

$m(\text{N}) = 0{,}6286\ \text{g}$
$m(\text{H}) = 0{,}1809\ \text{g}$
$m(\text{Cl}) = 1{,}591\ \text{g}$
$M(\text{N}) = 14{,}01\ \text{g/mol}$
$M(\text{H}) = 1{,}008\ \text{g/mol}$
$M(\text{Cl}) = 35{,}45\ \text{g/mol}$
$M(\text{Verbindung}) = 53{,}49\ \text{g/mol}$

Gesucht: Molekülformel(Verbindung)

Berechnung *m*(Verbindung):

m(Verbindung) = *m*(N) + *m*(H) + *m*(Cl)
m(Verbindung) = 0,6286 g + 0,1809 g + 1,591 g = 2,4005 g

Berechnung *w*(N, Cl und H):

$$w(\text{X}) = \frac{m(\text{X})}{m(\text{Verbindung})} \qquad w(\text{N}) = \frac{0{,}6286\ \text{g}}{2{,}4005\ \text{g}} = 0{,}2619$$

$$w(\text{H}) = \frac{0{,}1809\ \text{g}}{2{,}4005\ \text{g}} = 0{,}07536 \qquad w(\text{Cl}) = \frac{1{,}591\ \text{g}}{2{,}4005\ \text{g}} = 0{,}6628$$

Berechnung Stoffmengen:

Bei der Berechnung wird von *m*(Verbindung) = 100 g ausgegangen.
Summe aller Bestandteile = 100 %.
⇨ $w \triangleq$ Masse in g

$$n(\text{N}) = \frac{26{,}19\ \text{g}}{14{,}01\ \text{g/mol}} = 1{,}869\ \text{mol} \qquad n(\text{H}) = \frac{7{,}536\ \text{g}}{1{,}008\ \text{g/mol}} = 7{,}476\ \text{mol}$$

$$n(\text{Cl}) = \frac{66{,}28\ \text{g}}{35{,}45\ \text{g/mol}} = 1{,}870\ \text{mol}$$

Beispiele

B 10	Berechnung Stoffmengenverhältnisse:	$\frac{1{,}869\ \text{mol}}{1{,}869\ \text{mol}} = 1{,}000\ \text{N}$ $\quad \frac{7{,}476\ \text{mol}}{1{,}869\ \text{mol}} = 4{,}000\ \text{H}$ $\frac{1{,}870\ \text{mol}}{1{,}869\ \text{mol}} = 1{,}001\ \text{Cl}$ $n(\text{N}) : n(\text{H}) : n(\text{Cl}) \approx 1 : 4 : 1$
	Empirische Formel der Verbindung:	$(NH_4Cl)n$
	Berechnung *M*(Verbindung):	$M(\text{Verbindung}) = M(\text{N}) + 4 \cdot M(\text{H}) + M(\text{Cl})$ $M(\text{Verbindung}) = 14{,}01\ \text{g/mol} + 4 \cdot 1{,}008\ \text{g/mol} + 35{,}45\ \text{g/mol}$ $M(\text{Verbindung}) = 53{,}49\ \text{g/mol}$
	Molekülformel der Verbindung:	NH_4Cl
B 11		**Bei der Analyse eines Gases werden die Massenanteile *w*(C) = 85,63 % und *w*(H) = 14,37 % gefunden. Die Dichte dieses Gases beträgt im Normzustand *ρ* = 1,252 g/L. Welche Molekülformel hat das Gas?** **$M(\text{C}) = 12{,}01$ g/mol, $M(\text{H}) = 1{,}008$ g/mol, $V_{mn}(\text{Gas}) = 22{,}4$ L/mol**
	Gegeben:	$w(\text{C}) = 85{,}63\ \%$ $w(\text{H}) = 14{,}37\ \%$ $M(\text{C}) = 12{,}01\ \text{g/mol}$ $M(\text{H}) = 1{,}008\ \text{g/mol}$ $\rho = 1{,}252\ \text{g/L}$ $V_{mn}(\text{Gas}) = 22{,}4\ \text{L/mol}$
	Gesucht:	Molekülformel(Gas)
	Berechnung Stoffmengen:	Bei der Berechnung wird von *m*(Gas) = 100 g ausgegangen. Summe aller Bestandteile = 100 %. ⇨ $w \triangleq$ Masse in g $n(\text{C}) = \frac{85{,}63\ \text{g}}{12{,}01\ \text{g/mol}} = 7{,}130\ \text{mol}$ $\quad n(\text{H}) = \frac{14{,}37\ \text{g}}{1{,}008\ \text{g/mol}} = 14{,}26\ \text{mol}$
	Berechnung Stoffmengenverhältnisse:	$\frac{7{,}130\ \text{mol}}{7{,}130\ \text{mol}} = 1{,}000\ \text{C}$ $\quad \frac{14{,}26\ \text{mol}}{7{,}130\ \text{mol}} = 2{,}000\ \text{H}$ $n(\text{C}) : n(\text{H}) \approx 1 : 2$
	Empirische Formel(Gas):	$(CH_2)_n$
	Berechnung *M*(Gas):	$M(\text{Gas}) = \rho \cdot V_{mn}(\text{Gas})$ $M(\text{Gas}) = 1{,}252\ \text{g/L} \cdot 22{,}4\ \text{L/mol} = 28{,}04\ \text{g/mol}$ $M(\text{Gas}) = 2 \cdot M(\text{C}) + 4 \cdot M(\text{H})$ $M(\text{Gas}) = 2 \cdot 12{,}01\ \text{g/mol} + 4 \cdot 1{,}008\ \text{g/mol} = 28{,}04\ \text{g/mol}$
	Molekülformel(Gas):	C_2H_4

Beispiele

B 12

Von einer Verbindung, die Kohlenstoff, Wasserstoff und Chlor enthält, werden m_1 = 0,538 g vollständig verbrannt. Dabei entstehen m_2 = 0,469 g Kohlenstoffdioxid und m_3 = 0,288 g Wasser. Welche empirische Formel hat die Verbindung?

$M(C)$ = 12,01 g/mol, $M(H)$ = 1,008 g/mol, $M(Cl)$ = 35,45 g/mol
$M(CO_2)$ = 44,01 g/mol, $M(H_2O)$ = 18,02 g/mol

Gegeben:

$m(\text{Verbindung}) = m_1 = 0{,}538\ \text{g}$
$m(CO_2) = m_2 = 0{,}469\ \text{g}$
$m(H_2O) = m_3 = 0{,}288\ \text{g}$
$M(C) = 12{,}01\ \text{g/mol}$
$M(H) = 1{,}008\ \text{g/mol}$
$M(Cl) = 35{,}45\ \text{g/mol}$
$M(CO_2) = 44{,}01\ \text{g/mol}$
$M(H_2O) = 18{,}02\ \text{g/mol}$

Gesucht:

empirische Formel(Verbindung)

Berechnung w(C, H und Cl):

$$w(C) = \frac{0{,}469\ \text{g} \cdot 12{,}01\ \text{g/mol}}{44{,}01\ \text{g/mol} \cdot 0{,}538\ \text{g}} = 0{,}238$$

$$w(H) = \frac{0{,}288\ \text{g} \cdot 2 \cdot 1{,}008\ \text{g/mol}}{18{,}02\ \text{g/mol} \cdot 0{,}538\ \text{g}} = 0{,}0599$$

$w(Cl) = 1{,}00 - 0{,}238 - 0{,}0599 = 0{,}702$

Berechnung Stoffmengen:

Bei der Berechnung wird von m(Verbindung) = 100 g ausgegangen.
Summe aller Bestandteile = 100 %.
⇨ $w \triangleq$ Masse in g

$$n(C) = \frac{23{,}8\ \text{g}}{12{,}01\ \text{g/mol}} = 1{,}982\ \text{mol} \qquad n(H) = \frac{5{,}99\ \text{g}}{1{,}008\ \text{g/mol}} = 5{,}942\ \text{mol}$$

$$n(Cl) = \frac{70{,}2\ \text{g}}{35{,}45\ \text{g/mol}} = 1{,}980\ \text{mol}$$

Berechnung Stoffmengenverhältnisse:

$$\frac{1{,}982\ \text{mol}}{1{,}980\ \text{mol}} = 1{,}001\ \text{C} \qquad \frac{5{,}942\ \text{mol}}{1{,}980\ \text{mol}} = 3{,}001\ \text{H}$$

$$\frac{1{,}980\ \text{mol}}{1{,}980\ \text{mol}} = 1{,}000\ \text{Cl}$$

$n(C) : n(H) : n(Cl) \approx 1 : 3 : 1$

Empirische Formel (Verbindung):

$(CH_3Cl)_n$

Übungsaufgaben

Ü 11 Geben Sie die Molekülformel für die Verbindung mit der Zusammensetzung, $w(Mn) = 36{,}38\ \%$, $w(S) = 21{,}24\ \%$ und $w(O) = 42{,}38\ \%$ an.
$M(Mn) = 54{,}94$ g/mol, $M(S) = 32{,}07$ g/mol, $M(O) = 16{,}00$ g/mol,
$M(\text{Verbindung}) = 151{,}0$ g/mol

Ü 12 Eine chemische Verbindung enthält die Massenanteile $w(K) = 28{,}22\ \%$, $w(Cl) = 25{,}59\ \%$ und $w(O) = 46{,}19\ \%$.

Geben Sie die einfachste mögliche Formel für die Verbindung mit dieser Zusammensetzung an.
$M(K) = 39{,}10$ g/mol, $M(Cl) = 35{,}45$ g/mol, $M(O) = 16{,}00$ g/mol

Ü 13 Bei der Analyse einer Verbindung werden die Massenanteile $w(Ca) = 40{,}04\ \%$ und $w(C) = 12{,}00\ \%$ ermittelt. Der Rest ist Sauerstoff.

Geben Sie die empirische Formel der Verbindung an.
$M(Ca) = 40{,}08$ g/mol, $M(C) = 12{,}\ 01$ g/mol, $M(O) = 16{,}00$ g/mol

Ü 14 Ein Stickstoffoxid hat die molare Masse $M = 108{,}0$ g/mol. Bei der Elementaranalyse wird der Massenanteil $w(N) = 25{,}93\ \%$ ermittelt.

Geben Sie die Molekülformel der Verbindung an.
$M(N) = 14{,}01$ g/mol, $M(O) = 16{,}00$ g/mol

Ü 15 Eine Verbindung hat folgende Zusammensetzung: $w(Mn) = 38{,}72\ \%$, $w(P) = 21{,}82\ \%$ und $w(O) = 39{,}46\ \%$. Die molare Masse der Verbindung beträgt $M = 283{,}8$ g/mol.

Geben Sie die Molekülformel der Verbindung an.
$M(Mn) = 54{,}94$ g/mol, $M(P) = 30{,}97$ g/mol, $M(O) = 16{,}00$ g/mol

Ü 16 Bei der Analyse eines kristallwasserhaltigen Orthophosphats mit der molaren Masse $M = 380{,}1$ g/mol werden folgende Massenanteile gefunden:
$w(Na) = 18{,}14\ \%$, $w(P) = 8{,}146\ \%$, $w(H) = 6{,}364\ \%$ und $w(O) = 67{,}35\ \%$.

Geben Sie die Molekülformel des kristallwasserhaltigen Orthophosphats an.
$M(Na) = 22{,}99$ g/mol, $M(P) = 30{,}97$ g/mol, $M(H) = 1{,}008$ g/mol, $M(O) = 16{,}00$ g/mol

Ü 17 Eine Eisenverbindung mit der molaren Masse $M = 399{,}9$ g/mol besteht aus den chemischen Elementen Eisen, Schwefel und Sauerstoff. Die Massenanteile dieser Elemente betragen:
$w(Fe) = 27{,}93\ \%$, $w(S) = 24{,}06\ \%$ und $w(O) = 48{,}01\ \%$.

Geben Sie die Molekülformel der Eisenverbindung an.
$M(Fe) = 55{,}85$ g/mol, $M(S) = 32{,}07$ g/mol, $M(O) = 16{,}00$ g/mol

Ü 18 Bei der Elementaranalyse einer einprotonigen, gesättigten Carbonsäure werden die Massenanteile $w(C) = 58{,}80\ \%$, $w(H) = 9{,}870\ \%$, $w(O) = 31{,}33\ \%$ festgestellt.

Geben Sie die Molekülformel der Carbonsäure an.
$M(C) = 12{,}01$ g/mol, $M(H) = 1{,}008$ g/mol, $M(O) = 16{,}00$ g/mol

Übungsaufgaben

Ü 19 Eine organische Verbindung besteht aus $w(\text{C}) = 39{,}556\ \%$, $w(\text{H}) = 7{,}7460\ \%$ und $w(\text{O}) = 52{,}698\ \%$. Die molare Masse der Verbindung beträgt $M = 182{,}17$ g/mol.

a) Geben Sie die empirische Formel der organischen Verbindung an.
b) Geben Sie die Molekülformel der organischen Verbindung an.
$M(\text{C}) = 12{,}01$ g/mol, $M(\text{H}) = 1{,}008$ g/mol, $M(\text{O}) = 16{,}00$ g/mol

Ü 20 Bei der Elementaranalyse einer organischen Verbindung werden folgende Werte ermittelt: $m(\text{C}) = 145{,}7$ mg, $m(\text{O}) = 194{,}1$ mg und $m(\text{Cl}) = 860{,}2$ mg.

Geben Sie die Molekülformel der organischen Verbindung an.
$M(\text{C}) = 12{,}01$ g/mol, $M(\text{O}) = 16{,}00$ g/mol, $M(\text{Cl}) = 35{,}45$ g/mol,
$M(\text{Verbindung}) = 98{,}91$ g/mol

Ü 21 Eine Verbindung mit der molaren Masse $M = 142{,}0$ g/mol besteht aus den chemischen Elementen Natrium, Schwefel und Sauerstoff. Bei der Analyse dieser Verbindung werden die Massen $m(\text{Na}) = 2{,}464$ g, $m(\text{S}) = 1{,}719$ g und $m(\text{O}) = 3{,}431$ g festgestellt.

Geben Sie die Molekülformel der Verbindung an.
$M(\text{Na}) = 22{,}99$ g/mol, $M(\text{S}) = 32{,}07$ g/mol, $M(\text{O}) = 16{,}00$ g/mol

Ü 22 Bei der Analyse eines Gases werden die Massenanteile $w(\text{C}) = 92{,}26\ \%$ und $w(\text{H}) = 7{,}740\ \%$ gefunden. Die Dichte dieses Gases beträgt im Normzustand $\rho = 1{,}162$ g/L.

Geben Sie die Molekülformel des Gases an.
$M(\text{C}) = 12{,}01$ g/mol, $M(\text{H}) = 1{,}008$ g/mol, $V_{mn}(\text{Gas}) = 22{,}4$ L/mol

Ü 23 Ein organisches Gas hat folgende Zusammensetzung: $w(\text{C}) = 81{,}71\ \%$ und $w(\text{H}) = 18{,}29\ \%$. Die Dichte dieses Gases beträgt im Normzustand $\rho = 1{,}968$ g/L.

Geben Sie die Molekülformel des Gases an.
$M(\text{C}) = 12{,}01$ g/mol, $M(\text{H}) = 1{,}008$ g/mol, $V_{mn}(\text{Gas}) = 22{,}4$ L/mol

Ü 24 Von einer Verbindung, die Kohlenstoff, Wasserstoff und Stickstoff enthält, werden $m_1 = 0{,}464$ g vollständig verbrannt. Dabei entstehen $m_2 = 0{,}906$ g Kohlenstoffdioxid und $m_3 = 0{,}649$ g Wasser.

Geben Sie die empirische Formel der Verbindung an.
$M(\text{C}) = 12{,}01$ g/mol, $M(\text{H}) = 1{,}008$ g/mol, $M(\text{N}) = 14{,}01$ g/mol,
$M(CO_2) = 44{,}01$ g/mol, $M(H_2O) = 18{,}02$ g/mol

Ü 25 Bei der Elementaranalyse einer organischen Verbindung, die Kohlenstoff, Wasserstoff und Sauerstoff enthält, werden $m_1 = 0{,}7780$ g vollständig verbrannt. Dabei entstehen $m_2 = 2{,}259$ g Kohlenstoffdioxid und $m_3 = 0{,}3963$ g Wasser.

Geben Sie die empirische Formel der Verbindung an.
$M(\text{C}) = 12{,}01$ g/mol, $M(\text{H}) = 1{,}008$ g/mol, $M(\text{O}) = 16{,}00$ g/mol,
$M(CO_2) = 44{,}01$ g/mol, $M(H_2O) = 18{,}02$ g/mol

1.3 Aufstellen von Reaktionsgleichungen

Alle Berechnungen chemischer Umsetzungen basieren auf Reaktionsgleichungen. Dabei gelten die in der Einführung zur Stöchiometrie genannten drei Gesetze, s. S. 5.

Bei Änderung des Massenverhältnisses innerhalb einer chemischen Verbindung wandelt sich diese in eine andere um. Die Reaktionsgleichung kann deshalb sowohl eine qualitative als auch eine quantitative Bedeutung haben.

- Die qualitative Aussage ist die Gleichung, z. B.:
  $NaOH + HCl \longrightarrow NaCl + H_2O$.
- Ein quantitativer Zusammenhang ist gegeben, wenn man in einer Reaktionsgleichung den Edukten entweder die miteinander reagierenden Massen und die dazugehörigen molaren Massen oder die Stoffmengen zuordnet.

Um eine Reaktionsgleichung formulieren zu können, müssen folgende Sachverhalte bekannt sein:

- die reagierenden Edukte mit ihren Elementsymbolen oder Molekülformeln
- die Symbole oder Formeln der Produkte
- der chemische Sachverhalt, d. h. der Ablauf der chemischen Reaktion

Als weitere Regeln gelten:

- die Edukte stehen auf der linken Seite, die Produkte auf der rechten Seite
- der Reaktionspfeil gibt die Richtung des Reaktionsablaufes an und zeigt dem Stoffumsatz entsprechend nach rechts
- Gleichgewichtsreaktionen erhalten einen Doppelpfeil

Teilgleichungen

Reaktionen laufen oftmals unter Bildung von Zwischenprodukten ab. Deshalb müssen die einzelnen Stufen einer Reaktion als Teilgleichungen aufgestellt werden. Für die Berechnung des Gesamtumsatzes ist abschließend nur die Summengleichung erforderlich.

Auch Teilgleichungen werden nach den bisher dargestellten Regeln aufgestellt. Bei der Addition der Teilgleichungen treten die Zwischenprodukte auf beiden Seiten des Reaktionspfeils auf und können so rein mathematisch gestrichen werden. Als Endergebnis erhält man die Summengleichung.

Redoxgleichungen

Bei Redoxgleichungen kommt es zwischen den reagierenden Edukten und den entstehenden Produkten zu einem Wertigkeitsausgleich, d. h., die Summe aller Oxidationszahlen ist auf der Eduktseite genauso groß wie auf der Produktseite.

Das oxidierend wirkende Edukt (Oxidationsmittel) nimmt Elektronen auf, die das reduzierend wirkende Edukt (Reduktionsmittel) abgibt. Durch diesen Elektronenaustausch sind Reduktion und Oxidation zu einem einheitlichen gleichzeitigen Vorgang verbunden, der Redoxreaktion.

Um den Redoxvorgang übersichtlich darzustellen, werden beide Teilgleichungen formuliert. Das Verhältnis von Reduktionsmittel und Oxidationsmittel ist durch den Austausch einer konkreten Anzahl an Elektronen zwischen den Edukten festgelegt und darf beim Ausgleich beider Seiten nicht verändert werden.

Neutralisationsreaktionen

Ähnlich wie Elektronen bei den Redoxreaktionen, werden bei Neutralisationsreaktionen Protonen zwischen abgebendem Edukt und aufnehmendem Edukt ausgetauscht. Hierbei ändern sich die Oxidationszahlen der beteiligten Stoffe jedoch nicht. Vereinfacht kann man Neutralisationsreaktionen wie folgt formulieren: Säure + Base ⟶ Salz + Wasser.

Einzelschritte zum Aufstellen von Reaktionsgleichungen

- Reaktionsgleichung mit den Formeln der Edukte und Produkte ohne stöchiometrische Koeffizienten aufstellen
- Ermittlung der Oxidationszahlen
- Ausgleich der Elemente
- Ausgleich der Ladungen
- Wasserstoff- und Sauerstoffbilanz durchführen – Ausgleich mit Wasser
- Aufstellen der bilanzierten Reaktionsgleichung

Beispiele

B 13		**Wie lautet die Reaktionsgleichung für die Neutralisation von Salzsäure mit Natronlauge?**
	Formeln der Edukte und Produkte:	$HCl + NaOH \longrightarrow NaCl + H_2O$
	Bilanzierte Reaktionsgleichung:	$HCl + NaOH \longrightarrow NaCl + H_2O$
B 14		**Von einer chemischen Reaktion sind folgende Angaben bekannt:** **$K_2SO_4 + BaCl_2 \longrightarrow$ _ ____ + _ ____** **Wie lautet die vollständige und stöchiometrisch richtige Reaktionsgleichung?**
	Formeln der Edukte und Produkte:	$K_2SO_4 + BaCl_2 \longrightarrow KCl + BaSO_4$
	Ausgleich von K und Cl:	$K_2SO_4 + BaCl_2 \longrightarrow 2\ KCl + BaSO_4$
	Bilanzierte Reaktionsgleichung:	$K_2SO_4 + BaCl_2 \longrightarrow 2\ KCl + BaSO_4$

Beispiele

B 15

Wie lautet die Reaktionsgleichung für die Umsetzung von Natrium mit Wasser?

Formeln der Edukte und Produkte:	$Na + H_2O \longrightarrow NaOH + H_2$
Ausgleich von H_2O, NaOH und H_2:	$Na + 2\ H_2O \longrightarrow 2\ NaOH + H_2$
Ausgleich von Na:	$2\ Na + 2\ H_2O \longrightarrow 2\ NaOH + H_2$
Bilanzierte Reaktionsgleichung:	$2\ Na + 2\ H_2O \longrightarrow 2\ NaOH + H_2$

B 16

Welche Koeffizienten müssen in folgende Redoxgleichung eingesetzt werden, damit die Gleichung stöchiometrisch richtig ist?
$\_\ FeCl_3 + \_\ H_2SO_3 + \_\ H_2O \longrightarrow \_\ FeCl_2 + \_\ H_2SO_4 + \_\ HCl$

Formeln der Edukte und Produkte:	$FeCl_3 + H_2SO_3 + H_2O \longrightarrow FeCl_2 + H_2SO_4 + HCl$
Ermittlung der Oxidationszahlen:	Fe in $FeCl_3$: 3 · -I für Cl ⇨ +III für Fe S in H_2SO_3: 2 · +I für H, 3 · -II für O ⇨ +IV für S Fe in $FeCl_2$: 2 · -I für Cl ⇨ +II für Fe S in H_2SO_4: 2 · +I für H, 4 · -II für O ⇨ +VI für S
Reduktion:	$Fe^{3+} + e^- \longrightarrow Fe^{2+}$
Oxidation:	$SO_3^{2-} \longrightarrow SO_4^{2-} + 2\ e^-$
Ladungsausgleich:	$Fe^{3+} + e^- \longrightarrow Fe^{2+} (\cdot\ 2)$ $SO_3^{2-} \longrightarrow SO_4^{2-} + 2\ e^- (\cdot\ 1)$
Ausgleich von Cl:	$2\ FeCl_3 \longrightarrow 2\ FeCl_2 + 2\ Cl^-$
Bilanzierte Reaktionsgleichung:	$2\ FeCl_3 + H_2SO_3 + H_2O \longrightarrow 2\ FeCl_2 + H_2SO_4 + 2\ HCl$

B 17

Arsensulfid reagiert mit Salpetersäure zu Schwefel, Stickstoff(II)-oxid und Arsen(III)-säure. Wie lautet die Gleichung für diese Redoxreaktion?

Formeln der Edukte und Produkte:	$As_2S_3 + HNO_3 + H_2O \longrightarrow H_3AsO_4 + S + NO$
Ermittlung der Oxidationszahlen:	As in As_2S_3: 3 · -II für S ⇨ +III für As N in HNO_3: +I für H, 3 · -II für O ⇨ +V für N As in H_3AsO_4: 3 · +I für H, 4 · -II für O ⇨ +V für As

Beispiele

B 17		N in NO: -II für O ⇨ +II für N S als Element: ⇨ 0 für S
	Reduktion:	$2\ HNO_3 + 6e^- + 6\ H^+ \longrightarrow 2\ NO + 4\ H_2O$
	Oxidation:	$2\ As^{3+} \longrightarrow 2\ As^{5+} + 4\ e^-$ $3\ S^{2-} \longrightarrow 3\ S + 6\ e^-$
	Ladungs-ausgleich:	$HNO_3 + 6\ e^- + 6\ H^+ \longrightarrow 2\ NO + 4\ H_2O (\cdot 5)$ $2\ As^{3+} \longrightarrow 2\ As^{5+} + 4\ e^- (\cdot 3)$ $3\ S^{2-} \longrightarrow 3\ S + 6\ e^- (\cdot 3)$
	Ausgleich von H und O:	Zur Bildung von 1 Mol H_3AsO_4 werden 3 H-Atome und 4 O-Atome benötigt. Zur Bildung von 1 Mol NO wird 1 O-Atom benötigt.
	Berechnung für 6 Mol H_3AsO_4:	$3\ H + 4\ O \longrightarrow H_3AsO_4 (\cdot 6)$
	Berechnung für 10 Mol NO:	$O \longrightarrow NO (\cdot 10)$
	Bilanzierte Reaktions-gleichung:	$3\ As_2S_3 + 10\ HNO_3 + 4\ H_2O \longrightarrow 6\ H_3AsO_4 + 9\ S + 10\ NO$
B 18		**Kupfer reagiert in saurer Lösung mit Nitrationen. Wie lautet die Ionengleichung für diese Redoxreaktion?**
	Formeln der Edukte und Produkte:	$Cu + NO_3^- + H_3O^+ \longrightarrow Cu^{2+} + NO + H_2O$
	Ermittlung der Oxidations-zahlen:	N in NO_3^-: 3 · -II für O, -I für Ion ⇨ +V für N N in NO: -II für O ⇨ +II für N Cu als Element: ⇨ 0 für Cu Cu^{2+}: +II für Ion ⇨ +II für Cu
	Reduktion:	$NO_3^- + 3\ e^- \longrightarrow NO$
	Oxidation:	$Cu \longrightarrow Cu^{2+} + 2\ e^-$
	Ladungs-ausgleich:	$NO_3^- + 3\ e^- \longrightarrow NO (\cdot 2)$ $Cu \longrightarrow Cu^{2+} + 2\ e^- (\cdot 3)$
	Ausgleich von H:	8 H^+ fehlen; sie entstehen durch Zugabe von Säure. $8\ H_3O^+ \longrightarrow 8\ H_2O + 8\ H^+$
	Bilanzierte Reaktions-gleichung:	$3\ Cu + 2\ NO_3^- + 8\ H_3O^+ \longrightarrow 3\ Cu^{2+} + 2\ NO + 12\ H_2O$

Beispiele

B 19

	Propan-2-ol reagiert mit $KMnO_4$ in schwefelsaurer Lösung. Wie lautet die Reaktionsgleichung für diese Oxidation?
Formeln der Edukte und Produkte:	$CH_3CHOHCH_3 + KMnO_4 + H_2SO_4 \longrightarrow CH_3COCH_3 + MnSO_4 + K_2SO_4 + H_2O$
Ermittlung der Oxidationszahlen:	C in -HCOH-: 2 · +I für H, -II für O ⇨ 0 für C C in -CO-: -II für O ⇨ +II für C Mn in $KMnO_4$: +I für K, 4 · -II für O ⇨ +VII für Mn Mn in $MnSO_4$: +VI für S, 4 · -II für O ⇨ + II für Mn
Reduktion:	$2\ KMnO_4 + 10\ e^- + 3\ H_2SO_4 \longrightarrow 2\ MnSO_4 + 8\ H_2O + K_2SO_4$
Oxidation:	$CH_3CHOHCH_3 \longrightarrow CH_3COCH_3 + 2\ e^- + 2\ H^+$
Ladungsausgleich:	$2\ KMnO_4 + 10\ e^- + 3\ H_2SO_4 \longrightarrow 2\ MnSO_4 + 8\ H_2O + K_2SO_4 (\cdot\ 1)$ $CH_3CHOHCH_3 \longrightarrow CH_3COCH_3 + 2\ e^- + 2\ H^+ (\cdot\ 5)$
Ausgleich von H:	10 H fehlen bei der Reduktion 10 H entstehen bei der Oxidation
Bilanzierte Reaktionsgleichung:	$5\ CH_3CHOHCH_3 + 2\ KMnO_4 + 3\ H_2SO_4 \longrightarrow 5\ CH_3COCH_3 + 2\ MnSO_4 + K_2SO_4 + 8\ H_2O$

B 20

	Bei der Disproportionierung von Phosphor(III)-säure entstehen Phosphor(V)-säure und Phosphorwasserstoff (Phosphin). Wie lautet die Reaktionsgleichung für diese Disproportionierung?
Formeln der Edukte und Produkte:	$H_3PO_3 \longrightarrow PH_3 + H_3PO_4$
Ermittlung der Oxidationszahlen:	P in H_3PO_3: 3 · -II für O, 3 · +I für H ⇨ +III für P P in PH_3: 3 · +I für H ⇨ -III für P P in H_3PO_4: 4 · -II für O, 3 · +I für H ⇨ +V für P
Reduktion:	$H_3PO_3 + 6\ e^- \longrightarrow PH_3$
Oxidation:	$H_3PO_3 \longrightarrow H_3PO_4 + 2\ e^-$
Ladungsausgleich:	$H_3PO_3 + 6\ e^- \longrightarrow PH_3 (\cdot\ 1)$ $H_3PO_3 \longrightarrow H_3PO_4 + 2\ e^- (\cdot\ 3)$
Bilanzierte Reaktionsgleichung:	$4\ H_3PO_3 \longrightarrow PH_3 + 3\ H_3PO_4$

Übungsaufgaben

Ü 26 Salpetersäure reagiert mit Natronlauge. Stellen Sie die Reaktionsgleichung für diese Reaktion auf.

Ü 27 Stellen Sie die Reaktionsgleichung für die Reaktion von Schwefelsäure mit Ammoniumhydroxid auf.

Ü 28 Formulieren Sie die Reaktionsgleichung für die Reaktion von Phosphorsäure mit Kalilauge.

Ü 29 Ergänzen Sie in den folgenden Reaktionsgleichungen die fehlenden Koeffizienten:

a) $\_\ Ba(OH)_2 + \_\ H_2SO_4 \rightarrow \_\ BaSO_4 + \_\ H_2O$

b) $\_\ SO_2 + \_\ O_2 \rightarrow \_\ SO_3$

c) $\_\ C_5H_{12} + \_\ O_2 \rightarrow \_\ CO_2 + \_\ H_2O$

d) $\_\ Bi(NO_3)_3 + \_\ NaOH \rightarrow \_\ Bi(OH)_3 + \_\ NaNO_3$

e) $\_\ FeCl_3 + \_\ NH_4SCN \rightarrow \_\ Fe(SCN)_3 + \_\ NH_4Cl$

f) $\_\ P_2O_5 + \_\ H_2O \rightarrow \_\ H_3PO_4$

g) $\_\ Pb(NO_3)_2 \rightarrow \_\ PbO + \_\ NO_2 + \_\ O_2$

h) $\_\ NiCl_2 + \_\ NH_4OH + \_\ C_4H_8O_2N_2 \rightarrow Ni(C_4H_7O_2N_2)_2 + \_\ NH_4Cl + \_\ H_2O$

Ü 30 Vervollständigen Sie folgende Reaktionsgleichungen:

a) $NaOH + NH_4Cl \rightarrow \_\ \underline{\qquad} + \_\ \underline{\qquad} + \_\ \underline{\qquad}$

b) $2\ Al + 6\ HCl \rightarrow \_\ \underline{\qquad} + \_\ \underline{\qquad}$

c) $Na_2CO_3 + 2\ HNO_3 \rightarrow \_\ \underline{\qquad} + \_\ \underline{\qquad} + \_\ \underline{\qquad}$

d) $H_2CO_3 + Ca(OH)_2 \rightarrow \_\ \underline{\qquad} + \_\ \underline{\qquad}$

e) $2\ Fe_2O_3 + 3\ C \rightarrow \_\ \underline{\qquad} + \_\ \underline{\qquad}$

f) $4\ NH_3 + 7\ O_2 \rightarrow \_\ \underline{\qquad} + \_\ \underline{\qquad}$

Ü 31 Formulieren Sie für folgende Reaktionen die Reaktionsgleichungen:

a) Zink reagiert in der Hitze mit Chlorgas
b) Eisen reagiert mit Schwefelsäure
c) Chlor wird in Natronlauge eingeleitet
d) Stickstoff reagiert mit Wasserstoff

Ü 32 Bei der Elektrolyse einer wässrigen Natriumchloridlösung entstehen Natronlauge, Chlor und Wasserstoff.

Formulieren Sie die vollständige Reaktionsgleichung für diese Reaktion.

Ü 33 Magnesium wird bei der gravimetrischen Bestimmung als Ammoniummagnesiumphosphat-Hexahydrat gefällt. Durch Glühen wird die Fällungsform in die Wägeform überführt.

Formulieren Sie die Reaktionsgleichung für die Überführung der Fällungsform in die Wägeform.

Übungsaufgaben

Ü 34 Ergänzen Sie in den Reaktionsgleichungen der folgenden Redoxreaktionen die fehlenden Koeffizienten:

a) $\_\,I_2 + \_\,Na_2S_2O_3 \longrightarrow \_\,Na_2S_4O_6 + \_\,NaI$

b) $\_\,HCOOH + \_\,KMnO_4 + \_\,H_2SO_4 \longrightarrow \_\,CO_2 + \_\,MnSO_4 + \_\,K_2SO_4 + \_\,H_2O$

c) $\_\,NH_2OH \longrightarrow \_\,NH_3 + \_\,N_2O + \_\,H_2O$

d) $\_\,K_2Cr_2O_7 + \_\,H_2SO_3 + \_\,H_2SO_4 \longrightarrow \_\,Cr_2(SO_4)_3 + \_\,K_2SO_4 + \_\,H_2O$

e) $\_\,IO_3^- + \_\,I^- + \_\,H_3O^+ \longrightarrow \_\,I_2 + \_\,H_2O$

f) $\_\,MnO_4^- + \_\,Fe^{2+} + \_\,H_3O^+ \longrightarrow \_\,Mn^{2+} + \_\,Fe^{3+} + \_\,H_2O$

g) $\_\,Cr^{3+} + \_\,H_2O_2 + \_\,OH^- \longrightarrow \_\,CrO_4^{2-} + \_\,H_2O$

h) $\_\,Mn^{2+} + \_\,S_2O_8^{2-} + \_\,H_2O \longrightarrow \_\,MnO_4^- + \_\,SO_4^{2-} + \_\,H_3O^+$

Ü 35 Vervollständigen Sie die Reaktionsgleichungen folgender Redoxreaktionen:

a) $2\,HBr + H_2SO_4 \longrightarrow \_\_\_\_ + \_\_\_\_ + \_\_\_\_$

b) $2\,KMnO_4 + 5\,H_2O_2 + 2\,H_2SO_4 \longrightarrow \_\_\_\_ + \_\_\_\_ + \_\_\_\_ + \_\_\_\_$

c) $PbO_2 + Pb + 2\,H_2SO_4 \longrightarrow \_\_\_\_ + \_\_\_\_$

d) $H_2SO_4 + 8\,HI \longrightarrow \_\_\_\_ + \_\_\_\_ + \_\_\_\_$

e) $Bi_2S_3 + 8\,HNO_3 \longrightarrow \_\_\_\_ + \_\_\_\_ + \_\_\_\_ + \_\_\_\_$

f) $2\,MnBr_2 + 7\,PbO_2 + 14\,HNO_3 \longrightarrow \_\_\_\_ + \_\_\_\_ + \_\_\_\_ + \_\_\_\_$

Ü 36 Formulieren Sie die Reaktionsgleichungen für folgende Redoxreaktionen:

a) Kupfer wird in Schwefelsäure aufgelöst
b) Wasserstoffperoxid reagiert mit Kaliumiodid in schwefelsaurer Lösung
c) Mangandioxid reagiert mit Salzsäure
d) Propanal wird mit Kaliumdichromat in schwefelsaurer Lösung oxidiert

Ü 37 Bei der Disproportionierung von Stickstoff(III)-säure entstehen Stickstoff(V)-säure, Stickstoff(II)-oxid und Wasser.

Stellen Sie die Reaktionsgleichung für diese Disproportionierung auf.

Ü 38 Formulieren Sie die Reaktionsgleichung für die Disproportionierung von Natriumthiosulfat in salzsaurer Lösung zu Schwefeldioxid und elementarem Schwefel.

Ü 39 Bei der Komproportionierung von Ammoniak und Stickstoff(III)-säure entstehen Stickstoff und Wasser.

Stellen Sie die Reaktionsgleichung für diese Komproportionierung auf.

Ü 40 Formulieren Sie die vollständige Reaktionsgleichung für die Komproportionierung von Kaliumchlorat und Kaliumchlorid im schwefelsauren Medium zu Chlor.

2 Charakterisieren von Stoffen

Unter dem Charakterisieren von Stoffen versteht man die Bestimmung physikalischer Größen, die bei festgelegten Bedingungen (z. B. Temperatur und Druck) unveränderlich vom Material abhängig sind und das Verhalten eines homogenen Stoffs beschreiben. Diese Größen ordnen jedem Stoff einen konkreten Wert bezüglich einer bestimmten Stoffeigenschaft zu.

Stoffeigenschaften sind beispielsweise: Dichte, Viskosität, Wärmeausdehnung, Siede-, Schmelz- und Gefrierpunkt sowie Refraktion.

In diesem Kapitel wird nur auf diejenigen Stoffeigenschaften eingegangen, zu denen sinnvolle chemische Berechnungen durchgeführt werden können.

2.1 Dichte

Die Dichte ρ ist eine Stoffkonstante und daher für jeden betrachteten reinen Stoff unter festgelegten Bedingungen charakteristisch und konstant. Die Dichte berechnet sich aus dem Quotienten der Grundgrößen Masse m und Volumen V ($\rho = \frac{m}{V}$). Dichten werden in g/mL oder g/cm³ angegeben.

Die Dichte ist eine temperatur- und druckabhängige Stoffeigenschaft, wobei die Druckabhängigkeit bei festen und flüssigen Stoffen vernachlässigbar ist.

Dichtebestimmung

Ein Messgerät zur Bestimmung der Dichte eines Stoffes ist das Pyknometer. Damit wird die Dichte indirekt, d. h. rechnerisch ermittelt.

Das Pyknometer ist ein Glasgefäß, dessen spezieller Glasstopfen eine dünne vertikale Kapillare enthält, an der sich das Flüssigkeitsvolumen ablesen lässt. Um die Dichte einer Flüssigkeit zu bestimmen, werden drei Wägungen durchgeführt (Pyknometer jeweils auf 20 °C temperiert):

- zunächst leer
- anschließend mit Wasser gefüllt
- zuletzt mit der zu bestimmenden Flüssigkeit gefüllt

Aus den Massen und der bekannten Dichte von Wasser kann die unbekannte Dichte berechnet werden: $\rho_{Fl} = \frac{m_2 - m_0}{m_1 - m_0} \cdot \rho_w$

m_0 – Masse des leeren Pyknometers
m_1 – Masse des mit Wasser gefüllten Pyknometers
m_2 – Masse des mit der unbekannten Flüssigkeit gefüllten Pyknometers
ρ_W – Dichte von Wasser

Mithilfe eines Pyknometers kann auch die Dichte von Feststoffen bestimmt werden. Das Prinzip beruht hierbei auf der Verdrängung von Flüssigkeit durch den unbekannten Feststoff.

Weitere Dichtemessgeräte im Laboreinsatz (Beispiele):

- Aräometer („Spindel")
- Biegeschwinger
- Mohr-Westphal'sche Waage
- Saccharometer

$$\rho = \frac{m}{V}$$

$$V = r^2 \cdot \pi \cdot l$$

m(Inhalt Pyknometer) = m(Pyknometer mit Inhalt) – m(Pyknometer leer)

$$m_{100} = m_X \cdot w$$

Beispiele

B 1		**Welche Dichte ρ in g/cm³ hat eine Flüssigkeit, wenn m = 300 g der Flüssigkeit ein Volumen von V = 333 mL einnehmen?**
	Gegeben:	m = 300 g V = 333 mL ≙ 333 cm³
	Gesucht:	ρ
	Berechnung:	$\rho = \frac{m}{V} = \frac{300\ \text{g}}{333\ \text{cm}^3} = 0{,}901\ \text{g/cm}^3$
B 2		**Welche Masse m in g hat eine Lösung, wenn das Volumen V = 1000 mL und die Dichte ρ = 1,235 g/mL beträgt?**
	Gegeben:	V = 1000 mL ρ = 1,235 g/mL
	Gesucht:	m
	Berechnung:	$m = V \cdot \rho = 1000\ \text{mL} \cdot 1{,}235\ \text{g/mL} = 1235\ \text{g}$
B 3		**Welches Volumen V in mL nehmen m = 275 g Salpetersäure, $w(HNO_3)$ = 30,0 %, bei ϑ = 20 °C ein?** **ρ_{20}(Salpetersäure$_{30}$) = 1,18 g/mL**
	Gegeben:	m = 275 g, $w(HNO_3)$ = 30,0 % ρ = 1,18 g/mL
	Gesucht:	V
	Berechnung:	$V = \frac{m}{\rho} = \frac{275\ \text{g}}{1{,}18\ \text{g/mL}} = 233\ \text{mL}$
B 4		**Ein Kupferdraht hat die Länge l = 30,0 m und die Masse m = 446 g. Wie groß ist der Durchmesser d des Drahts in mm?** **ρ(Kupfer) = 8,92 g/cm³**
	Gegeben:	m = 446 g ρ = 8,92 g/cm³ l = 30,0 m
	Gesucht:	d
	Berechnung Volumen:	$V = \frac{m}{\rho} = \frac{446\ \text{g}}{8{,}92\ \text{g/cm}^3} = 50{,}0\ \text{cm}^3$

Beispiele

B 4	Berechnung Durchmesser:	$d = \sqrt{\frac{4 \cdot V}{\pi \cdot l}} = \sqrt{\frac{4 \cdot 50{,}0\ \text{cm}^3}{\pi \cdot 3000\ \text{cm}}} = 0{,}146\ \text{cm}$
	Umrechnung in mm:	$d = 0{,}146\ \text{cm} \cdot 10{,}0\ \text{mm/cm} = 1{,}46\ \text{mm}$
B 5		**Eine Flüssigkeit hat sich um 1,25 % ihres Anfangsvolumens ausgedehnt. Vor der Ausdehnung hatte die Flüssigkeit eine Dichte von ρ = 0,785 g/cm³. Welche Dichte ρ in g/cm³ hat die Flüssigkeit nach der Ausdehnung?**
	Gegeben:	Ausdehnung = 1,25 % = 0,0125 ρ vor der Ausdehnung = 0,785 g/cm³ ⇨ m_0 = 0,785 g nehmen V_0 = 1 cm³ ein
	Gesucht:	ρ nach der Ausdehnung
	Berechnung V nach Ausdehnung:	$V = V_0 \cdot (1 + \text{Ausdehnung}) = 1\ \text{cm}^3 \cdot 1{,}0125 = 1{,}0125\ \text{cm}^3$
	Berechnung ρ nach Ausdehnung:	$\rho = \frac{m_0}{V} = \frac{0{,}785\ \text{g}}{1{,}0125\ \text{cm}^3} = 0{,}775\ \text{g/cm}^3$
B 6		**Ein Pyknometer mit dem Volumen V = 49,982 mL hat leer die Masse m_1 = 58,976 g. Gefüllt mit einer Salzlösung beträgt die Masse m_2 = 121,45 g. Welche Dichte ρ in g/mL hat die Salzlösung?**
	Gegeben:	V = 49,982 mL m_1 = 58,976 g m_2 = 121,45 g
	Gesucht:	ρ
	Berechnung m(Salzlösung):	$m(\text{Salzlösung}) = m_2 - m_1 = 121{,}45 - 58{,}976\ \text{g} = 62{,}474\ \text{g}$
	Berechnung Dichte:	$\rho = \frac{m}{V} = \frac{62{,}474\ \text{g}}{49{,}982\ \text{mL}} = 1{,}2499\ \text{g/mL}$
B 7		**Bei der Bestimmung der Dichte eines Öls mit einem Pyknometer werden bei ϑ = 20 °C folgende Massen ermittelt:** **Pyknometer leer m_1 = 31,880 g** **Pyknometer gefüllt mit Wasser m_2 = 56,285 g** **Pyknometer gefüllt mit Öl m_3 = 69,364 g** **Dichte des Wassers bei 20 °C ρ_{20} = 0,99823 g/mL** **Welche Dichte ρ_{20} in g/mL hat das Öl?**
	Gegeben:	m_1 = 31,880 g m_2 = 56,285 g m_3 = 69,364 g ρ(Wasser) = 0,99823 g/mL
	Gesucht:	ρ(Öl)

Beispiele

B 7	Berechnung m(Wasser):	$m(\text{Wasser}) = m_2 - m_1 = 56{,}285\ \text{g} - 31{,}880\ \text{g} = 24{,}405\ \text{g}$
	Berechnung V(Pyknometer):	$V(\text{Pyknometer}) = \dfrac{m(\text{Wasser})}{\rho(\text{Wasser})} = \dfrac{24{,}405\ \text{g}}{0{,}99823\ \text{g/mL}} = 24{,}448\ \text{mL}$
	Berechnung m(Öl):	$m(\text{Öl}) = m_3 - m_1 = 69{,}364\ \text{g} - 31{,}880\ \text{g} = 37{,}484\ \text{g}$
	Berechnung ρ(Öl):	$\rho(\text{Öl}) = \dfrac{m(\text{Öl})}{V(\text{Pyknometer})} = \dfrac{37{,}484\ \text{g}}{24{,}448\ \text{mL}} = 1{,}5332\ \text{g/mL}$
B 8		**Es soll die Dichte eines Kunststoffgranulats mit einem Pyknometer bestimmt werden. Dazu werden bei ϑ = 20 °C folgende Werte ermittelt:** **Volumen des Pyknometers** $V = 24{,}985$ **mL** **Masse des leeren Pyknometers** $m_1 = 32{,}475$ **g** **Masse des Pyknometers mit dem Kunststoffgranulat** $m_2 = 50{,}753$ **g** **Masse des Pyknometers mit Kunststoffgranulat und Restvolumen mit Wasser aufgefüllt** $m_3 = 60{,}812$ **g** ρ_{20}**(Wasser)** $\rho_{20} = 0{,}99823$ **g/mL** **Welche Dichte ρ in g/mL hat das Kunststoffgranulat?**
	Gegeben:	V(Pyknometer) = 24,985 mL m_1 = 32,475 g m_2 = 50,753 g m_3 = 60,812 g ρ(Wasser) = 0,99823 g/mL
	Gesucht:	ρ(Kunststoffgranulat)
	Berechnung m(Kunststoffgranulat):	$m(\text{Granulat}) = m_2 - m_1 = 50{,}753\ \text{g} - 32{,}475\ \text{g} = 18{,}278\ \text{g}$
	Berechnung m(Wasser):	$m(\text{Wasser}) = m_3 - m_2 = 60{,}812\ \text{g} - 50{,}753\ \text{g} = 10{,}059\ \text{g}$
	Berechnung V(Wasser):	$V(\text{Wasser}) = \dfrac{m(\text{Wasser})}{\rho(\text{Wasser})} = \dfrac{10{,}059\ \text{g}}{0{,}99823\ \text{g/mL}} = 10{,}077\ \text{mL}$
	Berechnung V(Granulat):	$V(\text{Granulat}) = V(\text{Pyknometer}) - V(\text{Wasser})$ $V(\text{Granulat}) = 24{,}985\ \text{mL} - 10{,}077\ \text{mL} = 14{,}908\ \text{mL}$
	Berechnung ρ(Granulat):	$\rho(\text{Granulat}) = \dfrac{m(\text{Granulat})}{V(\text{Granulat})} = \dfrac{18{,}278\ \text{g}}{14{,}908\ \text{mL}} = 1{,}2261\ \text{g/mL}$
B 9		**Ein Körper hat die Masse $m_1 = 86{,}21$ g. Vollständig in Wasser eingetaucht beträgt seine Masse scheinbar $m_2 = 52{,}76$ g. Wie groß ist in g/cm³ die Dichte ρ des Körpers?** **ρ(Wasser) = 0,9982 g/mL**
	Gegeben:	m_1 = 86,21 g m_2 = 52,76 g

Beispiele

B 9

Gegeben:	$\rho(\text{Wasser}) = 0{,}9982\ \text{g/mL}$
Gesucht:	$\rho(\text{Körper})$
Berechnung $m(\text{Wasser})$:	$m(\text{Wasser}) = m_1 - m_2 = 86{,}21\ \text{g} - 52{,}76\ \text{g} = 33{,}45\ \text{g}$
Berechnung $V(\text{Wasser}) = V(\text{Körper})$:	$V(\text{Körper}) = \dfrac{m(\text{Wasser})}{\rho(\text{Wasser})} = \dfrac{33{,}45\ \text{g}}{0{,}9982\ \text{g/mL}} = 33{,}51\ \text{mL}$
Berechnung $\rho(\text{Körper})$:	$\rho(\text{Körper}) = \dfrac{m(\text{Körper})}{V(\text{Körper})} = \dfrac{86{,}21\ \text{g}}{33{,}51\ \text{mL}} = 2{,}573\ \text{g/mL} = 2{,}573\ \text{g/cm}^3$

Übungsaufgaben

Ü 1 Eine Flüssigkeit mit der Masse $m = 75{,}0$ g nimmt ein Volumen $V = 61{,}8$ mL ein.

Berechnen Sie in g/mL die Dichte ρ der Flüssigkeit.

Ü 2 Die Masse von $V = 115\ \text{cm}^3$ Ethanol beträgt $m = 90{,}9$ g.

Berechnen Sie in g/cm^3 die Dichte ρ des Ethanols.

Ü 3 Berechnen Sie in kg die Masse m von $V = 125{,}0$ L Schwefelsäure, $w(H_2SO_4) = 50{,}00\ \%$, deren Dichte $\rho_{20} = 1{,}395\ \text{g/cm}^3$ beträgt.

Ü 4 Berechnen Sie in g die Masse m an Xylol, die man bei einer Temperatur $\vartheta = 20{,}0$ °C in eine Flasche mit $V = 250$ mL füllen kann.
$\rho_{20}(\text{Xylol}) = 0{,}860$ g/mL

Ü 5 Berechnen Sie in L das Volumen V, das $m = 2{,}75$ kg Benzol mit der Dichte $\rho_{20} = 0{,}877\ \text{kg/dm}^3$ einnehmen.

Ü 6 Die Dichte von Propan-2-ol beträgt bei $\vartheta = 20$ °C $\rho_{20} = 0{,}785\ \text{g/cm}^3$.

Berechnen Sie in L das Volumen V, das $m = 750$ g Propan-2-ol bei dieser Temperatur einnehmen.

Ü 7 Ein Ölbehälter hat leer die Masse $m_1 = 225$ kg. Mit Öl gefüllt hat er die Masse $m_2 = 835$ kg.

Berechnen Sie in L das Volumen $V(\text{Öl})$, das sich in dem Behälter befindet.
$\rho_{20}(\text{Öl}) = 0{,}870\ \text{kg/dm}^3$

Ü 8 Brom hat bei $\vartheta = 20$ °C die Dichte $\rho_{20} = 3{,}14$ g/mL. Da Brom eine sehr aggressive Flüssigkeit ist, wird es nicht abgewogen, sondern abgemessen.

Berechnen Sie in mL das Volumen V, das abgemessen werden muss, wenn $m = 68{,}0$ g Brom benötigt werden.

Übungsaufgaben

Ü 9 Es werden m = 696 kg Salzsäure, w(Salzsäure) = 32,0 %, hergestellt.

Berechnen Sie die Anzahl Flaschen mit V = 2,50 L, die benötigt werden, um die Salzsäure abzufüllen.
$\rho_{20}(\text{Salzsäure}_{32})$ = 1,16 g/cm³

Ü 10 Ein Behälter mit den Maßen 2000 mm x 750,0 mm x 500,0 mm ist mit einer Flüssigkeit gefüllt, deren Dichte ρ = 0,8580 kg/dm³ beträgt.

Berechnen Sie in kg die Masse m des Behälterinhalts.

Ü 11 Ein zylindrischer Behälter mit der Grundfläche A = 625 cm² und der Höhe h = 40,0 cm wird mit Methanol befüllt.

Berechnen Sie in kg die Masse m(Methanol), die eingefüllt werden kann, wenn der Behälter zu 75,0 % seines Fassungsvermögens befüllt wird.
ρ(Methanol) = 0,870 g/cm³

Ü 12 Ein zylinderförmiger Milchtank mit der Höhe h = 4,250 m und dem Durchmesser d = 1,650 m ist zu 68,00 % mit Milch gefüllt.

Berechnen Sie in kg die Masse m(Milch), die sich in dem Milchtank befindet.
ρ(Milch) = 1,030 kg/dm³

Ü 13 Ein Polyamidfaden mit der Länge l = 650 m und dem Durchmesser d = 0,850 mm hat die Masse m = 4,13 g.

Berechnen Sie in g/cm³ die Dichte ρ des Materials.

Ü 14 Ein Metallkörper wird erwärmt und dehnt sich durch die Erwärmung um 0,750 % seines Anfangsvolumens aus. Vor der Erwärmung und der damit verbundenen Ausdehnung hatte das Metall eine Dichte von ρ_1 = 2,70 g/cm³.

Berechnen Sie in g/cm³ die Dichte ρ_2 des Metalls nach der Ausdehnung.

Ü 15 Benzol hat sich durch Erwärmung um 2,25 % seines Volumens bei ϑ = 20 °C ausgedehnt.

Berechnen Sie in kg/dm³ die Dichte ρ des Benzols nach der Ausdehnung.
ρ_{20}(Benzol) = 0,877 kg/dm³

Ü 16 Ein Pyknometer mit dem Volumen V = 24,99 mL hat leer die Masse m = 27,97 g. Gefüllt mit Toluol beträgt die Masse m = 49,51 g.

Berechnen Sie in g/cm³ die Dichte ρ des Toluols.

Ü 17 Es soll die Dichte ρ_{20} eines Alkohols bei ϑ = 20 °C ermittelt werden. Dazu wird ein Pyknometer mit dem Alkohol befüllt und die Massen vor und nach der Befüllung bestimmt. Das Pyknometer mit dem Volumen V = 25,0 mL hat leer die Masse m_1 = 34,2 g, gefüllt mit dem Alkohol die Masse m_2 = 53,8 g.

Berechnen Sie in g/cm³ die Dichte ρ_{20} des Alkohols.

Übungsaufgaben

Ü 18 Zur Bestimmung der Dichte einer unbekannten Flüssigkeit mit einem Pyknometer werden bei $\vartheta = 20\ °C$ durch Wägung folgende Ergebnisse ermittelt:

Pyknometer leer	$m_1 = 26{,}124$ g
Pyknometer gefüllt mit Wasser	$m_2 = 51{,}006$ g
Pyknometer gefüllt mit der unbekannten Flüssigkeit	$m_3 = 52{,}937$ g
Dichte des Wassers bei $\vartheta = 20\ °C$	$\rho_{20} = 0{,}99823$ g/mL

Berechnen Sie in g/cm³ die Dichte ρ_{20} der unbekannten Flüssigkeit.

Ü 19 Berechnen Sie in g/cm³ die Dichte ρ_{20} einer Flüssigkeit, wenn bei der Bestimmung bei $\vartheta = 20\ °C$ folgende Massen ermittelt werden:

Pyknometer leer	$m_1 = 32{,}3242$ g
Pyknometer mit Wasser	$m_2 = 82{,}2357$ g
Pyknometer mit Flüssigkeit	$m_3 = 89{,}9242$ g
Dichte des Wassers bei 20 °C	$\rho_{20} = 0{,}99823$ g/mL

Ü 20 Ein Pyknometer hat leer die Masse $m_1 = 20{,}278$ g. Es wird mit unvergälltem Ethanol mit der Dichte $\rho_1 = 0{,}79071$ g/mL gefüllt. Gefüllt mit dem Ethanol hat das Pyknometer die Masse $m_2 = 36{,}132$ g. Mit einer unbekannten Flüssigkeit gefüllt, beträgt die Masse $m_3 = 43{,}218$ g.

Berechnen Sie in g/cm³ die Dichte ρ_2 der unbekannten Flüssigkeit.

Ü 21 Es wird die Dichte eines wasserlöslichen Salzes mit einem Pyknometer bestimmt. Bei $\vartheta = 20\ °C$ werden folgende Werte ermittelt:

Volumen des Pyknometers	$V = 25{,}09$ mL
Masse des leeren Pyknometers	$m_1 = 33{,}85$ g
Masse des Pyknometers mit der Salzprobe	$m_2 = 65{,}34$ g
Restvolumen mit Aceton aufgefüllt	$m_3 = 75{,}94$ g
ρ_{20}(Aceton)	$\rho_{20} = 0{,}7910$ g/mL

Berechnen Sie in g/cm³ die Dichte ρ des wasserlöslichen Salzes.

Ü 22 Es wird die Dichte eines wasserlöslichen Salzes mit einem Pyknometer bestimmt. Das benutzte Pyknometer hat ein Volumen $V = 25{,}00$ mL und leer die Masse $m_1 = 29{,}74$ g. Es wird eine Portion des Salzes eingefüllt. Die Masse des Pyknometer mit Salz beträgt $m_2 = 79{,}19$ g. Das Restvolumen wird mit Xylol, $\rho_1 = 0{,}8600$ g/mL, aufgefüllt. Das Pyknometer mit Salz und Xylol hat die Masse $m_3 = 87{,}10$ g.

Berechnen Sie in g/cm³ die Dichte ρ_2 des wasserlöslichen Salzes.

Ü 23 Ein Pyknometer mit einem Volumen von $V = 20{,}00$ mL hat leer die Masse $m_1 = 26{,}75$ g. Es werden Späne einer Legierung eingefüllt. Das Pyknometer mit den Spänen wiegt $m_2 = 86{,}39$ g. Das Restvolumen wird mit Wasser, $\rho_1 = 0{,}9982$ g/mL, aufgefüllt. Das Pyknometer gefüllt mit Spänen der Legierung und Wasser hat die Masse $m_3 = 99{,}27$ g.

Berechnen Sie in g/cm³ die Dichte ρ_2 der Legierung.

Ü 24 Die Dichte eines Minerals soll bestimmt werden:

Wägung in Luft	$m_1 = 84{,}62$ g
Wägung vollständig eingetaucht in Wasser	$m_2 = 61{,}74$ g

Übungsaufgaben

Ü 24 Dichte des Wassers $\rho_1 = 0{,}9982\ g/cm^3$

Berechnen Sie in g/cm^3 die Dichte ρ_2 des Minerals.

Ü 25 Ein Körper aus Glas, $\rho_1 = 2{,}420\ g/cm^3$, hat eine Masse von $m_1 = 15{,}27\ g$. Vollständig in eine Flüssigkeit mit unbekannter Dichte eingetaucht, beträgt seine Masse scheinbar $m_2 = 10{,}28\ g$.

Berechnen Sie in g/cm^3 die Dichte ρ_2 der Flüssigkeit.

Ü 26 Ein Körper, dessen Masse $m_1 = 63{,}2\ g$ beträgt, hat vollständig in Butan-1-ol, $\rho_1 = 0{,}810\ g/cm^3$, eingetaucht, scheinbar eine Masse $m = 56{,}7\ g$.

Berechnen Sie in g/cm^3 die Dichte ρ_2 des Körpers.

Ü 27 Ein zylindrischer Körper taucht vollständig in eine unbekannte Flüssigkeit ein und verliert dabei scheinbar eine Masse von $m_1 = 324\ g$. Seine Grundfläche ist $A = 25{,}0\ cm^2$, seine Höhe $h = 12{,}0\ cm$.

Berechnen Sie in g/cm^3 die Dichte ρ der unbekannten Flüssigkeit.

Ü 28 Ein Stein hat in der Luft die Masse $m_1 = 54{,}725\ g$. Vollständig in Wasser eingetaucht, ist seine scheinbare Masse $m_2 = 25{,}838\ g$. Vollständig in Meerwasser eingetaucht, beträgt seine scheinbare Masse $m_3 = 24{,}919\ g$.
$\rho(\text{Wasser}) = 0{,}99823\ g/cm^3$

Berechnen Sie
a) die Dichte $\rho(\text{Stein})$ in g/cm^3,
b) die Dichte $\rho(\text{Meerwasser})$ in g/cm^3.

2.2 Viskosität

Die Viskosität – auch als Zähigkeit bezeichnet – gibt Auskunft über das Fließverhalten einer Flüssigkeit oder eines Gases. Sie ist ein Maß für den inneren Reibungswiderstand gegen das Verschieben der Flüssigkeits- bzw. Gasteilchen untereinander.

Der innere Reibungswiderstand ist stark temperaturabhängig. Die Angabe der Viskosität wird deshalb immer durch die Temperatur ergänzt, bei welcher die Viskosität gemessen wurde.

Für Flüssigkeiten gilt:

- Je höher der innere Reibungswiderstand ist (bei tiefen Temperaturen), desto viskoser ist die Flüssigkeit.
- Je höher die Temperatur ist, desto höher ist die Teilchengeschwindigkeit. Die Kohäsionskräfte nehmen ab und die Flüssigkeit wird dünnflüssiger, die Viskosität wird kleiner.
- Man unterscheidet daher niederviskose und hochviskose Flüssigkeiten.

Für Gase gilt:

- Im Gegensatz zu Flüssigkeiten nimmt die Viskosität bei Gasen mit höherer Temperatur zu. Begründung: Die höhere Beweglichkeit der Gasteilchen führt zu einer gegenseitigen Behinderung.
- Faustformel: Mit 1 K (Kelvin) Temperaturänderung ändert sich die Viskosität um etwa 2 %.

Messung der Viskosität

Generell unterscheidet man

- dynamische und
- kinematische Viskosität.

Zur Messung werden Viskosimeter eingesetzt. Sie arbeiten auf unterschiedlichen physikalischen Prinzipien.

Dynamische Viskosität

Höppler-Kugelfall-Viskosimeter: Besteht aus einem geneigten Glasfallrohr, in dem eine Kugel mit definierter Dichte durch die zu untersuchende Flüssigkeit sinkt. Durch optimierte Bedingungen im Kugelfall-Viskosimeter ist der Reibungswiderstand der Flüssigkeit gleich der Sinkkraft der Kugel. Dadurch ergibt sich für die Viskositätsbestimmung folgende Beziehung:

dynamische Viskosität $\eta = K_H \cdot (\rho_K - \rho_{Fl}) \cdot t$
K_H: Kugelkonstante
ρ_K: Dichte der Kugel
ρ_{Fl}: Dichte der Flüssigkeit
t: Zeit, in der die Kugel im Kugelfall-Viskosimeter die standardisierte Distanz im Glasrohr fällt

Rotationsviskosimeter: In dieser Versuchsanordnung wird das Drehmoment eines Elektromotors gemessen, der einen runden Drehkörper in der Untersuchungsflüssigkeit gegen den Reibungswiderstand der Lösung betreibt. Dadurch ergibt sich für die Viskositätsbestimmung folgende Beziehung:

dynamische Viskosität $\eta = K_R \cdot M$
K_R: Gerätekonstante
M: Drehmoment

Einheit dynamische Viskosität: [Pa · s]

Kinematische Viskosität

Die kinematische Viskosität berücksichtigt den Einfluss der Dichte auf das Fließverhalten.

Sie ist der Quotient aus der dynamischen Viskosität und der Dichte der Flüssigkeit: $\eta = \frac{\eta}{\rho}$

Kapillar-Viskosimeter (Ubbelohde): Besteht aus einem dreischenkligen Glaskörper, bei dem man Einfüllrohr, Messrohr und Druckausgleichsrohr unterscheidet. Das Messrohr enthält eine verengte Stelle, durch die die Messflüssigkeit ausfließt. Gemessen wird hierbei die Zeit, die ein Flüssigkeitsvolumen bei gleichbleibendem Druck benötigt, um eine markierte Strecke innerhalb der verengten Stelle des Messrohrs zurückzulegen (Länge l und Radius r sind bekannt). Die benötigte Zeit t multipliziert mit der Gerätekonstanten K ergibt die kinematische Viskosität.

Einheit kinematische Viskosität: [m²/s]

Aus Pa · s umgeformt unter Berücksichtigung, dass $1\ Pa = 1\ N/m^2 = 1\ kg/(m \cdot s^2)$.

$$\eta = \frac{\eta}{\rho}$$

$$\nu = K \cdot t$$

$$\eta = K_R \cdot M$$

$$\eta = K_H \cdot (\rho_K - \rho_{Fl}) \cdot t$$

Beispiele

B 10		**Die dynamische Viskosität von Propantriol beträgt bei ϑ = 30,0 °C ϑ = 76,27 mPa · s. Die Dichte von Propantriol beträgt bei dieser Temperatur ρ = 1,210 g/cm³.** **Welchen Wert hat in m²/s die kinematische Viskosität ν von Propantriol bei ϑ = 30,0 °C?**
	Gegeben:	η = 76,27 mPa · s ρ = 1,210 g/cm³
	Gesucht:	ν
	Angabe mPa in Basiseinheiten:	$1\ \text{mPa} = 0{,}001\,\frac{\text{N}}{\text{m}^2} = 0{,}001\,\frac{\text{kg}}{\text{m}\cdot\text{s}^2}$
	Umrechnung ρ in kg/m³:	$\rho = \frac{1{,}210\ \text{g/cm}^3 \cdot 1000000\ \text{cm}^3/\text{m}^3}{1000\ \text{g/kg}} = 1210\ \text{kg/m}^3$
	Berechnung:	$\nu = \frac{\eta}{\rho} = \frac{0{,}07627\ \text{kg}\cdot\text{s}/(\text{m}\cdot\text{s}^2)}{1210\ \text{kg/m}^3} = 6{,}30 \cdot 10^{-5}\ \text{m}^2/\text{s}$
B 11		**Mit einem Höppler-Kugelfall-Viskosimeter wird von Cyclohexanol bei einer Temperatur von ϑ = 20,0 °C die dynamische Viskosität η bestimmt. Folgende Messdaten stehen für die Berechnung zur Verfügung:** **Dichte von Cyclohexanol bei 20 °C ρ_{Fl} = 0,9410 g/cm³** **Dichte der Kugel ρ_K = 8,155 g/cm³** **Kugelkonstante K_H = 0,152 mPa · cm³ · g⁻¹** **Fallzeit t = 62,0 s** **Wie groß ist die dynamische Viskosität η in mPa · s?**
	Gegeben:	ρ_{Fl} = 0,9410 g/cm³ ρ_K = 8,155 g/cm³ K_H = 0,152 mPa · cm³ · g⁻¹ t = 62,0 s
	Gesucht:	η
	Berechnung:	$\eta = K_H \cdot (\rho_K - \rho_{Fl}) \cdot t$ $\eta = 0{,}152\ \text{mPa}\cdot\text{cm}^3\cdot\text{g}^{-1} \cdot (8{,}155\ \text{g/cm}^3 - 0{,}9410\ \text{g/cm}^3) \cdot 62{,}0\ \text{s}$ $\eta = 68{,}0\ \text{mPa}\cdot\text{s}$
B 12		**Die dynamische Viskosität eines Heizöls beträgt bei ϑ = 50,0 °C η = 73,85 mPa · s. Die beim Höppler-Kugelfall-Viskosimeter eingesetzte Kugel hat die Kugelkonstante K_H = 0,152 mPa · cm³ · g⁻¹ und die Dichte ρ_K = 8,155 g/cm³. Die Dichte des Heizöls beträgt bei ϑ = 50 °C $\rho_{Heizöl}$ = 0,8958 g/cm³.** **Welche Fallzeit t in s ist bei der Viskositätsbestimmung des Heizöls zu erwarten?**
	Gegeben:	η = 73,85 mPa · s K_H = 0,152 mPa · cm³ · g⁻¹ ρ_K = 8,155 g/cm³ $\rho_{Heizöl}$ = 0,8958 g/cm³

Beispiele

B 12

Gesucht:	t
Berechnung:	$t = \dfrac{\eta}{K_H \cdot (\rho_K - \rho_{Fl})}$
	$t = \dfrac{73{,}85\ \text{mPa} \cdot \text{s}}{0{,}152\ \text{mPa} \cdot \text{cm}^3 \cdot \text{g}^{-1} \cdot (8{,}155\ \text{g/cm}^3 - 0{,}8958\ \text{g/cm}^3)} = 66{,}9\ \text{s}$

B 13

Mit einem Ubbelohde-Viskosimeter mit der Kapillarkennzahl K = 1,003 mm²/s² wird für einen Lack bei einer Temperatur von ϑ = 21,5 °C eine Durchlaufzeit von t = 187,8 s gemessen.

Welche kinematische Viskosität v in mm²/s hat der Lack bei der angegebenen Temperatur?

Gegeben:	K = 1,003 mm²/s² t = 187,8 s
Gesucht:	v
Berechnung:	$v = K \cdot t = 1{,}003\ \text{mm}^2/\text{s}^2 \cdot 187{,}8\ \text{s} = 188{,}4\ \text{mm}^2/\text{s}$

Übungsaufgaben

Ü 29 Die dynamische Viskosität einer Propantriollösung, $w(C_3H_8O_3)$ = 50,0 %, beträgt bei einer Temperatur von ϑ = 20,0 °C $\eta = 6{,}050 \cdot 10^{-3}$ Pa · s. Die Dichte der Lösung hat bei dieser Temperatur einen Wert von ρ = 1,126 g/cm³.

Berechnen Sie in m²/s die kinematische Viskosität v der Lösung.

Ü 30 Die dynamische Viskosität von Nitrobenzol beträgt bei einer Temperatur von ϑ = 20 °C η = 2,003 mPa · s. Die Dichte beträgt bei dieser Temperatur ρ = 1,203 g/cm³.

Berechnen Sie in m²/s die kinematische Viskosität v von Nitrobenzol.

Ü 31 Bei der Viskositätsbestimmung von Natronlauge, w(NaOH) = 25,0 %, mit einem Höppler-Kugelfall-Viskosimeter wird bei einer Temperatur von ϑ = 20 °C eine Fallzeit von t = 190,3 s ermittelt. Für die Berechnung der dynamischen Viskosität sind folgende Daten zu berücksichtigen:
Dichte der Natronlauge bei ϑ = 20 °C: ρ_{Fl} = 1,274 g/cm³
Dichte der Kugel: ρ_K = 2,390 g/cm³
Kugelkonstante: K_H = 0,01310 mPa · cm³ · g⁻¹

Berechnen Sie in mPa · s die dynamische Viskosität η der Natronlauge bei ϑ = 20 °C.

Ü 32 Mit einem Höppler-Kugelfall-Viskosimeter wird von einem Öl bei einer Temperatur von ϑ = 20 °C die dynamische Viskosität η bestimmt.

Berechnen Sie aus den folgenden Messdaten in mPa · s die dynamische Viskosität η des Öls:
Dichte des Öls bei ϑ = 20 °C: ρ_{Fl} = 0,7976 g/cm³
Dichte der Kugel: ρ_K = 2,390 g/cm³
Kugelkonstante: K_H = 0,1300 mPa · cm³ · g⁻¹
Fallzeit: t = 142,6 s

Übungsaufgaben

Ü 33 Bei der Bestimmung der dynamischen Viskosität mit einem Höppler-Kugelfall-Viskosimeter stehen sechs verschiedene Kugeln zur Verfügung:

Kugel-Nr.	Kugelkonstante K_H in $mPa \cdot cm^3 \cdot g^{-1}$	Dichte der Kugel ρ_K in g/cm^3
1	0,0131	2,390
2	0,130	2,390
3	0,152	8,155
4	1,02	8,155
5	9,20	7,717
6	82,3	7,717

Berechnen Sie die Fallzeiten für jede der Kugeln bei der Viskositätsbestimmung von Wasser bei einer Temperatur von ϑ = 20 °C.
ρ(Wasser) bei 20 °C = 0,9982 g/cm^3, η(Wasser) bei 20 °C = 1,0087 mPa · s

Ü 34 Bei der Bestimmung der dynamischen Viskosität η mit dem Höppler-Kugelfall-Viskosimeter wird eine Fallzeit zwischen t_1 = 25,0 s und t_2 = 200 s angestrebt.

Berechnen Sie mit den in Ü 33 angegebenen Daten für die Kugelkonstante K_H, welche Kugel für die Viskositätsbestimmung von Rizinusöl mit η(Rizinusöl) = 9,76 mPa · s bei ϑ = 20 °C eingesetzt werden kann, damit die angestrebte Fallzeit t erreicht wird.
ρ(Rizinusöl) bei 20 °C = 0,932 g/cm^3

Ü 35 Bei der Bestimmung der kinematischen Viskosität v von einem Öl (Temperatur ϑ = 20,0 °C) mit einem Ubbelohde-Viskosimeter wird eine Durchlaufzeit von t = 154,2 s gemessen. Die Kennzahl der bei der Messung verwendeten Kapillare beträgt K = 0,500 mm^2/s^2.

Berechnen Sie in mm^2/s die kinematische Viskosität v des Öls bei einer Temperatur von ϑ = 20,0 °C.

Ü 36 Die kinematische Viskosität v von einem Schmieröl wird bei einer Temperatur von ϑ = 80,0 °C mit einem Ubbelohde-Viskosimeter bestimmt. Dabei wird eine Durchlaufzeit von t = 187 s gemessen. Die Kennzahl der bei der Messung verwendeten Kapillare beträgt K = 0,100 mm^2/s^2.

Berechnen Sie in mm^2/s die kinematische Viskosität v des Schmieröls bei der gegebenen Temperatur.

Ü 37 Die dynamische Viskosität η einer wässrigen Propantriollösung, $w(C_3H_8O_3)$ = 93,00 %, wird bei einer Temperatur von ϑ = 20,0 °C mit einem Rotationsviskosimeter bestimmt. Bei der Bestimmung wird ein Drehmoment von M = 0,06376 Nm ermittelt. Die Gerätekonstante hat den Wert K_R = 6,274 Pa · s/Nm.

Berechnen Sie in mPa · s die dynamische Viskosität η der Propantriollösung bei ϑ = 20,0 °C.

Ü 38 Von einem Olivenöl wird die dynamische Viskosität η mit einem Rotationsviskosimeter bei einer Temperatur von ϑ = 20,0 °C bestimmt. Das Drehmoment bei der Bestimmung wird mit M = 0,03477 Nm ermittelt. Die Gerätekonstante wird mit K_R = 3,092Pa · s/Nm angegeben.

Berechnen Sie in mPa · s die dynamische Viskosität η des Olivenöls bei der gegebenen Temperatur.

Übungsaufgaben

Ü 39 Von einer Newtonschen Flüssigkeit wird die dynamische Viskosität η bei einer Temperatur von ϑ = 20,0 °C mit einem Rotationsviskosimeter ermittelt. Folgende Werte sind bekannt:
Gerätekonstante K_R = 6,274 Pa · s/Nm
dynamische Viskosität der Flüssigkeit bei 20,0 °C η = 1500 mPa · s

Berechnen Sie in Nm das zu messende Drehmoment M dieser Bestimmung.

2.3 Molekularrefraktion

Die Molekularrefraktion ist eine Stoffkonstante, die zur Strukturaufklärung von chemischen Verbindungen eingesetzt wird. In ihre Bestimmung fließen die molare Masse, die Dichte und die Brechzahl einer Flüssigkeit ein.

$$R_D = \frac{M}{\rho} \cdot \left(\frac{n^2 - 1}{n^2 + 2}\right)$$

Beispiele

B 14

Für die Verbindung Ethylethanoat sind gegeben: die Dichte ρ_{20} = 0,9005 g/cm³, die Brechzahl n_{20} = 1,3726 und die molare Masse M = 88,11 g/mol.

Welchen Wert in cm³/mol hat die Molekularrefraktion R_D von Ethylethanoat bei ϑ = 20 °C?

Gegeben:
ρ_{20} = 0,9005 g/cm³
n_{20} = 1,3726
M = 88,11 g/mol

Gesucht: R_D

Berechnung:
$$R_D = \frac{M}{\rho} \cdot \left(\frac{n^2 - 1}{n^2 + 2}\right) = \frac{88{,}11\ \text{g/mol}}{0{,}9005\ \text{g/cm}^3} = \left(\frac{1{,}3726^2 - 1}{1{,}3726^2 + 2}\right) = 22{,}27\ \text{cm}^3\text{/mol}$$

B 15

Die Molekularrefraktion von Cyclohexan hat bei ϑ = 20 °C einen Wert von R_D = 27,67 cm³/mol.
$n_{20}(C_6H_{12})$ = 1,4254, $M(C_6H_{12})$ = 84,16 g/mol

Welche Dichte ρ in g/cm³ hat Cyclohexan bei ϑ = 20 °C?

Gegeben:
R_D = 27,67 cm³/mol
n_{20} = 1,4254
M = 84,16 g/mol

Gesucht: ρ

Berechnung:
$$\rho = \frac{M}{R_D} \cdot \left(\frac{n^2 - 1}{n^2 + 2}\right) = \frac{84{,}16\ \text{g/mol}}{27{,}67\ \text{cm}^3\text{/mol}} = \left(\frac{1{,}4245^2 - 1}{1{,}4245^2 + 2}\right) = 0{,}7784\ \text{g/cm}^3$$

Übungsaufgaben

Ü 40 Von Heptan sind die Dichte ρ_{20} = 0,6836 g/cm³, die Brechzahl n_{20} = 1,3878 und die molare Masse M = 100,2 g/mol bekannt.

Berechnen Sie aus diesen Angaben in cm³/mol die Molekularrefraktion R_D von Heptan bei ϑ = 20 °C.

Ü 41 Berechnen Sie aus den folgenden für Pentan-1-ol ermittelten Werten in cm³/mol die Molekularrefraktion R_D für diese organische Verbindung bei ϑ = 20 °C.

Dichte bei 20 °C	Brechzahl bei 20 °C	molare Masse
ρ = 0,8198 g/mL	n = 1,4089	M = 88,15 g/mol

Ü 42 Für Ethanol sind die Dichte ρ_{20} = 0,7894 g/mL, die Brechzahl n_{20} = 1,3623 und die molare Masse M = 46,07 g/mol gegeben.

Berechnen Sie in cm³/mol die Molekularrefraktion R_D von Ethanol bei ϑ = 20 °C.

Ü 43 Die Molekularrefraktion von Phenylmethan hat bei ϑ = 20 °C einen Wert von R_D = 31,09 cm³/mol bei einer Brechzahl von $n_{20}(C_7H_8)$ = 1,4969 und einer Molmasse von $M(C_7H_8)$ = 92,14 g/mol.

Berechnen Sie in g/cm³ die Dichte ρ von Phenylmethan bei ϑ = 20 °C.

Ü 44 Von 1,2-Dimethybenzol sind die Molekularrefraktion R_{D20} = 35,74 g/cm³, die Brechzahl n_{20} = 1,505 und die molare Masse M = 106,18 g/mol bekannt.

Berechnen Sie in g/cm³ die Dichte ρ von 1,2-Dimethylbenzol bei ϑ = 20 °C.

Ü 45 Berechnen Sie aus den folgenden für Propan-2-ol bekannten Werten in g/cm³ die Dichte ρ bei ϑ = 20 °C für diesen organischen Alkohol.

Brechzahl bei 20 °C	Molrefraktion bei 20 °C	molare Masse
n = 1,3771	R_D = 17,61 cm³/mol	M = 60,10 g/mol

2.4 Siedepunkterhöhung und Gefrierpunkterniedrigung

Das Phänomen der Siedepunkterhöhung und der Gefrierpunkterniedrigung basiert auf der Erniedrigung des Dampfdrucks einer Lösung (gegenüber dem Dampfdruck des reinen Lösemittels). Siedepunkterhöhung (Verfahren der Ebullioskopie) und Gefrierpunkterniedrigung (Verfahren der Kryoskopie) lassen sich demnach als Dampfdruckminderung zusammenfassen.

Die Beeinflussung ist unabhängig vom gelösten Stoff, sondern abhängig von der Anzahl der gelösten Teilchen und den Eigenschaften des reinen Lösemittels:

Je mehr Teilchen im reinen Lösemittel gelöst sind, umso mehr erniedrigt sich die Temperatur, bei der die Lösung gefriert, bzw. erhöht sich die Temperatur, bei der die Lösung siedet.

Die Änderung der Temperaturen ist proportional der Molalität b des gelösten Stoffes (Einheit: mol/kg Lösemittel). Demzufolge beeinflussen Elektrolyte den Dampfdruck stärker als Nichtelektrolyte, da sie im Lösemittel dissoziieren und dadurch mehr Teilchen vorliegen können. Durch den Bezug auf die Masse des Lösemittels ist das Verfahren zudem temperaturunabhängig.

Durch die Messung der Änderung des Gefrierpunktes bzw. des Siedepunktes kann über folgende Beziehung die molare Masse eines unbekannten Stoffs ermittelt werden:

$$M(X) = \frac{K_{b/m} \cdot m_1}{\Delta T \cdot m_2}$$

M(X): molare Masse des unbekannten gelösten Stoffes

$K_{b/m}$: kryoskopische bzw. ebullioskopische Konstante (Einheit: K · kg · mol^{-1})

m_1: Masse des gelösten Stoffes

ΔT: gemessene Temperaturdifferenz zwischen dem Siedepunkt/Gefrierpunkt des reinen Lösemittels und dem Siedepunkt/Gefrierpunkt der Lösung

m_2: Masse des Lösemittels

$$M(X) = \frac{K_{b/m} \cdot m_1}{\Delta T \cdot m_2}$$

$$M(X) = \frac{K_b \cdot m_1}{\Delta T \cdot m_2}$$

$$M(X) = \frac{K_m \cdot m_1}{\Delta T \cdot m_2}$$

Beispiele

B 16

In m_2 = 45,2 g Benzol werden m_1 = 3,64 g 2-Aminoanthrachinon gelöst. Die kryoskopische Konstante von Benzol beträgt K_m = 5,100 K · kg/mol.

Welche Temperaturdifferenz ΔT in K besteht zwischen dem Erstarrungspunkt der Lösung und dem des reinen Benzols?
$M(C_{14}H_9O_2N)$ = 223,24 g/mol

Gegeben:

$m(C_6H_6) = m_2 = 45{,}2$ g
$m(C_{14}H_9O_2N) = m_1 = 3{,}64$ g
$M(C_{14}H_9O_2N) = 223{,}24$ g/mol $= 0{,}22324$ kg/mol
$K_m = 5{,}100$ K · kg/mol

Gesucht: ΔT

Berechnung:

$$\Delta T = \frac{K_m \cdot m(C_{14}H_9O_2N)}{M(C_{14}H_9O_2N) \cdot m(C_6H_6)}$$

$$\Delta T = \frac{5{,}100\ \text{K} \cdot \text{kg/mol} \cdot 3{,}64\ \text{g}}{0{,}22324 \cdot \text{kg/mol} \cdot 45{,}2\ \text{g}} = 1{,}84\ \text{K}$$

B 17

In m_2 = 28,5 g eines Lösemittels werden m_1 = 838 mg eines organischen Feststoffs gelöst. Der Siedepunkt erhöht sich dabei um ΔT = 0,735 K.

Welche ebullioskopische Konstante K_b in K · kg/mol hat das verwendete Lösemittel?
M(organischer Feststoff) = 100,0 g/mol

Gegeben:

m(Lösemittel) $= m_2 = 28{,}5$ g
m(organischer Feststoff) $= m_1 = 838$ mg $= 0{,}838$ g

Beispiele

B 17

$M(\text{organischer Feststoff}) = 100{,}0\ \text{g/mol} = 0{,}1000\ \text{kg/mol}$
$\Delta T = 0{,}735\ \text{K}$

Gesucht: $K_b(\text{Lösemittel})$

Berechnung:

$$K_b = \frac{M(\text{organischer Feststoff}) \cdot \Delta T \cdot m(\text{Lösemittel})}{m(\text{organischer Feststoff})}$$

$$K_b = \frac{0{,}1000\ \text{kg/mol} \cdot 0{,}735\ \text{K} \cdot 28{,}5\ \text{g}}{0{,}838\ \text{g}} = 2{,}50\ \text{K} \cdot \text{kg/mol}$$

B 18

Welche Masse m_1 an Propanon in g ist $m_2 = 32{,}5$ g Wasser zuzusetzen, damit der Gefrierpunkt der Lösung auf $\vartheta_m = -3{,}84$ °C herabgesetzt wird?
$M(C_3H_6O) = 58{,}079$ g/mol, $K_m(H_2O) = 1{,}858$ K · kg/mol, $\vartheta_m(H_2O) = 0{,}00$ °C

Gegeben:

$\vartheta_m(\text{Lösung}) = -3{,}84\ °\text{C}$
$m(H_2O) = m_2 = 32{,}5\ \text{g}$
$M(C_3H_6O) = 58{,}079\ \text{g/mol} = 0{,}058079\ \text{kg/mol}$
$K_m(H_2O) = 1{,}858\ \text{K} \cdot \text{kg/mol}$
$\vartheta_m(H_2O) = 0{,}00\ °\text{C}$

Gesucht: $m(C_3H_6O)$

Berechnung ΔT:

$\Delta T = 0{,}00 - (-3{,}84) = 3{,}84\ \text{K}$

Berechnung $m(C_3H_6O)$:

$$m(C_3H_6O) = \frac{M(C_3H_6O) \cdot \Delta T \cdot m(H_2O)}{K_m}$$

$$m(C_3H_6O) = \frac{0{,}058079\ \text{kg/mol} \cdot 3{,}84\ \text{K} \cdot 32{,}5\ \text{g}}{1{,}858\ \text{K} \cdot \text{kg/mol}} = 3{,}90\ \text{g}$$

B 19

Durch Zugabe von $m_1 = 10{,}0$ g einer Verbindung, die im Lösemittel nicht dissoziiert, zu $m_2 = 75{,}0$ g Tetrachlormethan tritt eine Gefrierpunkterniedrigung des Lösemittels um $\Delta T = 10{,}43$ K auf.

Wie groß ist in g/mol die molare Masse M der Verbindung?
$K_m(CCl_4) = 29{,}80$ K · kg/mol

Gegeben:

$m(X) = m_1 = 10{,}0\ \text{g}$
$m(CCl_4) = m_2 = 75{,}0\ \text{g}$
$\Delta T = 10{,}43\ \text{K}$
$K_m(CCl_4) = 29{,}80\ \text{K} \cdot \text{kg/mol}$

Gesucht: $M(X)$

Berechnung:

$$M(X) = \frac{K_m \cdot m(X)}{\Delta T \cdot m(CCl_4)}$$

$$M(X) = \frac{29{,}80\ \text{K} \cdot \text{kg/mol} \cdot 10{,}0\ \text{g}}{10{,}43\ \text{K} \cdot 75{,}0\ \text{g}} = 0{,}381\ \text{kg/mol} = 381\ \text{g/mol}$$

Übungsaufgaben

Ü 46 In m_2 = 62,5 g Benzol werden m_1 = 1,04 g Chlorbenzol gelöst.

Berechnen Sie in K die Gefrierpunkterniedrigung ΔT der Lösung.
$M(C_6H_5Cl)$ = 112,557 g/mol, $K_m(C_6H_6)$ = 5,100 K · kg/mol

Ü 47 In m_2 = 8,17 g einer wässrigen Lösung sind m_1 = 0,596 g 1,3-Dihydroxybenzol gelöst.

Berechnen Sie in K die Gefrierpunkterniedrigung ΔT durch die Zugabe von 1,3-Dihydroxybenzol.
$M(C_6H_4(OH)_2)$ = 110,111 g/mol, $K_m(H_2O)$ = 1,858 K · kg/mol

Ü 48 In m_2 = 28,2 g Ethanol werden m_1 = 0,275 g Benzoesäure gelöst.

Berechnen Sie in K die Siedepunkterhöhung ΔT der Lösung.
$M(C_6H_5COOH)$ = 122,12 g/mol, $K_b(C_2H_5OH)$ = 1,20 K · kg/mol

Ü 49 Die Masse m_1 = 1,78 g 1,2-Dibrommethan wird in m_2 = 12,8 g eines Lösemittels gelöst. Der Gefrierpunkt der Lösung liegt um ΔT = 2,60 K niedriger als der des reinen Lösemittels.

Berechnen Sie in K · kg/mol die kryoskopische Konstante K_m des verwendeten Lösemittels.
$M(CH_2Br_2)$ = 173,84 g/mol

Ü 50 Berechnen Sie die Masse m(Ethansäure) in g, die in einer Lösung mit m_2 = 19,7 g Wasser enthalten ist, wenn die Lösung bei ϑ_m = 15,75 °C erstarrt.
$M(CH_3COOH)$ = 60,052 g/mol, $K_m(CH_3COOH)$ = 3,900 K · kg/mol, $\vartheta_m(CH_3COOH)$ = 16,65 °C

Ü 51 Berechnen Sie die Masse m(Naphthalin) in g, die in m_2 = 38,5 g 1,4-Dioxan gelöst werden muss, damit der Siedepunkt der Lösung um ΔT = 1,08 K ansteigt.
$M(C_{10}H_8)$ = 128,17 g/mol, K_b(Dioxan) = 3,270 K · kg/mol

Ü 52 In m_2 = 8,75 g Benzol werden m_1 = 1,67 g einer organischen Verbindung gelöst. Dabei wird eine Gefrierpunkterniedrigung von ΔT = 3,56 K gemessen.

Berechnen Sie in °C den Gefrierpunkt ϑ_m der Lösung, wenn statt Benzol (bei ansonsten gleichbleibenden Massen) als Lösemittel 2-Methylpropan-2-ol eingesetzt wird.
$K_m(C_6H_6)$ = 5,100 K · kg/mol, $K_m((CH_3)_3COH)$ = 8,250 K · kg/mol, $\vartheta_m((CH_3)_3COH)$ = 25,4 °C

Ü 53 Zur Bestimmung der molaren Masse M einer organischen Verbindung werden m_1 = 0,459 g der Verbindung mit m_2 = 32,8 g Campher gemischt. Der Schmelzpunkt der Mischung beträgt ϑ_m = 172,3 °C. Der Schmelzpunkt von reinem Campher beträgt ϑ_m = 178,8 °C.

Berechnen Sie in g/mol die molare Masse M der eingesetzten Substanz.
K_m(Campher) = 40,00 K · kg/mol

Ü 54 Zur Bestimmung der molaren Masse M einer organischen Verbindung werden m_1 = 1,07 g der Verbindung in m_2 = 70,6 g Benzol gelöst. Die Gefrierpunkterniedrigung der Lösung beträgt dabei ΔT = 1,33 K.

Berechnen Sie in g/mol die molare Masse M der organischen Substanz.
$K_m(C_6H_6)$ = 5,100 K · kg/mol

Ü 55 Die Masse m_1 = 0,817 g einer nicht dissoziierten Substanz wird in m_2 = 10,4 g Wasser gelöst. Dabei wird eine Siedepunkterhöhung um ΔT = 0,430 K festgestellt.

Berechnen Sie in g/mol die molare Masse M der eingesetzten Substanz.
K_b(Wasser) = 0,515 K · kg/mol

3 Gehaltsangaben

Gehaltsangaben beschreiben den Gehalt eines reinen Stoffs innerhalb eines Stoffgemischs (= Mischphase) bezogen auf die Grundgrößen Masse *m*, Stoffmenge *n* oder Volumen *V*. In der quantitativen Umsetzung werden Gehaltsangaben als

- Anteile,
- Verhältnisse oder
- Konzentrationen

angegeben.

3.1 Anteile und Verhältnisse

Anteile werden bestimmt über den Quotienten aus der Masse *m*, der Stoffmenge *n* oder dem Volumen *V* des betrachteten reinen Stoffs (Zähler) und der Summe aller an der Mischphase beteiligten Stoffe (Nenner) in derselben Grundgröße (also entweder *m*, *n* oder *V*).

Man unterscheidet:

- Massenanteil w
- Stoffmengenanteil χ (Chi)
- Volumenanteil φ (Phi)

Anteile werden dimensionslos oder mit dem Faktor 100 in Prozent [%] angegeben.

Verhältnisse werden bestimmt über den Quotienten aus der Masse *m*, der Stoffmenge *n* oder dem Volumen *V* des betrachteten reinen Stoffs (Zähler) und einer anderen Komponente in der Mischphase (Nenner) in derselben Grundgröße (also entweder *m*, *n* oder *V*).

Man unterscheidet:

- Massenverhältnis ζ (Zeta)
- Stoffmengenverhältnis r
- Volumenverhältnis ψ (Psi)

Verhältnisse werden dimensionslos oder mit dem Faktor 100 in Prozent [%] angegeben.

$$m(\text{Lösung}) = m(\text{X}) + m(\text{Lösemittel})$$

$$V(\text{Lösung}) = V(\text{X}) + V(\text{Lösemittel})$$

$$n(\text{X}) = \frac{m(\text{X})}{M(\text{X})} \qquad \zeta = \frac{m_{\text{Stoff A}}}{m_{\text{Stoff B}}}$$

$$w(\text{X}) = \frac{m(\text{X})}{m(\text{Lösung})} \qquad r = \frac{n_{\text{Stoff A}}}{n_{\text{Stoff B}}}$$

$$\chi(\text{X}) = \frac{n(\text{X})}{n(\text{X}) + n(\text{X}_1)} \qquad \psi = \frac{V_{\text{Stoff A}}}{V_{\text{Stoff B}}}$$

$$\varphi(\text{X}) = \frac{V(\text{X})}{V(\text{Lösung})}$$

Beispiele

B 1

In m_1 = 532 g Kaliumnitratlösung sind m_2 = 76,6 g Kaliumnitrat gelöst. Wie groß ist der Massenanteil $w(KNO_3)$ in % der Kaliumnitratlösung?

Gegeben:
$m(KNO_3) = m_2 = 76{,}6\ g$
$m(\text{Lösung}) = m_1 = 532\ g$

Gesucht: $w(KNO_3)$

Berechnung:
$$w(KNO_3) = \frac{m(KNO_3)}{m(\text{Lösung})} \cdot 100\ \% = \frac{76{,}6\ g}{532\ g} \cdot 100\ \% = 14{,}4\ \%$$

B 2

In m_1 = 302 g Wasser werden m_2 = 48,0 g Natriumchlorid gelöst. Wie groß ist der Massenanteil $w(NaCl)$ der Lösung?

Gegeben:
$m(NaCl) = m_2 = 48{,}0\ g$
$m(\text{Lösemittel}) = m_1 = 302\ g$

Gesucht: $w(NaCl)$

Berechnung Gesamtmasse:
$m(\text{Lösung}) = m(NaCl) + m(\text{Lösemittel})$
$m(\text{Lösung}) = 48{,}0\ g + 302\ g = 350\ g$

Berechnung Massenanteil:
$$w(NaCl) = \frac{m(NaCl)}{m(\text{Lösung})} = \frac{48{,}0\ g}{350\ g} = 0{,}137$$

B 3

Es soll eine Kalilauge mit $w(KOH)$ = 0,175 hergestellt werden. Welche Masse $m(KOH)$ in g muss dazu in m = 500 g Wasser aufgelöst werden?

Gegeben:
$w(KOH) = 0{,}175$
$m(\text{Lösemittel}) = 500\ g$

Gesucht: $m(KOH)$

Berechnung $m(\text{Lösung})$:
$m(\text{Lösung}) = m(KOH) + m(\text{Lösemittel})$

Berechnung $m(KOH)$:
$m(KOH) = w(KOH) \cdot [m(KOH) + m(\text{Lösemittel})]$
$m(KOH) = 0{,}175 \cdot [m(KOH) + 500\ g]$
$m(KOH) - 0{,}175 \cdot m(KOH) = 87{,}5\ g$
$0{,}825 \cdot m(KOH) = 87{,}5\ g$
$m(KOH) = 106\ g$

B 4

Eine wässrige Lösung hat den Massenanteil $w(NH_4Cl)$ = 9,75 %. Welche Masse m(Ammoniumchlorid) in g ist in m_L = 465 g dieser Lösung enthalten?

Gegeben:
$w(NH_4Cl) = 9{,}75\ \% \triangleq 0{,}0975$
$m(\text{Lösung}) = 465\ g$

Gesucht: $m(NH_4Cl)$

Berechnung:
$m(NH_4Cl) = w(NH_4Cl) \cdot m(\text{Lösung}) = 0{,}0975 \cdot 465\ g = 45{,}3\ g$

Beispiele

B 5

Wie groß ist der Massenanteil $w(N)$ in % in der Verbindung NH_4NO_3?
$M(NH_4NO_3) = 80{,}0$ g/mol, $M(N) = 14{,}0$ g/mol

Gegeben:
$M(NH_4NO_3) = 80{,}0$ g/mol
$M(N) = 14{,}0$ g/mol

Gesucht:
$w(N)$

Masse N in 1 Mol NH_4NO_3:
$2 \cdot 14{,}0$ g N in $80{,}0$ g NH_4NO_3

Berechnung:
$$w(N) = \frac{m(N)}{m(NH_4NO_3)} \cdot 100\,\% = \frac{28{,}0\text{ g}}{80{,}0\text{ g}} \cdot 100\,\% = 35{,}0\,\%$$

B 6

$V_1 = 450{,}0$ L Stickstoff werden mit $V_2 = 15{,}70$ L Argon versetzt.
Wie groß ist der Volumenanteil $\varphi(Ar)$ in % der Gasmischung?

Gegeben:
$V(Ar) = V_2 = 15{,}70$ L
$V(N_2\text{, Lösemittel}) = V_1 = 450{,}0$ L

Gesucht:
$\varphi(Ar)$

Berechnung Gesamtvolumen:
$V(\text{Lösung}) = V(Ar) + V(N_2)$
$V(\text{Lösung}) = 15{,}70\text{ L} + 450{,}0\text{ L} = 465{,}7$ L

Berechnung Volumenanteil:
$$\varphi(Ar) = \frac{V(Ar)}{V(\text{Lösung})} \cdot 100\,\% = \frac{15{,}70\text{ L}}{465{,}7\text{ L}} \cdot 100\,\% = 3{,}371\,\%$$

B 7

Ein Salzgemisch enthält $m_1 = 272$ g Natriumnitrat und $m_2 = 213$ g Natriumsulfat. Wie groß ist der Stoffmengenanteil $\chi(Na_2SO_4)$ in % der Salzmischung?
$M(Na_2SO_4) = 142$ g/mol, $M(NaNO_3) = 85{,}0$ g/mol

Gegeben:
$m(NaNO_3) = m_1 = 272$ g
$m(Na_2SO_4) = m_2 = 213$ g
$M(NaNO_3) = 85{,}0$ g/mol
$M(Na_2SO_4) = 142$ g/mol

Gesucht:
$\chi(Na_2SO_4)$

Berechnung $n(NaNO_3)$:
$$n(NaNO_3) = \frac{m(NaNO_3)}{M(NaNO_3)} = \frac{272\text{ g}}{85{,}0\text{ g/mol}} = 3{,}20\text{ mol}$$

Berechnung $n(Na_2SO_4)$:
$$n(Na_2SO_4) = \frac{m(Na_2SO_4)}{m(Na_2SO_4)} = \frac{213\text{ g}}{142\text{ g/mol}} = 1{,}50\text{ mol}$$

Berechnung Stoffmengenanteil:
$$\chi(Na_2SO_4) = \frac{n(Na_2SO_4)}{n(Na_2SO_4) + n(NaNO_3)} \cdot 100\,\%$$
$$\chi(Na_2SO_4) = \frac{1{,}50\text{ mol}}{1{,}50\text{ mol} + 3{,}20\text{ mol}} \cdot 100\,\% = 31{,}9\,\%$$

Übungsaufgaben

Ü 1 In m_L = 165 g Kaliumchloridlösung sind m = 36,5 g Kaliumchlorid gelöst.

Berechnen Sie den Massenanteil $w(KCl)$ in % der Kaliumchloridlösung.

Ü 2 Die Masse m = 106 g Natriumsulfat ist in m_L = 950 g einer Natriumsulfatlösung gelöst.

Berechnen Sie den Massenanteil $w(Na_2SO_4)$ in % der Natriumsulfatlösung.

Ü 3 In m_1 = 386 g Wasser werden m_2 = 43,0 g Kaliumsulfat gelöst.

Berechnen Sie den Massenanteil $w(K_2SO_4)$ in % der hergestellten Lösung.

Ü 4 Die Masse m_1 = 42,5 g Glukose wird in m_2 = 275 g Wasser gelöst.

Berechnen Sie den Massenanteil $w(C_6H_{12}O_6)$ in % der entstandenen Lösung.

Ü 5 In m_1 = 5,25 kg Wasser werden m_2 = 655 g Natriumhydroxid gelöst.

Berechnen Sie den Massenanteil $w(NaOH)$ in % der entstandenen Lösung.

Ü 6 In einer wässrigen Lösung mit m_L = 980 g sind m_1 = 31,2 g Natriumcarbonat und m_2 = 20,5 g Kaliumcarbonat enthalten.

Berechnen Sie die Massenanteile $w(Na_2CO_3)$ und $w(K_2CO_3)$ in % der Salzlösung.

Ü 7 Es wird eine Natronlauge, $w(NaOH)$ = 14,70 %, hergestellt.

Berechnen Sie in g die Masse $m(NaOH)$, die dazu in m_1 = 800,0 g Wasser aufgelöst werden muss.

Ü 8 Berechnen Sie in g die Masse m(Natriumnitrat), die in m_1 = 450,0 g Wasser gelöst werden muss, um eine Lösung mit $w(NaNO_3)$ = 18,50 % herzustellen.

Ü 9 Es wird eine Kalilauge, $w(KOH)$ = 0,1050, hergestellt.

Berechnen Sie in kg die Masse $m(KOH)$, die dazu in m_1 = 125,0 kg Wasser zu lösen ist.

Ü 10 Eine wässrige Lösung hat den Massenanteil $w(CaCl_2)$ = 11,8 %.

Berechnen Sie in g die Masse m(Calciumchlorid), die in m_L = 370 g dieser Lösung enthalten ist.

Ü 11 Berechnen Sie in g die Masse m(Natriumcarbonat), die zur Herstellung von m_L = 720 g Natriumcarbonatlösung, $w(Na_2CO_3)$ = 8,25 %, benötigt wird.

Ü 12 Eine wässrige Lösung hat den Massenanteil $w(KNO_3)$ = 6,43 %.

Berechnen Sie in g die Masse m(Kaliumnitrat), die in m_L = 426 g dieser Lösung enthalten ist.

Ü 13 Herzustellen sind m_L = 500 g einer Benzoesäurelösung, $w(C_6H_5COOH)$ = 0,0175.

Berechnen Sie in g die Masse m(Benzoesäure), die zur Herstellung dieser Lösung benötigt wird.

Ü 14 Berechnen Sie in kg die Masse m an Salzlösung, w(Salz) = 23,2 %, die aus m_1 = 1,25 kg Salz hergestellt werden kann.

Übungsaufgaben

Ü 15 Berechnen Sie in g die Masse m an Natriumnitratlösung, $w(NaNO_3) = 0{,}163$, die aus $m_1 = 72{,}5$ g $NaNO_3$ hergestellt werden kann.

Ü 16 Berechnen Sie den Massenanteil $w(N)$ in % der Verbindung NH_2-CO-NH_2.
$M(NH_2\text{-CO-}NH_2) = 60{,}0$ g/mol, $M(N) = 14{,}0$ g/mol

Ü 17 Berechnen Sie die Massenanteile $w(Ca)$, $w(Cl)$ und $w(O)$ in % der Verbindung $Ca(ClO_3)_2$.
$M(Ca(ClO_3)_2) = 207$ g/mol, $M(Ca) = 40{,}1$ g/mol, $M(Cl) = 35{,}5$ g/mol, $M(O) = 16{,}0$ g/mol

Ü 18 Berechnen Sie die Massenanteile $w(Fe)$, $w(C)$ und $w(N)$ in % der Verbindung $Fe_4(Fe(CN)_6)_3$.
$M(Fe_4(Fe(CN)_6)_3) = 859{,}3$ g/mol, $M(Fe) = 55{,}85$ g/mol, $M(C) = 12{,}01$ g/mol, $M(N) = 14{,}01$ g/mol

Ü 19 Berechnen Sie den Massenanteil w(Kristallwasser) in % der Verbindung $Na_2CO_3 \cdot 10\ H_2O$.
$M(Na_2CO_3 \cdot 10\ H_2O) = 286{,}1$ g/mol, $M(H_2O) = 18{,}01$ g/mol

Ü 20 Das Volumen $V_1 = 350$ mL Benzol wird mit $V_2 = 125$ mL Toluol gemischt.

Berechnen Sie den Volumenanteil $\varphi(C_6H_6)$ in % der Lösung.

Ü 21 Es werden $V_1 = 156{,}8$ L Kohlenstoffmonoxid und $V_2 = 291{,}2$ L Kohlenstoffdioxid gemischt.

Berechnen Sie die Volumenanteile $\varphi(CO)$ und $\varphi(CO_2)$ in % des Gasgemischs.

Ü 22 Ein Gasgemisch besteht aus $V_1 = 4{,}80$ L Sauerstoff, $V_2 = 10{,}5$ L Stickstoff und $V_3 = 32{,}4$ L Kohlenstoffdioxid.

Berechnen Sie die Volumenanteile $\varphi(O_2)$, $\varphi(N_2)$ und $\varphi(CO_2)$ in % des Gasgemischs.

Ü 23 Es soll ein Gasgemisch, das aus $V_1 = 750$ mL Stickstoff und aus Sauerstoff besteht, angesetzt werden.

Berechnen Sie in mL das Volumen $V_2(O_2)$, das zum Stickstoff gemischt werden muss, damit im Gasgemisch der Volumenanteil $\varphi(O_2) = 12{,}5$ % beträgt.

Ü 24 Es wird ein Gasgemisch benötigt, das aus $V_1 = 2{,}64$ mL Argon und aus Wasserstoff besteht.

Berechnen Sie in mL das Volumen $V_2(H_2)$, das zum Argon gemischt werden muss, damit im Gasgemisch der Volumenanteil $\varphi(Ar) = 0{,}775$ % beträgt.

Ü 25 Es sollen V = 500 mL eines Gasgemischs, das aus $V_1 = 175$ mL Neon und aus Helium besteht, angesetzt werden.

Berechnen Sie den Volumenanteil $\varphi(He)$ in % in dem Gasgemisch.

Ü 26 Ein Alkoholgemisch enthält $m_1 = 256$ g Methanol und $m_2 = 552$ g Ethanol.

Berechnen Sie den Stoffmengenanteil $\chi(C_2H_5OH)$ in % der Alkoholmischung.
$M(CH_3OH) = 32{,}0$ g/mol, $M(C_2H_5OH) = 46{,}0$ g/mol

Ü 27 Aus $m_1 = 165{,}8$ g Kupfer, $m_2 = 131{,}3$ g Nickel und $m_3 = 3{,}315$ g Mangan wird eine Legierung hergestellt.

Berechnen Sie die Stoffmengenanteile $\chi(Cu)$, $\chi(Ni)$ und $\chi(Mn)$ in % der Legierung.
$M(Cu) = 63{,}55$ g/mol, $M(Ni) = 58{,}69$ g/mol, $M(Mn) = 54{,}94$ g/mol

Übungsaufgaben

Ü 28 Ein Salzgemisch enthält m_1 = 333,3 g Kaliumchlorid, m_2 = 333,3 g Kaliumbromid und m_3 = 333,3 g Kaliumiodid.

Berechnen Sie den Stoffmengenanteil χ(KBr) in % der Salzmischung.
M(KCl) = 74,55 g/mol, M(KBr) = 119,0 g/mol, M(KI) = 166,0 g/mol

Ü 29 Bronze, eine Legierung, die aus Zinn und Kupfer besteht, hat die Massenanteile w(Sn) = 26,85 % und w(Cu) = 73,15 %.

Berechnen Sie den Stoffmengenanteil χ(Sn) in % der Legierung.
M(Cu) = 63,55 g/mol, M(Sn) = 118,7 g/mol

Ü 30 Ein Lösemittelgemisch hat die Massenanteile $w(CH_3–CO–CH_3)$ = 32,0 % und $w(CH_2Cl_2)$ = 68,0 %.

Berechnen Sie den Stoffmengenanteil $\chi(CH_3–CO–CH_3)$ in % des Gemischs.
$M(CH_3–CO–CH_3)$ = 58,0 g/mol, $M(CH_2Cl_2)$ = 85,0 g/mol

3.2 Konzentrationen

Konzentrationen werden über den Quotienten aus der Masse m, der Stoffmenge n oder dem Volumen V des betrachteten reinen Stoffs (Zähler) und dem Volumen der Mischphase (V_{gesamt}) (Nenner) bestimmt.

Man unterscheidet:

- Massenkonzentration β [g/L]
- Stoffmengenkonzentration c [mol/L]
- Volumenkonzentration σ (Sigma) (dimensionslos oder mit dem Faktor 100 in Prozent [%])

Äquivalentkonzentration

Die Äquivalentkonzentration ist eine spezielle Form der Stoffmengenkonzentration. Sie gibt an, welche Äquivalentstoffmenge n_{eq} in einem Liter Lösung enthalten ist. Die Äquivalentkonzentration ergibt sich aus dem Produkt von Stoffmengenkonzentration c und der stöchiometrischen Wertigkeit z:

$c(\text{eq}) = c \cdot z$
Die Äquivalentkonzentration wird in mol/L angegeben.

Molalität

Die Molalität ist der Quotient aus der Stoffmenge n eines gelösten Stoffs (Zähler) und der Masse m des Lösemittels (Nenner). Sie besitzt das Formelzeichen b. Die Molalität ist temperaturunabhängig und wird in mol/kg angegeben.

Löslichkeit

Die Löslichkeit ist keine Konzentrationsangabe, steht jedoch in engem Zusammenhang mit der Stoffmenge. Die Löslichkeit gibt die maximale Menge eines Stoffes an, die unter bestimmten Umständen in einer bestimmten Menge des Lösemittels gelöst werden kann. Hierbei bildet sich ein stabiles System. Die Löslichkeit wird in g/100 g Lösemittel angegeben.

$$\beta(X) = \frac{m(X)}{V(\text{Lösung})} \qquad c(\text{eq}) = \frac{m(X) \cdot z^*}{M(X) \cdot V(\text{Lösung})}$$

$$c(X) = \frac{n(X)}{V(\text{Lösung})} \qquad b(X) = \frac{n(X)}{m(\text{Lösemittel})}$$

$$\sigma(X) = \frac{V(X)}{V(\text{Lösung})} \qquad L^*(X, \vartheta) = \frac{m(X)}{m(\text{Lösemittel})}$$

Beispiele

B 8

Die Masse m = 527 g Natriumchlorid wird in Wasser gelöst und auf V = 4,25 L aufgefüllt. Wie groß ist in g/L die Massenkonzentration β(NaCl) der aufgefüllten Lösung?

Gegeben:
$m(\text{NaCl}) = 527\ \text{g}$
$V(\text{Lösung}) = 4{,}25\ \text{L}$

Gesucht: $\beta(\text{NaCl})$

Berechnung:
$$\beta(\text{NaCl}) = \frac{m(\text{NaCl})}{V(\text{Lösung})} = \frac{527\ \text{g}}{4{,}25\ \text{L}} = 124\ \text{g/L}$$

B 9

Welche Masse m in g an Kaliumnitrat ist in V = 929 mL einer Kaliumnitratlösung, $\beta(KNO_3)$ = 7,62 g/L, enthalten?

Gegeben:
$\beta(KNO_3) = 7{,}62\ \text{g/L}$
$V(\text{Lösung}) = 929\ \text{mL} = 0{,}929\ \text{L}$

Gesucht: $m(KNO_3)$

Berechnung:
$$m(KNO_3) = \beta(KNO_3) \cdot V(\text{Lösung}) = 7{,}62\ \text{g/L} \cdot 0{,}929\ \text{L} = 7{,}08\ \text{g}$$

B 10

In V_2 = 243 mL einer wässrigen Methanollösung sind V_1 = 110 mL reines Methanol enthalten. Wie groß ist die Volumenkonzentration $\sigma(CH_3OH)$ in % der Methanollösung?

Gegeben:
$V(CH_3OH) = V_1 = 110\ \text{mL}$
$V(\text{Lösung}) = V_2 = 243\ \text{mL}$

Gesucht: $\sigma(CH_3OH)$

Berechnung:
$$\sigma(CH_3OH) = \frac{V(CH_3OH)}{V(\text{Lösung})} \cdot 100\ \% = \frac{110\ \text{mL}}{243\ \text{mL}} \cdot 100\ \% = 45{,}3\ \%$$

B 11

Wie viel Gramm Kaliumchlorid sind zur Herstellung von V = 2,00 L einer Lösung, c(KCl) = 0,100 mol/L, abzuwiegen?
M(KCl) = 74,5 g/mol

Gegeben:
$c(\text{KCl}) = 0{,}100\ \text{mol/L}$
$M(\text{KCl}) = 74{,}5\ \text{g/mol}$
$V(\text{Lösung}) = 2{,}00\ \text{L}$

Beispiele

B 11	Gesucht:	$m(\mathrm{KCl})$
	Berechnung $n(\mathrm{KCl})$:	$n(\mathrm{KCl}) = c(\mathrm{KCl}) \cdot V(\text{Lösung}) = 0{,}100\ \mathrm{mol/L} \cdot 2{,}00\ \mathrm{L} = 0{,}200\ \mathrm{mol}$
	Berechnung $m(\mathrm{KCl})$:	$m(\mathrm{KCl}) = n(\mathrm{KCl}) \cdot M(\mathrm{KCl}) = 0{,}200\ \mathrm{mol} \cdot 74{,}5\ \mathrm{g/mol} = 14{,}9\ \mathrm{g}$
B 12		**V = 375 mL einer Natronlauge-Maßlösung enthalten m = 2,52 g Natriumhydroxid. Wie groß ist in mol/L die Stoffmengenkonzentration $c(\mathrm{NaOH})$ der Maßlösung?** **$M(\mathrm{NaOH})$ = 40,0 g/mol**
	Gegeben:	$m(\mathrm{NaOH}) = 2{,}52\ \mathrm{g}$ $M(\mathrm{NaOH}) = 40{,}0\ \mathrm{g/mol}$ $V(\text{Lösung}) = 375\ \mathrm{mL}$
	Gesucht:	$c(\mathrm{NaOH})$
	Berechnung $n(\mathrm{NaOH})$:	$n(\mathrm{NaOH}) = \frac{m(\mathrm{NaOH})}{M(\mathrm{NaOH})} = \frac{2{,}52\ \mathrm{g}}{40{,}0\ \mathrm{g/mol}} = 0{,}0630\ \mathrm{mol}$
	Berechnung Stoffmengen-konzentration:	$c(\mathrm{NaOH}) = \frac{n(\mathrm{NaOH})}{V(\text{Lösung})} = \frac{0{,}0630\ \mathrm{mol}}{0{,}375\ \mathrm{L}} = 0{,}168\ \mathrm{mol/L}$
B 13		**Die Masse m = 8,35 g Kaliumbromat wird in Wasser gelöst und auf V = 400 mL aufgefüllt. Wie groß ist in mol/L die Äquivalentkonzentration $c(\mathrm{eq})(\frac{1}{6}\,\mathrm{KBrO_3})$ der Lösung?** **$M(\mathrm{KBrO_3})$ = 167 g/mol**
	Gegeben:	$m(\mathrm{KBrO_3}) = 8{,}35\ \mathrm{g}$ $M(\mathrm{KBrO_3}) = 167\ \mathrm{g/mol}$ $V(\text{Lösung}) = 400\ \mathrm{mL}$
	Gesucht:	$c(\mathrm{eq})(\frac{1}{6}\,\mathrm{KBrO_3})$
	Berechnung:	$c(\mathrm{eq})(\frac{1}{6}\,\mathrm{KBrO_3}) = \frac{8{,}35\ \mathrm{g} \cdot 6}{167\ \mathrm{g/mol} \cdot 0{,}400\ \mathrm{L}} = 0{,}750\ \mathrm{mol/L}$
B 14		**In m = 650 g Wasser sind n = 0,355 mol Natriumnitrat gelöst. Wie groß ist in mol/kg die Molalität b der Salzlösung?**
	Gegeben:	$n(\mathrm{NaNO_3}) = 0{,}355\ \mathrm{mol}$ $m(\mathrm{H_2O}) = 650\ \mathrm{g}$
	Gesucht:	$b(\mathrm{NaNO_3})$
	Berechnung:	$b(\mathrm{NaNO_3}) = \frac{n(\mathrm{NaNO_3})}{m(\text{Lösemittel})} = \frac{0{,}355\ \mathrm{mol}}{0{,}650\ \mathrm{kg}} = 0{,}546\ \mathrm{mol/kg}$

Beispiele

B 15

Bei einer Temperatur von ϑ = 40 °C werden in m_3 = 465,0 g Wasser m_1 = 138,0 g Kaliumchlorid gelöst.

Welche Masse m_2 in g an Kaliumchlorid kann noch zusätzlich gelöst werden?
L^*(KCl, 40 °C) = 40,30 g/100,0 g Wasser

Gegeben:	m(KCl)	$= m_1$	= 138,0 g
	$m(H_2O)$	$= m_3$	= 465,0 g
	L^*(KCl, 40 °C)	= 40,30 g/100,0 g Wasser	
Gesucht:	m_2(KCl)		
Berechnung m_{ges}(KCl):	m(X)	= L^*(X, ϑ) · m(Lösemittel)	
	m_{ges}(KCl)	= 40,30 g/100,0 g · 465,0 g	= 187,4 g
Berechnung m_2(KCl):	m_2(KCl)	= m_{ges}(KCl) – m_1(KCl)	= 187,4 g – 138,0 g = 49,40 g

B 16

Die Masse m_1 = 250 g einer bei ϑ_1 = 50 °C gesättigten wässrigen Natriumhydrogencarbonatlösung wird auf ϑ_2 = 30 °C abgekühlt. Welche Masse m_2 in g an Natriumhydrogencarbonat kristallisiert dabei aus?
$L^*(NaHCO_3$, 30 °C) = 11,1 g/100 g Wasser,
$L^*(NaHCO_3$, 50 °C) = 14,4 g/100 g Wasser

Gegeben:	$m(NaHCO_3$-Lösung, 50 °C) $= m_1$	=	250 g
	$L^*(NaHCO_3$, 30 °C)	=	11,1 g/100,0 g Wasser
	$L^*(NaHCO_3$, 50 °C)	=	14,4 g/100,0 g Wasser
Gesucht:	$m_{auskrist.}(NaHCO_3)$ $= m_2$		
Berechnung m(Lösung), 50 °C:	14,4 g $NaHCO_3$ + 100 g H_2O	=	114,4 g Lösung
Berechnung m(Lösung), 30 °C:	11,1 g $NaHCO_3$ + 100 g H_2O	=	111,1 g Lösung
Berechnung $m_{auskrist.}(NaHCO_3)$:	m(Lösung), 50 °C – m(Lösung), 30 °C	=	$m_{auskrist.}(NaHCO_3)$
	114,4 g – 111,1 g	=	3,30 g
	in 114,4 g Lösung	=	3,30 g
	in 250 g Lösung	=	7,21 g
	$m_{auskrist.}(NaHCO_3)$	=	7,21 g

Übungsaufgaben

Ü 31 Die Masse m = 7,25 g Zucker wird in Wasser gelöst und im Messkolben auf V = 500 mL aufgefüllt.

Berechnen Sie in g/L die Massenkonzentration β(Zucker) der aufgefüllten Lösung.

Übungsaufgaben

Ü 32 In $V = 250$ mL verdünnter Schwefelsäure sind $m = 48{,}5$ g Schwefelsäure gelöst.

Berechnen Sie in mg/mL die Massenkonzentration $\beta(H_2SO_4)$ der Lösung.

Ü 33 Die Masse $m = 3{,}25$ kg Natriumsulfat wird in Wasser gelöst. Das gelöste Salz wird mit Wasser auf ein Volumen $V = 50{,}0$ L aufgefüllt.

Berechnen Sie in g/L die Massenkonzentration $\beta(Na_2SO_4)$ der Lösung.

Ü 34 Berechnen Sie in g die Masse m an Natriumnitrat, die benötigt wird, um $V = 250$ mL einer Lösung mit der Massenkonzentration $\beta(NaNO_3) = 3{,}82$ mg/mL herzustellen.

Ü 35 Berechnen Sie in g die Masse m an HNO_3, die in $V = 5{,}80$ L Salpetersäure, $\beta(HNO_3) = 14{,}5$ g/L, enthalten ist.

Ü 36 In einem Labor wird eine Gebrauchslösung mit der Massenkonzentration β(Wirkstoff) = 3,74 mg/L benötigt.

Berechnen Sie in mg die Masse m an Wirkstoff, die abzuwiegen ist, um $V = 4{,}25$ L dieser Lösung herzustellen.

Ü 37 Die Masse $m_1 = 167{,}5$ g Kalilauge mit der Dichte $\rho = 1{,}235$ g/cm^3 enthält $m_2 = 41{,}25$ g in Wasser gelöstes Kaliumhydroxid.

Berechnen Sie in g/L die Massenkonzentration $\beta(KOH)$ der Lösung.

Ü 38 Die Masse $m_1 = 733{,}0$ g einer Benzoesäurelösung mit der Dichte $\rho = 1{,}001$ g/cm^3 enthält $m_2 = 1{,}546$ g in Wasser gelöste Benzoesäure.

Berechnen Sie in g/L die Massenkonzentration β(Benzoesäure) der Lösung.

Ü 39 $V_1 = 62{,}50$ mL Salzsäure, $w(HCl) = 15{,}00$ %, $\rho = 1{,}073$ g/cm^3, werden in einem Messkolben auf $V_2 = 1000$ mL aufgefüllt.

Berechnen Sie in g/L die Massenkonzentration $\beta(HCl)$ der aufgefüllten Lösung.

Ü 40 In $V_L = 755$ mL einer wässrigen Ethanollösung sind $V = 102$ mL Ethanol enthalten.

Berechnen Sie die Volumenkonzentration $\sigma(C_2H_5OH)$ in % der Ethanollösung.

Ü 41 $V_1 = 1000$ mL Methanol und $V_2 = 250{,}0$ mL Wasser ergeben beim Mischen $V_L = 1225$ mL Lösung.

Berechnen Sie die Volumenkonzentration $\sigma(CH_3OH)$ in % der Lösung.

Ü 42 Beim Mischen von $V_1 = 44{,}2$ mL Propan-1-ol und $V_2 = 91{,}4$ mL Wasser ergeben sich $V_L = 132$ mL wässrige Propan-1-ol-Lösung.

Berechnen Sie die Volumenkonzentration $\sigma(C_3H_7OH)$ in % der Lösung.

Ü 43 Eine Lösung von Butan-1-ol in Ethanol hat die Volumenkonzentration σ(Butan-1-ol) = 14,8 %. Die Lösung enthält $V_1 = 95{,}5$ mL Butan-1-ol.

Berechnen Sie in mL das Gesamtvolumen V_2 der Lösung.

Übungsaufgaben

Ü 44 Eine Lösung von Methanol in Wasser hat die Volumenkonzentration σ(Methanol) = 38,2 %. Die Lösung enthält V_1 = 1,28 L Methanol.

Berechnen Sie in L das Gesamtvolumen V_2 der Lösung.

Ü 45 Es sollen V_L = 625,0 mL einer wässrigen Ethanollösung, $\sigma(C_2H_5OH)$ = 47,00 %, hergestellt werden.

Berechnen Sie in mL die Volumina *V* von Ethanol und Wasser, die zur Herstellung der Lösung benötigt werden.
ρ(Wasser, 20 °C) = 0,9982 g/mL, ρ(Ethanol, 20 °C) = 0,7892 g/mL,
ρ(Lösung, 20 °C) = 0,9360 g/mL

Ü 46 V_L = 800,0 mL einer wässrigen Ethanollösung enthalten *V* = 200,0 mL Ethanol.

Berechnen Sie die Volumenkonzentration $\sigma(C_2H_5OH)$ in % und das Volumen *V* des für die Herstellung der Lösung benötigten Wassers in mL.
ρ(Wasser, 20 °C) = 0,9982 g/mL, ρ(Ethanol, 20 °C) = 0,7892 g/mL,
ρ(Lösung, 20 °C) = 0,9670 g/mL

Ü 47 Zur Gehaltsbestimmung einer Schwefelsäure sollen V_L = 3,00 L Maßlösung mit der Stoffmengenkonzentration *c*(NaOH) = 0,200 mol/L hergestellt werden.

Berechnen Sie in g die Masse *m* an Natriumhydroxid, die einzuwiegen ist.
M(NaOH) = 40,0 g/mol

Ü 48 Es sollen V_L = 500 mL einer Glucoselösung, $c(C_6H_{12}O_6)$ = 1,20 mol/L, hergestellt werden.

Berechnen Sie in g die Masse *m* an Glucose, die zur Herstellung der Lösung einzuwiegen ist.
$M(C_6H_{12}O_6)$ = 180 g/mol

Ü 49 Berechnen Sie in g die Masse *m* an H_2SO_4, die *V* = 750 mL Schwefelsäure, $c(H_2SO_4)$ = 0,500 mol/L, enthalten.
$M(H_2SO_4)$ = 98,1 g/mol

Ü 50 Es sollen *V* = 1000 mL einer Kupfersulfatlösung, $c(CuSO_4)$ = 0,1250 mol/L, herstellt werden.

Berechnen Sie in g die Masse *m* an $CuSO_4 \cdot 5\ H_2O$, die dafür benötigt wird.
$M(CuSO_4)$ = 159,6 g/mol, $M(H_2O)$ = 18,02 g/mol

Ü 51 Berechnen Sie in g die Masse *m* an $Na_2CO_3 \cdot 10\ H_2O$, die zur Herstellung von *V* = 150 mL Sodalösung, $c(Na_2CO_3)$ = 375 mmol/L, erforderlich ist.
$M(Na_2CO_3)$ = 106 g/mol, $M(H_2O)$ = 18,0 g/mol

Ü 52 Es sollen *V* = 1,50 L Kalilauge, *c*(KOH) = 1,75 mol/L, hergestellt werden.

Berechnen Sie in g die Masse *m* an Kaliumhydroxid, *w*(KOH) = 85,0 %, die für die Herstellung benötigt wird.
M(KOH) = 56,0 g/mol

Übungsaufgaben

Ü 53 Es sollen V = 600 mL Schwefelsäure, $c(H_2SO_4)$ = 0,275 mol/L, hergestellt werden.

Berechnen Sie in g die Masse m an Schwefelsäure, $w(H_2SO_4)$ = 46,8 %, die dazu erforderlich ist.
$M(H_2SO_4)$ = 98,1 g/mol

Ü 54 V = 143 mL einer Lösung enthalten m = 500 mg Natriumoxalat.

Berechnen Sie in mol/L die Stoffmengenkonzentration $c(Na_2C_2O_4)$ der Lösung.
$M(Na_2C_2O_4)$ = 134 g/mol

Ü 55 V = 1,50 L einer Salpetersäure enthalten m = 157 g HNO_3.

Berechnen Sie die Stoffmengenkonzentration $c(HNO_3)$ der Lösung in mol/L.
$M(HNO_3)$ = 63,0 g/mol

Ü 56 Die Masse m = 182,2 g Silbernitrat wird in V = 2400 mL Wasser gelöst.

Berechnen Sie die Stoffmengenkonzentration $c(AgNO_3)$ der Lösung in mol/L.
$M(AgNO_3)$ = 169,9 g/mol

Ü 57 Es sollen V = 2,75 L einer Schwefelsäure-Maßlösung mit der Äquivalentkonzentration $c(\frac{1}{2} H_2SO_4)$ = 0,100 mol/L hergestellt werden.

Berechnen Sie in g die Masse m an H_2SO_4, die zur Herstellung der Maßlösung erforderlich ist.
$M(H_2SO_4)$ = 98,1 g/mol

Ü 58 Es werden V = 500 mL einer Kaliumpermanganat-Maßlösung mit der Äquivalentkonzentration $c(eq)(\frac{1}{5} KMnO_4)$ = 0,150 mol/L benötigt.

Berechnen Sie in g die Masse m an $KMnO_4$, die zur Herstellung der Maßlösung benötigt wird.
$M(KMnO_4)$ = 158 g/mol

Ü 59 Die Masse m = 3,153 g Oxalsäure-Dihydrat wird in Wasser gelöst und auf V = 400,0 mL aufgefüllt.

Berechnen Sie die Äquivalentkonzentration $c(eq)(\frac{1}{2} H_2C_2O_4)$ der Lösung in mol/L.
$M(H_2C_2O_4 \cdot 2\ H_2O)$ = 126,1 g/mol

Ü 60 Die Masse m = 14,39 g Kaliumdichromat wird in Wasser gelöst und auf V = 1000 mL aufgefüllt.

Berechnen Sie die Äquivalentkonzentration $c(eq)(\frac{1}{6} K_2Cr_2O_7)$ der Lösung in mol/L.
$M(K_2Cr_2O_7)$ = 294,2 g/mol

Ü 61 In m_1 = 1285 g Wasser werden m_2 = 210,5 g Natriumchlorid gelöst.

Berechnen Sie die Molalität b der Lösung in mol/kg.
$M(NaCl)$ = 58,44 g/mol

Ü 62 Die Masse m_1 = 4,59 g Calciumchlorid wird in m_2 = 187 g Wasser gelöst.

Berechnen Sie die Molalität b der Lösung in mol/kg.
$M(CaCl_2)$ = 111 g/mol

Übungsaufgaben

Ü 63 In m_1 = 386,7 g Wasser werden m_2 = 43,32 g Kaliumnitrat gelöst.

Berechnen Sie die Molalität b der Lösung in mol/kg.
$M(KNO_3)$ = 101,1 g/mol

Ü 64 Berechnen Sie in g die Masse m_1 an Wasser, die vorgelegt werden muss, wenn durch Zugabe von m_2 = 133,8 g Natriumchlorid eine bei ϑ = 20 °C gesättigte Salzlösung hergestellt werden soll.
L^*(NaCl, 20 °C) = 35,85 g/100,0 g Wasser

Ü 65 In m_1 = 375 g Wasser werden bei einer Temperatur von ϑ = 30 °C m_2 = 112 g Bariumchlorid gelöst.

Berechnen Sie in g die Masse m_3 an Bariumchlorid, die noch gelöst werden kann.
$L^*(BaCl_2$, 30 °C) = 38,2 g/100 g Wasser

Ü 66 Es werden m_1 = 10,0 g Silbersulfat in m_2 = 1,25 kg Lösemittel, ϑ = 20 °C, eingetragen.

Berechnen Sie in mg die Masse m_3 an Silbersulfat, die nicht gelöst wird.
$L^*(Ag_2SO_4$, 20 °C) = 0,740 g/100 g Lösemittel

Ü 67 Aus m_1 = 100,0 g Ammoniumchlorid wird eine bei ϑ = 20 °C gesättigte Ammoniumchloridlösung hergestellt.

Berechnen Sie die Masse m_L der entstandenen Lösung in g und den Massenanteil $w(NH_4Cl)$ in % dieser Lösung.
$L^*(NH_4Cl$, 20 °C) = 37,20 g/100,0 g Wasser

Ü 68 Es soll eine bei ϑ = 40 °C gesättigte Natriumhydrogencarbonatlösung hergestellt werden. Dazu werden m = 32,55 g Natriumhydrogencarbonat in Wasser gelöst.

Berechnen Sie in g die Masse m_L der entstandenen Lösung und den Massenanteil $w(NaHCO_3)$ in % dieser Lösung.
$L^*(NaHCO_3$, 40 °C) = 12,60 g/100,0 g Wasser

Ü 69 Eine bei ϑ_1 = 20 °C gesättigte wässrige Kaliumnitratlösung wird auf ϑ_2 = 30 °C erwärmt.

Berechnen Sie in g die Masse m an KNO_3, die in m_L = 250 g einer bei ϑ_1 = 20 °C gesättigten Kaliumnitratlösung nach der Erwärmung auf ϑ_2 = 30 °C zusätzlich gelöst werden kann.
$L^*(KNO_3$, 20 °C) = 31,6 g/100 g Wasser, $L^*(KNO_3$, 30 °C) = 45,6 g/100 g Wasser

Ü 70 Berechnen Sie in g die Masse m an Calciumchlorid, die in m_L = 625,0 g einer bei ϑ_1 = 30 °C gesättigten wässrigen Calciumchloridlösung zusätzlich gelöst werden kann, wenn die Lösung auf ϑ_2 = 60 °C erwärmt wird.
$L^*(CaCl_2$, 30 °C) = 102,0 g/100,0 g Wasser, $L^*(CaCl_2$, 60 °C) = 138,0 g/100,0 g Wasser

Ü 71 Die Masse m_L = 78,2 g einer bei ϑ_1 = 80 °C gesättigten wässrigen Bariumhydroxidlösung werden auf ϑ_2 = 10 °C abgekühlt.

Berechnen Sie in g die Masse m an Bariumhydroxid, die dabei auskristallisiert.
$L^*(Ba(OH)_2$, 10 °C) = 3,48 g/100 g Wasser, $L^*(Ba(OH)_2$, 80 °C) = 115 g/100 g Wasser

Ü 72 Berechnen Sie in g die Masse m an Natriumcarbonat, die aus m_L = 600 g einer bei ϑ_1 = 20 °C gesättigten wässrigen Natriumcarbonatlösung auskristallisiert, wenn diese auf ϑ_2 = 10 °C abgekühlt wird.
$L^*(Na_2CO_3$, 10 °C) = 21,8 g/100 g Wasser, $L^*(Na_2CO_3$, 20 °C) = 39,7 g/100 g Wasser

3.3 Umrechnen von Gehaltsangaben

Dieses Kapitel beinhaltet Aufgaben, in denen die unterschiedlichen Gehaltsangaben ineinander umgerechnet werden. Dies ist generell für alle Gehaltsangaben möglich, hier sei es jedoch auf folgende Themen beschränkt:

- Umrechnung Massenanteil ⇨ Stoffmengenkonzentration und umgekehrt
- Umrechnung Massenanteil ⇨ Äquivalentkonzentration und umgekehrt
- Umrechnung Massenanteil ⇨ Massenkonzentration und umgekehrt
- Umrechnung Massenanteil ⇨ Volumenkonzentration und umgekehrt
- Umrechnung Massenanteil ⇨ Löslichkeit und umgekehrt

$$w(\mathrm{X}) = \frac{c(\mathrm{X}) \cdot M(\mathrm{X})}{\rho(\text{Lösung})} \quad \Longleftrightarrow \quad c(\mathrm{X}) = \frac{w(\mathrm{X}) \cdot \rho(\text{Lösung})}{M(\mathrm{X})}$$

$$w(\mathrm{X}) = \frac{c(\frac{1}{z^*}\mathrm{X}) \cdot M(\mathrm{X})}{\rho(\text{Lösung})} \quad \Longleftrightarrow \quad c(\tfrac{1}{z^*}\mathrm{X}) = \frac{w(\mathrm{X}) \cdot \rho(\text{Lösung})}{M(\mathrm{X})}$$

$$w(\mathrm{X}) = \frac{\beta(\mathrm{X})}{\rho(\text{Lösung})} \quad \Longleftrightarrow \quad \beta(\mathrm{X}) = w(\mathrm{X}) \cdot \rho(\text{Lösung})$$

$$w(\mathrm{X}) = \frac{\sigma(\mathrm{X}) \cdot \rho(\mathrm{X})}{\rho(\text{Lösung})} \quad \Longleftrightarrow \quad \sigma(\mathrm{X}) = w(\mathrm{X}) \cdot \frac{\rho(\text{Lösung})}{\rho(\mathrm{X})}$$

$$w(\mathrm{X}) = \frac{L^*(\mathrm{X})}{L^*(\mathrm{X}) + 1} \quad \Longleftrightarrow \quad L^*(\mathrm{X}) = \frac{w(\mathrm{X})}{1 - w(\mathrm{X})}$$

oder

$$L^*(\mathrm{X}) = \frac{m(\mathrm{X}) \cdot 100\ \mathrm{g}}{m(\text{Lösemittel})}$$

Beispiele

B 17

Welche Stoffmengenkonzentration $c(H_2SO_4)$ in mol/L hat eine Schwefelsäure mit dem Massenanteil $w(H_2SO_4)$ = 7,725 % und der Dichte ρ = 1,051 g/mL?
$M(H_2SO_4)$ = 98,08 g/mol

Gegeben:

$w(H_2SO_4)$ = 7,725 % = 0,07725
$\rho(H_2SO_4\text{-Lösung})$ = 1,051 g/mL = 1051 g/L
$M(H_2SO_4)$ = 98,08 g/mol

Gesucht: $c(H_2SO_4)$

Berechnung:

$$c(\mathrm{H_2SO_4}) = \frac{w(\mathrm{H_2SO_4}) \cdot \rho(\text{Lösung})}{M(\mathrm{H_2SO_4})}$$

$$c(\mathrm{H_2SO_4}) = \frac{0{,}07725 \cdot 1051\ \mathrm{g/L}}{98{,}08\ \mathrm{g/mol}} = 0{,}8278\ \mathrm{mol/L}$$

Beispiele

B 18

Welchen Massenanteil *w* in % hat eine Natronlauge mit der Stoffmengenkonzentration *c*(NaOH) = 1,602 mol/L und der Dichte *ρ* = 1,065 g/mL?
***M*(NaOH) = 40,00 g/mol**

Gegeben:
$c(\text{NaOH}) = 1{,}602\ \text{mol/L}$
$\rho(\text{NaOH-Lösung}) = 1{,}065\ \text{g/mL} = 1065\ \text{g/L}$
$M(\text{NaOH}) = 40{,}00\ \text{g/mol}$

Gesucht: $w(\text{NaOH})$

Berechnung:
$$w(\text{NaOH}) = \frac{c(\text{NaOH}) \cdot M(\text{NaOH})}{(\text{Lösung})} = \frac{1{,}602\ \text{mol/L} \cdot 40{,}00\ \text{g/mol}}{1065\ \text{g/L}} = 0{,}06017$$

Umrechnung in %:
$w(\text{NaOH})$ in % $= 0{,}06017 \cdot 100\ \% = 6{,}017\ \%$

B 19

Welche Massenkonzentration *β*(NaCl) in g/L hat eine wässrige Natriumchloridlösung mit dem Massenanteil *w*(NaCl) = 10,03 % und der Dichte *ρ* = 1,071 g/mL?

Gegeben:
$w(\text{NaCl}) = 10{,}03\ \% = 0{,}1003$
$\rho(\text{NaCl-Lösung}) = 1{,}071\ \text{g/mL} = 1071\ \text{g/L}$

Gesucht: $\beta(\text{NaCl})$

Berechnung:
$\beta(\text{NaCl}) = w(\text{NaCl}) \cdot \rho(\text{Lösung}) = 0{,}1003 \cdot 1071\ \text{g/L} = 107{,}4\ \text{g/L}$

B 20

Welche Volumenkonzentration *σ*(Ethanol) in % hat ein Ethanol-Wasser-Gemisch mit dem Massenanteil *w*(Ethanol) = 16,00 %?
***ρ*(Ethanol) = 0,7907 g/mL, *ρ*(Gemisch) = 0,9756 g/mL**

Gegeben:
$w(\text{Ethanol}) = 16{,}00\ \%$
$\rho(\text{Ethanol}) = 0{,}7907\ \text{g/mL}$
$\rho(\text{Gemisch}) = 0{,}9756\ \text{g/mL}$

Gesucht: $\sigma(\text{Ethanol})$

Berechnung:
$$\sigma(\text{Ethanol}) = w(\text{Ethanol}) \cdot \frac{\rho(\text{Gemisch})}{\rho(\text{Ethanol})}$$

$$\sigma(\text{Ethanol}) = 16{,}00\ \% \cdot \frac{0{,}9756\ \text{g/mL}}{0{,}7907\ \text{g/mL}} = 19{,}74\ \%$$

B 21

Welche Löslichkeit *L(NH_4Cl, 40 °C) in g/100 g Wasser hat eine bei *ϑ* = 40 °C gesättigte Ammoniumchloridlösung, wenn der Massenanteil dieser Lösung *w*(NH_4Cl) = 0,314 beträgt?**

Gegeben:
$w(NH_4Cl) = 0{,}314$

Gesucht: $L^*(NH_4Cl, 40\ °C)$

Berechnung $m(NH_4Cl)$:
$m(NH_4Cl) = 0{,}314 \mathrel{\hat{=}} 31{,}4$ g in 100 g Lösung

Berechnung $m(\text{Lösemittel})$:
$m(\text{Lösemittel}) = 100\ \text{g} - 31{,}4\ \text{g} = 68{,}6\ \text{g}$

Beispiele

B 21 Berechnung $L^*(NH_4Cl$, 40 °C):

$$L^*(NH_4Cl) = \frac{m(NH_4Cl) \cdot 100\ g}{m(\text{Lösemittel})}$$

$$L^*(NH_4Cl) = \frac{31{,}4\ g \cdot 100\ g}{68{,}6\ g} = 45{,}8\ g\ (\text{in}\ 100\ g)$$

Übungsaufgaben

Ü 73 Berechnen Sie in mol/L die Stoffmengenkonzentration $c(HNO_3)$ einer Salpetersäure mit $w(HNO_3)$ = 26,24 % und ρ = 1,155 g/mL.
$M(HNO_3)$ = 63,01 g/mol

Ü 74 Berechnen Sie in mol/L die Stoffmengenkonzentration c(KOH) einer Kalilauge mit w(KOH) = 10,49 % und ρ = 1,095 g/mL.
M(KOH) = 56,11 g/mol

Ü 75 Berechnen Sie in mol/L die Stoffmengenkonzentration $c(Na_2CO_3)$ einer Natriumcarbonatlösung mit $w(Na_2CO_3)$ = 10,22 % und ρ = 1,105 g/mL.
$M(Na_2CO_3)$ = 106,0 g/mol

Ü 76 Berechnen Sie den Massenanteil w(KI) in % einer Kaliumiodidlösung mit c(KI) = 0,1125 mol/L und ρ = 1,116 g/mL.
M(KI) = 166,0 g/mol

Ü 77 Eine Natriumchloridlösung mit der Stoffmengenkonzentration c(NaCl) = 0,9066 mol/L hat bei einer Temperatur von ϑ = 20 °C die Dichte ρ_{20} = 1,035 g/mL.

Berechnen Sie den Massenanteil w(NaCl) in % dieser Natriumchloridlösung.
M(NaCl) = 58,44 g/mol

Ü 78 Berechnen Sie den Massenanteil w(HCl) einer Salzsäure mit c(HCl) = 2,926 mol/L und ρ = 1,045 g/mL.
M(HCl) = 36,46 g/mol

Ü 79 Eine Schwefelsäure mit dem Massenanteil $w(H_2SO_4)$ = 12,66 % hat bei einer Temperatur von ϑ = 20 °C die Dichte ρ_{20} = 1,085 g/mL.

Berechnen Sie in mol/L die Äquivalentkonzentration $c(\frac{1}{2}H_2SO_4)$ dieser Schwefelsäure.
$M(H_2SO_4)$ = 98,08 g/mol

Ü 80 Berechnen Sie in % den Massenanteil $w(KBrO_3)$ einer Kaliumbromatlösung mit der Äquivalentkonzentration $c(eq)(\frac{1}{6}KBrO_3)$ = 0,5000 mol/L und der Dichte ρ(Lösung) = 1,007 g/mL.
$M(KBrO_3)$ = 167,0 g/mol

Übungsaufgaben

Ü 81 Eine Perchlorsäure mit der Dichte ρ = 1,076 g/mL hat den Massenanteil $w(HClO_4)$ = 12,00 %.

Berechnen Sie in g/L die Massenkonzentration $\beta(HClO_4)$ der Perchlorsäure.

Ü 82 Berechnen Sie in g/L die Massenkonzentration β(Salz) einer Salzlösung mit dem Massenanteil w(Salz) = 3,852 % und der Dichte ρ(Lösung) = 1,023 g/mL.

Ü 83 Eine Ammoniumchloridlösung hat die Massenkonzentration $\beta(NH_4Cl)$ = 150 g/L. Die Dichte der Lösung beträgt ρ = 1,051 g/mL.

Berechnen Sie den Massenanteil $w(NH_4Cl)$ der Lösung.

Ü 84 Berechnen Sie in % den Massenanteil $w(K_2SO_4)$ einer wässrigen Kaliumsulfatlösung mit $\beta(K_2SO_4)$ = 68,75 g/L und ρ(Lösung) = 1,041 g/mL.

Ü 85 Eine wässrige Ethansäure hat den Massenanteil $w(CH_3COOH)$ = 27,29 %.

Berechnen Sie in % die Volumenkonzentration σ der Ethansäure.
ρ(Ethansäure) = 1,050 g/mL, ρ(Lösung) = 1,012 g/mL

Ü 86 Berechnen Sie in % die Volumenkonzentration $\sigma(HNO_3)$ einer verdünnten Salpetersäure mit dem Massenanteil $w(HNO_3)$ = 18,39 %.
ρ(Salpetersäure) = 1,513 g/mL, ρ(verdünnte Salpetersäure) = 1,105 g/mL

Ü 87 Ein Ethanol-Wasser-Gemisch hat die Volumenkonzentration σ(Ethanol) = 19,70 %.

Berechnen Sie in % den Massenanteil w(Ethanol) des Gemischs.
ρ(Ethanol) = 0,7907 g/mL, ρ(Gemisch) = 0,9756 g/mL

Ü 88 Berechnen Sie in % den Massenanteil w(HCOOH) einer wässrigen Methansäure mit der Volumenkonzentration σ(HCOOH) = 26,36 %.
ρ(HCOOH) = 1,221 g/mL, ρ(Lösung) = 1,073 g/mL

Ü 89 Berechnen Sie den Massenanteil $w(BaCl_2)$ einer bei ϑ = 10 °C gesättigten Bariumchloridlösung.
$L^*(BaCl_2$, 10 °C) = 33,3 g/100 g Wasser

Ü 90 Von einer gesättigten wässrigen Natriumhydrogencarbonatlösung beträgt die Löslichkeit bei einer Temperatur von ϑ = 60 °C $L^*(NaHCO_3$, 60 °C) = 15,9 g/100 g Wasser.

Berechnen Sie den Massenanteil $w(NaHCO_3)$ in % der gesättigten Lösung.

Ü 91 Der Massenanteil einer bei ϑ = 30 °C gesättigten Kaliumchloridlösung beträgt w(KCl) = 0,272. Berechnen Sie die Löslichkeit L^*(KCl, 30 °C) in g/100 g Wasser.

Ü 92 Berechnen Sie die Löslichkeit $L^*(Ba(OH)_2$, 50 °C) in g/100 g Wasser, wenn der Massenanteil einer bei ϑ = 50 °C gesättigten Bariumhydroxidlösung $w(Ba(OH)_2)$ = 11,7 % beträgt.

4 Lösungen

Lösungen sind homogene Gemische aus mindestens zwei chemisch reinen Stoffen. Man unterscheidet dabei zwischen gelöstem Stoff und dem anteilsmäßig stark überwiegenden Lösemittel, in dem der gelöste Stoff gelöst ist. Das Lösemittel ist überwiegend flüssig. In Sonderfällen – zum Beispiel bei Mischkristallen oder Legierungen – kann es auch fest sein. Der gelöste Stoff kann fest, flüssig oder gasförmig sein und hat in echten Lösungen eine Teilchengröße zwischen 10^{-12} m bis 10^{-9} m. Gelöster Stoff und Lösemittel bilden eine homogene Phase, die beispielsweise durch Filtration nicht trennbar ist.

Mit zunehmender Teilchengröße der gelösten Stoffe unterscheidet man echte Lösungen von kolloidalen Lösungen, von Emulsionen/Suspensionen sowie von Schaum und von Rauch.

Die Herstellung von Lösungen ist durch die Löslichkeit des gelösten Stoffes im jeweiligen Lösemittel begrenzt. Die Löslichkeit gibt die maximale Stoffmenge an, die sich bei einer bestimmten Temperatur im Lösemittel löst. Die maximale Löslichkeit entspricht dem Löslichkeitsprodukt bei einer bestimmten Temperatur. Das Löslichkeitsprodukt ist demnach eine temperaturabhängige Konstante und ergibt sich für einen Stoff A_mB_n zu $K_L = c_A{}^m \cdot c_B{}^n$.

Wird die Löslichkeit eines Stoffes überschritten, löst er sich nicht weiter im Lösemittel. Man spricht dann von einer gesättigten bzw. einer übersättigten Lösung. Im Sättigungszustand besteht ein dynamisches Gleichgewicht. Es löst sich dieselbe Stoffmenge, die auch ausgeschieden wird. Bei festen gelösten Stoffen zeigt sich eine Übersättigung im Normalfall durch Bildung eines Bodensatzes.

In Lösungen sind die Bindungsknüpfungen stets reversibel, da im Normalfall keine chemische Reaktion stattfindet. So können Lösungen durch physikalische Vorgänge in den meisten Fällen in die ursprünglichen reinen Stoffe getrennt werden.

Aus Lösungen mit flüssigem Lösemittel können

- feste Stoffe durch Abdampfen des Lösemittels,
- flüssige Stoffe durch (fraktionierte) Destillation und
- gasförmige Stoffe durch Erhitzen der Lösung (im besten Fall bis zum Siedepunkt)

erhalten werden.

Durch das Abdampfen des Lösemittels wird die Löslichkeit des gelösten festen Stoffes überschritten, der Stoff fällt zunächst als Bodensatz aus und kann im Idealfall nach vollständigem Abdampfen des Lösemittels als reiner Stoff erhalten werden.

Bei der (fraktionierten) Destillation stößt man an Grenzen der Theorie, wenn Lösemittel und gelöster Stoff ein Azeotrop bilden und eine gemeinsame Siedetemperatur aufweisen. Die Lösung ist dann nicht weiter trennbar.

Die meisten Eigenschaften von Lösungen ändern sich abhängig von der Konzentration des im Lösemittel gelösten Stoffes. Dies sind zum Beispiel die Farbigkeit, die Viskosität, die Brechzahl und – für Ionenlösungen – die elektrische Leitfähigkeit. Diese Eigenschaften lassen sich daher zur Konzentrationsbestimmung der gelösten Stoffe heranziehen.

Darüber hinaus sind kolligative Eigenschaften von gelösten Stoffen bekannt. Kolligative Eigenschaften sind nur von der Teilchenanzahl, nicht jedoch von der Art des gelösten Stoffes abhängig. Als Erscheinung kolligativer Eigenschaft gelten zum Beispiel die Dampfdruckerniedrigung, die Gefrierpunkterniedrigung und die Siedepunkterhöhung.

4.1 Herstellen von Lösungen aus Feststoffen

Bei dieser Form der Lösung ist das Lösemittel flüssig und der gelöste Stoff fest. Der Feststoff löst sich im Lösemittel bis zur Sättigung. Nach Erreichen der Sättigung wird bei weiterer Zugabe des Feststoffs ein Bodensatz gebildet. Ein Sonderfall hierbei sind Lösungen in einem übersättigten metastabilen Zustand. Im metastabilen Zustand ist die Sättigungsgrenze bereits überschritten, der Feststoff fällt jedoch (noch) nicht aus. Der Zustand ist so weit stabil, solange eine bestimmte Aktivierungsenergie nicht gegeben ist. Bei Erbringung der Aktivierungsenergie (z. B. Impfkristall, Kratzen mit einem Glasstab) wird die Übersättigung augenscheinlich und der Feststoff fällt bis zur Löslichkeitsgrenze aus.

$$w(\mathrm{X}) = \frac{m(\mathrm{X})}{m(\mathrm{Lösung})}$$

$$w(\mathrm{X}) = \frac{m(\mathrm{X})}{m(\mathrm{X}) + m(\mathrm{Lösemittel})}$$

$$\rho = \frac{m}{V}$$

Beispiele

B 1		**Es soll eine Natronlauge mit $w(\mathrm{NaOH}) = 17{,}20\,\%$ hergestellt werden. Wie viel Gramm Natronlauge sind in $m = 725{,}0$ g Wasser zu lösen?**
	Gegeben:	$w(\mathrm{NaOH}) = 17{,}20\,\% = 0{,}1720$ $m(\mathrm{Lösemittel}) = 725{,}0$ g
	Gesucht:	$m(\mathrm{NaOH})$
	Berechnung:	$m(\mathrm{NaOH}) = 0{,}1720 \cdot [m(\mathrm{NaOH}) + 725{,}0\ \mathrm{g}]$ $m(\mathrm{NaOH}) - 0{,}1720 \cdot m(\mathrm{NaOH}) = 124{,}7$ g $0{,}828 \cdot m(\mathrm{NaOH}) = 124{,}7$ g $m(\mathrm{NaOH}) = 150{,}6$ g
B 2		**Es sind $V = 834{,}0$ mL Ammoniumchloridlösung, $w(NH_4Cl) = 16{,}80\,\%$, $\rho = 1{,}050$ g/mL, herzustellen. Wie viel Gramm NH_4Cl werden zur Herstellung der Lösung benötigt?**
	Gegeben:	$w(NH_4Cl) = 16{,}80\,\% = 0{,}1680$ $V(\mathrm{Lösung}) = 834{,}0$ mL $\rho(\mathrm{Lösung}) = 1{,}050$ g/mL
	Gesucht:	$m(NH_4Cl)$
	Berechnung Masse der Lösung:	$m(NH_4Cl\text{-Lösung}) = \rho \cdot V = 1{,}050\ \mathrm{g/mL} \cdot 834{,}0\ \mathrm{mL} = 875{,}7$ g
	Berechnung $m(NH_4Cl)$:	$m(NH_4Cl) = w(NH_4Cl) \cdot m(NH_4Cl\text{-Lösung})$ $m(NH_4Cl) = 0{,}1680 \cdot 875{,}7\ \mathrm{g} = 147{,}1$ g

Übungsaufgaben

Ü 1 Berechnen Sie, wie viel Gramm Salzlösung, $w(\text{Salz}) = 18{,}60\ \%$, aus $m = 396{,}0$ g Salz hergestellt werden können.

Ü 2 Berechnen Sie, wie viel Gramm Natriumchlorid zur Herstellung von $m = 182$ g einer Natriumchloridlösung, $w(\text{NaCl}) = 6{,}25\ \%$, benötigt werden.

Ü 3 In $m_1 = 368$ g Wasser werden $m_2 = 42{,}7$ g Kaliumnitrat gelöst.

Berechnen Sie den Massenanteil $w(KNO_3)$ in % der hergestellten Lösung.

Ü 4 Zu $m_1 = 320$ g Wasser werden $m_2 = 510$ g einer Schwefelsäure, $w(H_2SO_4) = 42{,}5\ \%$, gegeben.

Berechnen Sie den Massenanteil $w(H_2SO_4)$ in % der hergestellten Lösung.

Ü 5 Es sollen $V = 500{,}0$ mL Natriumcarbonatlösung, $w(Na_2CO_3) = 13{,}90\ \%$, $\rho = 1{,}145$ g/mL, hergestellt werden.

Berechnen Sie in g die Masse m an wasserfreiem Natriumcarbonat, die zur Herstellung der Lösung benötigt wird.

4.2 Verdünnen, Konzentrieren und Mischen von Lösungen

Lösungen werden verdünnt, indem der Anteil des Lösemittels erhöht wird.

Der Vorgang des Konzentrierens ist der dazu umgekehrte Vorgang. Dabei wird entweder das Lösemittel entfernt oder der Anteil an gelöstem Stoff erhöht.

Das Mischen von Lösungen führt – vorausgesetzt, dass die einzelnen Lösungen unterschiedliche Konzentrationen aufweisen – zu einer neuen Konzentration des gelösten Stoffes in der gemischten Lösung.

$$m_1 + m_2 + \ldots + m_n = m_{ges}$$

$$m_1 \cdot w_1 + m_2 \cdot w_2 \ldots + m_n \cdot w_n = m_{ges} \cdot w_{Lösung}$$

$$V_1 \cdot c_1 + V_2 \cdot c_2 \ldots + V_n \cdot c_n = V_{ges} \cdot c_{Lösung}$$

$$\beta(X) = \frac{m(X)}{V(\text{Lösung})}$$

Beispiele

B 3

Zur Herstellung einer Salpetersäure mit $w_{Lösung}(HNO_3)$ = 17,5 % werden gemischt:
m_1 = 136 g Salpetersäure mit $w_1(HNO_3)$ = 65,0 % und
eine Salpetersäure mit $w_2(HNO_3)$ = 8,25 %.

Welche Masse m_2 in g der Salpetersäure, $w_2(HNO_3)$ = 8,25 %, wird dazu benötigt?

Gegeben:

$w_1(HNO_3) = 65{,}0\ \% = 0{,}650$
$m_1 = 136\ g$
$w_L(HNO_3) = 17{,}5\ \% = 0{,}175$
$w_2(HNO_3) = 8{,}25\ \% = 0{,}0825$

Gesucht: $m_2(HNO_3)$ mit $w_2 = 8{,}25\ \%$

Berechnung m_{ges}: $m_{ges} = m_1 + m_2$

Mischungsgleichung: $m_1 \cdot w_1 + m_2 \cdot w_2 = m_{ges} \cdot w_L$

Mischungsgleichung mit Ersetzen von m_{ges}: $m_1 \cdot w_1 + m_2 \cdot w_2 = (m_1 + m_2) \cdot w_L$

Berechnung m_2:

$136\ g \cdot 0{,}65 + m_2 \cdot 0{,}0825 = (136\ g + m_2) \cdot 0{,}175$
$88{,}4\ g + 0{,}0825\ m_2 = 23{,}8\ g + 0{,}175\ m_2$
$64{,}6\ g = 0{,}0925\ m_2$

$$m_2 = \frac{64{,}6\ g}{0{,}0925} = 698\ g$$

B 4

Es sollen V_L = 1,750 L Salpetersäure, $w_L(HNO_3)$ = 7,530 %, ρ_L = 1,040 g/mL, hergestellt werden.

Wie viel Milliliter Salpetersäure, $w(HNO_3)$ = 62,70 %, ρ = 1,380 g/mL, müssen zur Herstellung der Lösung mit Wasser verdünnt werden?

Gegeben:

$w_L(HNO_3) = 7{,}530\ \% = 0{,}07530$, $\rho_L = 1{,}040\ g/mL$
$w(HNO_3) = 62{,}70\ \% = 0{,}6270$, $\rho = 1{,}380\ g/mL$
$V_L = 1{,}750\ L = 1750\ mL$

Gesucht: $V(HNO_3)$, $w = 62{,}70\ \%$

Berechnung $m_L(HNO_3)$:

$m_L(HNO_3) = V_L(HNO_3) \cdot \rho(HNO_3) = 1750\ mL \cdot 1{,}040\ g/mL$
$m_L(HNO_3) = 1820\ g$

Berechnung $m_1(HNO_3)$:

$m_1 \cdot w_1 + m_2 \cdot w_2 = m_{ges} \cdot w_L (\text{mit } m_{ges} = m_L)$
$m_1 \cdot 0{,}6270 + m_2 \cdot 0{,}0 = 1820\ g \cdot 0{,}07530$

$$m_1 = \frac{1820\ g \cdot 0{,}07530}{0{,}6270} = 218{,}6\ g$$

Beispiele

B 4	Berechnung $V(HNO_3)$, w = 62,70 %:	$V(HNO_3) = \frac{m_1}{\rho} = \frac{218{,}6\ g}{1{,}380\ g/mL} = 158{,}4\ mL$
B 5		**In m_1 = 1350 g einer Kaliumnitratlösung werden weitere m_2 = 112,0 g reines Kaliumnitrat gelöst. Dadurch entsteht eine Lösung mit dem Massenanteil w_L(Kaliumnitrat) = 14,75 %.** **Welchen Massenanteil w(Kaliumnitrat) in % hatte die Ausgangslösung?**
	Gegeben:	$m_1(KNO_3\text{-Lösung}) = 1350\ g$ $m_2(KNO_3) = 112{,}0\ g$ $w_L(KNO_3) = 14{,}75\ \% = 0{,}1475$ $w_2(KNO_3) = 100{,}0\ \% = 1{,}000$
	Gesucht:	$w_1(KNO_3\text{-Lösung})$
	Berechnung $m_{ges}(KNO_3)$:	$m_{ges}(KNO_3) = m_1 + m_2 = 1350\ g + 112{,}0\ g = 1462\ g$
	Berechnung $w_1(KNO_3\text{-Lösung})$:	$w_1 = \frac{m_{ges} \cdot w_L - m_2 \cdot w_2}{m_1} = \frac{1462\ g \cdot 0{,}1475 - 112{,}0\ g \cdot 1{,}000}{1350\ g}$ $w_1(KNO_3\text{-Lösung}) = 0{,}07677 = 7{,}677\ \%$
B 6		**Die Masse m_1 = 1,82 kg Salzsäure, w_1(HCl) = 6,52 %, wird mit m_2 = 3,98 kg Salzsäure, w_2(HCl) = 14,7 %, gemischt.** **Wie groß ist der Massenanteil w_L(HCl) in % der Mischung?**
	Gegeben:	$w_1(HCl) = 6{,}52\ \% = 0{,}0652$ $m_1 = 1{,}82\ kg$ $w_2(HCl) = 14{,}7\ \% = 0{,}147$ $m_2 = 3{,}98\ kg$
	Gesucht:	$w_L(HCl)$
	Berechnung m_{ges}:	$m_{ges} = m_1 + m_2 = 1{,}82\ kg + 3{,}98\ kg = 5{,}80\ kg$
	Berechnung $w_L(HCl)$:	$w_L = \frac{m_1 \cdot w_1 + m_2 \cdot w_2}{w_{ges}}$ $w_L = \frac{1{,}82\ kg \cdot 0{,}0652 + 3{,}98\ kg \cdot 0{,}147}{5{,}80\ kg} = 0{,}121 = 12{,}1\ \%$
B 7		**Ein Lösemittelgemisch, Massenkonzentration β(Propanon) = 215 g/L, soll aus Propanon und Dichlormethan hergestellt werden.** **Wie viel Liter des Gemischs sind aus V = 555 mL Propanon, ρ = 0,791 g/mL, herzustellen?**
	Gegeben:	$V(Propanon) = 555\ mL$ $\rho(Propanon) = 0{,}791\ g/mL$

Beispiele

B 7	Gesucht:	$V(\text{Propanon}),\ \beta = 215\ \text{g/L}$
	Berechnung *m*(Propanon):	$m(\text{Propanon}) = V \cdot \rho = 555\ \text{mL} \cdot 0{,}791\ \text{g/mL} = 439\ \text{g}$
	Berechnung *V*(Gemisch):	$V(\text{Gemisch}) = \dfrac{m(\text{Propanon})}{\beta(\text{Propanon})} = \dfrac{439\ \text{g}}{215\ \text{g/L}} = 2{,}04\ \text{L}$
B 8		**Durch Abdestillieren von Wasser sollen aus einer Natriumchloridlösung, $w_1(\text{NaCl}) = 4{,}87\ \%$, $m_{\text{ges}} = 219\ \text{g}$ einer Natriumchloridlösung, $w_L(\text{NaCl}) = 16{,}7\ \%$, hergestellt werden.** **Wie viel Gramm Natriumchloridlösung, $w_1(\text{NaCl}) = 4{,}87\ \%$, müssen dazu eingesetzt werden?**
	Gegeben:	$w_1(\text{NaCl}) = 4{,}87\ \% = 0{,}0487$ $m_{\text{ges}} = 219\ \text{g}$ $w_L(\text{NaCl}) = 16{,}7\ \% = 0{,}167$
	Gesucht:	$m_1(\text{NaCl-Lösung})$ mit $w_1 = 4{,}87\ \% = 0{,}0487$
	Berechnung:	$m_1 = \dfrac{m_{\text{ges}} \cdot w_L - m_2 \cdot w_2}{w_1}$ $m_1 = \dfrac{219\ \text{g} \cdot 0{,}167 - m_2 \cdot 0{,}00}{0{,}0487} = 751\ \text{g}$
B 9		**Das Volumen $V_1 = 150\ \text{mL}$ einer Schwefelsäure, $c_1(H_2SO_4) = 1{,}42\ \text{mol/L}$, wird mit $V_2 = 650\ \text{mL}$ Schwefelsäure, $c_2(H_2SO_4) = 0{,}200\ \text{mol/L}$, gemischt.** **Wie groß ist in mol/L die Stoffmengenkonzentration $c_{\text{Lösung}}(H_2SO_4)$ der entstandenen Schwefelsäure?**
	Gegeben:	$c_1(H_2SO_4) = 1{,}42\ \text{mol/L}$ $V_1(H_2SO_4) = 150\ \text{mL} = 0{,}150\ \text{L}$ $c_2(H_2SO_4) = 0{,}200\ \text{mol/L}$ $V_2(H_2SO_4) = 650\ \text{mL} = 0{,}650\ \text{L}$
	Gesucht:	$c_{\text{Lösung}}(H_2SO_4)$
	Berechnung:	$c_{\text{Lösung}} = \dfrac{V_1 \cdot c_1 + V_2 \cdot c_2}{V_1 + V_2}$ $c_{\text{Lösung}} = \dfrac{0{,}150\ \text{L} \cdot 1{,}42\ \text{mol/L} + 0{,}650\ \text{L} \cdot 0{,}200\ \text{mol/L}}{0{,}150\ \text{L} + 0{,}650\ \text{L}} = 0{,}429\ \text{mol/L}$
B 10		**Es soll eine Magnesiumsulfatlösung mit dem Massenanteil $w_L(MgSO_4) = 36{,}55\ \%$ hergestellt werden. Als Ausgangslösung stehen $m_1 = 178{,}0\ \text{g}$ einer Magnesiumsulfatlösung, $w_1(MgSO_4) = 10{,}65\ \%$, zur Verfügung.** **Wie viel Gramm Magnesiumsulfat-7-hydrat ($MgSO_4 \cdot 7\ H_2O$) sind dazu in der Ausgangslösung zu lösen?** **$M(MgSO_4) = 120{,}4\ \text{g/mol}$, $M(MgSO_4 \cdot 7\ H_2O) = 246{,}5\ \text{g/mol}$**

Beispiele

B 10

Gegeben:	$w_L(MgSO_4) = 36{,}55\,\% = 0{,}3655$ $m_1(MgSO_4\text{-Lösung}) = 178{,}0\,g$ $w_1(MgSO_4) = 10{,}65\,\% = 0{,}1065$
Gesucht:	$m_2(MgSO_4 \cdot 7\,H_2O)$
Berechnung $w(MgSO_4)$ in $MgSO_4 \cdot 7\,H_2O$:	$w(MgSO_4) = \frac{M(MgSO_4)}{M(MgSO_4 \cdot 7\,H_2O)} = \frac{120{,}4\,g/mol}{246{,}5\,g/mol}$ $w(MgSO_4) = 0{,}48844$
Berechnung $m(MgSO_4 \cdot 7\,H_2O)$:	$m_1 \cdot w_1 + m_2 \cdot w_2 = (m_1 + m_2) \cdot w_L$ $178{,}0\,g \cdot 0{,}1065 + m_2 \cdot 0{,}48844 = (178{,}0\,g + m_2) \cdot 0{,}3655$ $18{,}957\,g + 0{,}48844\,m_2 = 65{,}059\,g + 0{,}3655\,m_2$ $0{,}12294\,m_2 = 46{,}102\,g$ $m_2 = \frac{46{,}102\,g}{0{,}12294} = 375{,}0\,g$

Übungsaufgaben

Ü 6 Die Masse $m = 700$ g Natronlauge, $w_L(NaOH) = 23{,}3\,\%$, soll durch Mischen einer Natronlauge mit $w(NaOH) = 33{,}9\,\%$ und Wasser hergestellt werden.

Berechnen Sie in g die Masse m an Natronlauge mit $w(NaOH) = 33{,}9\,\%$, die dazu benötigt wird.

Ü 7 Berechnen Sie, wie viel Kilogramm HNO_3 zur Herstellung von $V = 4{,}85$ L Salpetersäure, $w(HNO_3) = 0{,}270$, $\rho = 1{,}16$ g/mL, benötigt werden.

Ü 8 Berechnen Sie in kg die Masse m an Salzsäure mit $w_L(HCl) = 10{,}3\,\%$, die sich aus $V = 1{,}75$ L Salzsäure, $w(HCl) = 26{,}2\,\%$, $\rho = 1{,}13$ g/mL, durch Verdünnen mit Wasser herstellen lässt.

Ü 9 Die Masse $m = 920$ g einer Salzsäure, $w(HCl) = 31{,}6\,\%$, soll durch Zugabe von Wasser so verdünnt werden, dass eine Salzsäure mit $w_L(HCl) = 16{,}7\,\%$ entsteht.

Berechnen Sie in g die Masse m an Wasser, die zur Ausgangslösung zugegeben werden muss.

Ü 10 Berechnen Sie in g die Masse m an Wasser, die vorgelegt werden muss, wenn aus $m_1 = 78{,}1$ g einer Schwefelsäure, $w(H_2SO_4) = 96{,}0\,\%$, eine Schwefelsäure mit $w_L(H_2SO_4) = 17{,}8\,\%$ hergestellt werden soll.

Ü 11 Aus einer Natriumnitratlösung, $w(NaNO_3) = 21{,}6\,\%$, werden durch Verdünnen mit Wasser $m_1 = 125$ kg Natriumnitratlösung mit $w_L(NaNO_3) = 10{,}9\,\%$ hergestellt.

Berechnen Sie in kg die Masse m an Natriumnitratlösung, $w(NaNO_3) = 21{,}6\,\%$, die dazu benötigt wird.

Ü 12 Berechnen Sie in L das Volumen V an Schwefelsäure mit $w(H_2SO_4) = 62{,}0\,\%$, $\rho = 1{,}52$ kg/L, das mit Wasser gemischt werden muss, um $m_L = 100$ kg Schwefelsäure mit $w_L(H_2SO_4) = 15{,}0\,\%$ herzustellen.

Übungsaufgaben

Ü 13 Es werden V_1 = 400,0 mL Salzsäure, $w(HCl)$ = 11,52 %, ρ = 1,055 g/mL, hergestellt.

Berechnen Sie in mL das Volumen V_2 an Salzsäure mit $w(HCl)$ = 37,00 %, ρ = 1,184 g/mL, das dafür mit Wasser verdünnt werden muss.

Ü 14 In m_1 = 270 g einer Kaliumchloridlösung, $w(KCl)$ = 11,2 %, werden weitere m_2 = 36,2 g KCl gelöst.

Berechnen Sie den Massenanteil $w_L(KCl)$ in % der hergestellten Lösung.

Ü 15 In m_1 = 725 g einer Salzlösung werden weitere m_2 = 68,1 g reines Salz gelöst. Die dabei entstehende Lösung hat einen Massenanteil w_L(Salz) = 19,3 %.

Berechnen Sie den Massenanteil w(Salz) in % der eingesetzten Salzlösung.

Ü 16 Zur Herstellung einer Salzsäure, $w_L(HCl)$ = 9,26 %, werden m_1 = 25,0 kg Salzsäure, $w_1(HCl)$ = 32,0 %, mit einer Salzsäure, $w_2(HCl)$ = 2,50 %, gemischt.

Berechnen Sie in kg die Masse m_2 an Salzsäure mit $w_2(HCl)$ = 2,50 %, die dazu benötigt wird.

Ü 17 Berechnen Sie, wie viel Gramm Natriumhydroxid, $w_1(NaOH)$ = 97,0 %, in m_2 = 500 g Natronlauge, $w_2(NaOH)$ = 12,5 %, noch gelöst werden müssen, um eine Natronlauge mit $w_L(NaOH)$ = 34,8 % herzustellen.

Ü 18 Die Masse m_1 = 46,2 g Phosphorsäure, $w_1(H_3PO_4)$ = 23,7 %, wird mit m_2 = 13,4 g Phosphorsäure, $w_2(H_3PO_4)$ = 58,3 %, gemischt.

Berechnen Sie den Massenanteil $w_L(H_3PO_4)$ in % der Mischung.

Ü 19 Die Masse m_1 = 2,12 kg Salpetersäure, $w_1(HNO_3)$ = 0,112, wird mit m_2 = 4,38 kg Salpetersäure, $w_2(HNO_3)$ = 0,605, gemischt.

Berechnen Sie den Massenanteil $w_L(HNO_3)$ in % der entstandenen Salpetersäure.

Ü 20 In m_1 = 2,20 kg einer Natronlauge, $w_1(NaOH)$ = 16,8 %, werden m_2 = 330 g technisches Natriumhydroxid, $w_2(NaOH)$ = 97,0 %, gelöst.

Berechnen Sie den Massenanteil $w_L(NaOH)$ in % der entstandenen Lösung.

Ü 21 Es werden gemischt:

m_1 = 156 g Natronlauge, $w_1(NaOH)$ = 10,7 %
m_2 = 325 g Natronlauge, $w_2(NaOH)$ = 25,5 %
m_3 = 618 g Natriumhydroxid, $w_3(NaOH)$ = 97,0 %
m_4 = 836 g Wasser

Berechnen Sie den Massenanteil $w_L(NaOH)$ in % der hergestellten Natronlauge.

Ü 22 Es werden gemischt:

m = 2,63 kg Wasser
m_1 = 4,58 kg Kaliumchloridlösung, $w_1(KCl)$ = 0,112
m_2 = 6,21 kg Kaliumchloridlösung, $w_2(KCl)$ = 0,136
m_3 = 7,49 kg Kaliumchloridlösung, $w_3(KCl)$ = 0,159

Berechnen Sie den Massenanteil $w_L(KCl)$ in % der hergestellten Kaliumchloridlösung.

Übungsaufgaben

Ü 23 Zur Herstellung von m = 12,5 kg Ammoniaklösung, $w_L(NH_3)$ = 7,32 %, werden eine Ammoniaklösung mit $w_1(NH_3)$ = 25,0 % und ρ = 0,907 g/mL sowie eine Ammoniaklösung, $w_2(NH_3)$ = 3,25 %, gemischt.

Berechnen Sie in L das Volumen V an Ammoniaklösung mit $w_1(NH_3)$ = 25,0 %, das dazu benötigt wird.

Ü 24 Eine Salzsäure, $w_1(HCl)$ = 13,5 %, wird mit einer Salzsäure mit $w_2(HCl)$ = 40,0 % und ρ = 1,198 g/mL gemischt.

Berechnen Sie in mL das Volumen V an Salzsäure mit $w_2(HCl)$ = 40,0 %, das benötigt wird, um m = 500 g einer Salzsäure mit $w_L(HCl)$ = 25,0 % herzustellen.

Ü 25 Es sind V = 500 mL Salpetersäure, $w_L(HNO_3)$ = 30,0 %, ρ_L = 1,1800 g/mL, herzustellen. Als Ausgangslösungen stehen Säuren mit $w_1(HNO_3)$ = 16,0 %, ρ_1 = 1,0940 g/mL, und $w_2(HNO_3)$ = 50,0 %, ρ_2 = 1,3292 g/mL, zur Verfügung.

Berechnen Sie in mL die Volumina V_1 und V_2 der beiden Ausgangslösungen, die gemischt werden müssen.

Ü 26 Berechnen Sie, wie viel Liter eines Benzol/Toluol-Gemischs, $\beta(C_6H_6)$ = 42,8 g/L, man aus V_1 = 900 mL Benzol, $\rho(C_6H_6)$ = 0,879 g/mL, herstellen kann.

Ü 27 Berechnen Sie in mL das Volumen V einer Ammoniaklösung, $w_1(NH_3)$ = 25,0 %, das einzusetzen ist, um V_L = 525 mL einer Ammoniaklösung, $w_L(NH_3)$ = 4,76 %, herzustellen. $\rho(NH_3$, 25,0 %) = 0,907 g/mL, $\rho(NH_3$, 4,76 %) = 0,978 g/mL

Ü 28 Nach der Trocknung von m_1 = 79,6 g eines Produkts verbleibt ein trockener Rückstand von m_2 = 57,3 g.

Berechnen Sie den Massenanteil $w(H_2O)$ in %, den das Produkt vor der Trocknung hatte.

Ü 29 Von m_1 = 652 g einer Schwefelsäure, $w(H_2SO_4)$ = 16,7 %, werden m_2 = 136 g Wasser abdestilliert.

Berechnen Sie den Massenanteil $w_L(H_2SO_4)$ in % der dadurch entstandenen Schwefelsäure.

Ü 30 Beim vollständigen Eindampfen einer Salzlösung, w(Salz) = 5,77 %, fallen m_1 = 105 g Salz an.

Berechnen Sie, wie viel Kilogramm Salzlösung, w(Salz) = 5,77 %, eindampft worden sind.

Ü 31 Durch Verdampfen von Wasser wird aus einer Salpetersäure, $w(HNO_3)$ = 15,9 %, die Masse m_1 = 1,25 kg einer Salpetersäure mit $w_L(HNO_3)$ = 65,0 % hergestellt.

Berechnen Sie, wie viel Kilogramm Salpetersäure, $w(HNO_3)$ = 15,9 %, eingesetzt werden müssen.

Ü 32 Einer Salzlösung, w(Salz) = 8,25 %, wird durch Abdampfen so viel Wasser entzogen, dass m_1 = 125 g Salzlösung mit w_L(Salz) = 16,5 % entstehen.

Berechnen Sie in g die Masse m an Ausgangslösung mit w(Salz) = 8,25 %, die dazu erforderlich ist.

Übungsaufgaben

Ü 33 Berechnen Sie, wie viel Kilogramm Wasser aus m_1 = 11,7 kg Farbstoffstofflösung, w(Farbstoff) = 5,25 %, abgedampft werden müssen, damit eine Farbstoffpaste, $w(H_2O)$ = 43,8 %, entsteht.

Ü 34 V_1 = 500 mL einer Wirkstofflösung, β(Wirkstoff) = 2,50 mg/L, werden durch Einengen auf V_2 = 25,0 mL konzentriert.

Berechnen Sie in mg/L die Massenkonzentration β(Wirkstoff) des Konzentrats.

Ü 35 Aus V = 750 mL Salpetersäure, $w(HNO_3)$ = 9,28 %, ρ = 1,05 g/mL, wird durch Abdestillieren von Wasser eine Salpetersäure mit $w_L(HNO_3)$ = 28,5 % hergestellt.

Berechnen Sie in g die Masse m an Wasser, die aus der Salpetersäure, $w(HNO_3)$ = 9,28 %, abdestilliert werden muss.

Ü 36 Aus V = 250 mL Perchlorsäure, $w(HClO_4)$ = 7,85 %, ρ = 1,047 g/mL, wird durch Eindampfen eine Perchlorsäure mit $w_L(HClO_4)$ = 41,5 % hergestellt.

Berechnen Sie, wie viel Gramm Wasser dazu aus der Perchlorsäure, $w(HClO_4)$ = 7,85 %, abzudampfen sind.

Ü 37 Durch Eindampfen wird aus V = 175,2 mL Schwefelsäure, $w(H_2SO_4)$ = 15,41 %, ρ = 1,105 g/mL, eine Schwefelsäure mit $w_L(H_2SO_4)$ = 82,75 % hergestellt.

Berechnen Sie in g die Masse m an Wasser, die aus der Schwefelsäure, $w(H_2SO_4)$ = 15,41 %, abzudampfen ist.

Ü 38 Berechnen Sie in mL das Volumen V einer Salzsäure, w(HCl) = 19,41 %, ρ = 1,095 g/mL, das zur Herstellung von V_1 = 3,250 L einer HCl-Lösung, c(HCl) = 200,0 mmol/L, benötigt wird.
M(HCl) = 36,46 g/mol

Ü 39 Es wird V_1 = 800 mL einer Schwefelsäure, $c(\frac{1}{2} H_2SO_4)$ = 1,25 mol/L, durch Verdünnung einer konzentrierten Schwefelsäure, $w(H_2SO_4)$ = 96,0 %, ρ = 1,84 g/mL, hergestellt.

Berechnen Sie in mL das Volumen V der konzentrierten Schwefelsäure, $w(H_2SO_4)$ = 96,0 %, das abzumessen ist.
$M(H_2SO_4)$ = 98,1 g/mol

Ü 40 V_1 = 425 mL einer Salzsäure, c_1(HCl) = 1,520 mol/L, ρ_1 = 1,025 g/mL, wird mit V_2 = 375 mL Salzsäure, c_2(HCl) = 0,655 mol/L, ρ_2 = 1,010 g/mL, gemischt.

Berechnen Sie den Massenanteil w(HCl) in % der entstandenen Salzsäure.
M(HCl) = 36,461 g/mol

Ü 41 Berechnen Sie, wie viel Gramm Natronlauge, w(NaOH) = 17,9 %, auf V = 750 mL Lösung verdünnt werden müssen, wenn eine Natronlauge mit c(NaOH) = 0,250 mol/L entstehen soll.
M(NaOH) = 40,0 g/mol

Übungsaufgaben

Ü 42 V_1 = 3250 mL einer Schwefelsäure, $c(H_2SO_4)$ = 1,80 mol/L, wird mit V_2 = 1250 mL Wasser gemischt.

Berechnen Sie in mol/L die Stoffmengenkonzentration $c_{Lösung}(H_2SO_4)$ der hergestellten Lösung.

Ü 43 V_1 = 350 mL einer Kalilauge, $c_1(KOH)$ = 0,500 mol/L, wird mit V_2 = 1,70 L Kalilauge, $c_2(KOH)$ = 0,125 mol/L, gemischt.

Berechnen Sie in mol/L die Stoffmengenkonzentration $c_{Lösung}(KOH)$ der beim Mischen entstehenden Kalilauge.

Ü 44 In m_1 = 10,5 kg Natriumcarbonatlösung, $w(Na_2CO_3)$ = 2,10 %, werden m_2 = 4,50 kg Natriumcarbonat-10-hydrat gelöst.

Berechnen Sie den Massenanteil $w_L(Na_2CO_3)$ in % der entstehenden Lösung.
$M(Na_2CO_3)$ = 106 g/mol, $M(H_2O)$ = 18,0 g/mol

Ü 45 Berechnen Sie, wie viel Gramm Aluminiumnitrat-9-hydrat in m_1 = 425,0 g einer Aluminiumnitratlösung, $w_1(Al(NO_3)_3)$ = 6,350 %, zu lösen sind, damit die neue Lösung einen Massenanteil $w(Al(NO_3)_3)$ = 19,60 % hat.
$M(Al(NO_3)_3)$ = 213,0 g/mol, $M(Al(NO_3)_3 \cdot 9\,H_2O)$ = 375,0 g/mol

Ü 46 Die Masse m_1 = 200,0 g Natriumsulfat-10-hydrat wird in Wasser gelöst.

Berechnen Sie in g die Masse m an Wasser, die zugegeben werden muss, damit eine Natriumsulfatlösung mit dem Massenanteil $w(Na_2SO_4)$ = 8,25 % entsteht.
$M(Na_2SO_4)$ = 142 g/mol, $M(H_2O)$ = 18,0 g/mol

Ü 47 Die Masse m_1 = 1,75 kg Mangansulfat-7-hydrat wird in Wasser gelöst.

Berechnen Sie, wie viel Kilogramm Wasser einzusetzen sind, wenn die Lösung den Massenanteil $w(MnSO_4)$ = 25,0 % haben soll.
$M(MnSO_4)$ = 151 g/mol, $M(H_2O)$ = 18,0 g/mol

Ü 48 Es werden m_1 = 390,00 g Glycerin, ρ = 1,2599 g/mL, und m_2 = 712,00 g Tetrachlorkohlenstoff, ρ = 1,5900 g/mL, gemischt.

Berechnen Sie in g/mL die Dichte ρ_L der Mischung.

Ü 49 Ein Salzgemisch enthält m_1 = 185,8 g Kaliumchlorid, m_2 = 110,3 g Kaliumbromid und m_3 = 203,9 g Kaliumiodid.

Berechnen Sie in g/mL die Dichte ρ_L der Salzmischung.
$\rho(KCl)$ = 1,9840 g/mL, $\rho(KBr)$ = 2,7530 g/mL, $\rho(KI)$ = 3,1301 g/mL

Ü 50 Die Masse m_1 = 125,80 g Natronlauge, $w_1(NaOH)$ = 11,460 %, ρ_1 = 1,1251 g/mL, wird mit m_2 = 795,20 g Natronlauge, $w_2(NaOH)$ = 49,970 %, ρ_2 = 1,5250 g/mL, gemischt.

Berechnen Sie in % den Massenanteil w_L und in g/mL die Dichte ρ_L der entstandenen Natronlauge.

5 Umsatz und Ausbeute bei chemischen Reaktionen

Berechnungen zum Stoffumsatz haben in der chemischen Produktion oder in der Forschung große Bedeutung. Jede technische Anwendung, jede wissenschaftliche Erkenntnis hat die Berechnung chemischer Umsetzungen zur Grundlage.

Als Ausbeute/Wirkungsgrad η bezeichnet man die bei einem Umsatz erhaltene Stoffmenge, ausgedrückt in Prozent der aufgrund der rein stöchiometrischen Umsetzung berechneten Stoffmenge.

5.1 Umsatz bei chemischen Reaktionen

Die Mengenverhältnisse, in denen Stoffe miteinander reagieren, sind über die Reaktionsgleichung festgelegt. Im Abschnitt 1.3 wurde das Aufstellen von Reaktionsgleichungen erläutert. In diesem Kapitel wird der Algorithmus beschrieben, der jeder Umsatzberechnung zu Grunde liegt.

1. Formulierung der Reaktionsgleichung
2. Angabe der relativen Atom- oder Molekülmassen mit den sich aus der Reaktionsgleichung ergebenden Koeffizienten unter den Molekülformeln
3. Angabe der gesuchten und vorgegebenen Mengen mit der entsprechenden Maßeinheit
4. Aufstellung der Proportionen
5. Berechnung der gesuchten Mengen

In die Umsatzgleichungen werden stets die Massen der reinen Stoffe eingesetzt. Enthält ein Stoff Verunreinigungen, sind aus den Massen an verunreinigtem Stoff die Einsatzmengen an reinem Stoff zu berechnen.

Im Abschnitt 1.3 wurde auch auf das Aufstellen von Reaktionsgleichungen bei mehrstufigen Umsetzungen eingegangen. Berechnet man den Umsatz solcher Synthesen, gibt immer die Summengleichung die äquivalenten Mengen der eingesetzten Edukte und entstandenen Produkte an. Äquivalent sind Stoffmengen, die sich restlos miteinander umsetzen.

Der tatsächliche Ablauf der Reaktionen ist in der Summengleichung nicht mehr zu erkennen; das ist aber für die Berechnung des Gesamtumsatzes nicht notwendig.

Bei Umsatzberechnungen mit Gasen ist immer das Volumen von Gasen unter Normbedingungen zu berücksichtigen. Normbedingungen heißt: 1 mol Gas, unabhängig von der Gasart, hat bei 0 °C und 101,325 kPa ein Volumen von 22,4 L. Weiterhin gilt, dass bei konstanten Temperaturen und konstantem Druck Masse und Volumen einer Gasmenge einander direkt proportional sind.

$$n(\mathrm{X}) = \frac{m(\mathrm{X})}{M(\mathrm{X})}$$

$$w(\mathrm{Ausbeute}) = 100\,\% - w(\mathrm{Verlust})$$

$$c(\mathrm{X}) = \frac{n(\mathrm{X})}{V(\mathrm{Lösung})}$$

$$m_{\mathrm{praktische\ Ausbeute}} = \frac{m_{\mathrm{theoretische\ Ausbeute}}}{\eta}$$

Beispiele

B 1

Wie viel Gramm Natriumsulfat entstehen bei der chemischen Umsetzung von m_1 = 127,4 g Natriumchlorid mit Schwefelsäure im Überschuss?
$2\ NaCl + H_2SO_4 \longrightarrow Na_2SO_4 + 2\ HCl$
$M(NaCl)$ = 58,44 g/mol, $M(Na_2SO_4)$ = 142,0 g/mol

Gegeben:
$m(NaCl) = m_1 = 127{,}4\ g$
$M(NaCl) = 58{,}44\ g/mol$
$M(Na_2SO_4) = 142{,}0\ g/mol$

Gesucht: $m(Na_2SO_4)$

Berechnung $n(NaCl)$:
$$n(NaCl) = \frac{m(NaCl)}{M(NaCl)} = \frac{127{,}4\ g}{58{,}44\ g/mol} = 2{,}180\ mol$$

Berechnung $n(Na_2SO_4)$:
$1{,}000\ mol\ NaCl \triangleq 0{,}5000\ mol\ Na_2SO_4$
$$n(Na_2SO_4) = 2{,}180\ mol \cdot \frac{0{,}5000\ mol}{1{,}000\ mol} = 1{,}090\ mol$$

Berechnung $m(Na_2SO_4)$:
$m(Na_2SO_4) = n(Na_2SO_4) \cdot M(Na_2SO_4)$
$m(Na_2SO_4) = 1{,}090\ mol \cdot 142{,}0\ g/mol = 154{,}8\ g$

B 2

Wie viel Kilogramm Pentan müssen verbrannt werden, um m_1 = 37,4 kg Kohlenstoffdioxid herzustellen?
$C_5H_{12} + 8\ O_2 \longrightarrow 5\ CO_2 + 6\ H_2O$
$M(C_5H_{12})$ = 72,15 g/mol, $M(CO_2)$ = 44,0 g/mol

Gegeben:
$m(CO_2) = m_1 = 37{,}4\ kg$
$M(CO_2) = 44{,}0\ g/mol = 44{,}0\ kg/kmol$
$M(C_5H_{12}) = 72{,}15\ g/mol = 72{,}15\ kg/kmol$

Gesucht: $m(C_5H_{12})$

Berechnung $n(CO_2)$:
$$n(CO_2) = \frac{m(CO_2)}{M(CO_2)} = \frac{37{,}4\ kg}{44{,}0\ kg/kmol} = 0{,}850\ kmol$$

Berechnung $n(C_5H_{12})$:
$1{,}00\ mol\ CO_2 \triangleq 0{,}200\ mol\ C_5H_{12}$
$$n(C_5H_{12}) = 0{,}850\ kmol \cdot \frac{0{,}200\ mol}{1{,}00\ mol} = 0{,}170\ kmol$$

Berechnung $m(C_5H_{12})$:
$m(C_5H_{12}) = n(C_5H_{12}) \cdot M(C_5H_{12})$
$m(C_5H_{12}) = 0{,}170\ kmol \cdot 72{,}15\ kg/kmol = 12{,}3\ kg$

B 3

Wie viel Gramm Kaliumchlorid entstehen bei der Neutralisation von m_1 = 482,4 g Kaliumcarbonatlösung, $w(K_2CO_3)$ = 11,35 %, mit Salzsäure?
$K_2CO_3 + 2\ HCl \longrightarrow 2\ KCl + CO_2 + H_2O$
$M(K_2CO_3)$ = 138,2 g/mol, $M(KCl)$ = 74,55 g/mol

Gegeben:
$m_{11,35}(K_2CO_3) = m_1 = 482{,}4\ g$
$w(K_2CO_3) = 11{,}35\ \% = 0{,}1135$
$M(K_2CO_3) = 138{,}2\ g/mol$
$M(KCl) = 74{,}55\ g/mol$

Gesucht: $m(KCl)$

Beispiele

B 3	Berechnung $m(K_2CO_3)$, w = 100 %:	$m_{100}(K_2CO_3)$ = 482,4 g · 0,1135 = 54,75 g
	Berechnung $n(K_2CO_3)$:	$n(K_2CO_3) = \frac{m(K_2CO_3)}{M(K_2CO_3)} = \frac{54{,}75\ g}{138{,}2\ g/mol} = 0{,}3962\ mol$
	Berechnung $n(KCl)$:	1,000 mol K_2CO_3 ≙ 2,000 mol KCl $n(KCl) = 0{,}3962\ mol \cdot \frac{2{,}000\ mol}{1{,}000\ mol} = 0{,}7924\ mol$
	Berechnung $m(KCl)$:	$m(KCl)$ = 0,7924 mol · 74,55 g/mol = 59,07 g
B 4		**Wie viel Gramm Salpetersäure, $w(HNO_3)$ = 24,6 %, werden benötigt, um m_1 = 84,0 g Ammoniaklösung, $w(NH_3)$ = 15,0 %, vollständig zu neutralisieren?** **$NH_3 + HNO_3 \longrightarrow NH_4NO_3$** **$M(NH_3)$ = 17,0 g/mol, $M(HNO_3)$ = 63,0 g/mol**
	Gegeben:	$m_{15}(NH_3) = m_1$ = 84,0 g $w(NH_3)$ = 15,0 % = 0,150 $w(HNO_3)$ = 24,6 % = 0,246 $M(NH_3)$ = 17,0 g/mol $M(HNO_3)$ = 63,0 g/mol
	Gesucht:	$m_{24,6}(HNO_3)$
	Berechnung $m(NH_3)$, w = 100 %:	$m_{100}(NH_3)$ = 84,0 g · 0,150 = 12,6 g
	Berechnung $n(NH_3)$:	$n(NH_3) = \frac{m(NH_3)}{M(NH_3)} = \frac{12{,}6\ g}{17{,}0\ g/mol} = 0{,}741\ mol$
	Berechnung $n(HNO_3)$:	1,000 mol NH_3 ≙ 1,000 mol HNO_3 0,741 mol NH_3 ≙ 0,741 mol HNO_3
	Berechnung $m(HNO_3)$, w = 24,6 %:	$m_{24,6}(HNO_3) = \frac{n(HNO_3) \cdot M(HNO_3) \cdot 100\ \%}{w(HNO_3)}$ $m_{24,6}(HNO_3) = \frac{0{,}741\ mol \cdot 63{,}0\ g/mol \cdot 100\ \%}{24{,}6\ \%} = 190\ g$
B 5		**Wie viel Gramm Kalium entstehen durch Schmelzflusselektrolyse aus m_1 = 135,0 g Kaliumchlorid, wenn bei der Elektrolyse ein Verlust von w = 15,5 % auftritt?** **$2\ KCl \longrightarrow 2\ K + Cl_2$** **$M(K)$ = 39,10 g/mol, $M(KCl)$ = 74,55 g/mol**
	Gegeben:	$m(KCl) = m_1$ = 135,0 g w(Verlust) = 15,5 % = 0,155 $M(K)$ = 39,10 g/mol $M(KCl)$ = 74,55 g/mol

Beispiele

B 5	Gesucht:	$m(K)$
	Berechnung $n(KCl)$:	$n(KCl) = \frac{m(KCl)}{M(KCl)} = \frac{135{,}0\ g}{74{,}55\ g/mol} = 1{,}811\ mol$
	Berechnung $n(K)$:	1,000 mol KCl ≙ 1,000 mol K 1,811 mol KCl ≙ 1,811 mol K
	Berechnung $m(K)$:	$m(K) = n(K) \cdot M(K) \cdot w(Ausbeute) = 1{,}811\ mol \cdot 39{,}10\ g/mol \cdot (1{,}00 - 0{,}155) = 59{,}8\ g$
B 6		**Wie viel Kilogramm Natronlauge, $w(NaOH) = 47{,}20\ \%$, entstehen bei der Zersetzung von $m_1 = 50{,}00$ kg Natriumamalgam, $w(Na) = 0{,}3040\ \%$?** **$2\ Na + 2\ H_2O \longrightarrow 2\ NaOH + H_2$** **$M(Na) = 22{,}990\ g/mol$, $M(NaOH) = 39{,}997\ g/mol$**
	Gegeben:	$m(Natriumamalgam) = m_1 = 50{,}00\ kg = 50\,000\ g$ $w(Na) = 0{,}3040\ \% = 0{,}003040$ $w(NaOH) = 47{,}20\ \% = 0{,}4720$ $M(Na) = 22{,}990\ g/mol$ $M(NaOH) = 39{,}997\ g/mol$
	Gesucht:	$m_{47,20}(NaOH)$
	Berechnung $m(Na)$:	$m(Na) = 50\,000\ g \cdot 0{,}003040 = 152{,}0\ g$
	Berechnung $n(Na)$:	$n(Na) = \frac{m(Na)}{M(Na)} = \frac{152{,}0\ g}{22{,}990\ g/mol} = 6{,}612\ mol$
	Berechnung $n(NaOH)$:	1,000 mol Na ≙ 1,000 mol NaOH 6,612 mol Na ≙ 6,612 mol NaOH
	Berechnung $m(NaOH)$, $w = 47{,}20\ \%$:	$m_{47,20}(NaOH) = \frac{n(NaOH) \cdot M(NaOH) \cdot 100\ \%}{w(NaOH)}$ $m_{47,20}(NaOH) = \frac{6{,}612\ mol \cdot 39{,}997\ g/mol \cdot 100\ \%}{47{,}20\ \%} = 560{,}3\ g = 0{,}5603\ kg$
B 7		**Durch Absorption von Stickstoff(V)-oxid soll der Massenanteil von $m_1 = 834{,}0$ g Salpetersäure, $w_1(HNO_3) = 11{,}60\ \%$, auf den Massenanteil $w_2(HNO_3) = 32{,}80\ \%$ erhöht werden. Wie viel Gramm Stickstoff(V)-oxid sind zur Erhöhung des Massenanteils einzuleiten?** **$N_2O_5 + H_2O \longrightarrow 2\ HNO_3$** **$M(N_2O_5) = 108{,}01\ g/mol$, $M(HNO_3) = 63{,}013\ g/mol$**
	Gegeben:	$m(HNO_3) = m_1 = 834{,}0\ g$ $w_1(HNO_3) = 11{,}60\ \% = 0{,}1160$ $M(N_2O_5) = 108{,}01\ g/mol$ $M(HNO_3) = 63{,}013\ g/mol$ $w_2(HNO_3) = 32{,}80\ \% = 0{,}3280$
	Gesucht:	$m(N_2O_5)$

Beispiele

B 7

Berechnung $n(N_2O_5)$:

1,00 mol N_2O_5 2,00 mol HNO_3

Berechnung $m(N_2O_5)$:

$$m(HNO_3) \cdot w_1 + \frac{m(N_2O_5) \cdot 2 \cdot M(HNO_3)}{M(N_2O_5)} \cdot 100\,\%$$

$$= (m(HNO_3) + m(N_2O_5)) \cdot w_2$$

$$834{,}0\text{ g} \cdot 0{,}1160 + \frac{m(N_2O_5) \cdot 2 \cdot 63{,}013\text{ g/mol}}{108{,}01\text{ g/mol}} \cdot 1{,}000$$

$$= (834{,}0\text{ g} + m(N_2O_5)) \cdot 0{,}3280$$

$$96{,}744\text{ g} + 1{,}1668\, m(N_2O_5) = 273{,}55\text{ g} + 0{,}3280\, m(N_2O_5)$$

$$1{,}1668\, m(N_2O_5) - 0{,}3280\, m(N_2O_5) = 273{,}55\text{ g} - 96{,}744\text{ g}$$

$$0{,}8388\, m(N_2O_5) = 176{,}806\text{ g}$$

$$m(N_2O_5) = 210{,}8\text{ g}$$

B 8

Zur Herstellung von Magnesiumchlorid werden m_1 = 153,1 g Magnesium mit Salzsäure umgesetzt. Wie viel Liter Salzsäure, $c(HCl)$ = 7,75 mol/L, werden für die Umsetzung benötigt, wenn bei der Reaktion mit einem Salzsäureüberschuss von w = 15,8 % gearbeitet wird?
$Mg + 2\,HCl \longrightarrow MgCl_2 + H_2$
$M(Mg)$ = 24,305 g/mol

Gegeben:

$m(Mg) = m_1 = 153{,}1$ g
$c(HCl) = 7{,}75$ mol/L
$w(\text{Überschuss}) = 15{,}8$ %
$M(Mg) = 24{,}305$ g/mol

Gesucht: $V(HCl)$

Berechnung $n(Mg)$:

$$n(Mg) = \frac{m(Mg)}{M(Mg)} = \frac{153{,}1\text{ g}}{24{,}305\text{ g/mol}} = 6{,}299\text{ mol}$$

Berechnung $n(HCl)$:

1,000 mol Mg ≙ 2,000 mol HCl
6,299 mol Mg ≙ 12,60 mol HCl

Berechnung HCl_{gesamt}:

100 % + 15,8 % = 115,8 % = 1,158
12,60 mol · 1,158 = 14,59 mol

Berechnung $V(HCl)$, c = 7,75 mol/L:

$$V(HCl) = \frac{n(HCl)}{c(HCl)} = \frac{14{,}59\text{ mol}}{7{,}75\text{ mol/L}} = 1{,}88\text{ L}$$

B 9

Aus Ethansäure und Phosphortrichlorid wird Ethansäurechlorid hergestellt. Welches Volumen V in Milliliter an Phosphortrichlorid, ρ = 1,5742 g/mL, wird benötigt, um m_1 = 71,5 g Ethansäurechlorid herzustellen, wenn die Ausbeute bei dieser Reaktion η = 47,2 % beträgt?
$3\,CH_3COOH + PCl_3 \longrightarrow 3\,CH_3COCl + H_3PO_4$
$M(PCl_3)$ = 137,33 g/mol, $M(CH_3COCl)$ = 78,498 g/mol

Beispiele

B 9

Gegeben:	$m(CH_3COCl) = m_1 = 71{,}5\ g$ $M(CH_3COCl) = 78{,}498\ g/mol$ $M(PCl_3) = 137{,}33\ g/mol$ $\rho(PCl_3) = 1{,}5742\ g/mL$ $\eta = 47{,}2\ \% = 0{,}472$
Gesucht:	$V(PCl_3)$
Berechnung $n(CH_3COCl)$:	$n(CH_3COCl) = \frac{m(CH_3COCl)}{M(CH_3COCl)} = \frac{71{,}5\ g}{78{,}498\ g/mol} = 0{,}911\ mol$
Berechnung $n(PCl_3)$:	3,00 mol CH_3COCl ≙ 1,00 mol PCl_3 0,911 mol CH_3COCl ≙ 0,304 mol PCl_3
Berechnung $m(PCl_3)$:	$m(PCl_3) = 0{,}304\ mol \cdot 137{,}33\ g/mol = 41{,}7\ g$
Berechnung $m(PCl_3)$ bei $\eta = 0{,}472$:	$m(PCl_3) = \frac{m}{\eta} = \frac{41{,}7\ g}{0{,}472} = 88{,}3\ g$
Berechnung $V(PCl_3)$:	$V(PCl_3) = \frac{m}{\rho} = \frac{88{,}3\ g}{1{,}5742\ g/mL} = 56{,}1\ mL$

B 10

Bei der Umsetzung von m_1 = 130,7 g technischem Kupferoxid mit verdünnter Salzsäure entstehen m_2 = 209,2 g Kupferchlorid. Wie groß ist der Massenanteil *w*(CuO) in % des eingesetzten Oxids, wenn die Ausbeute bei dieser Reaktion η = 96,10 % beträgt?
$CuO + 2\ HCl \longrightarrow CuCl_2 + H_2O$
$M(CuO) = 79{,}544\ g/mol$, $M(CuCl_2) = 134{,}45\ g/mol$

Gegeben:	$m(CuO) = m_1 = 130{,}7\ g$ $m(CuCl_2) = m_2 = 209{,}2\ g$ $M(CuO) = 79{,}544\ g/mol$ $M(CuCl_2) = 134{,}45\ g/mol$ $\eta = 96{,}10\ \% = 0{,}9610$
Gesucht:	$w(CuO)$
Berechnung $n(CuO)$:	$n(CuO) = \frac{m(CuO)}{M(CuO)} = \frac{130{,}7\ g}{79{,}544\ g/mol} = 1{,}643\ mol$
Berechnung $n(CuCl_2)$:	1,000 mol CuO ≙ 1,000 mol $CuCl_2$ 1,643 mol CuO ≙ 1,643 mol $CuCl_2$
Berechnung $m(CuCl_2)$:	$m(CuCl_2) = n(CuCl_2) \cdot M(CuCl_2) = 1{,}643\ mol \cdot 134{,}45\ g/mol$ $m(CuCl_2) = 220{,}9\ g$
Berechnung $m(CuCl_2)$, $\eta = 0{,}9610$:	$m(CuCl_2) = 220{,}9\ g \cdot 0{,}9610 = 212{,}3\ g$

Beispiele

B 10

Berechnung $w(CuO)$:

$$w(CuO) = \frac{m_{\text{praktische Ausbeute}}(CuCl_2)}{m_{\text{theoretische Ausbeute}}(CuCl_2)} \cdot 100\,\%$$

$$w(CuO) = \frac{209{,}2\,g}{212{,}3\,g} \cdot 100\,\% = 98{,}5\,\%$$

B 11

In m_1 = 520 g einer Natronlauge werden m_2 = 41,9 g Antimonoxid gelöst. Wie groß ist der Massenanteil $w(Na_3SbO_3)$ in % in der dabei entstehenden Lösung?
$Sb_2O_3 + 6\ NaOH \longrightarrow 2\ Na_3SbO_3 + 3\ H_2O$
$M(Sb_2O_3)$ = 291,5 g/mol, $M(Na_3SbO_3)$ = 238,8 g/mol

Gegeben:

$m(NaOH) = m_1 = 520\ g$
$m(Sb_2O_3) = m_2 = 41{,}9\ g$
$M(Sb_2O_3) = 291{,}5\ g/mol$
$M(Na_3SbO_3) = 238{,}8\ g/mol$

Gesucht: $w(Na_3SbO_3)$ in %

Berechnung $n(Sb_2O_3)$:

$$n(Sb_2O_3) = \frac{m(Sb_2O_3)}{M(Sb_2O_3)} = \frac{41{,}9\ g}{291{,}5\ g/mol} = 0{,}1437\ mol$$

Berechnung $n(Na_3SbO_3)$:

1,00 mol Sb_2O_3 ≙ 2,00 mol Na_3SbO_3
0,1437 mol Sb_2O_3 ≙ 0,287 mol Na_3SbO_3

Berechnung $m(Na_3SbO_3)$:

$m(Na_3SbO_3) = n(Na_3SbO_3) \cdot M(Na_3SbO_3)$
$m(Na_3SbO_3) = 0{,}287\ mol \cdot 238{,}8\ g/mol = 68{,}5\ g$

Berechnung m(Lösung):

$m(NaOH) + m(Sb_2O_3) = 520\ g + 41{,}9\ g = 561{,}9\ g$

Berechnung $w(Na_3SbO_3)$:

$$w(Na_3SbO_3) = \frac{m(Na_3SbO_3)}{m(\text{Lösung})} \cdot 100\,\%$$

$$w(Na_3SbO_3) = \frac{68{,}5\ g}{561{,}9\ g} \cdot 100\,\% = 12{,}2\,\%$$

B 12

In m_1 = 250 g Wasser werden m_2 = 48,3 g Natrium langsam eingetragen und vollständig gelöst. Wie groß ist der Massenanteil $w(NaOH)$ in % der dabei entstehenden Natronlauge?
$2\ Na + 2\ H_2O \longrightarrow 2\ NaOH + H_2\uparrow$
$M(Na)$ = 23,0 g/mol, $M(NaOH)$ = 40,0 g/mol), $M(H)$ = 1,01 g/mol

Gegeben:

$m(Na) = m_2 = 48{,}3\ g$
$m(H_2O) = m_1 = 250\ g$
$M(Na) = 23{,}0\ g/mol$
$M(NaOH) = 40{,}0\ g/mol$
$M(H) = 1{,}01\ g/mol$

Gesucht: $w(NaOH)$

Beispiele

B 12

Berechnung n(Na):	$n(\text{Na}) = \dfrac{m(\text{Na})}{M(\text{Na})} = \dfrac{48{,}3\ \text{g}}{23{,}0\ \text{g/mol}} = 2{,}10\ \text{mol}$
Berechnung n(NaOH):	1,00 mol Na ≙ 1,00 mol NaOH 2,10 mol Na ≙ 2,10 mol NaOH
Berechnung m(NaOH):	$m(\text{NaOH}) = n(\text{NaOH}) \cdot M(\text{NaOH}) = 2{,}10\ \text{mol} \cdot 40{,}0\ \text{g/mol} = 84{,}0\ \text{g}$
Berechnung $n(H_2)$:	2,00 mol Na ≙ 1,00 mol H_2 2,10 mol Na ≙ 1,05 mol H_2
Berechnung $m(H_2)$:	$m(\text{H}_2) = n(\text{H}_2) \cdot M(\text{H}_2) = 1{,}05\ \text{mol} \cdot 2{,}02\ \text{g/mol} = 2{,}12\ \text{g}$
Berechnung m(Lösung):	$m(\text{Lösung}) = m(\text{Na}) + m(\text{H}_2\text{O}) - m(\text{H}_2)$ $m(\text{Lösung}) = 48{,}3\ \text{g} + 250\ \text{g} - 2{,}12\ \text{g} = 296{,}18\ \text{g}$
Berechnung w(NaOH):	$w(\text{NaOH}) = \dfrac{m(\text{NaOH})}{m(\text{Lösung})} \cdot 100\ \% = \dfrac{84{,}0\ \text{g}}{296{,}18\ \text{g}} \cdot 100\ \% = 28{,}4\ \%$

Übungsaufgaben

Ü 1 Berechnen Sie, wie viel Gramm Schwefeldioxid bei der Umsetzung von $m_1 = 152{,}6$ g Na_2SO_3 mit Salzsäure im Überschuss entstehen.
$Na_2SO_3 + 2\ HCl \longrightarrow 2\ NaCl + SO_2 + H_2O$
$M(Na_2SO_3) = 126{,}0$ g/mol, $M(SO_2) = 64{,}0$ g/mol

Ü 2 Berechnen Sie in g die Masse m(Calciumoxid), die durch Glühen von $m_1 = 182{,}2$ g Calciumcarbonat entsteht.
$CaCO_3 \longrightarrow CaO + CO_2$
$M(CaCO_3) = 100{,}1$ g/mol, $M(CaO) = 56{,}08$ g/mol

Ü 3 Die Masse $m_1 = 58{,}2$ g Ammoniumsulfat wird mit Natronlauge im Überschuss umgesetzt.

Berechnen Sie in g die Massen m(Ammoniak) und m(Natriumsulfat), die bei dieser Umsetzung entstehen.
$(NH_4)_2SO_4 + 2\ NaOH \longrightarrow 2\ NH_3 + Na_2SO_4 + 2\ H_2O$
$M((NH_4)_2SO_4) = 132{,}0$ g/mol, $M(NH_3) = 17{,}0$ g/mol, $M(Na_2SO_4) = 142{,}0$ g/mol

Ü 4 Berechnen Sie, wie viel Gramm Kaliumhydroxid zur Neutralisation von $m_1 = 375{,}0$ g Schwefelsäure benötigt werden.
$2\ KOH + H_2SO_4 \longrightarrow K_2SO_4 + 2\ H_2O$
$M(KOH) = 56{,}1$ g/mol, $M(H_2SO_4) = 98{,}1$ g/mol

Übungsaufgaben

Ü 5 Weißer Phosphor (P_4) verbrennt mit Sauerstoff zu Phosphor(V)-oxid.

Berechnen Sie in g die Masse *m*(Phosphor), die eingesetzt werden muss, wenn m_1 = 475,0 g Phosphor(V)-oxid hergestellt werden sollen.
$P_4 + 5\ O_2 \longrightarrow P_4O_{10}$
$M(P) = 31{,}0$ g/mol, $M(P_4O_{10}) = 284$ g/mol

Ü 6 Berechnen Sie, wie viel Gramm Schwefelsäure zur Umsetzung von m_1 = 48,4 g Natriumcarbonat benötigt werden.
$Na_2CO_3 + H_2SO_4 \longrightarrow Na_2SO_4 + H_2O + CO_2$
$M(Na_2CO_3) = 106{,}0$ g/mol, $M(H_2SO_4) = 98{,}1$ g/mol

Ü 7 Eisen reagiert mit verdünnter Schwefelsäure zu Eisen(II)-sulfat und Wasserstoff.

Berechnen Sie, wie viel Gramm Eisen benötigt werden, damit m_1 = 84,68 g Wasserstoff entstehen.
$Fe + H_2SO_4 \longrightarrow FeSO_4 + H_2$
$M(Fe) = 55{,}85$ g/mol, $M(H) = 1{,}008$ g/mol

Ü 8 Berechnen Sie, wie viel Gramm Natriumcarbonat-Decahydrat mit Salzsäure umgesetzt werden müssen, wenn m_1 = 134 g CO_2 hergestellt werden sollen.
$Na_2CO_3 \cdot 10\ H_2O + 2\ HCl \longrightarrow 2\ NaCl + CO_2 + 11\ H_2O$
$M(Na_2CO_3) = 106$ g/mol, $M(H_2O) = 18{,}0$ g/mol, $M(CO_2) = 44{,}0$ g/mol

Ü 9 Berechnen Sie in g die Masse *m*(Schwefeldioxid), die aus m_1 = 42,6 g Na_2SO_3 bei der Umsetzung mit Salzsäure im Überschuss entsteht, wenn die Ausbeute an Schwefeldioxid η = 87,3 % beträgt.
$Na_2SO_3 + 2\ HCl \longrightarrow 2\ NaCl + SO_2 + H_2O$
$M(Na_2SO_3) = 126{,}0$ g/mol, $M(SO_2) = 64{,}06$ g/mol

Ü 10 Kupfer wird durch Reaktion mit Salpetersäure zu Kupfer(II)-nitrat, Stickstoff(II)-oxid und Wasser umgesetzt.
$3\ Cu + 8\ HNO_3 \longrightarrow 3\ Cu(NO_3)_2 + 2\ NO + 4\ H_2O$

Berechnen Sie in g die Masse *m*(Kupfer(II)-nitrat), die entsteht, wenn m_1 = 225,0 g Kupfer umgesetzt werden und bei der Reaktion eine Ausbeute von η = 90,8 % erreicht wird.
$M(Cu) = 63{,}55$ g/mol, $M(Cu(NO_3)_2) = 187{,}6$ g/mol

Ü 11 Berechnen Sie, wie viel Gramm Ammoniumsulfat bei der Umsetzung von m_1 = 162,8 g technischem Ammoniumchlorid, $w(NH_4Cl)$ = 91,2 %, mit Schwefelsäure entstehen.
$2\ NH_4Cl + H_2SO_4 \longrightarrow (NH_4)_2SO_4 + 2\ HCl$
$M((NH_4)_2SO_4) = 132{,}13$ g/mol, $M(NH_4Cl) = 53{,}491$ g/mol

Ü 12 Berechnen Sie, wie viel Kilogramm Schwefeldioxid beim Abrösten von m_1 = 25,2 kg Pyrit, $w(FeS_2)$ = 19,4 %, entstehen.
$4\ FeS_2 + 11\ O_2 \longrightarrow 8\ SO_2 + 2\ Fe_2O_3$
$M(FeS_2) = 120{,}0$ g/mol, $M(SO_2) = 64{,}06$ g/mol

Übungsaufgaben

Ü 13 Berechnen Sie in kg die Masse *m*(Natrium), die durch Schmelzflusselektrolyse von m_1 = 75,8 kg Natriumchlorid gewonnen wird, wenn bei der Elektrolyse ein Verlust von *w* = 14,2 % auftritt.
$2\ NaCl \longrightarrow 2\ Na + Cl_2$
M(NaCl) = 58,44 g/mol, *M*(Na) = 22,99 g/mol

Ü 14 Berechnen Sie in kg die Masse *m*(Propansäureethylester), die bei der Veresterung von m_1 = 14,8 kg Propansäure mit Ethanol entsteht, wenn bei der Veresterung ein Verlust von *w* = 29,4 % auftritt.
$C_2H_5COOH + C_2H_5OH \longrightarrow C_2H_5COOC_2H_5 + H_2O$
$M(C_2H_5COOH)$ = 74,08 g/mol, $M(C_2H_5COOC_2H_5)$ = 102,1 g/mol

Ü 15 Berechnen Sie, wie viel Gramm Schwefeldioxid bei der Verbrennung von m_1 = 1236 g Schwefel entstehen, wenn mit einem Verlust von *w* = 2,500 % zu rechnen ist.
$S + O_2 \longrightarrow SO_2$
M(S) = 32,06 g/mol, $M(SO_2)$ = 64,06 g/mol

Ü 16 Berechnen Sie, wie viel Gramm Benzoesäureethylester bei der Umsetzung von m_1 = 755,8 g Benzoesäure, $w(C_6H_5COOH)$ = 77,6 %, entstehen, wenn die Ausbeute η = 62,4 % beträgt.
$C_6H_5COOH + C_2H_5OH \longrightarrow C_6H_5COOC_2H_5 + H_2O$
$M(C_6H_5COOH)$ = 122,1 g/mol, $M(C_6H_5COOC_2H_5)$ = 150,2 g/mol

Ü 17 Berechnen Sie in g die Masse *m*(1,4-Dibrombenzol), die bei der Bromierung von m_1 = 147,2 g Benzol, $w(C_6H_6)$ = 78,2 %, entsteht, wenn bei der Synthese mit einer Ausbeute von η = 72,8 % zu rechnen ist.
$C_6H_6 + 2\ Br_2 \longrightarrow C_6H_4Br_2 + 2\ HBr$
$M(C_6H_6)$ = 78,11 g/mol, $M(C_6H_4Br_2)$ = 235,9 g/mol

Ü 18 Berechnen Sie, wie viel Gramm Aluminium aus m_1 = 145 g Bauxit, $w(Al_2O_3)$ = 58,2 %, bei der Umsetzung mit Kohlenstoff gewonnen werden können, wenn die Ausbeute an Aluminium bei der Reaktion η = 71,7 % beträgt.
$Al_2O_3 + 2\ C \longrightarrow 2\ Al + CO_2 + CO$
$M(Al_2O_3)$ = 102,0 g/mol, *M*(Al) = 26,98 g/mol

Ü 19 Berechnen Sie, wie viel Gramm Benzoesäure durch Oxidation von m_1 = 159,4 g Benzylalkohol, *w*(Verunreinigung) = 10,3 %, entstehen, wenn η = 68,3 % der theoretischen Ausbeute erreicht werden.
$C_6H_5CH_2OH + O_2 \longrightarrow C_6H_5COOH + H_2O$
$M(C_6H_5CH_2OH)$ = 108,1 g/mol, $M(C_6H_5COOH)$ = 122,1 g/mol

Ü 20 Berechnen Sie in g die Masse *m*(Salpetersäure), $w(HNO_3)$ = 63,0 %, die durch Umsetzung von m_1 = 76,7 g Kaliumnitrat mit Schwefelsäure entsteht.
$2\ KNO_3 + H_2SO_4 \longrightarrow 2\ HNO_3 + K_2SO_4$
$M(HNO_3)$ = 63,01 g/mol, $M(KNO_3)$ = 101,1 g/mol

Ü 21 Berechnen Sie in kg die Masse *m*(Natriumcarbonat), $w(Na_2CO_3)$ = 98,6 %, die durch Calcinieren von m_1 = 42,5 kg Natriumhydrogencarbonat entsteht.
$2\ NaHCO_3 \longrightarrow Na_2CO_3 + CO_2 + H_2O$
$M(NaHCO_3)$ = 84,01 g/mol, $M(Na_2CO_3)$ = 106,0 g/mol

Übungsaufgaben

Ü 22 Bei der Umsetzung von Butan-1-ol mit Hydrogenbromid und Schwefelsäure als Katalysator entsteht 1-Brombutan, $w(C_4H_9Br) = 90{,}6\ \%$.

Berechnen Sie in g die Masse m(1-Brombutan), $w(C_4H_9Br) = 90{,}6\ \%$, die bei der Bromierung von $m_1 = 165{,}2$ g Butan-1-ol entsteht, wenn mit einer Ausbeute von $\eta = 65{,}1\ \%$ zu rechnen ist.
$C_4H_9OH + HBr \longrightarrow C_4H_9Br + H_2O$
$M(C_4H_9OH) = 74{,}12$ g/mol, $M(C_4H_9Br) = 137{,}0$ g/mol

Ü 23 Durch die Umsetzung von Mangan(IV)-oxid mit Salzsäure werden $m_1 = 275{,}0$ g Manganchlorid hergestellt.

Berechnen Sie, wie viel Gramm Mangan(IV)-oxid bei einer Ausbeute von $\eta = 78{,}9\ \%$ dabei eingesetzt wurden.
$MnO_2 + 4\ HCl \longrightarrow MnCl_2 + Cl_2 + 2\ H_2O$
$M(MnO_2) = 86{,}937$ g/mol, $M(MnCl_2) = 125{,}84$ g/mol

Ü 24 Chrom wird durch Reduktion von Chrom(III)-oxid mit Aluminium hergestellt.

Berechnen Sie, wie viel Kilogramm Chrom(III)-oxid zur Herstellung von $m_1 = 17{,}8$ kg Chrom erforderlich sind, wenn mit einer Ausbeute von $\eta = 86{,}4\ \%$ zu rechnen ist.
$Cr_2O_3 + 2\ Al \longrightarrow 2\ Cr + Al_2O_3$
$M(Cr_2O_3) = 151{,}99$ g/mol, $M(Cr) = 51{,}996$ g/mol

Ü 25 Berechnen Sie, wie viel Kilogramm Schwefelsäure, $w(H_2SO_4) = 94{,}6\ \%$, zur vollständigen Umsetzung von $m_1 = 2{,}75$ kg Natriumcarbonat benötigt werden.
$Na_2CO_3 + H_2SO_4 \longrightarrow Na_2SO_4 + H_2O + CO_2$
$M(Na_2CO_3) = 106{,}0$ g/mol, $M(H_2SO_4) = 98{,}08$ g/mol

Ü 26 Die Masse $m_1 = 171{,}0$ g Silber wird mit Salpetersäure, $w(HNO_3) = 63{,}0\ \%$, zu Silbernitrat umgesetzt.

Berechnen Sie, wie viel Gramm der Salpetersäure zur Umsetzung benötigt werden.
$Ag + 2\ HNO_3 \longrightarrow AgNO_3 + H_2O + NO_2$
$M(Ag) = 107{,}9$ g/mol, $M(HNO_3) = 63{,}01$ g/mol

Ü 27 Calciumcarbid, $w(CaC_2) = 82{,}9\ \%$, reagiert mit Wasser zu Ethin.

Berechnen Sie, wie viel Kilogramm Calciumcarbid, $m(CaC_2)$, erforderlich sind, um $m_1 = 1{,}28$ kg Ethin herzustellen.
$CaC_2 + 2\ H_2O \longrightarrow C_2H_2 + Ca(OH)_2$
$M(CaC_2) = 64{,}10$ g/mol, $M(C_2H_2) = 26{,}04$ g/mol

Ü 28 Kaliumhydroxid wird mit Schwefelsäure neutralisiert.
$2\ KOH + H_2SO_4 \longrightarrow K_2SO_4 + 2\ H_2O$

Berechnen Sie in g die Masse m(Kaliumhydroxid), $w(KOH) = 90{,}6\ \%$, die benötigt wird, um $m_1 = 75{,}3$ g Schwefelsäure mit $w(H_2SO_4) = 48{,}5\ \%$ zu neutralisieren.
$M(KOH) = 56{,}1$ g/mol, $M(H_2SO_4) = 98{,}1$ g/mol

Übungsaufgaben

Ü 29 Berechnen Sie, wie viel Gramm Salzsäure, $w(HCl)$ = 15,7 %, zur vollständigen Umsetzung von m_1 = 85,6 g einer Natriumcarbonatlösung, $w(Na_2CO_3)$ = 20,4 %, benötigt werden.
$Na_2CO_3 + 2\ HCl \longrightarrow 2\ NaCl + CO_2 + H_2O$
$M(Na_2CO_3)$ = 106 g/mol, $M(HCl)$ = 36,5 g/mol

Ü 30 Durch Oxidation von Toluol sollen m_1 = 475,0 g Benzoesäure hergestellt werden.

Berechnen Sie, wie viel Gramm Toluol, w(Verunreinigung) = 2,15 %, benötigt werden, wenn die Ausbeute bei dieser Oxidation η = 93,4 % beträgt.
$C_6H_5CH_3 + O_2 \longrightarrow C_6H_5COOH + H_2$
$M(C_6H_5CH_3)$ = 92,14 g/mol, $M(C_6H_5COOH)$ = 122,1 g/mol

Ü 31 Nach dem Soda-Solvay-Verfahren werden m_1 = 1250 t Natriumcarbonat hergestellt.

Berechnen Sie, wie viel Tonnen Steinsalz, $w(NaCl)$ = 93,7 %, dabei eingesetzt worden sind, wenn das Verfahren mit einem Wirkungsgrad von η = 72,5 % arbeitet.
$2\ NaCl + 2\ CO_2 + 2\ NH_3 + 2\ H_2O \longrightarrow 2\ NaHCO_3 + 2\ NH_4Cl$
$2\ NaHCO_3 \longrightarrow Na_2CO_3 + CO_2 + H_2O$
$M(NaCl)$ = 58,44 g/mol, $M(Na_2CO_3)$ = 106,0 g/mol

Ü 32 Schwefeltrioxid reagiert mit Wasser zu Schwefelsäure.
$SO_3 + H_2O \longrightarrow H_2SO_4$

Berechnen Sie in g die Masse m(Wasser), die benötigt wird, um aus m_1 = 250,0 g Schwefeltrioxid eine Schwefelsäure mit $w(H_2SO_4)$ = 31,50 % herzustellen.
$M(SO_3)$ = 80,06 g/mol, $M(H_2O)$ = 18,02 g/mol

Ü 33 Phosphorpentoxid reagiert mit Wasser zu Phosphorsäure.
$P_2O_5 + 3\ H_2O \longrightarrow 2\ H_3PO_4$

Berechnen Sie in g die Masse m(Phosphorpentoxid), die benötigt wird, um m_1 = 432,5 g Phosphorsäure mit $w(H_3PO_4)$ = 28,6 % herzustellen.
$M(P_2O_5)$ = 141,95 g/mol, $M(H_3PO_4)$ = 97,995 g/mol

Ü 34 Durch Absorption von Schwefeltrioxid sollen m_1 = 425,0 g Schwefelsäure, $w_1(H_2SO_4)$ = 0,275, auf einen Massenanteil von $w_2(H_2SO_4)$ = 0,617 gebracht werden.

Berechnen Sie, wie viel Gramm Schwefeltrioxid einzuleiten sind.
$SO_3 + H_2O \longrightarrow H_2SO_4$
$M(SO_3)$ = 80,06 g/mol, $M(H_2SO_4)$ = 98,08 g/mol

Ü 35 Berechnen Sie, wie viel Gramm Phosphor(V)-oxid zu m_1 = 243,0 g Phosphorsäure, $w_1(H_3PO_4)$ = 21,3 %, zugesetzt werden müssen, damit eine Phosphorsäure mit $w_2(H_3PO_4)$ = 57,8 % entsteht.
$P_2O_5 + 3\ H_2O \longrightarrow 2\ H_3PO_4$
$M(P_2O_5)$ = 141,95 g/mol, $M(H_3PO_4)$ = 97,995 g/mol

Ü 36 Berechnen Sie, wie viel Gramm Natriumoxid zu m_1 = 1080 g Natronlauge, $w_1(NaOH)$ = 11,20 %, zugesetzt werden müssen, damit eine Natronlauge mit $w_2(NaOH)$ = 27,10 % entsteht.
$Na_2O + H_2O \longrightarrow 2\ NaOH$
$M(Na_2O)$ = 61,979 g/mol, $M(NaOH)$ = 39,997 g/mol

Übungsaufgaben

Ü 37 Berechnen Sie, wie viel Gramm gebrannter Kalk, $w(\text{CaO}) = 88{,}5\,\%$, benötigt werden, um aus einer Ammoniumchloridlösung die Stoffmenge $n = 1{,}25$ mol Ammoniak herzustellen.
$CaO + 2\,NH_4Cl \longrightarrow 2\,NH_3 + CaCl_2 + H_2O$
$M(\text{CaO}) = 56{,}08$ g/mol

Ü 38 Berechnen Sie, wie viel Milliliter trockenes Kohlenstoffdioxid im Normzustand bei der Umsetzung von Calciumcarbonat mit $V_1 = 90{,}0$ mL Salzsäure, $c(\text{HCl}) = 0{,}250$ mol/L, entstehen.
$CaCO_3 + 2\,HCl \longrightarrow CaCl_2 + CO_2 + H_2O$
$V_{mn}(CO_2) = 22{,}4$ L/mol

Ü 39 Eine Salzsäure, $n(\text{HCl}) = 10{,}0$ mol, wird mit Mangan(IV)-oxid umgesetzt.

Berechnen Sie in L das Volumen V(Chlor) im Normzustand, das entsteht, wenn der Wirkungsgrad der Umsetzung $\eta = 78{,}6\,\%$ beträgt.
$4\,HCl + MnO_2 \longrightarrow MnCl_2 + Cl_2 + 2\,H_2O$
$V_{mn}(Cl_2) = 22{,}4$ L/mol

Ü 40 Zur Herstellung von Natriumnitrat werden $m_1 = 94{,}40$ g Natrium mit Salpetersäure umgesetzt.

Berechnen Sie, wie viel Milliliter Salpetersäure, $c(HNO_3) = 4{,}200$ mol/L, für die Umsetzung benötigt werden, wenn der Salpetersäureüberschuss dabei 10,80 % beträgt.
$2\,Na + 2\,HNO_3 \longrightarrow 2\,NaNO_3 + H_2$
$M(\text{Na}) = 22{,}99$ g/mol, $M(NaNO_3) = 85{,}00$ g/mol, $M(HNO_3) = 63{,}01$ g/mol

Ü 41 Die Stoffmenge $n = 2{,}10$ mol Aluminium wird mit Salzsäure zu Aluminiumchlorid umgesetzt.

Berechnen Sie, wie viel Liter Salzsäure, $c(\text{HCl}) = 1{,}15$ mol/L, benötigt werden, wenn dabei mit einem Salzsäureüberschuss von 13,9 % gearbeitet wird.
$2\,Al + 6\,HCl \longrightarrow 2\,AlCl_3 + 3\,H_2$
$M(\text{Al}) = 26{,}98$ g/mol, $M(AlCl_3) = 133{,}3$ g/mol, $M(\text{HCl}) = 36{,}46$ g/mol

Ü 42 Die Stoffmenge $n = 3{,}20$ mol Eisen wird mit Schwefelsäure zu Eisen(III)-sulfat, $Fe_2(SO_4)_3$, umgesetzt.

Berechnen Sie, wie viel Liter Schwefelsäure, $c(H_2SO_4) = 1{,}75$ mol/L, für die Umsetzung bereitgestellt werden müssen, wenn bei der Umsetzung mit einem Schwefelsäureüberschuss von 12,3 % gearbeitet wird.
$2\,Fe + 3\,H_2SO_4 \longrightarrow Fe_2(SO_4)_3 + 3\,H_2$
$M(\text{Fe}) = 55{,}85$ g/mol, $M(Fe_2(SO_4)_3) = 399{,}9$ g/mol, $M(H_2SO_4) = 98{,}08$ g/mol

Ü 43 Berechnen Sie in g die Masse m(Natriumcarbonat), die mit Salzsäure umzusetzen ist, damit $V = 124{,}3$ L Kohlenstoffdioxid im Normzustand entstehen.
$Na_2CO_3 + 2\,HCl \longrightarrow 2\,NaCl + CO_2 + H_2O$
$M(Na_2CO_3) = 106$ g/mol, $V_{mn}(CO_2) = 22{,}4$ L/mol

Ü 44 Es sollen $m = 175{,}2$ kg Cyclohexanol durch Hydrierung von Phenol hergestellt werden.

Berechnen Sie in m^3 das Volumen V (Wasserstoff) im Normzustand, das benötigt wird, wenn die Ausbeute bei dieser Hydrierung $\eta = 91{,}70\,\%$ beträgt und mit einem Wasserstoffüberschuss von 12,50 % gearbeitet werden soll.
$C_6H_5OH + 3\,H_2 \longrightarrow C_6H_{11}OH$
$M(C_6H_{11}OH) = 99{,}153$ g/mol, $V_{mn}(H_2) = 22{,}40$ L/mol

Übungsaufgaben

Ü 45 Berechnen Sie, wie viel Liter Wasserstoff im Normzustand für die Hydrierung von m = 100,0 g eines Alkengemischs, w(Propen) = 64,0 % und w(But-1-en) = 36,0 %, benötigt werden, wenn mit einem Wasserstoffüberschuss von 24,9 % gearbeitet werden soll.

$C_3H_6 + H_2 \longrightarrow C_3H_8$

$C_4H_8 + H_2 \longrightarrow C_4H_{10}$

$M(C_3H_6)$ = 42,081 g/mol, $M(C_4H_8)$ = 56,108 g/mol, $V_{mn}(H_2)$ = 22,4 L/mol

Ü 46 Berechnen Sie, wie viel Liter Wasserstoff im Normzustand entstehen, wenn m = 130,2 g Aluminium, w(Al) = 96,1 %, mit Natronlauge reagieren und die Ausbeute an Wasserstoff η = 82,6 % beträgt.

$2\ Al + 2\ NaOH + 6\ H_2O \longrightarrow 2\ Na[Al(OH)_4] + 3\ H_2$

M(Al) = 26,982 g/mol, $V_{mn}(H_2)$ = 22,4 L/mol

Ü 47 Berechnen Sie, wie viel Liter Gas, gemessen im Normzustand, bei der thermischen Zersetzung von m = 48,1 g Ammoniumcarbaminat entstehen.

$H_2NCOONH_4 \longrightarrow 2\ NH_3 + CO_2$

$M(H_2NCOONH_4)$ = 78,07 g/mol, $V_{mn}(CO_2)$ = 22,4 L/mol, $V_{mn}(NH_3)$ = 22,4 L/mol

Ü 48 Berechnen Sie, wie viel Milliliter einer Natronlauge, w(NaOH) = 7,38 %, ρ = 1,080 g/mL, zur Umsetzung von m = 46,50 g Phenol, w(Phenol) = 97,2 %, zu Natriumphenolat benötigt werden.

$C_6H_5OH + NaOH \longrightarrow C_6H_5ONa + H_2O$

$M(C_6H_5OH)$ = 94,111 g/mol, M(NaOH) = 39,997 g/mol

Ü 49 Berechnen Sie in L das Volumen V(Schwefelsäure), $w(H_2SO_4)$ = 50,5 %, ρ = 1,400 g/mL, das zur vollständigen Umsetzung von m = 38,75 kg Natriumchlorid, w(NaCl) = 98,1 %, zu Natriumhydrogensulfat benötigt wird.

$NaCl + H_2SO_4 \longrightarrow NaHSO_4 + HCl$

M(NaCl) = 58,44 g/mol, $M(H_2SO_4)$ = 98,08 g/mol

Ü 50 Durch Bromierung von Benzol sollen m = 67,5 g Brombenzol hergestellt werden.

Berechnen Sie, wie viel Milliliter Benzol, ρ = 0,879 g/mL, bei einer Ausbeute von η = 92,3 % erforderlich sind.

$C_6H_6 + Br_2 \longrightarrow C_6H_5Br + HBr$

$M(C_6H_6)$ = 78,112 g/mol, $M(C_6H_5Br)$ = 157,01 g/mol

Ü 51 Berechnen Sie, wie viel Kilogramm gebrannter Kalk, w(CaO) = 87,6 %, zur Neutralisation von V = 4,85 m^3 salzsaurem Abwasser, w(HCl) = 12,9 %, ρ = 1,065 g/mL, benötigt werden.

$2\ HCl + CaO \longrightarrow CaCl_2 + H_2O$

M(HCl) = 36,46 g/mol, M(CaO) = 56,08 g/mol

Ü 52 V = 815,5 mL Salpetersäure, $w(HNO_3)$ = 16,8 %, ρ = 1,095 g/mL, sollen mit Natriumcarbonat neutralisiert werden.

Berechnen Sie, wie viel Gramm Natriumcarbonat einzusetzen sind, wenn ein Überschuss an Natriumcarbonat von 13,8 % benötigt wird.

$Na_2CO_3 + 2\ HNO_3 \longrightarrow 2\ NaNO_3 + CO_2 + H_2O$

$M(Na_2CO_3)$ = 106,0 g/mol, $M(HNO_3)$ = 63,01 g/mol

Übungsaufgaben

Ü 53 Berechnen Sie, wie viel Gramm Schwefelsäure, $w(H_2SO_4)$ = 58,4 %, einzusetzen sind, um V = 250 mL Kalilauge, $w(KOH)$ = 17,3 %, ρ = 1,160 g/mL, umzusetzen, wenn ein Überschuss an Schwefelsäure von 10,6 % zugesetzt werden soll.
$2\ KOH + H_2SO_4 \longrightarrow K_2SO_4 + 2H_2O$
$M(KOH)$ = 56,1 g/mol, $M(H_2SO_4)$ = 98,1 g/mol

Ü 54 Ethansäurechlorid und Natriumethanoat reagieren zu Ethansäureanhydrid und Natriumchlorid.

Berechnen Sie, wie viel Gramm Natriumethanoat, $w(CH_3COONa)$ = 98,2 %, einzusetzen sind, um V = 35,6 mL Ethansäurechlorid, $\rho(CH_3COCl)$ = 1,104 g/mL, umzusetzen, wenn zum Ablauf der Reaktion ein Überschuss an Natriumethanoat von 41,6 % vorliegen muss.
$CH_3COCl + CH_3COONa \longrightarrow (CH_3CO)_2O + NaCl$
$M(CH_3COCl)$ = 78,50 g/mol, $M(CH_3COONa)$ = 82,03 g/mol

Ü 55 Aus m_1 = 210,2 mg einer bleihaltigen Verbindung entstehen durch vollständige Umsetzung mit Schwefelsäure m_2 = 252,6 mg Bleisulfat.

Berechnen Sie den Massenanteil $w(Pb)$ in % der eingesetzten Verbindung.
$Pb + H_2SO_4 \longrightarrow PbSO_4 + H_2$
$M(Pb)$ = 207,2 g/mol, $M(PbSO_4)$ = 303,3 g/mol

Ü 56 Aus m_1 = 58,3 kg technischem Calciumphosphat werden m_2 = 10,3 kg Phosphor gewonnen.

Berechnen Sie den Massenanteil $w(Ca_3(PO_4)_2)$ in % des eingesetzten Phosphats, wenn die Ausbeute bei diesem Verfahren η = 91,4 % beträgt.
$Ca_3(PO_4)_2 + 5\ C + 3\ SiO_2 \longrightarrow 3\ CaSiO_3 + 2\ P + 5\ CO$
$M(Ca_3(PO_4)_2)$ = 310,2 g/mol, $M(P)$ = 30,97 g/mol

Ü 57 Aus m_1 = 752 g Bauxit werden durch Umsetzung mit Kohlenstoff m_2 = 218 g Aluminium gewonnen.

Berechnen Sie den Massenanteil $w(Al_2O_3)$ in % des eingesetzten Bauxits, wenn die Ausbeute bei dieser Umsetzung η = 67,9 % beträgt.
$Al_2O_3 + 2\ C \longrightarrow 2\ Al + CO_2 + CO$
$M(Al_2O_3)$ = 102,0 g/mol, $M(Al)$ = 26,98 g/mol

Ü 58 Die Masse m_1 = 325 g einer Bariumchloridlösung setzt aus m_2 = 212 g einer Natriumsulfatlösung, $w(Na_2SO_4)$ = 6,39 %, das gesamte darin enthaltene Sulfat zu Bariumsulfat um.

Berechnen Sie den Massenanteil $w(BaCl_2)$ in % der verwendeten Bariumchloridlösung.
$Na_2SO_4 + BaCl_2 \longrightarrow BaSO_4 + 2\ NaCl$
$M(Na_2SO_4)$ = 142,0 g/mol, $M(BaCl_2)$ = 208,2 g/mol

Ü 59 Aus m = 300 g einer zinkhaltigen Paste entstehen bei der Reaktion mit Salzsäure V = 25,7 L trockener Wasserstoff, gemessen im Normzustand.

Berechnen Sie den Massenanteil $w(Zn)$ in % der eingesetzten zinkhaltigen Paste.
$Zn + 2\ HCl \longrightarrow ZnCl_2 + H_2$
$M(Zn)$ = 65,4 g/mol, $V_{mn}(H_2)$ = 22,4 L/mol

Übungsaufgaben

Ü 60 V = 25,0 mL einer Bariumhydroxidlösung werden mit verdünnter Schwefelsäure im Überschuss versetzt, wobei m = 1,258 g Bariumsulfat ausfallen.

Berechnen Sie in g/L die Massenkonzentration $\beta(Ba(OH)_2)$ der eingesetzten Bariumhydroxidlösung.
$Ba(OH)_2 + H_2SO_4 \longrightarrow BaSO_4 + 2\ H_2O$
$M(Ba(OH)_2)$ = 171,34 g/mol, $M(BaSO_4)$ = 233,39 g/mol

Ü 61 Die Masse m_1 = 48,6 g Calciumoxid wird mit m_2 = 783 g Wasser gemischt.

Berechnen Sie den Massenanteil $w(Ca(OH)_2)$ in % der Mischung nach beendeter Umsetzung.
$CaO + H_2O \longrightarrow Ca(OH)_2$
$M(CaO)$ = 56,1 g/mol, $M(Ca(OH)_2)$ = 74,1 g/mol

Ü 62 Die Masse m_1 = 76,5 g Phosphorpentoxid wird mit m_2 = 614 g Wasser zu Phosphorsäure umgesetzt.

Berechnen Sie den Massenanteil $w(H_3PO_4)$ in % der bei der Umsetzung entstandenen Phosphorsäure.
$P_2O_5 + 3\ H_2O \longrightarrow 2\ H_3PO_4$
$M(P_2O_5)$ = 141,95 g/mol, $M(H_3PO_4)$ = 97,995 g/mol

Ü 63 Eine Schwefelsäure, $w(H_2SO_4)$ = 16,2 %, wird mit Natriumcarbonat-Decahydrat neutralisiert.

Berechnen Sie den Massenanteil $w(Na_2SO_4)$ in % der bei der Neutralisation entstandenen Lösung.
$H_2SO_4 + Na_2CO_3 \cdot 10\ H_2O \longrightarrow Na_2SO_4 + 11\ H_2O + CO_2$
$M(H_2SO_4)$ = 98,078 g/mol, $M(Na_2CO_3)$ = 105,99 g/mol, $M(Na_2SO_4)$ = 142,04 g/mol, $M(H_2O)$ = 18,015 g/mol

Ü 64 Berechnen Sie den Massenanteil $w_1(K_2SO_3)$ in % der entstehenden Kaliumsulfitlösung, wenn eine Kalilauge, $w_2(KOH)$ = 12,8 %, mit der stöchiometrisch erforderlichen Portion Schwefeldioxid umgesetzt wird.
$2\ KOH + SO_2 \longrightarrow K_2SO_3 + H_2O$
$M(KOH)$ = 56,105 g/mol, $M(SO_2)$ = 64,064 g/mol, $M(K_2SO_3)$ = 158,26 g/mol, $M(H_2O)$ = 18,015 g/mol

Ü 65 Wenn bei einer Temperatur von ϑ = 15 °C Chlorgas in eine Natronlauge, $w(NaOH)$ = 8,75 %, eingeleitet wird, entstehen Natriumchlorid, Natriumhypochlorit und Wasser.

Berechnen Sie den Massenanteil $w(NaClO)$ in % der Lösung nach beendeter Reaktion, wenn nur die stöchiometrisch erforderliche Portion Chlor eingeleitet wird.
$2\ NaOH + Cl_2 \longrightarrow NaCl + NaClO + H_2O$
$M(NaOH)$ = 39,997 g/mol, $M(Cl)$ = 35,453 g/mol, $M(NaCl)$ = 58,442 g/mol, $M(NaClO)$ = 74,442 g/mol, $M(H_2O)$ = 18,015 g/mol

5.2 Ausbeuteberechnungen bei chemischen Reaktionen

Der Begriff „Ausbeute“ wird nicht immer eindeutig verwendet. Die Berechnung von Umsatzverlusten erfordert immer die Berechnung der theoretischen und der praktischen Ausbeute.

- Die theoretische Ausbeute ist die aus der Umsatzgleichung berechnete Stoffmenge.
- Die praktische Ausbeute ist die bei einem Umsatz wirklich erhaltene Stoffmenge.

Aus beiden berechneten Stoffmengen lässt sich die prozentuale Ausbeute η ermitteln. Sie stellt – mit 100 % multipliziert – das Verhältnis der praktischen Ausbeute zur theoretischen Ausbeute in Prozent dar.

Da weder die berechnete Stoffmenge noch die tatsächliche erhaltene Stoffmenge als Einzelwert etwas über die Umsatzverluste oder die Ausnutzung der eingesetzten Edukte aussagen können, wird heute immer mehr nur von berechneten Stoffmengen oder erhaltenen Stoffmengen gesprochen und nur noch von der „Ausbeute“. Die Ausbeute ist die bei einem Umsatz erhaltene Stoffmenge, ausgedrückt in Prozent der berechneten Stoffmenge.

Die Ausbeute ist damit ein Maß für die Ausnutzung der Edukte und gilt als ein Kriterium zur Beurteilung der Wirtschaftlichkeit des angewendeten Produktionsverfahrens. Die Ausbeute wird in der Regel auf das wertvollere Edukt bezogen.

Der Umsatzverlust ist die Differenz zwischen Ausbeute und 100 %.

$$\eta = \frac{m_{\text{praktische Ausbeute}}(X)}{m_{\text{theoretische Ausbeute}}(X)} \cdot 100\ \%$$

$$\eta = \frac{V_{\text{praktische Ausbeute}}(X)}{V_{\text{theoretische Ausbeute}}(X)} \cdot 100\ \%$$

$$\eta_{\text{gesamt}} = \eta_1 \cdot \eta_2 \cdot \eta_3 \ldots$$

Beispiele

B 13

Bei der Nitrierung von m_1 = 174,0 g Benzol entstehen m_2 = 184,3 g Nitrobenzol. Wie groß ist die Ausbeute η(Nitrobenzol) in %, bezogen auf die eingesetzte Masse an Benzol?

$C_6H_6 + HNO_3 \longrightarrow C_6H_5NO_2 + H_2O$

$M(C_6H_6) = 78{,}11$ g/mol, $M(C_6H_5NO_2) = 123{,}1$ g/mol

Gegeben:

$m(C_6H_6) = m_1 = 174{,}0$ g
$m(C_6H_5NO_2) = m_2 = 184{,}3$ g
$M(C_6H_6) = 78{,}11$ g/mol
$M(C_6H_5NO_2) = 123{,}1$ g/mol

Gesucht: $\eta(C_6H_5NO_2)$

Berechnung $m_{\text{theoretisch}}(C_6H_5NO_2)$:

$$m(C_6H_5NO_2) = \frac{m(C_6H_6) \cdot M(C_6H_5NO_2)}{M(C_6H_6)}$$

$$m(C_6H_5NO_2) = \frac{174{,}0\ \text{g} \cdot 123{,}1\ \text{g/mol}}{78{,}11\ \text{g/mol}} = 274{,}2\ \text{g}$$

Beispiele

B 13

Berechnung $\eta(C_6H_5NO_2)$:

$$\eta(C_6H_5NO_2) = \frac{m_{\text{praktische Ausbeute}}(C_6H_5NO_2)}{m_{\text{theoretische Ausbeute}}(C_6H_5NO_2)} \cdot 100\,\%$$

$$\eta(C_6H_5NO_2) = \frac{184{,}3\text{ g}}{274{,}2\text{ g}} \cdot 100\,\% = 67{,}2\,\%$$

B 14

Harnstoff wird technisch aus Synthesegas, einem Gemisch aus Ammoniak und Kohlenstoffdioxid, gewonnen. Zur Gewinnung von m_1 = 275,9 kg Harnstoff werden m_2 = 464,0 kg Synthesegas verbraucht. Mit welcher Ausbeute η arbeitet die Anlage bei der Harnstoffherstellung?
$CO_2 + 2\ NH_3 \longrightarrow (NH_2)_2CO + H_2O$
$M(CO_2)$ = 44,010 g/mol, $M(NH_3)$ = 17,030 g/mol,
$M((NH_2)_2CO)$ = 60,055 g/mol

Gegeben:

$m_{\text{praktisch}}((NH_2)_2CO) = m_1 = 275{,}9$ kg
$m(\text{Synthesegas}) = m_2 = 464{,}0$ kg
$M(CO_2)$ = 44,010 g/mol
$M(NH_3)$ = 17,030 g/mol
$M((NH_2)_2CO)$ = 60,055 g/mol

Gesucht: $\eta(\text{Anlage})$

Berechnung M(Synthesegas):

$M(\text{Synthesegas}) = M(CO_2) + 2 \cdot M(NH_3)$
$M(\text{Synthesegas})$ = 44,010 g/mol + 2 · 17,030 g/mol
$M(\text{Synthesegas})$ = 78,070 g/mol

Berechnung $m_{\text{theoretisch}}((NH_2)_2CO)$:

$$m((NH_2)_2CO) = \frac{m(\text{Synthesegas}) \cdot M((NH_2)_2CO)}{M(\text{Synthesegas})}$$

$$m((NH_2)_2CO) = \frac{464{,}0\text{ kg} \cdot 60{,}055\text{ g/mol}}{78{,}070\text{ g/mol}} = 356{,}9\text{ kg}$$

Berechnung $\eta(\text{Anlage})$:

$$\eta(\text{Anlage}) = \frac{m_{\text{praktische Ausbeute}}((NH_2)_2CO)}{m_{\text{theoretische Ausbeute}}((NH_2)_2CO)} = \frac{275{,}9\text{ kg}}{356{,}9\text{ kg}} = 0{,}773($$

B 15

Bei der thermischen Zersetzung von m = 4,83 g Kaliumnitrat entstehen V = 512 mL Sauerstoff unter Normbedingungen. Wie groß ist die Ausbeute η(Sauerstoff) in %, bezogen auf die eingesetzte Masse an Kaliumnitrat?
$2\ KNO_3 \longrightarrow 2\ KNO_2 + O_2$
$M(KNO_3)$ = 101,1 g/mol, $V_{mn}(O_2)$ = 22,4 L/mol

Gegeben:

$m(KNO_3)$ = 4,83 g
$M(KNO_3)$ = 101,1 g/mol
$V(O_2)$ = 512 mL
$V_{mn}(O_2)$ = 22,4 L/mol

Gesucht: $\eta(O_2)$

Beispiele

B 15

Berechnung $n(KNO_3)$:	$n(KNO_3) = \frac{m(KNO_3)}{M(KNO_3)} = \frac{4{,}83\ g}{101{,}1\ g/mol} = 0{,}0478\ mol$
Berechnung $n(O_2)$:	2,00 mol KNO_3 ≙ 1,00 mol O_2 0,0478 mol KNO_3 ≙ 0,0239 mol O_2
Berechnung $V_{theoretisch}(O_2)$:	$V(O_2) = 0{,}0239\ mol \cdot 22{,}4\ L/mol = 0{,}535\ L = 535\ mL$
Berechnung $\eta(O_2)$:	$\eta(O_2) = \frac{V_{praktische\ Ausbeute}(O_2)}{V_{theoretische\ Ausbeute}(O_2)} = \frac{512\ mL}{535\ mL} \cdot 100\ \% = 95{,}7\ \%$

Übungsaufgaben

Ü 66 Aus $m_1 = 250{,}0$ g Calciumchlorid werden durch Umsetzung mit Natriumcarbonat $m_2 = 224{,}1$ g Calciumcarbonat erzeugt.

Berechnen Sie die Ausbeute η(Calciumcarbonat) in %, bezogen auf die eingesetzte Masse an Calciumchlorid.
$CaCl_2 + Na_2CO_3 \longrightarrow CaCO_3 + 2\ NaCl$
$M(CaCl_2) = 110{,}99$ g/mol, $M(CaCO_3) = 100{,}09$ g/mol

Ü 67 Bei der Umsetzung von Kupfer mit konzentrierter Schwefelsäure werden aus $m_1 = 38{,}9$ g Kupfer $m_2 = 90{,}9$ g Kupfersulfat erzeugt.

Berechnen Sie die Ausbeute η(Kupfersulfat) in %, bezogen auf das eingesetzte Kupfer.
$Cu + 2\ H_2SO_4 \longrightarrow CuSO_4 + SO_2 + 2\ H_2O$
$M(Cu) = 63{,}546$ g/mol, $M(CuSO_4) = 159{,}61$ g/mol

Ü 68 Aus $m_1 = 158$ kg Eisen(III)-oxid werden durch Reduktion $m_2 = 106$ kg Eisen gewonnen.

Berechnen Sie die Ausbeute η(Eisen) in %, bezogen auf die eingesetzte Masse an Eisen(III)-oxid.
$Fe_2O_3 + 3\ CO \longrightarrow 2\ Fe + 3\ CO_2$
$M(Fe) = 55{,}85$ g/mol, $M(Fe_2O_3) = 159{,}7$ g/mol

Ü 69 Bei der Umsetzung von $m_1 = 75{,}32$ g Methanol mit Ethansäure entstehen $m_2 = 135{,}4$ g Ethansäuremethylester.

Berechnen Sie die Ausbeute η(Ethansäuremethylester) in %, bezogen auf das eingesetzte Methanol.
$CH_3OH + CH_3COOH \longrightarrow CH_3COOCH_3 + H_2O$
$M(CH_3OH) = 32{,}04$ g/mol, $M(CH_3COOCH_3) = 74{,}08$ g/mol

Ü 70 Die Masse $m_1 = 1000$ g Toluol wird zu Benzoesäure oxidiert.

Berechnen Sie die Ausbeute η(Benzoesäure) in %, wenn bei der Oxidation $m_2 = 972{,}8$ g Benzoesäure entstehen.
$2\ C_6H_5CH_3 + 3\ O_2 \longrightarrow 2\ C_6H_5COOH + 2\ H_2O$
$M(C_6H_5CH_3) = 92{,}14$ g/mol, $M(C_6H_5COOH) = 122{,}1$ g/mol

Übungsaufgaben

Ü 71 Bei der Hydrierung von Nitrobenzol zu Aminobenzol werden aus m_1 = 68,7 g Nitrobenzol, $w(C_6H_5NO)$ = 96,5 %, m_2 = 47,2 g Aminobenzol erzeugt.

Berechnen Sie die Ausbeute η(Aminobenzol) in %, bezogen auf das eingesetzte Nitrobenzol.
$C_6H_5NO_2 + 3\ H_2 \longrightarrow C_6H_5NH_2 + 2\ H_2O$
$M(C_6H_5NO_2)$ = 123,1 g/mol, $M(C_6H_5NH_2)$ = 93,14 g/mol

Ü 72 Bei der Umsetzung von m_1 = 210 g Natronlauge, w(NaOH) = 15,2 %, mit Salzsäure entstehen m_2 = 37,8 g Natriumchlorid.

Berechnen Sie die Ausbeute η(Natriumchlorid) in %, bezogen auf die eingesetzte Natronlauge.
$NaOH + HCl \longrightarrow NaCl + H_2O$
M(NaOH) = 40,0 g/mol, M(NaCl) = 58,5 g/mol

Ü 73 In der 1. Reaktionsstufe werden m_1 = 378 g Cyclohexanol durch Wasserabspaltung in Cyclohexen überführt. In der 2. Reaktionsstufe wird Brom an das Cyclohexen addiert. Dabei entstehen m_2 = 546 g Dibromcyclohexan.

Berechnen Sie die Ausbeute η in % der 1. Reaktionsstufe, wenn davon auszugehen ist, dass bei der 2. Reaktionsstufe eine Ausbeute von η = 87,8 % erreicht wird.
1. Reaktionsstufe: $C_6H_{11}OH \longrightarrow C_6H_{10} + H_2O$
2. Reaktionsstufe: $C_6H_{10} + Br_2 \longrightarrow C_6H_{10}Br_2$
$M(C_6H_{11}OH)$ = 100,16 g/mol, $M(C_6H_{10})$ = 82,144 g/mol, $M(C_6H_{10}Br_2)$ = 241,95 g/mol

Ü 74 Aus m = 414 g Calciumcarbid sind bei der Reaktion mit Wasser V = 141 L Ethin im Normzustand entstanden.

Berechnen Sie die Ausbeute η(Ethin) in %, bezogen auf das eingesetzte Calciumcarbid.
$CaC_2 + 2\ H_2O \longrightarrow C_2H_2 + Ca(OH)_2$
$M(CaC_2)$ = 64,10 g/mol, $M(C_2H_2)$ = 26,04 g/mol, $V_{nm}(C_2H_2)$ = 22,4 L/mol

Ü 75 Bei der Reaktion von m = 24,3 g technischem Aluminiumcarbid, $w(Al_4C_3)$ = 91,1 %, mit Wasser sind V = 9,65 L Methan im Normzustand entstanden.

Berechnen Sie die Ausbeute η(Methan) in %, bezogen auf das eingesetzte Aluminiumcarbid.
$Al_4C_3 + 12\ H_2O \longrightarrow 3\ CH_4 + 4\ Al(OH)_3$
$M(Al_4C_3)$ = 143,96 g/mol, $M(CH_4)$ = 16,043 g/mol, $V_{nm}(CH_4)$ = 22,4 L/mol

6 Gase

Gase befinden sich in einem Aggregatzustand, in dem die Moleküle im Vergleich zum flüssigen oder festen Aggregatzustand jeden ihnen zur Verfügung stehenden Raum einnehmen. In einem Gas nehmen die Moleküle durch Zusammenstöße untereinander Einfluss aufeinander. Die Teilchen werden dabei beispielsweise abgebremst, beschleunigt und/oder aus ihrer geradlinigen Bewegung abgelenkt. Stöße gegen die Gefäßwand nimmt man als Gasdruck wahr.

- Mit steigender Temperatur nehmen die Stöße untereinander und gegen die Gefäßwand zu. Dadurch steigt der Druck an, vorausgesetzt, das Volumen wird konstant gehalten.
- Wird bei gleichbleibender Temperatur das Volumen verkleinert, steigt der Gasdruck ebenfalls.

⇨ Der Gasdruck ist abhängig von Temperatur und Volumen.

- Leichte Teilchen bewegen sich schnell und
- schwere Teilchen bewegen sich langsam,
- beide Teilchenarten üben dadurch (bei konstanter Temperatur) nahezu gleichen Druck auf die Gefäßwand aus.

⇨ Der Gasdruck ist unabhängig von der Teilchenart.

Jeder Stoff kann bei genügend hoher Temperatur (Siedepunkt des Stoffs) in ein Gas verwandelt werden – vorausgesetzt, der Stoff zersetzt sich nicht vorher. Umgekehrt kann jedes Gas bei genügend großem Druck und hoher Temperatur verflüssigt werden.

Dieses Modell ist jedoch begrenzt durch die kritische Temperatur: Oberhalb der kritischen Temperatur kann kein Gas mehr – auch bei noch so großem Druck – verflüssigt werden. Den Druck, der exakt am Punkt der kritischen Temperatur angewendet werden muss, um ein Gas zu verflüssigen, nennt man auch den kritischen Druck.

Reale Gase zeigen ein nahezu ideales Verhalten, wenn der Druck niedrig und die Temperatur weit unter dem Siedepunkt ist. Um aber allgemein gültige Aussagen über Abhängigkeiten der Gase machen zu können, hat man sich gedanklich vom realen Gas verabschiedet und hypothetisch einen idealen Zustand festgelegt:

a) Im idealen Zustand sind die Teilchen eines Gases in einem Gasraum frei beweglich und werden weder untereinander noch durch Aufprall auf die Gefäßwände beeinflusst.

   Im realen Gas hingegen üben die Teilchen untereinander Anziehungskräfte aus, was sich in einer Volumenverringerung ausdrückt. Die Abweichung vom idealen Zustand nimmt dabei mit Druckerhöhung zu.

b) Bei einem idealen Gas wird außer Acht gelassen, dass die Teilchen realer Gase ein Eigenvolumen besitzen. Das reale Volumen ist demnach größer als das ideale. Die Abweichung vom idealen Zustand nimmt hier ebenfalls mit Druckerhöhung zu.

c) Reale Gase erfahren bei Expansion zeitgleich eine Temperaturerniedrigung, was mit Arbeit gegen den inneren Widerstand gleichgesetzt werden kann. Bei idealen Gasen wird dieses Phänomen vernachlässigt.

Durch diese Vereinbarungen kann man ein ideales Gas betrachten und klare Zusammenhänge in den Gasgesetzen postulieren.

6.1 Gasgesetze

Gasgesetze sind hilfreiche Beziehungen von Zustandsgrößen, um Aussagen über das Verhalten von Gasen voraussagen zu können. Die folgenden Gesetze setzen voraus, dass sich Gase ideal verhalten.

Der Zustand realer Gase weicht von diesen Feststellungen ab, kann aber durch Ausgleichsparameter ebenfalls in Gesetzmäßigkeiten beschrieben werden. Diese wiederum lehnen sich an die Gesetze für ideale Gase an und werden im Unterkapitel 6.2 kurz erläutert.

1. **Gesetz der Gleichförmigkeit**

   In einem idealen Gas sind die Teilchen gleichmäßig verteilt, gleiche Teilvolumen enthalten die gleiche Anzahl an Teilchen: ⇨ $\frac{V_1}{n_1} = \frac{V_2}{n_2}$

2. **Gesetz von Boyle und Mariotte**

   Das Produkt aus Druck p und Volumen V einer bestimmten Gasstoffmenge n ist bei gegebener Temperatur T konstant:

   ⇨ $p \cdot V$ = const. für T = const. und n = const.

   Erhöht man den Druck auf eine gegebene Stoffmenge Gas, verringert sich dessen Volumen. Verringert man hingegen den Druck, so dehnt es sich aus. Diese Gesetzmäßigkeit wurde unabhängig voneinander 1662 von dem englischen Physiker Robert Boyle und 1676 von dem französischen Physiker Edme Mariotte entdeckt.

3. **Gesetz von Gay-Lussac**

   Bei gegebenem Druck p ist das Volumen V einer bestimmten Gasstoffmenge n der absoluten Temperatur T proportional:

   ⇨ $V \sim T$ für p = const. und n = const.

   Wird die Temperatur erhöht, so dehnt sich eine gegebene Stoffmenge Gas aus. Wird die Temperatur erniedrigt, zieht sich das Gas zusammen. Dieses Gesetz wurde 1802 vom französischen Chemiker und Physiker Joseph Louis Gay-Lussac aufgestellt.

4. **Gesetz von Avogadro**

   In gleichen Volumina idealer Gase sind bei gleicher Temperatur und gleichem Druck gleich viele Moleküle (und damit auch gleich viele Mole) enthalten. Dies gilt auch umgekehrt: Gleich viele Mole idealer Gase nehmen bei gleicher Temperatur und gleichem Druck unabhängig von der Art des Gases gleiche Volumina ein:

   ⇨ $n \sim V$ für T = const. und p = const.

   Bei Normalbedingungen (d. h. Temperatur auf T = -273,15 K und Druck auf p = 1,013 bar festgelegt) ist nach dieser Theorie das Volumen für n = 1 mol eines Gases V = 22,4 L. Das Gesetz wurde 1811 vom italienischen Chemiker und Physiker Amedeo Avogadro aufgestellt.

5. **Gesetz von Amontons**

   Der Druck p idealer Gase ist bei gleichbleibendem Volumen V für eine gegebene Gasstoffmenge n der Temperatur T direkt proportional:

   ⇨ $p \sim T$ für V = const. und n = const.

   Wird die Temperatur erhöht, erhöht sich folglich auch der Druck. Erniedrigt man die Temperatur, wird folglich auch der Druck niedriger.
   Dieses Gesetz wurde vom französischen Naturwissenschaftler Guillaume Amontons (1663 – 1705) entdeckt.

Diese Gasgesetze sind wichtige Teilgesetze der allgemeinen Zustandsgleichung idealer Gase, die im Kapitel 6.2 näher erläutert werden.

$p_1 \cdot V_1 = p_2 \cdot V_2$, wenn T = const.

$\frac{V_1}{T_1} = \frac{V_2}{T_2}$, wenn p = const.

$\frac{p_1}{T_1} = \frac{p_2}{T_2}$, wenn V = const.

$$\frac{p_1 \cdot V_1}{T_1} = \frac{p_2 \cdot V_2}{T_2}$$

$T = \vartheta + 273{,}15\ \text{K}$

$p_{abs} = p_e + p_{amb}$

Beispiele

B 1		**Wie groß ist der Druck *p* in mbar, der nur noch vorliegen kann, wenn eine Gasportion mit einem Volumen von V_1 = 825,0 mL und einem Druck von p_1 = 1013 mbar bei konstanter Temperatur ein Volumen von V_2 = 963,0 mL einnehmen soll?**
	Gegeben:	p_1 = 1013 mbar V_1 = 825,0 mL V_2 = 963,0 mL
	Gesucht:	p_2
	Berechnung:	$p_2 = \frac{p_1 \cdot V_1}{V_2} = \frac{1013\ \text{mbar} \cdot 825{,}0\ \text{mL}}{963{,}0\ \text{mL}} = 876{,}8\ \text{mbar}$
B 2		**Ein Volumen V_1 = 10,52 L Luft wird ohne Druckänderung von der Temperatur ϑ_1 = 20,45 °C auf die Temperatur ϑ_2 = 32,85 °C erwärmt. Welches Volumen V_2 in Liter nimmt die Luft nach der Erwärmung ein?**
	Gegeben:	ϑ_1 = 20,45 °C V_1 = 10,52 L ϑ_2 = 32,85 °C
	Gesucht:	V_2
	Umrechnung von °C auf K:	T_1 = 20,45 °C + 273,15 K = 293,6 K T_2 = 32,85 °C + 273,15 K = 306,0 K
	Berechnung V_2:	$V_2 = \frac{V_1 \cdot T_2}{T_1} = \frac{10{,}52\ \text{L} \cdot 306{,}0\ \text{K}}{293{,}6\ \text{K}} = 10{,}96\ \text{L}$

Beispiele

B 3

Ein Gasvolumen hat bei der Temperatur ϑ_1 = 19,75 °C den Druck p_{abs1} = 3,68 bar. Auf welche Temperatur ϑ_2 in °C muss das Gas bei gleichbleibendem Volumen erwärmt werden, damit der Druck auf p_{abs2} = 7,79 bar ansteigt?

Gegeben:	ϑ_1 = 19,75 °C p_{abs1} = 3,68 bar p_{abs2} = 7,79 bar
Gesucht:	ϑ_2
Umrechnung von °C auf K:	T_1 = 19,75 °C + 273,15 K = 292,9 K
Berechnung T_2:	$T_2 = \frac{p_2 \cdot T_1}{p_1} = \frac{7{,}79\ \text{bar} \cdot 292{,}9\ \text{K}}{3{,}68\ \text{bar}} = 620\ \text{K}$
Berechnung ϑ_2:	ϑ_2 = 620 K – 273,15 K = 347 °C

B 4

Eine bestimmte Sauerstoffportion nimmt bei dem Druck p_{e1} = 1029 mbar und der Temperatur T_1 = 300 K das Volumen V_1 = 728,5 mL ein. Welches Volumen V_2 in Milliliter nimmt der Sauerstoff ein, wenn er auf den Druck p_{e2} = 2625 mbar verdichtet wird und die Temperatur dabei auf T_2 = 357 K ansteigt?
p_{amb} = 1013 mbar

Gegeben:	T_1 = 300 K T_2 = 357 K p_{e1} = 1029 mbar p_{e2} = 2625 mbar p_{amb} = 1013 mbar V_1 = 728,5 mL
Gesucht:	V_2
Berechnung p_{abs}:	p_{abs1} = 1029 mbar + 1013 mbar = 2042 mbar p_{abs2} = 2625 mbar + 1013 mbar = 3638 mbar
Berechnung V_2:	$V_2 = \frac{p_1 \cdot V_1 \cdot T_2}{p_2\ \ T_1} = \frac{2042\ \text{mbar} \cdot 728{,}5\ \text{mL} \cdot 357\ \text{K}}{3638\ \text{mbar}\ \ 300\ \text{K}} = 486{,}6\ \text{mL}$

B 5

Eine Gasstahlflasche mit dem Volumen V_1 = 1,500 L ist bei der Temperatur ϑ = 20,50 °C und dem Druck p_{abs} = 75,80 bar mit Schwefelwasserstoffgas gefüllt. Welches Volumen V_2 in Liter Schwefelwasserstoffgas können bei dieser Temperatur und dem Umgebungsdruck p_{amb} = 1,020 bar aus der Gasstahlflasche entnommen werden?

Gegeben:	V(Flasche) = V_1 = 1,500 L p_{abs} = 75,80 bar p_{amb} = 1,020 bar
Gesucht:	$V(H_2S)_{Entnahme}$ = V_2

Beispiele

Berechnung $V(H_2S)_{gesamt}$:	$V(H_2S)_{gesamt} = \frac{p_{abs} \cdot V_{Flasche}}{p_{amb}}$ $V(H_2S)_{gesamt} = \frac{75{,}80\ bar \cdot 1{,}500\ L}{1{,}020\ bar} = 111{,}5\ L$
Berechnung $V(H_2S)_{Entnahme}$:	$V(H_2S)_{Entnahme} = V(H_2S)_{gesamt} - V(Flasche)$ $V(H_2S)_{Entnahme} = 111{,}5\ L - 1{,}500\ L = 110{,}0\ L$

Übungsaufgaben

Ü 1 Berechnen Sie den Druck p_{abs} in bar, der notwendig ist, um $V_1 = 320$ L eines Gases mit einem Druck von $p_{abs} = 1{,}65$ bar bei konstanter Temperatur auf ein Volumen von $V_2 = 212$ L zu bringen.

Ü 2 Ein Behälter ist auf einen Sicherheitsdruck von $p_{abs2} = 1{,}86$ bar geprüft. Der geschlossene Behälter enthält Gas mit einem Druck von $p_{abs1} = 1{,}02$ bar und einer Temperatur von $\vartheta_1 = 22{,}5$ °C.

Berechnen Sie in °C, bei welcher Temperatur ϑ_2 die genannte Druckgrenze erreicht wird.

Ü 3 Ein Gas befindet sich bei $p_{abs1} = 1{,}56$ bar und $\vartheta_1 = 24{,}0$ °C in einem abgeschlossenen Raum.

Berechnen Sie den Druck p_{abs2} in bar, der bei der Erwärmung des Gases auf eine Temperatur von $\vartheta_2 = 316$ °C entsteht.

Ü 4 In einem Druckluftbehälter herrscht bei der Temperatur $T_1 = 295$ K der absolute Druck $p_{abs1} = 5{,}84$ bar.

Berechnen Sie den absoluten Druck p_{abs2} in bar, der nach einer Erwärmung durch Wärmestrahlung auf eine Temperatur von $T_2 = 329$ K vorliegt.

Ü 5 Ein Gas mit dem Volumen $V_1 = 3{,}72$ L und dem Druck $p_{abs1} = 2{,}15$ bar wird bei gleichbleibender Temperatur auf den Druck $p_{abs2} = 1{,}04$ bar entspannt.

Berechnen Sie in L das Volumen V_2 des entspannten Gases.

Ü 6 Stickstoff mit dem Volumen $V_1 = 250$ L wird bei einem gleichbleibendem Druck von $\vartheta_1 = 25{,}0$ °C auf $\vartheta_2 = -104$ °C abgekühlt.

Berechnen Sie in L das Volumen V_2, das der Stickstoff nach dem Abkühlen einnimmt.

Ü 7 In einem Druckluftbehälter herrscht bei der Temperatur $\vartheta_1 = 27{,}6$ °C der Druck $p_{abs1} = 9{,}54$ bar. Nach der Abkühlung zeigt das Manometer den Druck $p_{abs2} = 8{,}91$ bar an.

Berechnen Sie in °C die Temperatur ϑ_2, die die Luft in dem Behälter nach der Abkühlung hat.

Ü 8 Ein Gasvolumen hat bei der Temperatur $T_1 = 291{,}0$ K den Druck $p_{abs1} = 1002$ mbar.

Berechnen Sie in K die Temperatur T_2, auf die das Gas bei gleichbleibendem Volumen erwärmt werden muss, damit der Druck auf $p_{abs2} = 1075$ mbar ansteigt.

Übungsaufgaben

Ü 9 Das Volumen V_1 = 285 L eines Gases steht bei der Temperatur ϑ_1 = 21,6 °C unter dem Druck von p_{abs1} = 1,87 bar.

Berechnen Sie in L das Volumen V_2, das das Gas bei einem Druck von p_{abs2} = 2,15 bar und einer Temperatur von ϑ_2 = 68,1 °C einnimmt.

Ü 10 Eine Gasportion nimmt bei der Temperatur T_1 = 291 K und dem Druck p_{abs1} = 500 hPa das Volumen V_1 = 350 L ein.

Berechnen Sie in L das Volumen V_2 der Gasportion bei der Temperatur T_2 = 314 K und dem Druck p_{abs2} = 850 hPa.

Ü 11 Bei dem Überdruck p_{e1} = 3540 hPa und der Temperatur T_1 = 355,0 K nimmt eine Gasportion das Volumen V_1 = 750,0 L ein.

Berechnen Sie in L das Volumen V_2, welches das Gas nach der Entspannung auf p_{e2} = 1,150 hPa und dem Abfall der Temperatur auf T_2 = 302,0 K einnimmt.
p_{amb} = 1010 hPa

Ü 12 Ein Gas nimmt bei dem Druck p_{e1} = 1,84 bar und der Temperatur ϑ_1 = 24,3 °C das Volumen V_1 = 3,75 m^3 ein.

Berechnen Sie in m^3 das Volumen V_2, welches das Gas einnimmt, wenn es auf den Druck p_{e2} = 6,50 bar verdichtet wird und die Temperatur auf ϑ_2 = 98,8 °C ansteigt.
p_{amb} = 1,01 bar

Ü 13 Eine Gasportion nimmt bei der Temperatur T_1 = 315 K und dem Druck p_{abs1} = 6,82 bar das Volumen V_1 = 11,7 L ein.

Berechnen Sie in K die Temperatur T_2 der Gasportion, wenn sie nach Entspannung auf den Druck p_{abs2} = 1,01 bar das Volumen V_2 = 63,2 L einnimmt.

Ü 14 In einem Gastank befindet sich das Volumen V_1 = 425 L eines Gases mit der Temperatur ϑ_1 = 25,6 °C und dem Druck p_{abs1} = 1,45 bar.

Berechnen Sie in °C die Temperatur ϑ_2, auf die das Gas abfällt, wenn das Gasvolumen nach Verdichtung auf den Druck p_{abs2} = 6,87 bar das Volumen V_2 = 85,0 L einnimmt.

Ü 15 Ein Gas nimmt bei dem Druck p_{abs1} = 1,67 bar und der Temperatur ϑ_1 = 32,5 °C das Volumen V_1 = 4,25 m^3 ein.

Berechnen Sie in bar den Druck p_{abs2}, der erforderlich ist, um das Gas bei gleichzeitiger Erhöhung der Temperatur auf ϑ_2 = 77,2 °C auf das Volumen V_2 = 1,82 m^3 zu verdichten.

Ü 16 Ein Druckluftbehälter mit dem Volumen V_1 = 100 L enthält Luft mit dem umgebenden Luftdruck p_{amb} = 1013 mbar. Aus der umgebenden Atmosphäre werden in diesen Behälter zusätzlich V_2 = 750 Liter gepumpt.

Berechnen Sie in bar den Überdruck p_e, den das Manometer nach der Zugabe der Luft anzeigt, wenn die Temperatur konstant bleibt.

Übungsaufgaben

Ü 17 Das Manometer an einer Gasstahlflasche mit dem Volumen V_1 = 25,0 L zeigt den Überdruck p_{e1} = 4,22 bar an. Der umgebende Luftdruck beträgt p_{amb} = 1,013 bar. Es wird so viel Gas entnommen, bis das Manometer den Druck p_{e2} = 1,76 bar anzeigt.

Berechnen Sie in L das Volumen V_2 des entnommenen Gases, gemessen bei dem umgebenden Luftdruck und bei konstant gebliebener Temperatur.

Ü 18 Eine Gasstahlflasche mit dem Volumen V_1 = 10,00 L ist bei der Temperatur ϑ = 23,55 °C und dem Druck p_{abs} = 12,96 bar mit Helium gefüllt.

Berechnen Sie in L das Volumen V_2 Helium, das bei dieser Temperatur und dem Umgebungsdruck p_{amb} = 1,013 bar aus der Gasstahlflasche entnommen werden kann.

Ü 19 In einer Gasstahlflasche mit einem Volumen V_1 = 25,0 L befindet sich Sauerstoff bei einer Temperatur von T_1 = 287 K unter einem Druck von p_{abs} = 15,8 bar. Der umgebende Luftdruck beträgt p_{amb} = 1018 mbar.

Berechnen Sie, wie viel Liter Sauerstoff mit einer Temperatur von T_2 = 298 K sich bei diesem umgebenden Luftdruck entnehmen lassen, wenn auch der in der Flasche verbleibende Sauerstoff eine Temperatur von T_2 = 298 K angenommen hat.

Ü 20 In einer Gasstahlflasche mit einem Volumen von V_1 = 50,00 L befindet sich Stickstoff bei einer Temperatur von ϑ_1 = 10,25 °C unter einem Druck von p_{abs1} = 18,24 bar. Der Außendruck beträgt p_{abs2} = 1013 mbar.

Berechnen Sie, wie viel Liter Stickstoff mit der Temperatur von ϑ = 21,75 °C sich bei diesem Außendruck entnehmen lassen, wenn auch der in der Flasche verbleibende Stickstoff eine Temperatur von ϑ_2 = 21,75 °C angenommen hat.

6.2 Allgemeine Gasgleichung

Aus den Teilgesetzen, die im Kapitel 6.1 beschrieben wurden, ergibt sich folgender Zusammenhang der Zustandsgrößen:

$$p \cdot V = n \cdot R \cdot T$$

Diese Beziehung der Zustandsgrößen wird auch als Allgemeine Zustandsgleichung idealer Gase bezeichnet.

Bei der in der Allgemeinen Zustandsgleichung idealer Gase erstmalig erwähnten Größe R handelt es sich um einen Proportionalitätsfaktor, der für alle Gase gleich ist und universelle Gaskonstante genannt wird. Für diese Größe ergibt sich bei Normalbedingungen der Wert:

$$R = 0{,}08314 \, \frac{\mathrm{L \cdot bar}}{\mathrm{K \cdot mol}}$$

Johannes Diderik van der Waals hat für die in der Praxis vorkommenden realen Gase die Zustandsgleichung weitergehend erforscht und kam im Jahr 1873 auf folgende Beziehung, die annähernd auf reale Gase angewendet werden kann:

$$\left(\frac{p + \mathrm{a}}{V_2}\right) \cdot (V - \mathrm{b}) = n \cdot R \cdot T$$

Darin sind a und b empirische stoffspezifische Parameter, die die gegenseitige Anziehung der Gasmoleküle (Kohäsionsdruck) und das Eigenvolumen der Gasmoleküle (Kovolumen) ausgleichen.

$$p \cdot V = n \cdot R \cdot T$$

$$p \cdot V = \frac{m}{M} \cdot R \cdot T$$

Beispiele

B 6

Wie viel Liter Wasserstoff mit einer Temperatur von ϑ = 21,15 °C und einem Druck von p_{abs} = 1031 mbar entstehen bei der Umsetzung von m = 52,5 g Eisen mit überschüssiger Schwefelsäure?
$Fe + H_2SO_4 \longrightarrow FeSO_4 + H_2$
M(Fe) = 55,85 g/mol, $M(H_2)$ = 2,016 g/mol, $V_{mn}(H_2)$ = 22,4 L/mol, R = 0,08314 L · bar · mol^{-1} · K^{-1}

Gegeben:

ϑ = 21,15 °C
p_{abs} = 1031 mbar
m(Fe) = 52,5 g
M(Fe) = 55,85 g/mol
R = 0,08314 L · bar · mol^{-1} · K^{-1}

Gesucht: $V(H_2)$

Berechnung $n(Fe) = n(H_2)$:

$$n(Fe) = n(H_2) = \frac{m(Fe)}{M(Fe)} = \frac{52{,}5\ g}{55{,}85\ g/mol} = 0{,}940\ mol$$

Umrechnung von °C auf K:

$$T = 21{,}15\ °C + 273{,}15\ K = 294{,}3\ K$$

Berechnung $V(H_2)$:

$$V(H_2) = \frac{n(H_2) \cdot R \cdot T}{p}$$

$$V(H_2) = \frac{0{,}940\ mol \cdot 0{,}08314\ L \cdot bar \cdot mol^{-1} \cdot K^{-1} \cdot 294{,}3\ K}{1{,}031\ bar} = 22{,}3\ L$$

B 7

Bei der vollständigen Vergärung von m = 80,0 g einer glucosehaltigen Substanz werden bei der Temperatur T = 300 K und dem Druck p_{abs} = 1019 hPa V = 89,6 mL Kohlenstoffdioxid freigesetzt. Wie groß ist der Massenanteil w(Glucose) in % der eingesetzten Substanz?
$C_6H_{12}O_6 \longrightarrow 2\ C_2H_5OH + 2\ CO_2$
$M(C_6H_{12}O_6)$ = 180 g/mol, R = 0,08314 L · bar · mol^{-1} · K^{-1}

Gegeben:

m(Substanz) = 80,0 g
p_{abs} = 1019 hPa = 1,019 bar
T = 300 K
$V(CO_2)$ = 89,6 mL = 0,0896 L
R = 0,08314 L · bar · mol^{-1} · K^{-1}
$M(C_6H_{12}O_6)$ = 180 g/mol

Gesucht: $w(C_6H_{12}O_6)$

Berechnung $n(CO_2)$:

$$n(CO_2) = \frac{p \cdot V}{R \cdot T} = \frac{1{,}019\ bar \cdot 0{,}0896\ L}{0{,}08314\ L \cdot bar \cdot mol^{-1} \cdot K^{-1} \cdot 300\ K} = 3{,}66 \cdot 10^{-3}\ mol$$

Beispiele

B 7

Berechnung $n(C_6H_{12}O_6)$:

$2{,}00\ mol\ CO_2 \triangleq 1{,}00\ mol\ C_6H_{12}O_6$

$3{,}66 \cdot 10^{-3}\ mol\ CO_2 \triangleq 1{,}83 \cdot 10^{-3}\ mol\ C_6H_{12}O_6$

Berechnung $m(C_6H_{12}O_6)$:

$m(C_6H_{12}O_6) = n(C_6H_{12}O_6) \cdot M(C_6H_{12}O_6)$

$m(C_6H_{12}O_6) = 1{,}83 \cdot 10^{-3}\ mol \cdot 180\ g/mol = 0{,}3294\ g$

Berechnung $w(C_6H_{12}O_6)$:

$$w(C_6H_{12}O_6) = \frac{m(C_6H_{12}O_6) \cdot 100\ \%}{m(\text{Substanz})} = \frac{0{,}3294\ g \cdot 100\ \%}{80{,}0\ g} = 0{,}412\ \%$$

B 8

Wie viel Gramm Kaliumchlorat, $w(KClO_3) = 93{,}8\ \%$, sind beim thermischen Zerfall zur Gewinnung von $V = 812\ mL$ Sauerstoff mit der Temperatur $\vartheta = 21{,}55\ °C$ und dem Druck $p_{abs} = 996\ mbar$ erforderlich, wenn davon auszugehen ist, dass während des thermischen Zerfalls ein Verlust von $w = 7{,}90\ \%$ an Sauerstoff auftritt?

$2\ KClO_3 \longrightarrow 2\ KCl + 3\ O_2$

$M(KClO_3) = 100\ g/mol$, $R = 0{,}08314\ L \cdot bar \cdot mol^{-1} \cdot K^{-1}$

Gegeben:

$\vartheta = 21{,}55\ °C \triangleq T = 294{,}7\ K$

$p_{abs} = 996\ mbar = 0{,}996\ bar$

$w(KClO_3) = 93{,}8\ \%$

$V(O_2) = 812\ mL = 0{,}812\ L$

$w(\text{Verlust}) = 7{,}90\ \%$

$M(KClO_3) = 100\ g/mol$

$R = 0{,}08314\ L \cdot bar \cdot mol^{-1} \cdot K^{-1}$

Gesucht: $m(KClO_3)$

Berechnung $n(O_2)$:

$$n(O_2) = \frac{p \cdot V}{R \cdot T} = \frac{0{,}996\ bar \cdot 0{,}812\ L}{0{,}08314\ L \cdot bar \cdot mol^{-1} \cdot K^{-1} \cdot 294{,}7\ K} = 0{,}0330\ mol$$

Berechnung $n(KClO_3)$:

$3{,}00\ mol\ O_2 \triangleq 2{,}00\ mol\ KClO_3$

$0{,}0330\ mol\ O_2 \triangleq 0{,}0220\ mol\ KClO_3$

Berechnung $\eta(KClO_3)$:

$\eta(KClO_3) = 100\ \% - w(\text{Verlust}) = 100\ \% - 7{,}90\ \% = 92{,}1\ \%$

Berechnung $m(KClO_3)$:

$$m(KClO_3) = \frac{n(KClO_3) \cdot M(KClO_3) \cdot 100\ \% \cdot 100\ \%}{h(KClO_3) \cdot w(KClO_3)}$$

$$m(KClO_3) = \frac{0{,}0220\ mol \cdot 100\ g/mol \cdot 100\ \% \cdot 100\ \%}{92{,}1\ \% \cdot 93{,}8\ \%} = 2{,}55\ g$$

B 9

Der Arbeitsplatzgrenzwert für Methanal beträgt bei $\vartheta = 20{,}00\ °C$ und $p_{abs} = 1013\ mbar$ AGW = $0{,}500\ mL/m^3$. Wie viel Milligramm Methanal dürfen höchstens in einem Raum mit dem Volumen $V = 188\ m^3$ verdampfen, damit die zulässige AGW-Grenze nicht überschritten wird?

Hinweis: Bei der Berechnung ist der Methanaldampf als ideales Gas zu betrachten.

$M(HCHO) = 30{,}0\ g/mol$, $V_{mn}(HCHO) = 22{,}4\ L/mol$,

$R = 0{,}08314\ L \cdot bar \cdot mol^{-1} \cdot K^{-1}$

Beispiele

B 9	Gegeben:	AGW(HCHO) = 0,500 mL/m³ p_{abs} = 1013 mbar = 1,013 bar V(Raum) = 188 m³ M(HCHO) = 30,0 g/mol ϑ = 20,00 °C = 293,15 K R = 0,08314 L · bar · mol⁻¹ · K⁻¹
	Gesucht:	m(HCHO)
	Berechnung V(HCHO) im Raum:	V(HCHO) im Raum = AGW(HCHO) · V(Raum) V(HCHO) im Raum = 0,500 mL/m³ · 188 m³ = 94,0 mL = 0,0940 L
	Berechnung m(HCHO):	$m(\mathrm{HCHO}) = \frac{p \cdot V \cdot M}{R \cdot T} = \frac{1{,}013\ \mathrm{bar} \cdot 0{,}0940\ \mathrm{L} \cdot 30{,}0\ \mathrm{g/mol}}{0{,}08314\ \mathrm{L \cdot bar \cdot mol^{-1} \cdot K^{-1}} \cdot 293{,}15\ \mathrm{K}}$ m(HCHO) = 0,117 g · 1000 mg/g = 117 mg
B 10		**In einem Ausbildungslabor wird der für die qualitative Analyse benötigte Schwefelwasserstoff durch die Reaktion von Eisen(II)-sulfid und Salzsäure hergestellt. Wie viel Milliliter feuchter Schwefelwasserstoff, gemessen bei ϑ = 23,45 °C und p_{abs} = 1024 mbar, entstehen aus m = 2,64 g Eisen(II)-sulfid, wenn bei der Reaktion ein Verlust von 10,3 % auftritt?** **$FeS + 2\,HCl \longrightarrow H_2S + FeCl_2$** **Sättigungsdampfdruck $p(H_2O)$ = 28,12 mbar bei 23,45 °C** **M(FeS) = 87,91 g/mol, $V_{mn}(H_2S)$ = 22,4 L/mol,** **R = 0,08314 L · bar · mol⁻¹ · K⁻¹**
	Gegeben:	ϑ = 23,45 °C = 296,6 K p_{abs} = 1024 mbar = 1,024 bar m(FeS) = 2,64 g Sättigungsdampfdruck $p(H_2O)$ = 28,12 mbar bei ϑ = 23,45 °C Verlust = 10,3 % = 0,103 M(FeS) = 87,91 g/mol $V_{mn}(H_2S)$ = 22,4 L/mol R = 0,08314 L · bar · mol⁻¹ · K⁻¹
	Gesucht:	$V(H_2S)$
	Berechnung n(FeS) = $n(H_2S)$:	$n(\mathrm{FeS}) = n(\mathrm{H_2S}) = \frac{m(\mathrm{FeS})}{M(\mathrm{FeS})} = \frac{2{,}64\ \mathrm{g}}{87{,}91\ \mathrm{g/mol}} = 0{,}0300\ \mathrm{mol}$
	Berechnung $p(H_2S)$:	$p(\mathrm{H_2S}) = p(\mathrm{H_2S})_{\mathrm{feucht}} - p(\mathrm{H_2O})_{\mathrm{Sättigungsdampfdruck}}$ $p(H_2S)$ = 1024 mbar – 28,12 mbar = 995,88 mbar
	Berechnung $V(H_2S)$:	$V(\mathrm{H_2S}) = \frac{n(\mathrm{H_2S}) \cdot R \cdot T}{p(\mathrm{H_2S})}$ $V(\mathrm{H_2S}) = \frac{0{,}0300\ \mathrm{mol} \cdot 0{,}08314\ \mathrm{L \cdot bar \cdot mol^{-1} \cdot K^{-1}} \cdot 296{,}6\ \mathrm{K}}{0{,}99588\ \mathrm{bar}}$ $V(H_2S)$ = 0,7428 L

Beispiele

B 10	Berechnung V(Verlust, H_2S):	V(Verlust, H_2S) = $V(H_2S)$ · Verlust	= 0,7428 L · 0,103 = 0,0765 L
	Berechnung $V(H_2S)$ mit Verlust:	$V(H_2S)$ mit Verlust = $V(H_2S)$ – V(Verlust, H_2S) = 0,7428 L – 0,0765 L $V(H_2S)$ mit Verlust = 0,666 L · 1000 mL/L	= 666 mL

Übungsaufgaben

Ü 21 Berechnen Sie, wie viel Milliliter Wasserstoff, gemessen bei einer Temperatur von ϑ = 22,5 °C und einem Druck von p_{abs} = 1026 mbar, bei der Umsetzung von m = 2,11 g Zink mit Salzsäure entstehen.

$Zn + 2\,HCl \longrightarrow ZnCl_2 + H_2$

$M(Zn)$ = 65,4 g/mol, $M(H_2)$ = 2,02 g/mol, V_{mn} = 22,4 L/mol, R = 0,08314 L · bar · mol^{-1} · K^{-1}

Ü 22 Berechnen Sie, wie viel Liter Methan (CH_4) mit einer Temperatur von ϑ = 23,4 °C und einem Druck von p_{abs} = 1017 hPa bei der Umsetzung von m = 142 g Aluminiumcarbid (Al_4C_3) mit Wasser entstehen.

$Al_4C_3 + 12\,H_2O \longrightarrow 4\,Al(OH)_3 + 3\,CH_4$

$M(Al_4C_3)$ = 144 g/mol, $M(CH_4)$ = 16,0 g/mol, $V_{mn}(CH_4)$ = 22,4 L/mol,
R = 0,08314 L · bar · mol^{-1} · K^{-1}

Ü 23 Die Masse m = 225 g Natriumhydroxid wird mit Kohlenstoffdioxid zu Natriumhydrogencarbonat umgesetzt.

Berechnen Sie, wie viel Liter Kohlenstoffdioxid, ϑ = 20,5 °C, p_{abs} = 995 mbar, dazu benötigt werden.

$NaOH + CO_2 \longrightarrow NaHCO_3$

$M(NaOH)$ = 40,0 g/mol, $M(NaHCO_3)$ = 84,0 g/mol
$V_{mn}(CO_2)$ = 22,4 L/mol, R = 0,08314 L · bar · mol^{-1} · K^{-1}

Ü 24 Die Masse m = 32,5 g Natriumnitrit wird in wässriger Lösung mit der äquivalenten Stoffmenge Ammoniumchlorid umgesetzt.

Berechnen Sie in L das Volumen V, das der bei der Reaktion entstehende Stickstoff bei einer Temperatur von ϑ = 18,9 °C und einen Druck von p_{abs} = 996 mbar einnimmt.

$NaNO_2 + NH_4Cl \longrightarrow N_2 + NaCl + 2\,H_2O$

$M(NaNO_2)$ = 69,0 g/mol, $V_{mn}(N_2)$ = 22,4 L/mol, R = 0,08314 L · bar · mol^{-1} · K^{-1}

Ü 25 Berechnen Sie, wie viel Liter Sauerstoff, gemessen bei einer Temperatur von ϑ = 23,8 °C und einem Druck von p_{abs} = 995 hPa, beim katalytischen Zerfall von m = 118 g Wasserstoffperoxid, $w(H_2O_2)$ = 22,5 %, entstehen.

$2\,H_2O_2 \longrightarrow O_2 + 2\,H_2O$

$M(H_2O_2)$ = 34,0 g/mol, $M(O_2)$ = 32,0 g/mol,
$V_{mn}(O_2)$ = 22,4 L/mol, R = 0,08314 L · bar · mol^{-1} · K^{-1}

Übungsaufgaben

Ü 26 Eine Brausetablette mit der Masse m = 4,20 g, $w(NaHCO_3)$ = 26,5 %, wird beim Lösen in verdünnter Salzsäure vollständig umgesetzt.

Berechnen Sie das bei der Temperatur ϑ = 20,0 °C und bei Normdruck freigesetzte Kohlenstoffdioxid-Volumen in mL.
$HCO_3^- + H^+ \longrightarrow CO_2 + H_2O$
$M(NaHCO_3)$ = 84,0 g/mol, $M(CO_2)$ = 44,0 g/mol,
$V_{mn}(CO_2)$ = 22,4 L/mol, R = 0,08314 L · bar · mol^{-1} · K^{-1}

Ü 27 Es werden m = 2,357 g Methylamin, $w(CH_3NH_2)$ = 21,86 %, mit salpetriger Säure zu Stickstoff, Methanol und Wasser umgesetzt.

Berechnen Sie in mL das Volumen V an Stickstoff mit der Temperatur ϑ = 21,80 °C und dem Druck p_{abs} = 1021 mbar, das bei dieser Umsetzung entsteht.
$CH_3NH_2 + HNO_2 \longrightarrow N_2 + CH_3OH + H_2O$
$M(CH_3NH_2)$ = 31,06 g/mol, $V_{mn}(N_2)$ = 22,4 L/mol, R = 0,08314 L · bar · mol^{-1} · K^{-1}

Ü 28 Beim Glühen von Natriumhydrogencarbonat entstehen Natriumcarbonat, Wasser und Kohlenstoffdioxid.

Berechnen Sie in g, welche Masse m an Natriumhydrogencarbonat, $w(NaHCO_3)$ = 98,2 %, einzusetzen ist, um V = 12,6 L Kohlenstoffdioxid, T = 310 K, p_{abs} = 1034 mbar, herzustellen.
$2\ NaHCO_3 \longrightarrow Na_2CO_3 + CO_2 + H_2O$
$M(NaHCO_3)$ = 84,0 g/mol, $V_{mn}(CO_2)$ = 22,4 L/mol, R = 0,08314 L · bar · mol^{-1} · K^{-1}

Ü 29 Zur Herstellung von Chlorgas wird Salzsäure mit Kaliumpermanganat umgesetzt.

Berechnen Sie in g, welche Masse m an Salzsäure, $w(HCl)$ = 32,15 %, einzusetzen ist, um V = 750,0 mL Chlor, ϑ = 22,25 °C, p_{abs} = 1005 hPa, herzustellen.
$16\ HCl + 2\ KMnO_4 \longrightarrow 5\ Cl_2 + 2\ MnCl_2 + 2\ KCl + 8\ H_2O$
$M(HCl)$ = 36,46 g/mol, $V_{mn}(CO_2)$ = 22,4 L/mol, R = 0,08314 L · bar · mol^{-1} · K^{-1}

Ü 30 Berechnen Sie, wie viel Kilogramm Calciumcarbonat, $w(CaCO_3)$ = 84,3 %, zur Herstellung von V = 15,6 m^3 trockenem Kohlenstoffdioxid mit der Temperatur ϑ = 19,2 °C und dem Druck p_{abs} = 1023 mbar benötigt werden, wenn davon auszugehen ist, dass während der Umsetzung mit Salzsäure ein Verlust von 11,8 % an Kohlenstoffdioxid auftritt.
$CaCO_3 + 2\ HCl \longrightarrow CaCl_2 + CO_2 + H_2O$
$M(CaCO_3)$ = 100 g/mol, $V_{mn}(CO_2)$ = 22,4 L/mol, R = 0,08314 L · bar · mol^{-1} · K^{-1}

Ü 31 Aus der Masse m = 135 g eines zinkhaltigen Pigments entstehen bei der Reaktion mit überschüssiger Salzsäure bei der Temperatur ϑ = 26,2 °C und dem Druck p_{abs} = 984 mbar V = 20,9 L Wasserstoff.

Berechnen Sie den Massenanteil $w(Zn)$ in % des Pigments.
$Zn + 2\ HCl \longrightarrow ZnCl_2 + H_2$
$M(Zn)$ = 65,4 g/mol, $V_{mn}(H_2)$ = 22,4 L/mol, R = 0,08314 L · bar · mol^{-1} · K^{-1}

Übungsaufgaben

Ü 32 Die Masse m = 0,4375 g verunreinigtes Calciumcarbid wird mit Wasser umgesetzt. Bei der Temperatur ϑ = 21,85 °C und dem Druck p_{abs} = 1024 hPa wird das Volumen V = 142,5 mL getrocknetes Ethin aufgefangen.

Berechnen Sie den Massenanteil $w(CaC_2)$ in % der verunreinigten Probe.
$CaC_2 + 2\ H_2O \longrightarrow C_2H_2 + Ca(OH)_2$
$M(CaC_2)$ = 64,10 g/mol, $V_{mn}(C_2H_2)$ = 22,4 L/mol, R = 0,08314 L · bar · mol^{-1} · K^{-1}

Ü 33 Die Masse m = 53,7 g Brompropen (C_3H_5Br) wird zu Brompropan (C_3H_7Br) hydriert.

Berechnen Sie, wie viel Liter Wasserstoff, ϑ = 21,4 °C, p_{abs} = 969 mbar, einzuleiten sind, wenn mit einem Wasserstoffüberschuss von 12,5 % gearbeitet wird.
$C_3H_5Br + H_2 \longrightarrow C_3H_7Br$
$M(C_3H_5Br)$ = 121 g/mol, $V_{mn}(H_2)$ = 22,4 L/mol, R = 0,08314 L · bar · mol^{-1} · K^{-1}

Ü 34 Berechnen Sie, wie viel Liter Sauerstoff, T = 302,4 K, p_{abs} = 1016 hPa, benötigt werden, um m = 122,3 g Pentan vollständig zu verbrennen, wenn mit einem Sauerstoffüberschuss von 11,75 % gearbeitet werden soll.
$C_5H_{12} + 8\ O_2 \longrightarrow 5\ CO_2 + 6\ H_2O$
$M(C_5H_{12})$ = 72,15 g/mol, R = 0,08314 L · bar · mol^{-1} · K^{-1}

Ü 35 Berechnen Sie in L das Volumen V an Ammoniak, ϑ = 36,25 °C, p_{abs} = 1017 mbar, das bei der Umsetzung von m = 52,8 g Calciumnitrid entsteht, wenn von einer Ausbeute von η = 93,8 % auszugehen ist.
$Ca_3N_2 + 6\ H_2O \longrightarrow 2\ NH_3 + 3\ Ca(OH)_2$
$M(Ca_3N_2)$ = 148,3 g/mol, $V_{mn}(CO_2)$ = 22,4 L/mol, R = 0,08314 L · bar · mol^{-1} · K^{-1}

Ü 36 Aus Salzsäure wird im schwefelsauren Medium durch überschüssige Kaliumpermanganatlösung Chlor entwickelt.

Berechnen Sie, wie viel Liter trockenes Chlor bei T = 297 K und p_{abs} = 996 mbar aus m = 250 g Salzsäure, $w(HCl)$ = 10,6 %, entstehen, wenn die Ausbeute bei der Reaktion η = 89,7 % beträgt.
$10\ HCl + 2\ KMnO_4 + 3\ H_2SO_4 \longrightarrow 5\ Cl_2 + 2\ MnSO_4 + 2\ K_2SO_4 + 8\ H_2O$
$M(HCl)$ = 36,46 g/mol, $V_{mn}(CO_2)$ = 22,4 L/mol, R = 0,08314 L · bar · mol^{-1} · K^{-1}

Ü 37 Kaliumcarbonat wird mit Schwefelsäure zu Kaliumsulfat, Kohlenstoffdioxid und Wasser umgesetzt.

Berechnen Sie in L das Volumen V an Kohlenstoffdioxid, ϑ = 18,95 °C, p_{abs} = 1015 mbar, das aus m = 57,4 g Kaliumcarbonat, $w(K_2CO_3)$ = 97,8 %, entsteht, wenn die Ausbeute bei der Reaktion η = 92,8 % beträgt.
$K_2CO_3 + H_2SO_4 \longrightarrow K_2SO_4 + CO_2 + H_2O$
$M(K_2CO_3)$ = 138,21 g/mol, $V_{mn}(CO_2)$ = 22,4 L/mol, R = 0,08314 L · bar · mol^{-1} · K^{-1}

Ü 38 Die Stoffmengenkonzentration eines Gases beträgt c = 0,1621 mol/L.

Berechnen Sie in °C die Temperatur ϑ, die das Gas bei einem Druck von p_{abs} = 3,964 bar hat.
R = 0,08314 L · bar · mol^{-1} · K^{-1}

Übungsaufgaben

Ü 39 Es liegen $V = 2{,}75$ L Stickstoff mit der Stoffmengenkonzentration $c = 0{,}142$ mol/L vor.

Berechnen Sie den Druck p_{abs} in bar, den der Stickstoff bei einer Temperatur von $\vartheta = 17{,}68$ °C hat.
$R = 0{,}08314 \text{ L} \cdot \text{bar} \cdot \text{mol}^{-1} \cdot \text{K}^{-1}$

Ü 40 Berechnen Sie in mol die Stoffmenge n Sauerstoff, die sich bei einer Temperatur $T = 298$ K und einem Druck $p_{abs} = 15{,}5$ bar in einer Druckgasflasche mit $V = 750$ mL befindet.
$R = 0{,}08314 \text{ L} \cdot \text{bar} \cdot \text{mol}^{-1} \cdot \text{K}^{-1}$

Ü 41 Berechnen Sie in mol die Stoffmenge n Stickstoff, die sich bei einer Temperatur von $\vartheta = 21{,}35$ °C und einem Druck von $p_{abs} = 1043$ hPa in einem Gefäß mit $V = 15{,}28$ L befindet.
$R = 0{,}08314 \text{ L} \cdot \text{bar} \cdot \text{mol}^{-1} \cdot \text{K}^{-1}$

Ü 42 In einem geschlossenen Laborraum mit dem Volumen $V = 610 \text{ m}^3$ verdunsten $m = 87{,}5$ g Trichlorethen. Die Raumtemperatur beträgt $\vartheta = 18{,}6$ °C und der Druck $p_{abs} = 1025$ mbar.

Berechnen Sie in mL/m³ die Volumenkonzentration σ(Trichlorethendampf) im Labor, wenn man die Dämpfe rechnerisch als ideales Gas betrachtet.
M(Trichlorethen) = 131,5 g/mol, V_{mn}(Trichlorethen) = 22,4 L/mol,
$R = 0{,}08314 \text{ L} \cdot \text{bar} \cdot \text{mol}^{-1} \cdot \text{K}^{-1}$

Ü 43 In einem geschlossenen Raum mit dem Volumen $V = 456 \text{ m}^3$ verdunstet bei der Temperatur $T = 300$ K und dem Druck $p_{abs} = 1005$ hPa die Masse $m = 17{,}25$ g Benzol.

Berechnen Sie in mL/m³ die Volumenkonzentration σ(Benzoldampf) in dem Raum, wenn man die Dämpfe rechnerisch als ideales Gas betrachtet.
M(Benzol) = 78,114 g/mol, V_{mn}(Benzoldampf) = 22,4 L/mol, $R = 0{,}08314 \text{ L} \cdot \text{bar} \cdot \text{mol}^{-1} \cdot \text{K}^{-1}$

Ü 44 Berechnen Sie in mL das Volumen V_1 eines Ethers, $\vartheta = 20{,}0$ °C und $p_{abs} = 1032$ mbar, das in einem Labor mit $V_2 = 364 \text{ m}^3$ Rauminhalt maximal entweichen darf, wenn der Arbeitsplatzgrenzwert des Ethers AGW = 400 cm³/m³ beträgt. Der Etherdampf ist als ideales Gas zu betrachten.
M(Ether) = 74,1 g/mol, ρ(Ether, 20 °C) = 0,714 g/mL,
V_{mn} (Ether) = 22,4 L/mol, $R = 0{,}08314 \text{ L} \cdot \text{bar} \cdot \text{mol}^{-1} \cdot \text{K}^{-1}$

Ü 45 Bei der Temperatur $\vartheta = 20{,}0$ °C und dem Druck $p_{abs} = 1013$ mbar beträgt der Arbeitsplatzgrenzwert für Xylol $AGW_{Xylol} = 100 \text{ cm}^3/\text{m}^3$.

Berechnen Sie in g die Masse m Xylol, die maximal in einem Raum von $V = 126 \text{ m}^3$ verdampfen darf, damit der zulässige AGW nicht überschritten wird. Der Xyloldampf ist als ideales Gas zu betrachten.
$M(C_6H_4C_2H_6)$ = 106,17 g/mol, V_{mn}(Xylol) = 22,4 L/mol, $R = 0{,}08314 \text{ L} \cdot \text{bar} \cdot \text{mol}^{-1} \cdot \text{K}^{-1}$

Ü 46 Berechnen Sie in g die Masse m Trichlorethen, die in einem Arbeitsraum mit dem Volumen $V = 538 \text{ m}^3$ maximal verdampfen darf, ohne dass der AGW überschritten wird. Der Trichlorethendampf ist als ideales Gas zu betrachten.
AGW(Trichlorethen) = 50,0 cm³/m³ bei 20,0 °C und 1013 mbar
M(Trichlorethen) = 131,5 g/mol, V_{mn}(Trichlorethen) = 22,4 L/mol,
$R = 0{,}08314 \text{ L} \cdot \text{bar} \cdot \text{mol}^{-1} \cdot \text{K}^{-1}$

Übungsaufgaben

Ü 47 Bei Versuchsarbeiten verdampfen in einem Arbeitsraum mit dem Volumen $V = 485\ m^3$ bei $\vartheta = 20\ °C$ und $p_{abs} = 1013$ mbar ungewollt $m = 21,8$ g Trichlorbenzol.

Berechnen Sie, um wie viel Prozent der zulässige AGW des Trichlorbenzols dabei überschritten wird.
AGW(Trichlorbenzol) = 5,00 mL/m^3 bei 20 °C und 1013 mbar
M(Trichlorbenzol) = 181,4 g/mol, V_{mn}(Trichlorbenzol) = 22,4 L/mol,
$R = 0,08314\ L \cdot bar \cdot mol^{-1} \cdot K^{-1}$

Ü 48 Bei einer Temperatur von $\vartheta = 17,00\ °C$ und einem Druck von $p_{abs} = 1025$ mbar wird Sauerstoff über Wasser aufgefangen. Das feuchte Gas nimmt bei dieser Temperatur ein Volumen von $V = 476$ mL ein.

Berechnen Sie in mg die Masse m Sauerstoff in dem feuchten Gas.
Sättigungsdampfdruck $p(H_2O) = 19,4$ mbar bei $\vartheta = 17,00\ °C$
$M(O_2) = 31,999$ g/mol, $V_{mn}(O_2) = 22,4$ L/mol, $R = 0,08314\ L \cdot bar \cdot mol^{-1} \cdot K^{-1}$

Ü 49 Die Masse $m = 342,2$ mg eines Minerals, das Magnesiumcarbonat, Magnesiumhydroxid und Kristallwasser enthält, reagiert mit Salzsäure im Überschuss. Das dabei entstehende feuchte Kohlenstoffdioxid nimmt bei $\vartheta = 22,5\ °C$ und $p_{abs} = 1017$ mbar ein Volumen von $V = 72,9$ mL ein.

Berechnen Sie in % den Massenanteil $w(MgCO_3)$ des Minerals.
$MgCO_3 + 2\ HCl \longrightarrow MgCl_2 + CO_2 + H_2O$
Sättigungsdampfdruck $p(H_2O) = 24,8$ mbar bei $\vartheta = 22,5\ °C$
$M(MgCO_3) = 84,314$ g/mol, $V_{mn}(CO_2) = 22,4$ L/mol, $R = 0,08314\ L \cdot bar \cdot mol^{-1} \cdot K^{-1}$

Ü 50 Berechnen Sie, wie viel Liter feuchter Sauerstoff, gemessen bei $\vartheta = 25,0\ °C$ und $p_{abs} = 1010$ mbar, aus $m = 143,4$ g Wasserstoffperoxid, $w(H_2O_2) = 25,0$ %, bei katalytischem Zerfall entstehen, wenn bei der Reaktion ein Verlust von 5,75 % auftritt.
$2\ H_2O_2 \longrightarrow O_2 + 2\ H_2O$
Sättigungsdampfdruck $p(H_2O) = 31,7$ mbar bei $\vartheta = 25,0\ °C$
$M(H_2O_2) = 34,015$ g/mol, $V_{mn}(CO_2) = 22,4$ L/mol, $R = 0,08314\ L \cdot bar \cdot mol^{-1} \cdot K^{-1}$

7 Massenwirkungsgesetz

Das 1867 erstmals von dem norwegischen Mathematiker Cato Maximilian Guldberg und dem norwegischen Chemiker Peter Waage formulierte Massenwirkungsgesetz besagt, dass eine chemische Gleichgewichtsreaktion bei gegebener Temperatur nach außen hin zum Stillstand kommt, wenn der Quotient aus

- dem Produkt der Konzentrationen der Produkte und
- dem Produkt der Konzentrationen der Edukte

einen bestimmten, für die Reaktion charakteristischen Zahlenwert K_c erreicht hat.

Das Gesetz kann ausschließlich auf Gleichgewichtsreaktionen angewendet werden. Für eine allgemein formulierte Gleichgewichtsreaktion aA + bB $\leftrightarrows$ cC + dD lautet dies:

$$K_C = \frac{c^c(C) \cdot c^d(D)}{c^a(A) \cdot c^b(B)}$$

Die stöchiometrischen Koeffizienten *m* – im Beispiel mit a, b, c und d benannt – fließen als Exponenten in die Gleichung des Massenwirkungsgesetzes ein, weil sich die Zusammenstöße bei zunehmender Zahl an Teilchen nicht summieren, sondern multiplizieren.

Das Massenwirkungsgesetz kann auch für mehrstufige Reaktionen angewendet werden, wenn alle Teilreaktionen umkehrbar sind. Die Gleichgewichtskonstante der Bruttoreaktion ist dann das Produkt aus den einzelnen Gleichgewichtskonstanten, die aus den Teilreaktionen ermittelt werden konnten.

Wie bereits erwähnt, wird das Massenwirkungsgesetz für den Zustand formuliert, in dem nach außen die Gleichgewichtsreaktion zum Stillstand gekommen ist. Dieser Zustand ist jedoch nicht statisch, sondern dynamisch. Der Gleichgewichtszustand ist daher der Zustand, in dem die Geschwindigkeit der Hin- und der Rückreaktion gleich groß ist. Es werden gleich viele Produkte gebildet wie zerfallen: $v(\text{hin}) = v(\text{rück})$.

Betrachtet man das für die allgemeine Reaktionsgleichung, dann kann mithilfe der Geschwindigkeitskonstanten *k* formuliert werden:

$$k(\text{hin}) \cdot c(A)^a \cdot c(B)^b = k(\text{rück}) \cdot c(C)^c \cdot c(D)^d$$

Formuliert man diese Reaktion um, so erhält man:

$$\frac{k(\text{hin})}{k(\text{rück})} = \frac{c(C)^c \cdot c(D)^d}{c(A)^a \cdot c(B)^b}$$

Ersetzt man $\frac{k(\text{hin})}{k(\text{rück})}$ durch eine weitere Konstante K_c, erhält man wieder die bereits oben formulierte Gleichung des Massenwirkungsgesetzes. Der Zahlenwert von K_c wird als Massenwirkungskonstante bzw. Gleichgewichtskonstante bezeichnet.

7.1 Gleichgewichtskonstante *K*

Streng genommen, kann die Gleichgewichtskonstante *K* nicht als eine einzige Konstante betrachtet werden, denn sie hat je nach Index unterschiedliche Bedeutungen und demnach unterschiedliche Zahlenwerte. Die oben hergeleitete Gleichgewichtskonstante K_c zeigt an, dass die an der Reaktion beteiligten Stoffe mit ihren Konzentrationen *c* (in mol/L) in die Gleichung eingehen.

In gleicher Weise ergibt das Massenwirkungsgesetz für reine Gasreaktionen im Gleichgewichtszustand einen charakteristischen Zahlenwert K_p, da der Partialdruck *p* eines Gases proportional zu seiner Stoffmengenkonzentration c ist. K_p hat jedoch einen anderen Zahlenwert als K_c für dieselbe Reaktion.

Der Zusammenhang zwischen p und c ergibt sich aus der allgemeinen Zustandsgleichung idealer Gase wie folgt:

$$p \cdot V = n \cdot R \cdot T \Rightarrow p = \frac{n}{V} \cdot R \cdot T = c \cdot R \cdot T \Rightarrow c = \frac{p}{R} \cdot T$$

Für eine sehr einfache Gleichgewichtsreaktion der Form A + B ⇆ AB

ergibt sich daher die Gleichgewichtskonstante zu $K_p = p_{AB} \cdot R \cdot \frac{T}{p_A} \cdot p_B$.

In dieser Form der Gleichung wurde das Produkt $R \cdot T$ einmal gekürzt.

Die Gleichgewichtskonstante K gibt Auskunft darüber, auf welcher Seite der Reaktion sich das Gleichgewicht befindet. Am Beispiel von K_c:

- $K_c < 1$ => Das Produkt aus den Konzentrationen der Produkte ist kleiner als das der Edukte. Das Gleichgewicht befindet sich demnach auf der Seite der Edukte.
- $K_c > 1$ => Das Gleichgewicht liegt auf der Seite der Produkte. Je größer K_c ist, umso stärker liegt das Gleichgewicht auf der Seite der Produkte.

Ist die Gleichgewichtskonstante K_c für eine Reaktion bekannt, kann aus den gegebenen Konzentrationen vorausgesagt werden, in welche Richtung die Reaktion verläuft. Unter Zuhilfenahme des Reaktionsquotienten Q werden für eine Reaktion A + B ⇆ C + D die tatsächlich vorliegenden Konzentrationen in die Gleichung

$Q = c_C \cdot \frac{c_D}{c_A} \cdot c_B$ eingesetzt.

- Ist $Q < K_c$, liegt der Gleichgewichtszustand nicht vor, und die Reaktion wird in Richtung der Produkte verlaufen.
- Ist $Q = K_c$, befindet sich die Reaktion im Gleichgewicht.
- Ist $Q > K_c$, wird die Reaktion in Richtung der Edukte verlaufen.

Voraussagen über den Verlauf von Gleichgewichtsreaktionen werden in der Praxis insbesondere dazu eingesetzt, Reaktionen bewusst zu beeinflussen und in eine bestimmte Richtung zu lenken. Der französische Chemiker und Physiker Henry Le Chatelier formulierte 1888 das Prinzip vom kleinsten Zwang:

Übt man auf ein im Gleichgewicht befindliches System durch Änderung der äußeren Bedingungen einen Zwang aus, so verschiebt sich das Gleichgewicht derart, dass es dem äußeren Zwang ausweicht.

Die äußeren Bedingungen werden durch den Zusammenhang $p = c \cdot R \cdot T$ durch maximal drei Faktoren bestimmt: Druck p, Stoffmengenkonzentration c und Temperatur T. Wird eine dieser Größen von außen verändert, reagiert das chemische Gleichgewicht mit einer Gegenreaktion, die vorausgesagt werden kann:

1. **Druckänderung**
   Wird der Druck erhöht, weicht das chemische Gleichgewicht in Richtung der Stoffe mit dem kleineren Volumen aus.
   Wird der Druck erniedrigt, wird das Gleichgewicht auf die Seite der größeren Volumina verschoben.
   Feststoffe und Flüssigkeiten werden hierbei als nicht komprimierbar behandelt und in dieser Betrachtung nicht berücksichtigt.

Beispiel 1:
$N_2 + 3\,H_2 \leftrightarrows 2\,NH_3$
4 mol Gas auf der linken Seite, 2 mol Gas auf der rechten. Bei Druckerhöhung weicht die Reaktion durch eine Gleichgewichtsverschiebung nach rechts aus. Wird der Druck erniedrigt, wird die linke Seite der Reaktion begünstigt.

Beispiel 2:
$C + O_2 \leftrightarrows CO_2$
Da hier der feste Kohlenstoff aus der Betrachtung fällt, liegen auf beiden Seiten gleich viele Mole Gas vor. Eine Druckänderung hat keinen Einfluss auf das Gleichgewicht.

2. **Änderung der Stoffmengenkonzentration**
   Wird ein Stoff, der an der Reaktion teilnimmt, dem Gleichgewicht zugeführt, weicht das Gleichgewicht in die Richtung aus, in der die zugeführte Stoffmenge wieder ausgeglichen werden kann.
   Im umgekehrten Fall kann ein Stoff aus der Reaktion abgeführt oder gebunden werden. Dies führt dazu, dass das Gleichgewicht auf die Seite des abgeführten Stoffes verschoben wird. Dies wird insbesondere zur Ausbeuteerhöhung ausgenutzt.

3. **Temperaturänderung**
   Hier muss man zunächst zwischen exothermen und endothermen Reaktionen unterscheiden. Bei exothermen Reaktionen führt eine Temperaturerhöhung zur Gleichgewichtsverschiebung nach links, eine Temperaturerniedrigung führt zur Erhöhung der Produktausbeute (rechte Seite des Gleichgewichts).
   Endotherme Gleichgewichtsreaktionen verhalten sich hierzu genau gegensätzlich: Eine Temperaturerhöhung führt zur Erhöhung der Produktausbeute, eine Temperaturerniedrigung begünstigt die Eduktseite.

Das Massenwirkungsgesetz wird in einer Reihe von Sonderformen und auf verschiedene Sachverhalte angewendet. Eine dieser Sonderformen ist das Nernst'sche Verteilungsgesetz, das angewendet wird, wenn sich ein Stoff beispielsweise auf die Gas- und die Flüssigkeitsphase verteilen kann. Dann kann das Massenwirkungsgesetz auf die einfache Reaktionsgleichung $A(g) \leftrightarrows A(f)$ angewendet werden. *K* ist dann der Verteilungskoeffizient.

Das Nernst'sche Verteilungsgesetz besagt analog der Definition des Massenwirkungsgesetzes, dass das Verhältnis der Konzentrationen eines sich zwischen zwei Phasen verteilenden Stoffs im Gleichgewichtzustand bei gegebener Temperatur konstant ist. Wird für den Stoff in der Gasphase hingegen der Druck eingesetzt, gilt die bereits beschriebene Umrechnung:

$$\frac{c_{A(f)}}{p_{A(g)}} = \frac{K}{R \cdot T} = K'$$

K' ist der Löslichkeitskoeffizient. Aus der Gleichung ist zu erkennen, dass bei Druckerhöhung eines Gases in gleichem Maße die Löslichkeit erhöht wird – nur so bleibt *K'* konstant.

In einer weiteren Sonderform wird die Massenwirkungskonstante als Dissoziationskonstante K_D verwendet. Für eine Reaktion $AB \leftrightarrows A^+ + B^-$ kann das Dissoziationsgesetz wie folgt formuliert werden:

$$K_D = c_{A+} \cdot \frac{c_{B-}}{c_{AB}}$$

Diese Zusammenhänge gelten nur für Dissoziationen, die sich ideal verhalten, d. h. die gebildeten Ionen A^+ und B^- aufeinander keinerlei Anziehungskräfte ausüben. Die Dissoziationskonstante K_D ist ein Maß für die Stärke eines Elektrolyten. Ist $K_D < 10^{-4}$, liegt ein schwach dissoziierter Elektrolyt vor, ist $K_D > 10^{-4}$, spricht man von mittelstarken Elektrolyten. Starke Elektrolyten sind nahezu vollständig dissoziiert.

Bei schwach dissoziierten Elektrolyten kann der Dissoziationsgrad α (auch Protolysegrad α) über das Ostwald'sche Verdünnungsgesetz berechnet werden.

Aus der Beziehung $K_D = \frac{\alpha^2}{1-\alpha} \cdot c_0$ kann man bei Kenntnis der Gleichgewichtskonstante und der Ausgangsstoffmengenkonzentration des betrachteten Stoffs über eine quadratische Gleichung den Dissoziationsgrad α berechnen.

Kapitel 7.2 geht auf den Sonderfall ein, wenn das Dissoziationsgesetz auf die Eigendissoziation von Wasser oder auf Gleichgewichtsreaktionen schwacher Säuren bzw. schwacher Basen angewendet wird. Die Massenwirkungskonstante wird dann als K_w bzw. Säuredissoziationskonstante K_S und Basenkonstante K_B bezeichnet.

Kapitel 7.3 erläutert den Sonderfall des Löslichkeitsprodukts K_L.

Das Ostwald'sche Verdünnungsgesetz kann hier analog angewendet werden.

$$K_C = \frac{c^c(C) \cdot c^d(D)}{c^a(A) \cdot c^b(B)}$$

$$K_S = \frac{\alpha^2 \cdot c_0}{1-\alpha}$$ Näherungsformel: $K_S = \alpha^2 \cdot c_0$

$$K_B = \frac{\alpha^2 \cdot c_0}{1-\alpha}$$ Näherungsformel: $K_B = \alpha^2 \cdot c_0$

$$x_{1,2} = -\frac{p}{2} \pm \sqrt{\left(\frac{p}{2}\right)^2 - q}$$ Lösung quadratischer Gleichungen: p = Faktor vor linearem x; q = Konstante

Beispiele

B 1

Folgende Stoffmengenkonzentrationen der Edukte und des Produkts der Reaktion
A + 3 B ⇆ 2 C
liegen im Gleichgewichtszustand vor: c(A) = 0,400 mol/L, c(B) = 1,20 mol/L und c(C) = 3,20 mol/L.
Wie groß ist die Gleichgewichtskonstante K_c dieser Reaktion?

Gegeben:
$c(A) = 0{,}400$ mol/L
$c(B) = 1{,}20$ mol/L
$c(C) = 3{,}20$ mol/L

Gesucht: K_c

Berechnung:

$$K_c = \frac{c^2(C)}{c(A) \cdot c^3(B)} = \frac{(3{,}20\ \text{mol/L})^2}{0{,}400\ \text{mol/L} \cdot (1{,}20\ \text{mol/L})^3} = 14{,}8\ \text{L}^2/\text{mol}^2$$

Beispiele

B 2

Für eine Gleichgewichtsreaktion des Typs
A + B ⇆ C + D
betragen die anfänglichen Stoffmengenkonzentrationen $c_0(A)$ = 1,00 mol/L und $c_0(B)$ = 1,80 mol/L. Im Gleichgewichtszustand liegen folgende Stoffmengenkonzentrationen vor: $c(C) = c(D)$ = 0,360 mol/L. Wie groß ist die Gleichgewichtskonstante K_c dieser Reaktion?

Gegeben:

$c_0(A) = 1{,}00$ mol/L
$c_0(B) = 1{,}80$ mol/L
$c(C) = c(D) = 0{,}360$ mol/L

Gesucht: K_c

Berechnung $c(A)$ im Gleichgewicht:

$c_0(A) - c(C) = 1{,}00\ \text{mol/L} - 0{,}360\ \text{mol/L} = 0{,}640\ \text{mol/L}$

Berechnung $c(B)$ im Gleichgewicht:

$c_0(B) - c(C) = 1{,}80\ \text{mol/L} - 0{,}360\ \text{mol/L} = 1{,}44\ \text{mol/L}$

Berechnung K_c:

$$K_c = \frac{c(C) \cdot c(D)}{c(A) \cdot c(B)} = \frac{0{,}360\ \text{mol/L} \cdot 0{,}360\ \text{mol/L}}{0{,}640\ \text{mol/L} \cdot 1{,}44\ \text{mol/L}} = 0{,}141$$

B 3

Für eine Gleichgewichtsreaktion des Typs
2 A ⇆ 2 B + C
beträgt die Gleichgewichtskonstante $K_c = 8{,}50 \cdot 10^{-4}$ mol/L. Im Gleichgewichtszustand liegen die Stoffmengenkonzentrationen $c(A)$ = 0,750 mol/L und $c(B)$ = 0,180 mol/L vor. Wie groß ist in mol/L die Stoffmengenkonzentration $c(C)$ im Gleichgewichtszustand?

Gegeben:

$c(A) = 0{,}750$ mol/L
$c(B) = 0{,}180$ mol/L
$K_c = 8{,}50 \cdot 10^{-4}$ mol/L

Gesucht: $c(C)$

Berechnung $c(C)$:

$$K_c = \frac{c^2(B) \cdot c(C)}{c^2(A)} \quad \Rightarrow \quad c(C) = \frac{K_c \cdot c^2(A)}{c^2(B)}$$

$$c(C) = \frac{8{,}50 \cdot 10^{-4}\ \text{mol/L} \cdot (0{,}750\ \text{mol/L})^2}{(0{,}180\ \text{mol/L})^2} = 0{,}0148\ \text{mol/L}$$

B 4

Bei der Reaktion von Iod und Wasserstoff zu Iodwasserstoff hat die Gleichgewichtskonstante bei einer Temperatur von T = 720 K den Wert K_c = 50,2. Im Gleichgewicht der Reaktion betragen die Stoffmengen $n(H_2)$ = 5,28 mol und $n(I_2)$ = 0,120 mol.
$H_2 + I_2 \leftrightarrows 2\ HI$
Welche Stoffmenge $n(HI)$ in mol liegt im Gleichgewichtszustand der Reaktion vor?

Gegeben:

$n(H_2) = 5{,}28$ mol
$n(I_2) = 0{,}120$ mol
$K_c = 50{,}2$

Beispiele

B 4

Gesucht: $n(\text{HI})$

Berechnung $n(\text{HI})$:

$$K_c = \frac{n^2(\text{HI})}{n(\text{H}_2) \cdot n(\text{I}_2)} \Rightarrow n(\text{HI}) = \sqrt{K_c \cdot n(\text{H}_2) \cdot n(\text{I}_2)}$$

$$n(\text{HI}) = \sqrt{50{,}2 \cdot 5{,}28\,\text{mol} \cdot 0{,}120\,\text{mol}} = 5{,}64\,\text{mol}$$

B 5

Bei der Herstellung von Schwefelsäure nach dem Doppelkontaktverfahren wird in einem wichtigen Verfahrensschritt Schwefeldioxid mit Sauerstoff zu Schwefeltrioxid oxidiert. K_c = 32,1 L/mol.
Welche Stoffmengenkonzentration $c(O_2)$ in mol/L liegt im Gleichgewichtszustand vor, wenn im Gleichgewichtszustand die Stoffmengenkonzentrationen von Schwefeldioxid $c(SO_2)$ = 1,32 mol/L und von Schwefeltrioxid $c(SO_3)$ = 1,05 mol/L betragen?
$2\,SO_2 + O_2 \leftrightarrows 2\,SO_3$

Gegeben:
$c(SO_2)$ = 1,32 mol/L
$c(SO_3)$ = 1,05 mol/L
K_c = 32,1 L/mol

Gesucht: $c(O_2)$

Berechnung $c(O_2)$:

$$K_c = \frac{c^2(\text{SO}_3)}{c(\text{O}_2) \cdot c^2(\text{SO}_2)} \Rightarrow c(\text{O}_2) = \frac{c^2(\text{SO}_3)}{K_c \cdot c^2(\text{SO}_2)}$$

$$c(\text{O}_2) = \frac{(1{,}05\,\text{mol/L})^2}{32{,}1\,\text{L/mol} \cdot (1{,}32\,\text{mol/L})^2} = 0{,}0197\,\text{mol/L}$$

B 6

Bei Reaktionsbeginn liegen m_0 = 704,8 g Ethansäureethylester vor. Der Ester soll so hydrolysiert werden, dass im Gleichgewichtszustand w = 75,0 % des eingesetzten Esters umgesetzt worden sind.
Welche Stoffmenge n_0(Wasser) in mol wird dafür benötigt?
$CH_3COOC_2H_5 + H_2O \leftrightarrows CH_3COOH + C_2H_5OH$
$M(CH_3COOC_2H_5)$ = 88,105 g/mol, $M(H_2O)$ = 18,015 g/mol, K_c = 0,250

Gegeben:
$m_0(CH_3COOC_2H_5)$ = 704,8 g
w(Umsatz im Gleichgewicht) = 75,0 %
$M(CH_3COOC_2H_5)$ = 88,105 g/mol
$M(H_2O)$ = 18,015 g/mol
K_c = 0,250

Gesucht: $n_0(H_2O)$

Berechnung n_0(Ester):

$$n_0(\text{Ester}) = \frac{m(\text{Ester})}{M(\text{Ester})} = \frac{704{,}8\,\text{g}}{88{,}105\,\text{g/mol}} = 8{,}00\,\text{mol}$$

Berechnung n_z(Ester):

$$n_z(\text{Ester}) = n_0(\text{Ester}) \cdot 0{,}75 = 8{,}00\,\text{mol} \cdot 0{,}750 = 6{,}00\,\text{mol}$$

Berechnung n(Ester):

$$n(\text{Ester}) = n_0(\text{Ester}) - n_z(\text{Ester}) = 8{,}00\,\text{mol} - 6{,}00\,\text{mol} = 2{,}00\,\text{mol}$$

Beispiele

B 6	Berechnung n(Säure):	$n(\text{Säure}) = n_0(\text{Säure}) + n_z(\text{Säure}) = 0{,}00\ \text{mol} + 6{,}00\ \text{mol} = 6{,}00\ \text{mol}$
	Berechnung n(Alkohol):	$n(\text{Alkohol}) = n_0(\text{Alk.}) + n_z(\text{Alk.}) = 0{,}00\ \text{mol} + 6{,}00\ \text{mol} = 6{,}00\ \text{mol}$
	Berechnung $n(H_2O)$:	$K_c = \frac{n(\text{Ethansäure}) \cdot n(\text{Ethanol})}{n(\text{Ester}) \cdot n(\text{Wasser})}$ ⇨ ⇨ $n(H_2O) = \frac{6{,}00\ \text{mol} \cdot 6{,}00\ \text{mol}}{2{,}00\ \text{mol} \cdot 0{,}250} = 72{,}0\ \text{mol}$
	Berechnung $n_0(H_2O)$:	$n_0(H_2O) = n(H_2O) + n_z(H_2O) = 72{,}0\ \text{mol} + 6{,}00\ \text{mol} = 78{,}0\ \text{mol}$
B 7		**Die Stoffmengen n_0(Ethanol) = 14,0 mol und n_0(Ethansäure) = 10,0 mol reagieren zu Ethansäureethylester und Wasser. Welche Stoffmenge n(Ethansäureethylester) liegt im Gleichgewichtszustand der Reaktion vor, wenn das Wasser bis auf n = 2,40 mol aus dem Gleichgewicht entfernt worden ist. K_c = 4,00.** **$CH_3COOH + C_2H_5OH \leftrightarrows CH_3COOC_2H_5 + H_2O$**
	Gegeben:	$n_0(\text{Ethanol}) = 14{,}0\ \text{mol}$ $n_0(\text{Ethansäure}) = 10{,}0\ \text{mol}$ $n(H_2O) = 2{,}40\ \text{mol}$ $K_c = 4{,}00$
	Gesucht:	$n(CH_3COOC_2H_5)$ im Gleichgewicht
	n_0 bei Reaktionsbeginn:	$n_0(\text{Ethanol}) = 14{,}0\ \text{mol}$ $n_0(\text{Ethansäure}) = 10{,}0\ \text{mol}$ $n_0(\text{Ester}) = 0{,}00\ \text{mol}$ $n_0(\text{Wasser}) = 0{,}00\ \text{mol}$
	n im Gleichgewicht:	$n(\text{Ethanol}) = (14{,}0 - x)\ \text{mol}$ $n(\text{Ethansäure}) = (10{,}0 - x)\ \text{mol}$ $n(\text{Ester}) = x\ \text{mol}$ $n(\text{Wasser}) = 2{,}40\ \text{mol}$
	Berechnung n(Ester):	$K_c = \frac{n(\text{Ester}) \cdot n(\text{Wasser})}{n(\text{Ethanol}) \cdot n(\text{Ethansäure})}$ ⇨ $n(\text{Ester}) = x = \frac{K_c \cdot n(\text{Ethanol}) \cdot n(\text{Ethansäure})}{n(\text{Wasser})}$ ⇨ $n(\text{Ester}) = x = \frac{4{,}00 \cdot (14{,}0 - x)\ \text{mol} \cdot (10 - x)\ \text{mol}}{2{,}40\ \text{mol}}$
	Ausmultiplizieren:	$2{,}40x = 560 - 96x + 4x^2$
	Auflösen nach Null:	$4x^2 - 98{,}4x + 560 = 0$
	Dividieren durch 4:	$x^2 - 24{,}6x + 140 = 0$

Beispiele

B 7

Berechnung $x_{1,2}$:	$x_{1,2} = 12{,}3 \pm \sqrt{12{,}3^2 - 140}$ $x_{1,2} = 12{,}3 \pm 3{,}36$ $x_1 = 8{,}94,\ x_2 = 15{,}66$ x_2 unrealistisch, da > n_0(Ethanol) und > n_0(Ethansäure), daher:
$n(CH_3COOC_2H_5)$ im Gleichgewicht:	$n(CH_3COOC_2H_5) = 8{,}94$ mol

B 8

Die Stoffmengenkonzentration einer Ethansäurelösung beträgt $c = 73{,}7$ mmol/L.
a) Wie groß ist der Protolysegrad α der Ethansäure (Berechnung mithilfe der Näherungsformel)?
b) Wie groß ist der Protolysegrad α der Ethansäure (Berechnung mithilfe des Ostwald´schen Verdünnungsgesetzes)?
K_S(Ethansäure) = $1{,}85 \cdot 10^{-5}$ mol/L

Gegeben:	$c_0 = 73{,}7$ mmol/L $= 0{,}0737$ mol/L K_S(Ethansäure) $= 1{,}85 \cdot 10^{-5}$ mol/L
Gesucht:	α
a) Näherungsformel:	$K_S(CH_3COOH) = \alpha^2(CH_3COOH) \cdot c_0(CH_3COOH)$
Berechnung α:	$\alpha = \sqrt{\frac{K_S(CH_3COOH)}{c_0(CH_3COOH)}} = \sqrt{\frac{1{,}85 \cdot 10^{-5}\,\text{mol/L}}{0{,}0737\,\text{mol/L}}} = 0{,}0158$
b) Ostwald´sches Verdünnungsgesetz:	$K_S = \frac{\alpha^2 \cdot c_0}{1-\alpha}$
Grundform quadratische Gleichung:	$\alpha^2 + \frac{K_S \cdot \alpha}{c_0} - \frac{K_S}{c_0} = 0$ $\alpha^2 + \frac{1{,}85 \cdot 10^{-5}\,\text{mol/L} \cdot \alpha}{0{,}0737\,\text{mol/L}} - \frac{1{,}85 \cdot 10^{-5}\,\text{mol/L}}{0{,}0737\,\text{mol/L}} = 0$ $\alpha^2 + 2{,}51 \cdot 10^{-4}\,\text{mol/L} \cdot \alpha - 2{,}51 \cdot 10^{-4}\,\text{mol/L}$
Berechnung α:	$\alpha_{1,2} = -\frac{p}{2} \pm \sqrt{\left(\frac{p}{2}\right)^2 - q}$ $\alpha_{1,2} = -\frac{2{,}51 \cdot 10^{-4}}{2} \pm \sqrt{\left(\frac{2{,}51 \cdot 10^{-4}}{2}\right)^2 + 2{,}51 \cdot 10^{-4}}$ $\alpha_1 = 0{,}0157$ $\alpha_2 = -0{,}0160$

Übungsaufgaben

Ü 1 Für eine Gleichgewichtsreaktion des Typs
$A + B \leftrightarrows C$
betragen die Stoffmengenkonzentrationen im Gleichgewicht $c(A) = 0{,}400$ mol/L, $c(B) = 0{,}650$ mol/L und $c(C) = 0{,}850$ mol/L.

Berechnen Sie die Gleichgewichtskonstante K_c.

Ü 2 Für eine Gleichgewichtsreaktion des Typs
$A + B \leftrightarrows C + D$
betragen die Stoffmengenkonzentrationen im Gleichgewicht $c(A) = 1{,}40$ mol/L, $c(B) = 2{,}10$ mol/L, $c(C) = 4{,}25$ mol/L und $c(D) = 3{,}50$ mol/L.

Berechnen Sie die Gleichgewichtskonstante K_c.

Ü 3 Bei der Bildung von Chlorwasserstoff aus den Elementen Chlor und Wasserstoff liegen bei einer Temperatur von $\vartheta = 300$ °C im Gleichgewicht diese Stoffmengenkonzentrationen vor: $c(H_2) = c(Cl_2) = 0{,}500$ mol/L und $c(HCl) = 10{,}0$ mol/L.
$H_2 + Cl_2 \leftrightarrows 2\ HCl$

Berechnen Sie die Gleichgewichtskonstante K_c für diese Reaktion.

Ü 4 Beim Stickstoffdioxid-Distickstofftetraoxid-Gleichgewicht liegen bei einer Temperatur von $T = 298$ K die Stoffmengenkonzentrationen $c(NO_2) = 0{,}0140$ mol/L und $c(N_2O_4) = 0{,}0430$ mol/L vor.
$2\ NO_2 \leftrightarrows N_2O_4$

Berechnen Sie die Gleichgewichtskonstante K_c für diese Reaktion.

Ü 5 Zu Beginn einer Veresterung betragen die Stoffmengen n_0(Ethansäure) = n_0(Ethanol) = 9,00 mol. Im Gleichgewichtszustand dieser Reaktion liegt die Stoffmenge n(Ethansäureethylester) = 6,00 mol vor.
$CH_3COOH + C_2H_5OH \leftrightarrows CH_3COOC_2H_5 + H_2O$

Berechnen Sie die Gleichgewichtskonstante K_c für diese Veresterungsreaktion.

Ü 6 Bei der Hydrolyse von Ethansäureethylester liegen zu Beginn der Reaktion die Stoffmengen n_0(Ethansäureethylester) = 10,0 mol und n_0(Wasser) = 25,0 mol vor. Im Gleichgewichtszustand haben sich jeweils $n = 5{,}00$ mol Ethansäure und Ethanol gebildet.
$CH_3COOC_2H_5 + H_2O \leftrightarrows CH_3COOH + C_2H_5OH$

Berechnen Sie die Gleichgewichtskonstante K_c dieser Hydrolyse.

Ü 7 Die Einsatz-Stoffmengen zu einer Veresterungsreaktion betragen $n_0 = 4{,}00$ mol Benzoesäure und $n_0 = 9{,}28$ mol Ethanol. Im Gleichgewichtszustand dieser Reaktion liegen $n = 2{,}20$ mol Benzoesäureethylester vor.
$C_6H_5COOH + C_2H_5OH \leftrightarrows C_6H_5COOC_2H_5 + H_2O$

Berechnen Sie die Gleichgewichtskonstante K_c für diese Veresterungsreaktion.

Ü 8 Bei der Reaktion von Iod und Wasserstoff liegen zu Beginn der Reaktion die Stoffmengen n_0(Iod) = 1,000 mol und n_0(Wasserstoff) = 1,000 mol vor. Im Gleichgewichtszustand hat sich bei einer Temperatur von $\vartheta = 500$ °C die Stoffmenge n(HI) = 0,8703 mol gebildet.
$I_2 + H_2 \leftrightarrows 2\ HI$

Berechnen Sie die Gleichgewichtskonstante K_c für die Bildung von Iodwasserstoff.

Übungsaufgaben

Ü 9 Beim Reaktionsgleichgewicht der Ammoniaksynthese hat bei ϑ = 400 °C die Gleichgewichtskonstante den Wert K_c = 2,04 L^2/mol^2. Im Gleichgewicht der Reaktion betragen die Stoffmengenkonzentrationen *c*(Stickstoff) = 0,380 mol/L und *c*(Wasserstoff) = 0,310 mol/L.

$N_2 + 3\ H_2 \leftrightarrows 2\ NH_3$

Berechnen Sie in mmol/L die Stoffmengenkonzentration $c(NH_3)$, die im Gleichgewichtszustand der Reaktion vorliegt.

Ü 10 Bei der Phosgenbildung hat die Gleichgewichtskonstante bei ϑ = 100 °C den Wert $K_c = 4{,}57 \cdot 10^9$ L/mol. Im Gleichgewicht der Reaktion betragen die Stoffmengenkonzentrationen $c(CO) = c(Cl_2) = 2{,}06 \cdot 10^{-5}$ mol/L.

$CO + Cl_2 \leftrightarrows COCl_2$

Berechnen Sie in mol/L die Stoffmengenkonzentration $c(COCl_2)$, die im Gleichgewichtszustand der Reaktion vorliegt.

Ü 11 Phosphorpentachlorid sublimiert bei ϑ = 165 °C und zersetzt sich dabei teilweise zu Phosphortrichlorid und Chlor. Im Gleichgewicht der Reaktion betragen die Stoffmengenkonzentrationen $c(PCl_5) = 6{,}67 \cdot 10^{-3}$ mol/L und $c(PCl_3)$ = 0,340 mol/L. Die Gleichgewichtskonstante der Reaktion beträgt K_c = 0,800 mol/L.

$PCl_5 \leftrightarrows PCl_3 + Cl_2$

Berechnen Sie in mol/L die Stoffmengenkonzentration $c(Cl_2)$, die im Gleichgewichtszustand der Reaktion vorliegt.

Ü 12 Nitrosylchlorid zerfällt bei *T* = 500 K zu Stickstoffmonoxid und Chlor. Im Gleichgewicht der Reaktion betragen die Stoffmengenkonzentrationen $c(NO) = 9{,}00 \cdot 10^{-2}$ mol/L und $c(Cl_2) = 4{,}50 \cdot 10^{-2}$ mol/L. Die Gleichgewichtskonstante der Reaktion beträgt bei dieser Temperatur $K_c = 4{,}36 \cdot 10^{-4}$ mol/L.

$2\ NOCl \leftrightarrows 2\ NO + Cl_2$

Berechnen Sie die Stoffmengenkonzentration *c*(NOCl) in mol/L, die im Gleichgewichtszustand der Reaktion vorliegt.

Ü 13 Berechnen Sie in mol die Stoffmenge *n*(Ethanol), die benötigt wird, um aus *n* = 5,00 mol Ethansäure *n* = 2,75 mol Ethansäureethylester im Gleichgewichtszustand zu erhalten.

K_c = 4,00.

$CH_3COOH + C_2H_5OH \leftrightarrows CH_3COOC_2H_5 + H_2O$

Ü 14 Methanol wird großtechnisch aus Kohlenstoffmonoxid und Wasserstoff hergestellt.

Berechnen Sie in mol/L die Stoffmengenkonzentration *c*(Kohlenstoffmonoxid), die benötigt wird, um aus Wasserstoff, $c(H_2)$ = 1,75 mol/L, Methanol, $c(CH_3OH)$ = 0,620 mol/L, im Gleichgewichtszustand zu erhalten.

K_c = 0,583 L^2/mol^2

$CO + 2\ H_2 \leftrightarrows CH_3OH$

Ü 15 Berechnen Sie in mol die Stoffmengen *n* an Ethanol und Ethansäure, die im Gleichgewichtszustand vorliegen, wenn *n* = 1,25 mol Ethansäureester mit *n* = 4,50 mol Wasser hydrolysiert werden.

K_c der Esterhydrolyse = 0,250

$CH_3COOC_2H_5 + H_2O \leftrightarrows CH_3COOH + C_2H_5OH$

Übungsaufgaben

Ü 16 Die Masse m_1 = 404 g Ethanol mit dem Massenanteil $w(H_2O)$ = 8,91 % wird mit m_2 = 360 g Ethansäure zur Reaktion gebracht.

Berechnen Sie in g die Masse m(Ethansäureethylester), die nach der Einstellung des Gleichgewichtszustands vorliegt.
$CH_3COOH + C_2H_5OH \leftrightarrows CH_3COOC_2H_5 + H_2O$
$M(C_2H_5OH)$ = 46,068 g/mol, $M(CH_3COOH)$ = 60,052 g/mol,
$M(CH_3COOC_2H_5)$ = 88,105 g/mol, $M(H_2O)$ = 18,015 g/mol, K_c = 4,00

Ü 17 Die Masse m_1 = 960 g einer wässrigen Ethansäurelösung, $w(CH_3COOH)$ = 62,5 %, soll so mit Ethanol umgesetzt werden, dass im Gleichgewichtszustand w = 80,0 % der eingesetzten Säurestoffmenge verestert sind.

Berechnen Sie in mol die Stoffmenge n(Ethanol), die dafür benötigt wird.
$CH_3COOH + C_2H_5OH \leftrightarrows CH_3COOC_2H_5 + H_2O$
$M(C_2H_5OH)$ = 46,068 g/mol, $M(CH_3COOH)$ = 60,052 g/mol,
$M(CH_3COOC_2H_5)$ = 88,105 g/mol, $M(H_2O)$ = 18,015 g/mol, K_c = 4,00

Ü 18 Bei Reaktionsbeginn liegen m_1 = 528,6 g Ethansäureethylester vor. Der Ester soll so hydrolysiert werden, dass im Gleichgewichtszustand w = 60,0 % des eingesetzten Esters umgesetzt worden sind.

Berechnen Sie in mol die Stoffmenge n(Wasser), die dafür benötigt wird.
$CH_3COOC_2H_5 + H_2O \leftrightarrows CH_3COOH + C_2H_5OH$
$M(CH_3COOC_2H_5)$ = 88,105 g/mol, $M(H_2O)$ = 18,015 g/mol, K_c = 0,250

Ü 19 Die Stoffmengen n_0(Ethanol) = 1,00 mol und n_0(Ethansäure) = 2,00 mol reagieren zu Ethansäureethylester und Wasser.

Berechnen Sie in mol die Stoffmenge n(Ethansäureethylester), die entsteht, wenn das Wasser bis auf n = 0,0800 mol aus dem Gleichgewicht entfernt wird. K_c = 4,00.
$CH_3COOH + C_2H_5OH \leftrightarrows CH_3COOC_2H_5 + H_2O$

Ü 20 Die Stoffmengen n_0(Alkohol) = 2,50 mol und n_0(Ethansäure) = 5,00 mol reagieren zu Ester und Wasser.

Berechnen Sie in mol die Stoffmenge n(Ester), die entsteht, wenn das Wasser bis auf n = 0,250 mol aus dem Gleichgewicht entfernt wird. K_c = 4,00.
$RCOOH + R'OH \leftrightarrows RCOOR' + H_2O$

Ü 21 Berechnen Sie in mol/L die Säurekonstante K_S(HCN) einer Cyanwasserstoffsäurelösung mit der Stoffmengenkonzentration c(HCN) = 0,125 mol/L und dem Protolysegrad $\alpha = 1{,}21 \cdot 10^{-4}$.

Ü 22 Berechnen Sie in mol/L die Basenkonstante K_B(Base) einer schwachen Base mit der Stoffmengenkonzentration c(Base) = 0,100 mol/L und dem Protolysegrad $\alpha = 2{,}52 \cdot 10^{-3}$.

Ü 23 Für die Protolysereaktion von Benzoesäure mit Wasser beträgt, bei einer Temperatur von ϑ = 25 °C, die Säurekonstante $K_S = 6{,}25 \cdot 10^{-5}$ mol/L. Im Gleichgewichtszustand hat die Stoffmengenkonzentration einen Wert von $c(C_6H_5COOH)$ = 0,256 mol/L.

Berechnen Sie die Stoffmengenkonzentration $c(H_3O^+)$ in mol/L, die im Gleichgewichtszustand vorliegt.
$C_6H_5COOH + H_2O \leftrightarrows C_6H_5COO^- + H_3O^+$

Übungsaufgaben

Ü 24 Im Gleichgewichtszustand einer Protolysereaktion einer schwachen Säure mit Wasser beträgt die Stoffmengenkonzentration c(Säure) = 0,125 mol/L. Die Säurekonstante hat bei ϑ = 18 °C einen Wert von K_S(Säure) = 1,44 · 10^{-5} mol/L.

Berechnen Sie in mol/L die Stoffmengenkonzentration $c(H_3O^+)$, die im Gleichgewichtszustand vorliegt.
$HA + H_2O \leftrightarrows A^- + H_3O^+$

Ü 25 Die Lösung einer einprotonigen Base hat die Stoffmengenkonzentration c(Base) = 6,25 · 10^{-3} mol/L. Die Basenkonstante der Lösung beträgt K_B = 1,79 · 10^{-5} mol/L.

a) Berechnen Sie den Protolysegrad α der Base mithilfe der Näherungsformel.
b) Berechnen Sie den Protolysegrad α der Base mithilfe des Ostwald´schen Verdünnungsgesetzes.

Ü 26 Die Säurekonstante für Methansäure beträgt bei ϑ = 20 °C K_S = 1,80 · 10^{-4} mol/L. Es liegt eine Methansäurelösung mit der Stoffmengenkonzentration $c(HCOOH)$ = 1,75 · 10^{-4} mol/L vor.

a) Berechnen Sie den Protolysegrad α der Säure mithilfe der Näherungsformel.
b) Berechnen Sie den Protolysegrad α der Säure mithilfe des Ostwald´schen Verdünnungsgesetzes.

Ü 27 In V = 2000 mL einer wässrigen Benzoesäurelösung sind m = 8,925 g Benzoesäure gelöst.

Berechnen Sie den Protolysegrad α der Benzoesäurelösung mithilfe der Näherungsformel.
$M(C_6H_5COOH)$ = 122,12 g/mol, $K_S(C_6H_5COOH)$ = 6,026 · 10^{-5} mol/L

Ü 28 Das Volumen V = 2500 mL einer wässrigen Ethansäurelösung enthält m = 228,6 mg Ethansäure.

Berechnen Sie den exakten Protolysegrad α der Ethansäurelösung.
$M(CH_3COOH)$ = 60,052 g/mol, $K_S(CH_3COOH)$ = 1,76 · 10^{-5} mol/L

7.2 pH-Wert und pOH-Wert

Der pH-Wert ist als der negative dekadische Logarithmus der H_3O^+-Ionen-Konzentration definiert:
pH = -lg $c(H_3O^+)$.

Der pOH-Wert ist analog dazu der negative dekadische Logarithmus der OH^--Ionen-Konzentration:
pOH = -lg $c(OH^-)$.

Die Konzentrationen der H_3O^+- und OH^--Ionen stehen über das Ionenprodukt des Wassers im Zusammenhang:
$K_W = c(H_3O^+) \cdot c(OH^-)$.

Dieses Massenwirkungsgesetz ergibt sich aus der Autoprotolyse des Wassers und unter der Berücksichtigung, dass die Konzentration von H_2O als konstant betrachtet werden kann.

Gleichgewichtsreaktion: $2\,H_2O \leftrightarrows H_3O^+ + OH^-$

Massenwirkungsgesetz: $K = \frac{c(H_3O^+) \cdot c(OH^-)}{c(H_2O)} \Rightarrow K \cdot c(H_2O) = c(H_3O^+) \cdot c(OH^-)$

Mit $K_W = K \cdot c(H_2O)$ ergibt sich das Ionenprodukt des Wassers $K_W = c(H_3O^+) \cdot c(OH^-)$.

Bei ϑ = 25 °C hat das Ionenprodukt des Wassers den Wert
K_W = 10^{-14} mol²/L² und damit
$c(H_3O^+) = c(OH^-) = 10^{-7}$ mol/L.

Unter Berücksichtigung der o.g. Definitionen des pH- und pOH-Werts ist demnach
pH = pOH = 7 und damit die wässrige Lösung neutral.

Die Zusammenhänge lassen sich in gleicher Weise auch auf Protolysereaktionen schwacher Säuren und schwacher Basen anwenden, also dann, wenn der pH-Wert (oder der pOH-Wert) ungleich 7 ist. Als Basis können die folgenden allgemeinen Gleichgewichtsreaktionen betrachtet werden:

- für schwache Säuren: $HA \leftrightarrows H_3O^+ + A^-$
- für schwache Basen: $BOH \leftrightarrows B^+ + OH^-$

Betrachtet man der Einfachheit halber nur die Gleichgewichtsreaktion schwacher Säuren, so kann folgendes Massenwirkungsgesetz formuliert werden:

$$K = \frac{c(H_3O^+) \cdot c(A^-)}{c(HA)} \Rightarrow K \cdot c(HA) = c(H_3O^+) \cdot c(A^-)$$

Führt man auch hier für das Produkt auf der rechten Seite eine neue Konstante ein, erhält man den Zusammenhang $K_S = c(H_3O^+) \cdot c(A^-)$. K_S wird als Säuredissoziationskonstante bezeichnet. Für komplexer zusammengesetzte Säuren der Form H_mA_n gehen die Indizes als Exponenten in das Massenwirkungsgesetz ein.

Aus der Herleitung der hier genannten Zusammenhänge wird ersichtlich, dass das Massenwirkungsgesetz nicht auf starke Säuren angewendet werden kann. Denn hier ist die Säure nahezu vollständig dissoziiert, und die Konzentration $c(HA)$ tendiert demnach gegen Null.

Kann für Gleichgewichtsreaktionen schwacher Säuren aus der oben genannten Beziehung die Konzentration $c(H_3O^+)$ ermittelt werden, ist auch der pH-Wert der wässrigen Lösung bekannt.

Gleiches gilt in analoger Weise für schwache bzw. starke Basen. Hier kann das Massenwirkungsgesetz für schwache Basen mithilfe der Basenkonstante K_B zu $K_B = c(B^+) \cdot c(OH^-)$ formuliert werden.

Die in diesem Unterkapitel erläuterten Konstanten stehen wiederum über folgende Gleichung im Zusammenhang: $K_S \cdot K_B = K_W$

Für Protolysereaktionen, an denen ein in Wasser nicht unendlich löslicher Stoff beteiligt ist, wird das Massenwirkungsgesetz über das Löslichkeitsprodukt formuliert. Weiteres dazu finden Sie im Kapitel 7.3.

Säuren:

$pH = -\lg c(H_3O^+)$

$c(H_3O^+) = 10^{-pH}$ mol/L

$K_S = 10^{-pK_S}$

$$K_S = \frac{c(H_3O^+) \cdot c(A^-)}{c(HA)}$$

$K_S = \alpha^2 \cdot c_0$

Basen:

$pOH = -\lg c(OH^-)$

$c(OH^-) = 10^{-pOH}$ mol/L

$K_B = 10^{-pK_B}$

$$K_B = \frac{c(OH^-) \cdot c(BH^+)}{c(B)}$$

$K_B = \alpha^2 \cdot c_0$

$c(H_3O^+) = \frac{K_S}{2} + \sqrt{\left(\frac{K_S}{2}\right)^2 + c(HA) \cdot K_S}$	$c(OH^-) = \frac{K_B}{2} + \sqrt{\left(\frac{K_B}{2}\right)^2 + c(B) \cdot K_B}$
Näherungsformel für schwache Säure:	Näherungsformel für schwache Base:
$pH = \frac{pK_S - \lg c(\text{Säure})}{2}$	$pOH = \frac{pK_B - \lg c(\text{Base})}{2}$
Puffergleichung für schwache Säuren:	Puffergleichung für schwache Basen:
$pH = pK_S + \lg \frac{c(\text{Salz})}{c(\text{Säure})}$	$pOH = pK_B + \lg \frac{c(\text{Salz})}{c(\text{Base})}$

Beispiele

B 9		**Welchen pH-Wert hat eine vollständig dissoziierte wässrige Salpetersäurelösung mit der Stoffmengenkonzentration $c(HNO_3)$ = 0,162 mol/L?**
	Gegeben:	$c(HNO_3)$ = 0,162 mol/L
	Gesucht:	pH-Wert
	Berechnung $c(H_3O^+)$:	1,00 mol/L HNO_3 ≙ 1,00 mol/L H_3O^+ 0,162 mol/L HNO_3 ≙ 0,162 mol/L H_3O^+
	Berechnung pH-Wert:	pH = - lg $c(H_3O^+)$ = -lg 0,162 = 0,790
B 10		**Welchen pOH-Wert hat eine vollständig dissoziierte wässrige Bariumhydroxidlösung mit der Stoffmengenkonzentration $c(Ba(OH)_2)$ = 1,85 mmol/L?**
	Gegeben:	$c(Ba(OH)_2)$ = 1,85 mmol/L = $1,85 \cdot 10^{-3}$ mol/L
	Gesucht:	pOH-Wert
	Berechnung $c(OH^-)$:	1,00 mol/L $Ba(OH)_2$ ≙ 2,00 mol/L OH^- $1,85 \cdot 10^{-3}$ mol/L $Ba(OH)_2$ ≙ $3,70 \cdot 10^{-3}$ mol/L OH^-
	Berechnung pOH-Wert:	pOH = - lg $c(OH^-)$ = - lg$(3,70 \cdot 10^{-3})$ = 2,43
B 11		**Wie groß ist der pH-Wert einer Ethansäurelösung, $c(CH_3COOH)$ = 0,200 mol/L, die zu α = 1,25 % dissoziiert ist?**
	Gegeben:	$c(CH_3COOH)$ = 0,200 mol/L α = 1,25 % = 0,0125
	Gesucht:	pH-Wert
	Berechnung $c(H_3O^+)$:	$c(H_3O^+) = \alpha \cdot c(CH_3COOH) = 0,0125 \cdot 0,200$ mol/L = $2,50 \cdot 10^{-3}$ mol/L
	Berechnung pH-Wert:	pH = - lg $c(H_3O^+)$ = - lg$(2,50 \cdot 10^{-3})$ = 2,60

Beispiele

B 12

Der pH-Wert einer vollständig dissoziierten Schwefelsäurelösung beträgt pH = 1,52. Welche Masse $m(H_2SO_4)$ in mg enthalten V = 825 mL dieser Säurelösung?
$M(H_2SO_4)$ = 98,08 g/mol

Gegeben:	pH = 1,52 $V(H_2SO_4)$ = 825 mL = 0,825 L $M(H_2SO_4)$ = 98,08 g/mol
Gesucht:	$m(H_2SO_4)$
Berechnung $c(H_3O^+)$:	$c(H_3O^+) = 10^{-pH}$ mol/L = $10^{-1,52}$ mol/L = 0,0302 mol/L
Berechnung $c(H_2SO_4)$:	$c(H_2SO_4) = \frac{c(H_3O^+)}{2} = \frac{0,0302 \text{ mol/L}}{2}$ = 0,0151 mol/L
Berechnung $m(H_2SO_4)$:	$m(H_2SO_4) = c(H_2SO_4) \cdot M(H_2SO_4) \cdot V(H_2SO_4)$ $m(H_2SO_4)$ = 0,0151 mol/L · 98,08 g/mol · 0,825 L = 1,22 g

B 13

Wie groß ist die Stoffmengenkonzentration $c(OH^-)$ in mol/L einer vollständig dissoziierten Lauge mit der Äquivalentzahl 1, deren pH-Wert mit 9,77 gemessen wird?

Gegeben:	pH = 9,77
Gesucht:	$c(OH^-)$
Berechnung pOH-Wert:	pOH = 14,0 – pH = 14,0 – 9,77 = 4,23
Berechnung $c(OH^-)$:	$c(OH^-) = 10^{-pOH}$ mol/L = $10^{-4,23}$ mol/L = $5,89 \cdot 10^{-5}$ mol/L

B 14

Es werden V_1 = 635 mL Salzsäure, pH_1 = 1,95, und V_2 = 265 mL Natronlauge, pH_2 = 9,68, gemischt. Welchen pH-Wert hat die Mischung?

Gegeben:	pH_1 = 1,95 $V(HCl) = V_1$ = 635 mL = 0,635 L pH_2 = 9,68 $V(NaOH) = V_2$ = 265 mL = 0,265 L
Gesucht:	pH der Mischung
Berechnung $c(H_3O^+)$ in HCl:	$c(H_3O^+) = 10^{-pH}$ mol/L = $10^{-1,95}$ mol/L = $1,1220 \cdot 10^{-2}$ mol/L
Berechnung pOH-Wert von NaOH:	pOH = 14,0 – pH = 14,0 – 9,68 = 4,32
Berechnung $c(OH^-)$ in NaOH:	$c(OH^-) = 10^{-pOH}$ mol/L = $10^{-4,32}$ mol/L = $4,7863 \cdot 10^{-5}$ mol/L
Berechnung $n(H_3O^+)$:	$n(H_3O^+) = c(H_3O^+) \cdot V(HCl)$ = $1,1220 \cdot 10^{-2}$ mol/L · 0,635 L $n(H_3O^+) = 7,1247 \cdot 10^{-3}$ mol

Beispiele

B 14

Berechnung $n(OH^-)$:

$n(OH^-) = c(OH^-) \cdot V(NaOH) = 4{,}7863 \cdot 10^{-5}\ mol/L \cdot 0{,}265\ L$
$n(OH^-) = 1{,}2684 \cdot 10^{-5}\ mol$

Berechnung Überschuss $n(H_3O^+)$:

$n(\text{Überschuss}) = n(H_3O^+) - n(OH^-)$
$n = 7{,}1247 \cdot 10^{-3}\ mol - 1{,}2684 \cdot 10^{-5}\ mol = 7{,}1120 \cdot 10^{-3}\ mol$

Berechnung V der Mischung:

$V = V(HCl) + V(NaOH) = 0{,}635\ L + 0{,}265\ L = 0{,}900\ L$

Berechnung c in mol/L:

$$c(H_3O^+) = \frac{n(H_3O^+)}{V(\text{Mischung})} = \frac{7{,}1120 \cdot 10^{-3}\ mol}{0{,}900\ L}$$

$c(H_3O^+) = 7{,}9022 \cdot 10^{-3}\ mol/L$

Berechnung pH-Wert der Mischung:

$pH = -\lg c(H_3O^+) = -\lg(7{,}9026 \cdot 10^{-3}) = 2{,}10$

B 15

Die Stoffmengenkonzentration einer Propansäurelösung beträgt $c(C_2H_5COOH) = 0{,}208$ mol/L.
a) Welchen pH-Wert hat die Säure (Berechnung mithilfe der Näherungsformel)?
b) Welchen pH-Wert hat die Säure (Berechnung mithilfe der quadratischen Gleichung)?
pK_S(Propansäure) = 4,87

a) Gegeben:

$c(C_2H_5COOH) = 0{,}208\ mol/L$
$pK_S(C_2H_5COOH) = 4{,}87$

Gesucht: pH-Wert (mithilfe der Näherungsformel)

Berechnung pH-Wert:

$$pH = \frac{pK_S - \lg c(\text{Säure})}{2} = \frac{4{,}87 - \lg 0{,}208}{2} = 2{,}78$$

b) Gegeben:

$c(C_2H_5COOH) = 0{,}208\ mol/L$
$pK_S(C_2H_5COOH) = 4{,}87$

Gesucht: pH-Wert (mithilfe der quadratischen Gleichung)

Berechnung K_S:

$K_S = 10^{-pK_S} = 10^{-4{,}87} = 1{,}349 \cdot 10^{-5}\ mol/L$

Berechnung $c(H_3O^+)$:

$$c(H_3O^+) = \frac{K_S}{2} + \sqrt{\left(\frac{K_S}{2}\right)^2 + c(C_2H_5COOH) \cdot K_S}$$

$$c(H_3O^+) = \frac{1{,}349 \cdot 10^{-5} mol/L}{2} + \sqrt{\left(\frac{1{,}349 \cdot 10^{-5} mol/L}{2}\right)^2 + 0{,}208\ mol \cdot 1{,}349 \cdot 10^{-5} mol/L}$$

$c(H_3O^+) = 1{,}68 \cdot 10^{-3}\ mol/L$

Beispiele

B 15

Berechnung pH-Wert: $pH = -\lg c(H_3O^+) = -\lg 1{,}68 \cdot 10^{-3} = 2{,}77$

B 16

Welchen pH-Wert hat eine Pufferlösung mit den Stoffmengenkonzentrationen $c(CH_3COOH) = 0{,}272$ mol/L und $c(CH_3COONa) = 0{,}197$ mol/L und dem pK_S-Wert 4,76?

Gegeben:

$c(CH_3COOH) = 0{,}272$ mol/L
$c(CH_3COONa) = 0{,}197$ mol/L
$pK_S = 4{,}76$

Gesucht: pH-Wert

Berechnung pH-Wert der Pufferlösung:

$$pH = pK_S + \lg \frac{c(\text{Salz})}{c(\text{Säure})} = 4{,}76 + \lg \frac{0{,}197 \text{ mol/L}}{0{,}272 \text{ mol/L}} = 4{,}62$$

B 17

Zu jeweils $V = 1{,}00$ L einer Pufferlösung mit den Stoffmengenkonzentrationen $c(NH_3) = c(NH_4Cl) = 0{,}0372$ mol/L werden $V_2 = 10{,}0$ mL Salzsäure, $c(HCl) = 0{,}580$ mol/L, und $V_3 = 10{,}0$ mL Kalilauge, $c(KOH) = 0{,}580$ mol/L, zugesetzt. Die Änderungen der Volumina durch die Zugabe der Salzsäure und der Kalilauge sind zu vernachlässigen.
a) Welchen pH-Wert hat die Pufferlösung?
b) Welchen pH-Wert hat die Pufferlösung nach Zugabe der Salzsäure?
c) Welchen pH-Wert hat die Pufferlösung nach Zugabe der Kalilauge?
$pK_B(NH_3) = 4{,}75$

Gegeben:

$V(\text{Pufferlösung}) = V_1 = 1{,}00$ L
$c(NH_3) = c(NH_4Cl) = 0{,}0372$ mol/L
$V(HCl) = V_2 = 10{,}0$ mL
$c(HCl) = 0{,}580$ mol/L
$V(KOH) = V_3 = 10{,}0$ mL
$c(KOH) = 0{,}580$ mol/L

Gesucht: pH-Wert

a) Berechnung pH-Wert:

$$pOH = pK_B(NH_3) + \lg \frac{c(NH_4Cl)}{c(NH_3)} = 4{,}75 + \lg \frac{0{,}0372 \text{ mol/L}}{0{,}0372 \text{ mol/L}} = 4{,}75$$

$$pH = 14{,}0 - pOH = 14{,}0 - 4{,}75 = 9{,}25$$

b) Puffergleichgewicht: $NH_3 + HCl \leftrightarrows NH_4^+ + Cl^-$

vor Zugabe von HCl: $0{,}0372 \text{ mol/L} + 0{,}00580 \text{ mol/L} \leftrightarrows 0{,}0372 \text{ mol/L}$

nach Zugabe von HCl: $0{,}0314 \text{ mol/L} + 0{,}000 \text{ mol/L} \leftrightarrows 0{,}0430 \text{ mol/L}$

Berechnung pH-Wert:

$$pOH = pK_B(NH_3) + \lg \frac{c(NH_4^+)}{c(NH_3)} = 4{,}75 + \lg \frac{0{,}0430 \text{ mol/L}}{0{,}0314 \text{ mol/L}} = 4{,}89$$

$$pH = 14{,}0 - pOH = 14{,}0 - 4{,}89 = 9{,}11$$

Beispiele

B 17

c) Puffergleichgewicht:	$NH_4^+ + KOH$	$\leftrightharpoons NH_3 + H_2O + K^+$
vor Zugabe von KOH:	0,0372 mol/L + 0,00580 mol/L	$\leftrightharpoons$ 0,0372 mol/L
nach Zugabe von KOH:	0,0314 mol/L + 0,000 mol/L	$\leftrightharpoons$ 0,0430 mol/L
Berechnung pH-Wert:	$pOH = pK_B(NH_3) + \lg \frac{c(NH_4^+)}{c(NH_3)}$	$= 4{,}75 + \lg \frac{0{,}0314\ \text{mol/L}}{0{,}0430\ \text{mol/L}} = 4{,}61$
	$pH = 14{,}0 - pOH = 14{,}0 - 4{,}61 = 9{,}39$	

Übungsaufgaben

Ü 29 Berechnen Sie den pH-Wert einer vollständig dissoziierten wässrigen Salzsäurelösung mit der Stoffmengenkonzentration $c(HCl)$ = 0,500 mol/L.

Ü 30 Berechnen Sie den pH-Wert einer vollständig dissoziierten wässrigen Schwefelsäurelösung mit der Stoffmengenkonzentration $c(H_2SO_4)$ = 0,100 mol/L.

Ü 31 Berechnen Sie den pH-Wert einer vollständig dissoziierten wässrigen Kalilaugelösung mit der Stoffmengenkonzentration $c(KOH)$ = 0,250 mol/L.

Ü 32 Berechnen Sie den pOH-Wert einer vollständig dissoziierten wässrigen Calciumhydroxidlösung mit der Stoffmengenkonzentration $c(Ca(OH)_2)$ = 7,56 mmol/L.

Ü 33 Berechnen Sie den pH-Wert der wässrigen Lösung einer einprotonigen Säure mit der Stoffmengenkonzentration c(Säure) = 0,420 mol/L und dem Dissoziationsgrad α = 2,07 %.

Ü 34 Berechnen Sie den pH-Wert der wässrigen Lösung einer Base mit der Äquivalentzahl 1, mit der Stoffmengenkonzentration c(Base) = $3{,}50 \cdot 10^{-3}$ mol/L und dem Dissoziationsgrad α = 0,250 %.

Ü 35 Berechnen Sie den pOH-Wert einer wässrigen Ammoniaklösung mit der Stoffmengenkonzentration $c(NH_3)$ = 0,0100 mol/L und dem Dissoziationsgrad α = 1,82 %.

Ü 36 Bei einer vollständig dissoziierten Perchlorsäurelösung wird ein pH-Wert von 3,14 gemessen.

Berechnen Sie, wie viel Milligramm Perchlorsäure in V = 500 mL dieser Säurelösung enthalten sind.
$M(HClO_4)$ = 100,46 g/mol

Ü 37 Bei der pH-Messung einer vollständig dissoziierten Schwefelsäurelösung wird ein pH-Wert von 2,15 festgestellt.

Berechnen Sie die Masse $m(H_2SO_4)$ in mg, die V = 250 mL der Lösung enthalten.
$M(H_2SO_4)$ = 98,08 g/mol

Übungsaufgaben

Ü 38 Bei der pH-Messung einer Wasserprobe wird ein pH-Wert von 6,93 festgestellt.

Berechnen Sie die Massenkonzentration $\beta(H_3O^+)$ in µg/L an dissoziierten Hydroniumionen in der Wasserprobe.
$M(H_3O^+) = 19{,}0$ g/mol

Ü 39 Bei einer Säurebestimmung wird ein Hydroniumionen-Gehalt von $\beta(H_3O^+) = 20{,}5$ g/L festgestellt. Der Dissoziationsgrad der Säure beträgt $\alpha = 0{,}0274$.

Berechnen Sie den pH-Wert der Säure.
$M(H_3O^+) = 19{,}0$ g/mol

Ü 40 Berechnen Sie in mmol/L die Stoffmengenkonzentration $c(OH^-)$ einer vollständig dissoziierten Lauge, deren pH-Wert mit 11,4 gemessen wird.

Ü 41 Bei der pH-Messung einer vollständig dissoziierten Bariumhydroxidlösung wird ein pH-Wert von 11,8 festgestellt.

Berechnen Sie in mg die Masse $m(Ba(OH)_2)$, die $V = 725$ mL der Lösung enthalten.
$M(Ba(OH)_2) = 171{,}34$ g/mol

Ü 42 Das Volumen $V_1 = 10{,}0$ mL einer wässrigen Salzsäurelösung, $c(HCl) = 1{,}25$ mol/L, wird mit Wasser auf ein Volumen von $V_2 = 500$ mL aufgefüllt.

Berechnen Sie den pH-Wert der entstandenen Lösung bei einem Dissoziationsgrad $\alpha = 1{,}00$.

Ü 43 Berechnen Sie, wie viel Milliliter einer einprotonigen Säurelösung, $\rho = 1{,}270$ g/mL, $w = 43{,}7$ %, $\alpha = 1{,}00$ benötigt werden, wenn 1,00 L Säurelösung mit dem pH-Wert 2,12 hergestellt werden soll.

Ü 44 Es werden $V_1 = 250$ mL Salzsäure, $c(HCl) = 0{,}250$ mol/L, und $V_2 = 100$ mL Salzsäure, $c(HCl) = 0{,}100$ mol/L, miteinander gemischt.

Berechnen Sie den pH-Wert der Mischung bei einem Dissoziationsgrad $\alpha = 1{,}00$.

Ü 45 Es werden $V_1 = 750$ mL Salzsäure, pH(HCl) = 2,25, und $V_2 = 3{,}45$ L Salzsäure, pH(HCl) = 3,18, miteinander gemischt.

Berechnen Sie den pH-Wert der Salzsäuremischung.

Ü 46 Das Volumen $V_1 = 325$ mL Perchlorsäure mit dem pH-Wert = 1,50 und das Volumen $V_2 = 250$ mL Natronlauge mit dem pH-Wert = 11,8 werden miteinander gemischt.

Berechnen Sie den pH-Wert der Mischung.

Ü 47 Es werden $V_1 = 2{,}50$ L Salzsäure, pH(HCl) = 2,82, und $V_2 = 4{,}75$ L Kalilauge, pH(KOH) = 12,9, miteinander gemischt.

Berechnen Sie den pH-Wert der Mischung.

Ü 48 Es liegt eine Ethansäurelösung mit der Stoffmengenkonzentration $c(CH_3COOH) = 0{,}155$ mol/L vor. Der pK_S-Wert dieser schwachen Säure beträgt 4,76.

a) Berechnen Sie den pH-Wert der Säure mithilfe der Näherungsformel.
b) Berechnen Sie den pH-Wert der Säure mithilfe der quadratischen Gleichung.

Übungsaufgaben

Ü 49 Berechnen Sie den pH-Wert einer Propansäurelösung mit der Stoffmengenkonzentration $c(C_2H_5COOH)$ = 0,0250 mol/L, pK_S = 4,87. Berechnung mit der Näherungsformel.

Ü 50 Von einer Ammoniaklösung mit der Stoffmengenkonzentration $c(NH_3)$ = 0,0175 mol/L und dem pK_B-Wert = 4,75 ist der pH-Wert zu berechnen.

a) Berechnen Sie den pH-Wert der Base mithilfe der Näherungsformel.
b) Berechnen Sie den pH-Wert der Base mithilfe der quadratischen Gleichung.

Ü 51 V = 1,25 L einer wässrigen Säurelösung enthalten m = 21,2 g salpetrige Säure.

Berechnen Sie den genauen pH-Wert der Lösung.
$M(HNO_2)$ = 47,01 g/mol, $pK_S(HNO_2)$ = 3,34

Ü 52 In V = 500 mL einer Dichloressigsäurelösung sind m = 162,4 mg Dichloressigsäure gelöst.

Berechnen Sie den genauen pH-Wert der Dichloressigsäurelösung.
$M(CHCl_2COOH)$ = 128,94 g/mol, $pK_S(CHCl_2COOH)$ = 1,29

Ü 53 In V = 200 mL Ammoniaklösung, $c(NH_3)$ = 0,525 mol/L, werden m = 22,5 g Ammoniumchlorid gelöst.

Berechnen Sie den pH-Wert der entstandenen Pufferlösung.
$M(NH_4Cl)$ = 53,49 g/mol, pK_B = 4,75

Ü 54 Die Masse m = 5,75 g Natriummethanoat wird in V = 500 mL Methansäurelösung, $c(HCOOH)$ = 0,200 mol/L, gelöst.

Berechnen Sie den pH-Wert der entstandenen Pufferlösung.
$M(HCOONa)$ = 68,01 g/mol, pK_S = 3,74

Ü 55 Berechnen Sie den pH-Wert einer Pufferlösung mit den Stoffmengenkonzentrationen $c(CH_3COOH)$ = 0,125 mol/L und $c(CH_3COONa)$ = 0,275 mol/L und dem pK_S-Wert 4,76.

Ü 56 Zur Herstellung einer Pufferlösung werden m_1 = 8,25 g Kaliumdihydrogenphoshat und m_2 = 5,75 g Dinatriumhydrogenphosphat in Wasser gelöst und im Messkolben auf V = 1000 mL aufgefüllt.

Berechnen Sie den pH-Wert der Lösung.
$M(Na_2HPO_4)$ = 141,96 g/mol, $M(KH_2PO_4)$ = 136,09 g/mol, $pK_S(HPO_4^{2-})$ = 7,21

Ü 57 Es wird eine Pufferlösung mit den Stoffmengenkonzentrationen $c(CH_3COOH)$ = 0,175 mol/L und $c(CH_3COONa)$ = 0,350 mol/L hergestellt.

Berechnen Sie den pH-Wert der Lösung nach der Zugabe von n = 0,0250 mol Natronlauge zu einem Volumen V = 5,00 L der Pufferlösung. Die Volumenänderung soll bei der Berechnung unberücksichtigt bleiben.
$K_S(CH_3COOH) = 1{,}76 \cdot 10^{-5}$ mol/L

Ü 58 Zu jeweils V = 2000 mL einer Pufferlösung mit den Stoffmengenkonzentrationen $c(CH_3COOH) = c(CH_3COONa)$ = 0,0575 mol/L werden verschiedene Volumina Salzsäure, $c(HCl)$ = 1,00 mol/L, zugesetzt.

a) Berechnen Sie den pH-Wert der Lösung nach Zugabe von V_1 = 2,00 mL der Salzsäure.
b) Berechnen Sie den pH-Wert der Lösung nach Zugabe von V_2 = 10,0 mL der Salzsäure.
$pK_S(CH_3COOH)$ = 4,76

Übungsaufgaben

Ü 59 Zu jeweils $V = 1000$ mL einer Pufferlösung mit den Stoffmengenkonzentrationen $c(NH_3) = c(NH_4Cl) = 0{,}0250$ mol/L werden $V_1 = 5{,}00$ mL Salzsäure, $c(HCl) = 1{,}00$ mol/L, und $V_2 = 5{,}00$ mL Natronlauge, $c(NaOH) = 1{,}00$ mol/L, zugesetzt.

a) Berechnen Sie den pH-Wert der Lösung nach Zugabe der Salzsäure.
b) Berechnen Sie den pH-Wert der Lösung nach Zugabe der Natronlauge.
$pK_B(NH_3) = 4{,}75$

Ü 60 Jeweils $V = 1000$ mL deionisiertes Wasser werden mit $V_1 = 2{,}50$ mL Salzsäure, $c(HCl) = 1{,}00$ mol/L, und $V_2 = 2{,}50$ mL Natronlauge, $c(NaOH) = 1{,}00$ mol/L, versetzt.

a) Berechnen Sie den pH-Wert der Lösung nach Zugabe der Salzsäure.
b) Berechnen Sie den pH-Wert der Lösung nach Zugabe der Natronlauge.

7.3 Löslichkeitsprodukt

Das Löslichkeitsprodukt wird für Salze formuliert, die in wässriger Lösung zu Ionen protolysieren, aber nicht unendlich löslich sind. Wird eine bestimmte Konzentration der Ionen in der Lösung erreicht, fällt das reine Salz aus und führt zur Bildung eines Bodensatzes. Es stellt sich ein Gleichgewicht ein, bei dem die Geschwindigkeit der Auflösung und die Geschwindigkeit der Ausfällung gleich groß sind. Die Lösung ist dann gesättigt.

Betrachtet man die allgemeine Gleichgewichtsreaktion

$$A_mB_n \leftrightarrows m \cdot A^{n+} + n \cdot B^{m-}$$

kann für das Massenwirkungsgesetz folgende Vereinfachung vorgenommen werden:

$$K = \frac{c(A^{n+})^m \cdot c(B^{m-})}{c(A_mB_n)} \quad => \quad K \cdot c(A_mB_n) = c(A^{n+})^m \cdot c(B^{m-})^n = K_L$$

K_L wird Löslichkeitsprodukt genannt und ist das Produkt der Ionenkonzentration in einer gesättigten Lösung unter Berücksichtigung der Koeffizienten m und n. Die Konzentration $c(A_mB_n)$ kann in die Konstante einbezogen werden, da sie als konstant betrachtet werden kann.

Wird der Wert der Löslichkeitskonstante überschritten, fällt das reine Salz solange aus, bis die Löslichkeitskonstante den für eine bestimmte Temperatur definierten Wert wieder einnimmt. Die Lösung kann zwar kurzzeitig übersättigt sein, jedoch wird der zu viel gelöste Stoff schnell wieder ausfallen.

Die Löslichkeit entspricht der maximalen Stoffmenge, die sich bei einer gegebenen Temperatur in einer bestimmten Menge eines Lösemittels löst. Die Löslichkeit entspricht demnach der maximalen Konzentration eines Stoffs im Lösemittel und wird in mol/L angegeben.

Der Wert des Löslichkeitsproduktes K_L eines Salzes kann aus seiner Löslichkeit, und die Löslichkeit kann in umgekehrter Weise aus dem Löslichkeitsprodukt berechnet werden.

$$K_L(A_mB_n) = c^m(A^+) \cdot c^n(B^-)$$

$$c(A_mB_n) = \sqrt[m+n]{\frac{K_L(A_mB_n)}{m^m \cdot n^n}}$$

Beispiele

B 18

V = 300,0 mL einer bei ϑ = 25 °C gesättigten Calciumcarbonatlösung enthalten m = 2,080 mg Calciumcarbonat. Welchen Wert hat das Löslichkeitsprodukt K_L von Calciumcarbonat bei dieser Temperatur?
$M(CaCO_3)$ = 100,09 g/mol

Gegeben:

$V(CaCO_3\text{-Lösung}) = 300{,}0\ \text{mL} = 0{,}3000\ \text{L}$
$m(CaCO_3) = 2{,}080\ \text{mg} = 0{,}002080\ \text{g}$
$M(CaCO_3) = 100{,}09\ \text{g/mol}$
$c(CaCO_3) = c(Ca^{2+}) = c(CO_3^{2-})$

Gesucht: $K_L(CaCO_3)$

Berechnung $c(CaCO_3)$:

$$c(CaCO_3) = \frac{m(CaCO_3)}{M(CaCO_3) \cdot V(CaCO_3 - \text{Lösung})}$$

$$c(CaCO_3) = \frac{0{,}002080\ \text{g}}{100{,}09\ \text{g/mol} \cdot 0{,}3000\ \text{L}} = 6{,}927 \cdot 10^{-5}\ \text{mol/L}$$

Berechnung $K_L(CaCO_3)$:

$K_L(CaCO_3) = c(Ca^{2+}) \cdot c(CO_3^{2+})$
$K_L = 6{,}927 \cdot 10^{-5}\ \text{mol/L} \cdot 6{,}927 \cdot 10^{-5}\ \text{mol/L} = 4{,}798 \cdot 10^{-9}\ \text{mol}^2/\text{L}^2$

B 19

Die Masse m = 48,86 mg Bleifluorid ist in V = 100,0 mL einer gesättigten Bleifluoridlösung enthalten. Welchen Wert hat das Löslichkeitsprodukt K_L des Bleifluorids?
$M(PbF_2)$ = 245,2 g/mol

Gegeben:

$V(PbF_2\text{-Lösung}) = 100{,}0\ \text{mL} = 0{,}1000\ \text{L}$
$m(PbF_2) = 48{,}86\ \text{mg} = 0{,}04886\ \text{g}$
$M(PbF_2) = 245{,}2\ \text{g/mol}$
$c(Pb^{2+}) = c(PbF_2)$

Gesucht: $K_L(PbF_2)$

Berechnung $c(PbF_2)$:

$$c(PbF_2) = \frac{m(PbF_2)}{M(PbF_2) \cdot V(PbF_2 - \text{Lösung})}$$

$$c(PbF_2) = \frac{0{,}04886\ \text{g}}{245{,}2\ \text{g/mol} \cdot 0{,}1000\ \text{L}} = 1{,}99266 \cdot 10^{-3}\ \text{mol/L}$$

Berechnung $c(F^-)$:

$c(F^-) = 2 \cdot c(PbF_2) = 2 \cdot 1{,}99266 \cdot 10^{-3}\ \text{mol/L} = 3{,}98532 \cdot 10^{-3}\ \text{mol/L}$

Berechnung $K_L(PbF_2)$:

$K_L(PbF_2) = c(Pb^{2+}) \cdot c^2(F^-)$
$K_L(PbF_2) = 1{,}99266 \cdot 10^{-3}\ \text{mol/L} \cdot (3{,}98532 \cdot 10^{-3}\ \text{mol/L})^2$
$K_L(PbF_2) = 3{,}165 \cdot 10^{-8}\ \text{mol}^3/\text{L}^3$

B 20

Von einer bei ϑ = 25 °C gesättigten Zinnsulfidlösung beträgt die Stoffmengenkonzentration $c(SnS) = 1{,}870 \cdot 10^{-14}$ mol/L. Welchen Wert hat das Löslichkeitsprodukt K_L von Zinnsulfid bei dieser Temperatur?

Gegeben: $c(SnS) = 1{,}870 \cdot 10^{-14}\ \text{mol/L}$

Gesucht: $K_L(SnS)$

Berechnung:

$K_L(SnS) = c(Sn^{2+}) \cdot c(S^{2-})$
$K_L(SnS) = 1{,}870 \cdot 10^{-14}\ \text{mol/L} \cdot 1{,}870 \cdot 10^{-14}\ \text{mol/L} = 3{,}497 \cdot 10^{-28}\ \text{mol}^2/\text{L}^2$

Beispiele

B 21

Bei einer Temperatur von $\vartheta = 25\ °C$ beträgt das Löslichkeitsprodukt von Quecksilber(I)-sulfat $K_L(Hg_2SO_4) = 8{,}00 \cdot 10^{-7}\ mol^3/L^3$. Wie groß ist die Stoffmengenkonzentration $c(SO_4^{2-})$ in mol/L, die einer Lösung mit der Stoffmengenkonzentration $c(Hg^+) = 2{,}85 \cdot 10^{-3}\ mol/L$ zugesetzt werden muss, damit das Löslichkeitsprodukt von Quecksilber(I)-sulfat bei dieser Temperatur überschritten wird?

Gegeben:
$K_L(Hg_2SO_4) = 8{,}00 \cdot 10^{-7}\ mol^3/L^3$
$c(Hg^+) = 2{,}85 \cdot 10^{-3}\ mol/L$

Gesucht:
$c(SO_4^{2-})$

Berechnung $c(SO_4^{2-})$:
$K_L(Hg_2SO_4) = c^2(Hg^{2+}) \cdot c(SO_4^{2-})$

$$c(SO_4^{2-}) = \frac{K_L(Hg_2SO_4)}{c^2(Hg^+)} = \frac{8{,}00 \cdot 10^{-7}\ mol^3/L^3}{(2{,}85 \cdot 10^{-3}\ mol/L)^2} = 0{,}0985\ mol/L$$

B 22

Bei $\vartheta = 16\ °C$ beträgt das Löslichkeitsprodukt von Bariumcarbonat $K_L(BaCO_3) = 7{,}00 \cdot 10^{-9}\ mol^2/L^2$. Welche Masse $m(BaCO_3)$ in mg enthalten $V = 75{,}0\ mL$ gesättigter Lösung bei dieser Temperatur?
$M(BaCO_3) = 197{,}336\ g/mol$

Gegeben:
$K_L(BaCO_3) = 7{,}00 \cdot 10^{-9}\ mol^2/L^2$
$V(Lösung) = 75{,}0\ mL = 0{,}0750\ L$
$M(BaCO_3) = 197{,}336\ g/mol$

Gesucht:
$m(BaCO_3)$

Berechnung $c(BaCO_3)$:
$$c(BaCO_3) = \sqrt{K_L(BaCO_3)} = \sqrt{7{,}00 \cdot 10^{-9} mol^2/L^2} = 8{,}367 \cdot 10^{-5}\ mol/L$$

Berechnung $\beta(BaCO_3)$:
$\beta(BaCO_3) = c(BaCO_3) \cdot M(BaCO_3)$
$\beta(BaCO_3) = 8{,}367 \cdot 10^{-5}\ mol/L \cdot 197{,}336\ g/mol = 0{,}01651\ g/L$

Berechnung $m(BaCO_3)$:
$m(BaCO_3) = \beta(BaCO_3) \cdot V(Lösung)$
$m(BaCO_3) = 0{,}01651\ g/L \cdot 0{,}0750\ L = 0{,}00124\ g = 1{,}24\ mg$

B 23

Wie viel Milliliter deionisiertes Wasser dürfen $m = 87{,}25\ mg$ Silberbromat maximal zugesetzt werden, damit eine bei $\vartheta = 25\ °C$ gesättigte Silberbromatlösung entsteht?
$K_L(AgBrO_3)$ bei 25 °C = $5{,}80 \cdot 10^{-5}\ mol^2/L^2$, $M(AgBrO_3) = 235{,}77\ g/mol$

Gegeben:
$m(AgBrO_3) = 87{,}25\ mg = 0{,}08725\ g$
$K_L(AgBrO_3) = 5{,}80 \cdot 10^{-5}\ mol^2/L^2$
$M(AgBrO_3) = 235{,}77\ g/mol$

Gesucht:
$V(H_2O)$

Berechnung $c(AgBrO_3)$:
$$c(AgBrO_3) = \sqrt{K_L(AgBrO_3)} = \sqrt{5{,}80 \cdot 10^{-5} mol^2/L^2} = 7{,}616 \cdot 10^{-3}\ mol/L$$

Berechnung $\beta(AgBrO_3)$:
$\beta(AgBrO_3) = c(AgBrO_3) \cdot M(AgBrO_3)$
$\beta(AgBrO_3) = 7{,}616 \cdot 10^{-3}\ mol/L \cdot 235{,}77\ g/mol = 1{,}796\ g/L$

Berechnung $V(H_2O)$:
$$V(H_2O) = \frac{m(AgBrO_3)}{\beta(AgBrO_3)} = \frac{0{,}08725\ g}{1{,}796\ g/L} = 0{,}0486\ L = 48{,}6\ mL$$

Beispiele

B 24

Es soll eine gesättigte Calciumhydroxidlösung hergestellt werden. Dazu werden *m* = 216 mg Calciumhydroxid eingewogen und mit Wasser versetzt. Wie viel Milliliter Wasser dürfen dem Calciumhydroxid maximal zugesetzt werden, damit eine bei ϑ = 25 °C gesättigte Lösung entsteht?
$K_L(Ca(OH)_2)$ bei 25 °C = $7{,}00 \cdot 10^{-5}$ mol³/L³, $M(Ca(OH)_2)$ = 74,10 g/mol

Gegeben:
$m(Ca(OH)_2) = 216\ mg = 0{,}216\ g$
$K_L(Ca(OH)_2) = 7{,}00 \cdot 10^{-5}\ mol^3/L^3$
$M(Ca(OH)_2) = 74{,}10\ g/mol$

Gesucht: $V(H_2O)$

Berechnung $c(Ca(OH)_2)$:

$$c(Ca(OH)_2) = \sqrt[3]{\frac{K_L(Ca(OH)_2)}{n^2(OH)}} = \sqrt[3]{\frac{7{,}00 \cdot 10^{-5}}{4}}\ mol/L$$

$$c(CaOH)_2) = 2{,}596 \cdot 10^{-2}\ mol/L$$

Berechnung $\beta(Ca(OH)_2)$:

$$\beta(Ca(OH)_2) = c(Ca(OH)_2) \cdot M(Ca(OH)_2)$$
$$\beta(Ca(OH)_2) = 2{,}596 \cdot 10^{-2}\ mol/L \cdot 74{,}10\ g/mol = 1{,}924\ g/L$$

Berechnung $V(H_2O)$:

$$V(H_2O) = \frac{m(Ca(OH)_2)}{\beta(Ca(OH)_2)} = \frac{0{,}216\ g}{1{,}924\ g/L} = 0{,}112\ L = 112\ mL$$

B 25

Zur Bestimmung des Mangangehalts wird der Analyt als Manganoxalat-Dihydrat gefällt. Der Niederschlag wird mit Wasser von ϑ = 25 °C gewaschen. Dabei dürfen höchstens *m* = 1,000 mg des ausgefällten Manganoxalat-Dihydrats durch das Waschwasser gelöst werden.
Wie viel Milliliter Wasser von ϑ = 25 °C dürfen zum Waschen des Niederschlags eingesetzt werden, damit sich nicht mehr als *m* = 1,000 mg davon lösen?
Hinweis: Es soll vorausgesetzt werden, dass das Waschwasser mit Manganoxalat-Dihydrat gesättigt ist.
$K_L(MnC_2O_4 \cdot 2\ H_2O)$ bei 25 °C = $1{,}700 \cdot 10^{-7}$ mol²/L²,
$M(MnC_2O_4 \cdot 2\ H_2O)$ = 178,99 g/mol

Gegeben:
$m(MnC_2O_4 \cdot 2\ H_2O) = 1{,}000\ mg$
$K_L(MnC_2O_4 \cdot 2\ H_2O) = 1{,}700 \cdot 10^{-7}\ mol^2/L^2$
$M(MnC_2O_4 \cdot 2\ H_2O) = 178{,}99\ g/mol$

Gesucht: $V(H_2O)$

Berechnung $c(MnC_2O_4 \cdot 2\ H_2O)$:

$$c(MnC_2O_4 \cdot 2\ H_2O) = \sqrt{K_L(MnC_2O_4 \cdot 2\ H_2O)}$$
$$c(MnC_2O_4 \cdot 2\ H_2O) = \sqrt{1{,}700 \cdot 10^{-7} mol^2/L^2}$$
$$c(MnC_2O_4 \cdot 2\ H_2O) = 4{,}123 \cdot 10^{-4}\ mol/L$$

Berechnung $\beta(MnC_2O_4 \cdot 2\ H_2O)$:

$$\beta(MnC_2O_4 \cdot 2\ H_2O) = c(MnC_2O_4 \cdot 2\ H_2O) \cdot M(MnC_2O_4 \cdot 2\ H_2O)$$
$$\beta(MnC_2O_4 \cdot 2\ H_2O) = 4{,}123 \cdot 10^{-4}\ mol/L \cdot 178{,}99\ g/mol$$
$$\beta(MnC_2O_4 \cdot 2\ H_2O) = 0{,}07380\ g/L \triangleq 0{,}07380\ mg/mL$$

Berechnung $V(H_2O)$:

$$V(H_2O) = \frac{m(MnC_2O_4 \cdot 2\ H_2O)}{\beta(MnC_2O_4 \cdot 2\ H_2O)} = \frac{1{,}000\ mg}{0{,}07380\ mg/mL} = 13{,}55\ mL$$

Übungsaufgaben

Ü 61 $V = 200$ mL einer gesättigten Silberchloridlösung enthalten $m = 363$ mg Silberchlorid.

Berechnen Sie das Löslichkeitsprodukt K_L des Silberchlorids.
$M(AgCl) = 143{,}32$ g/mol

Ü 62 Die Masse $m = 5{,}25$ mg Bleisulfat ist in $V = 125$ mL einer gesättigten Bleisulfatlösung enthalten.

Berechnen Sie das Löslichkeitsprodukt K_L des Bleisulfats.
$M(PbSO_4) = 303{,}3$ g/mol

Ü 63 $V = 100$ mL einer gesättigten Calciumfluoridlösung enthalten $m = 1{,}60$ mg Calciumfluorid.

Berechnen Sie das Löslichkeitsprodukt K_L des Calciumfluorids.
$M(CaF_2) = 78{,}08$ g/mol

Ü 64 Die Masse $m = 0{,}177$ mg Eisen(II)-hydroxid ist in $V = 400$ mL einer gesättigten Eisen(II)-hydroxidlösung enthalten.

Berechnen Sie das Löslichkeitsprodukt K_L des Eisen(II)-hydroxids.
$M(Fe(OH)_2) = 89{,}866$ g/mol

Ü 65 Die Stoffmengenkonzentration einer gesättigten Bariumchromatlösung bei $\vartheta = 28{,}0$ °C beträgt $c(BaCrO_4) = 1{,}55 \cdot 10^{-5}$ mol/L.

Berechnen Sie das Löslichkeitsprodukt K_L von Bariumchromat bei dieser Temperatur.

Ü 66 Bei einer bei $\vartheta = 18{,}0$ °C gesättigten Mangansulfidlösung beträgt die Stoffmengenkonzentration $c(MnS) = 2{,}65 \cdot 10^{-8}$ mol/L.

Berechnen Sie das Löslichkeitsprodukt K_L von Mangansulfid bei dieser Temperatur.

Ü 67 Die Stoffmengenkonzentration einer gesättigten Calciumhydroxidlösung bei $\vartheta = 18{,}0$ °C beträgt $c(Ca(OH)_2) = 0{,}221$ mol/L.

Berechnen Sie das Löslichkeitsprodukt K_L von Calciumhydroxid bei dieser Temperatur.

Ü 68 Bei einer bei $\vartheta = 25{,}0$ °C gesättigten Bleichloridlösung beträgt die Stoffmengenkonzentration $c(PbCl_2) = 17{,}1$ mmol/L.

Berechnen Sie das Löslichkeitsprodukt K_L von Bleichlorid bei dieser Temperatur.

Ü 69 Die Stoffmengenkonzentration an Silberionen in einer Lösung beträgt $c(Ag^+) = 1{,}55 \cdot 10^{-7}$ mol/L.

Berechnen Sie in mol/L die Stoffmengenkonzentration an Bromidionen, $c(Br^-)$, die benötigt wird, damit das Löslichkeitsprodukt von Silberbromid $K_L(AgBr) = 4{,}10 \cdot 10^{-13}$ mol²/L² überschritten wird.

Ü 70 Die Stoffmengenkonzentration an Nickelionen in einer Lösung beträgt bei $\vartheta = 20$ °C $c(Ni^{2+}) = 2{,}48 \cdot 10^{-10}$ mol/L.

Berechnen Sie in mol/L die Stoffmengenkonzentration an Sulfidionen, $c(S^{2-})$, die benötigt wird, damit das Löslichkeitsprodukt von Nickelsulfid $K_L(NiS) = 1{,}00 \cdot 10^{-26}$ mol²/L² bei dieser Temperatur überschritten wird.

Übungsaufgaben

Ü 71 Bei ϑ = 18 °C beträgt das Löslichkeitsprodukt von Magnesiumfluorid $K_L(MgF_2) = 7{,}10 \cdot 10^{-9}$ mol³/L³.

Berechnen Sie in mol/L die Stoffmengenkonzentration an Fluoridionen, $c(F^-)$, die einer Lösung mit der Stoffmengenkonzentration an Magnesiumionen, $c(Mg^{2+}) = 1{,}75 \cdot 10^{-2}$ mol/L, zugesetzt werden muss, damit das Löslichkeitsprodukt von Magnesiumfluorid bei dieser Temperatur überschritten wird.

Ü 72 Das Löslichkeitsprodukt von Aluminiumhydroxid beträgt bei der Temperatur ϑ = 15 °C $K_L(Al(OH)_3) = 4{,}00 \cdot 10^{-13}$ mol⁴/L⁴.

Berechnen Sie in mol/L die Stoffmengenkonzentration an Hydroxidionen, $c(OH^-)$, die einer Lösung mit der Stoffmengenkonzentration an Aluminiumionen, $c(Al^{3+}) = 2{,}06 \cdot 10^{-2}$ mol/L, zugesetzt werden muss, damit das Löslichkeitsprodukt von Aluminiumhydroxid bei dieser Temperatur überschritten wird.

Ü 73 Bei ϑ = 25 °C beträgt das Löslichkeitsprodukt von Zinksulfid $K_L(ZnS) = 7{,}00 \cdot 10^{-26}$ mol²/L².

Berechnen Sie, wie viel Milligramm Zinksulfid bei dieser Temperatur in V = 100 mL gesättigter Lösung enthalten sind.
$M(ZnS)$ = 97,46 g/mol

Ü 74 Das Löslichkeitsprodukt von Cobalt(II)-sulfid beträgt bei ϑ = 25,0 °C $K_L(CoS) = 8{,}00 \cdot 10^{-23}$ mol²/L².

Berechnen Sie, wie viel Milligramm Cobalt(II)-sulfid bei dieser Temperatur in V = 200 mL gesättigter Lösung enthalten sind.
$M(CoS)$ = 90,99 g/mol

Ü 75 Bei ϑ = 10 °C beträgt das Löslichkeitsprodukt von Calciumsulfat $K_L(CaSO_4) = 6{,}10 \cdot 10^{-5}$ mol²/L².

Berechnen Sie, wie viel Gramm Calciumsulfat bei dieser Temperatur in V = 2000 mL gesättigter Lösung enthalten sind.
$M(CaSO_4)$ = 136,14 g/mol

Ü 76 Das Löslichkeitsprodukt von Blei(II)-iodid beträgt bei ϑ = 15 °C $K_L(PbI_2) = 7{,}50 \cdot 10^{-9}$ mol³/L³.

Berechnen Sie, wie viel Milligramm Blei(II)-iodid bei dieser Temperatur in V = 500 mL gesättigter Lösung enthalten sind.
$M(PbI_2)$ = 461,0 g/mol

Ü 77 Das Löslichkeitsprodukt von Nickelhydroxid beträgt bei ϑ = 25,0 °C $K_L(Ni(OH)_2) = 1{,}60 \cdot 10^{-14}$ mol³/L³.

Berechnen Sie, wie viel Milligramm Nickelhydroxid bei dieser Temperatur in V = 10,0 L gesättigter Lösung enthalten sind.
$M(Ni(OH)_2)$ = 92,708 g/mol

Ü 78 Berechnen Sie, mit wie viel Milligramm Wasser m = 4,20 mg Bleisulfat versetzt werden müssen, damit eine bei ϑ = 25,0 °C gesättigte Bleisulfatlösung entsteht.
$K_L(PbSO_4)$ bei 25,0 °C = $1{,}50 \cdot 10^{-8}$ mol²/L², $M(PbSO_4)$ = 303,3 g/mol

Übungsaufgaben

Ü 79 Berechnen Sie, mit wie viel Liter Wasser m = 1,75 mg Cadmiumsulfid versetzt werden müssen, damit eine bei ϑ = 18,0 °C gesättigte Cadmiumsulfidlösung entsteht.
$K_L(CdS)$ bei 18,0 °C = 3,60 · 10^{-29} mol^2/L^2, $M(CdS)$ = 144,47 g/mol

Ü 80 Berechnen Sie, mit wie viel Liter Wasser m = 2,75 mg Kupfer(II)-hydroxid versetzt werden müssen, damit eine bei ϑ = 25,0 °C gesättigte Kupfer(II)-hydroxidlösung entsteht.
$K_L(Cu(OH)_2)$ bei 25,0 °C = 5,60 · 10^{-20} mol^3/L^3, $M(Cu(OH)_2)$ = 97,561 g/mol

Ü 81 Ein Silberchlorid-Niederschlag wird bei einer gravimetrischen Bestimmung mit V = 50,0 mL deionisiertem Wasser von ϑ = 25,0 °C gewaschen.

Berechnen Sie, wie viel Milligramm Silberchlorid sich maximal im Waschwasser lösen können.
$K_L(AgCl)$ bei 25,0 °C = 1,80 · 10^{-10} mol^2/L^2, $M(AgCl)$ = 143,32 g/mol

Ü 82 Ein Kupfer(I)-thiocyanat-Niederschlag wird bei einer gravimetrischen Bestimmung mit deionisiertem Wasser von ϑ = 18,0 °C gewaschen.

Berechnen Sie, wie viel Milligramm Kupfer(I)-thiocyanat sich maximal in V = 100 mL Waschwasser lösen können.
$K_L(CuSCN)$ bei 18,0 °C = 1,60 · 10^{-11} mol^2/L^2, $M(CuSCN)$ = 121,63 g/mol

Ü 83 Bei der Bestimmung von Strontium wird der Analyt als Strontiumoxalat gefällt. Der Niederschlag wird mit Wasser von ϑ = 18 °C gewaschen. Dabei dürfen höchstens m = 1,25 mg des ausgefällten Strontiumoxalats durch das Waschwasser gelöst werden.

Berechnen Sie, mit wie viel Milliliter Wasser von ϑ = 18 °C der Niederschlag gewaschen werden darf.
Hinweis: Es wird vorausgesetzt, dass das Waschwasser mit Strontiumoxalat gesättigt ist.
$K_L(SrC_2O_4)$ bei 18 °C = 5,60 · 10^{-8} mol^2/L^2, $M(SrC_2O_4)$ = 175,64 g/mol

Ü 84 Bei einer gravimetrischen Chromatbestimmung wird der Analyt als Bariumchromat gefällt. Beim Waschen des Niederschlags mit Wasser von ϑ = 18,0 °C dürfen höchstens m = 1,00 mg des ausgefällten Bariumchromats gelöst werden.

Berechnen Sie, mit wie viel Milliliter Wasser von 18,0 °C der Niederschlag gewaschen werden darf.
Hinweis: Es wird vorausgesetzt, dass das Waschwasser bei jedem Waschvorgang mit Bariumchromat gesättigt ist.
$K_L(BaCrO_4)$ bei 18,0 °C = 1,60 · 10^{-10} mol^2/L^2, $M(BaCrO_4)$ = 253,32 g/mol

Ü 85 Silber soll quantitativ als Silberiodid ausgefällt werden. Der Niederschlag wird mit Wasser von ϑ = 25,0 °C gewaschen.

Berechnen Sie, mit wie viel Milliliter Wasser von ϑ = 25,0 °C der Niederschlag gewaschen werden darf, damit höchstens m = 0,500 µg Silberiodid in Lösung gehen.
Hinweis: Es wird vorausgesetzt, dass das Waschwasser mit Silberiodid gesättigt ist.
$K_L(AgI)$ bei 25,0 °C = 1,50 · 10^{-16} mol^2/L^2, $M(AgI)$ = 234,773 g/mol

8 Quantitative Analytik I

Die quantitative Analytik ist die mengenmäßige Bestimmung eines oder mehrerer Bestandteile einer Analysensubstanz. Dabei kommen die unterschiedlichsten Verfahren und Arbeitstechniken zum Einsatz. Dieses Kapitel konzentriert sich auf die wesentlichen Verfahren sowie auf Berechnungsschwerpunkte bei der Vorbereitung der Analysenproben.

Es werden dabei die Stoffgebiete der

- Nasschemie (Gravimetrie, Volumetrie) und der
- instrumentellen Analytik (Elektroanalytik, Fotometrie, Chromatografie) sowie
- die Berechnung statistischer Größen

behandelt.

8.1 Verdünnungen/Verdünnungsreihen

In der quantitativen Analytik liegt der zu bestimmende Stoff vorzugsweise in wässriger Form vor. Eine der Möglichkeiten, die Proben für die Analytik vorzubereiten, ist das Verdünnen der Probe. Diese Probenvorbereitung erfolgt heute oftmals automatisiert. Dabei wird der optimale Verdünnungsfaktor bestimmt und die Probe anschließend analysiert.

Verdünnungen werden in entsprechenden Volumenmessgeräten, vorzugsweise einem Messkolben, hergestellt. Ein definiertes Probevolumen wird vorgelegt und anschließend mit einem Lösemittel, in der Regel mit deionisiertem Wasser, bis zur Eichmarke aufgefüllt.

Der definierte Anteil der Verdünnung wird als aliquoter Teil einer Gesamtprobe bezeichnet.

Die aus einer Stammlösung hergestellten Verdünnungen werden in ihrer Summe auch als Verdünnungsreihe bezeichnet. Dabei lassen sich die einzelnen Stufen der Verdünnungsreihe hinsichtlich der Stoffmengen- oder Massenkonzentration quantitativ berechnen.

In der instrumentellen Analytik werden Verdünnungsreihen vor allem beim Erstellen von Kalibriergeraden benötigt.

In der Mikrobiologie dienen Verdünnungsreihen der Ermittlung von Bakterienkonzentrationen. Dabei wird durch Zählen der Bakterien ihre Anzahl in jeder Verdünnung ermittelt und anschließend aus der Anzahl wieder auf die ursprüngliche Konzentration zurückgerechnet.

$$f_a = \frac{V(\text{Stammlösung})}{V(\text{aliquoter Teil})}$$

$$\beta_{\text{Ausgangslösung}} = \frac{\beta_1(\text{Analyt})}{f_a^{\text{Verdünnungsstufe}}}$$

$$\beta_{\text{verdünnte Lösung}} = \beta_{\text{Ausgangslösung}} \cdot f_a^{\text{Verdünnungsstufe}}$$

Beispiele

B 1

Eine Schwefelsäurelösung wird mit Wasser auf V_1 = 1000 mL aufgefüllt. Von dieser Lösung wird ein aliquoter Teil von V_2 = 40,00 mL in einen Erlenmeyerkolben pipettiert und maßanalytisch bestimmt. Wie groß ist der Verdünnungsfaktor (aliquoter Faktor, f_a) der Schwefelsäure?

Gegeben:
$V(H_2SO_4\text{-Lösung}) = V_1 = 1000\text{ mL}$
$V(\text{aliquoter Teil}) = V_2 = 40{,}00\text{ mL}$

Gesucht: f_a

Berechnung:
$$f_a = \frac{V(H_2SO_4\text{-Lösung})}{V(\text{aliquoter Teil})} = \frac{1000\text{ mL}}{40{,}00\text{ mL}} = 25{,}00$$

B 2

Eine Natriumchloridlösung mit der Massenkonzentration $\beta_1(NaCl)$ = 81,0 g/L soll auf die Massenkonzentration $\beta_2(NaCl)$ = 16,2 g/L verdünnt werden. Welches Verdünnungsverhältnis ist dafür notwendig?

Gegeben:
$\beta_1(NaCl) = 81{,}0\text{ g/mL}$
$\beta_2(NaCl) = 16{,}2\text{ g/mL}$

Gesucht: Verdünnungsverhältnis

Berechnung Verdünnungsverhältnis:
$$\text{Verdünnungsverhältnis} = \frac{\beta_1}{\beta_2} = \frac{81{,}0\text{ g/mL}}{16{,}2\text{ g/mL}} = 5:1$$

Angabe Verdünnungsverhältnis: 1 Teil Lösung β_1: 5 Teile Gesamtlösung (davon 4 Teile Wasser)

B 3

Eine Saccharoselösung, c(Saccharose) = 3,17 mol/L, wird im Verhältnis 1:50 (Verdünnungsfaktor = 0,0200) verdünnt. Wie groß ist in g/L die Massenkonzentration β(Saccharose) der verdünnten Lösung?
$M(C_{12}H_{22}O_{11})$ = 342,32 g/mol

Gegeben:
$c(\text{Saccharose}) = 3{,}17\text{ mol/L}$
$f_a = 0{,}0200$

Gesucht: β(Saccharose)

Berechnung c_{verd}(Saccharose):
$c_{verd}(C_{12}H_{22}O_{11}) = c \cdot f_a = 3{,}17\text{ mol/L} \cdot 0{,}0200 = 0{,}0634\text{ mol/L}$

Berechnung β(Saccharose):
$\beta(C_{12}H_{22}O_{11}) = c_{verd}(C_{12}H_{22}O_{11}) \cdot M(C_{12}H_{22}O_{11})$
$\beta(C_{12}H_{22}O_{11}) = 0{,}0634\text{ mol/L} \cdot 342{,}32\text{ g/mol} = 21{,}7\text{ g/L}$

Beispiele

B 4

Die fünfte Verdünnungsstufe einer Verdünnungsreihe mit dem Verdünnungsverhältnis 1 : 4 (Verdünnungsfaktor = 0,250) ergibt bei der fotometrischen Bestimmung eine Massenkonzentration von β_2 = 50,0 µg Eisen/100 mL Lösung. Wie groß ist in mg/L die Massenkonzentration β_1(Eisen) der Ausgangslösung?

Gegeben: β_2(Fe) in der verdünnten Lösung = 50,0 µg/100 mL

f_a = 0,250

Gesucht: β_1(Fe) in der Ausgangslösung

Umrechnung auf µg/L: 50,0 µg/100 mL · 1000 mL/L = 500 µg/L

Umrechnung auf mg/L: $\frac{500\ \mu g/L}{1000\ \mu g/mg} = 0{,}500\ mg/L$

Berechnung β_1(Fe): $\beta_1(\text{Eisen}) = \frac{\beta_2(\text{Eisen})}{f_a^{\text{Verdünnungsstufe}}} = \frac{0{,}500\ mg/L}{0{,}250^5} = 512\ mg/L$

B 5

Eine Glucoselösung hat die Massenkonzentration β(Wirkstoff) = 1,600 g/L. Diese Lösung ist die Ausgangslösung für eine geometrische Verdünnungsreihe mit dem Verdünnungsverhältnis 1 : 5 (Verdünnungsfaktor = 0,200) mit drei Verdünnungsstufen. Welche Masse *m*(Glucose) in mg ist in *V* = 50,0 mL der dritten Verdünnungsstufe enthalten?

Gegeben: β(Glucose) = 1,600 g/L = 1600 mg/L

f_a = 0,200

Gesucht: *m*(Glucose) in 50 mL der verdünnten Lösung

Berechnung β(Glucose): $\beta(\text{Glucose}) = \beta_{\text{Ausgangslösung}} \cdot f_a^{\text{Verdünnungsstufe}}$

$\beta(\text{Glucose}) = 1600\ mg/L \cdot 0{,}200^3 = 12{,}8\ mg/L$

Berechnung *m*(Glucose) in 50 mL: $m(\text{Glucose}) = 0{,}0128\ mg/mL \cdot 50{,}0\ mL = 0{,}640\ mg$

B 6

Von einer Stammlösung, *c*(Stoff) = 1,00 mol/L, soll eine geometrische Verdünnungsreihe mit dem Verdünnungsverhältnis 1 : 2 (Verdünnungsfaktor = 0,500) hergestellt werden. Wie groß ist die Stoffmengenkonzentration *c*(Stoff) in mmol/L in der 14. Verdünnungsstufe?

Gegeben: *c*(Stoff) = 1,00 mol/L

f_a = 0,500

Gesucht: *c*(Stoff) in der verdünnten Lösung

Berechnung: $c(\text{Stoff}_{\text{verd}}) = 1{,}00\ mol/L \cdot 0{,}500^{14} = 6{,}10 \cdot 10^{-5}\ mol/L = 6{,}10 \cdot 10^{-2}\ mmol/L$

Übungsaufgaben

Ü 1 Ein Feststoff wird gelöst und auf V_1 = 250 mL aufgefüllt. Von dieser Lösung wird ein aliquoter Teil von V_2 = 20,0 mL in einen Erlenmeyerkolben pipettiert und mit Maßlösung titriert.

Berechnen Sie den Verdünnungsfaktor (aliquoter Faktor, f_a) für die aliquotierte Probe.

Ü 2 Für eine gravimetrische Bestimmung wird ein Dünger gelöst und auf V_1 = 500 mL aufgefüllt. Von dieser Lösung wird ein aliquoter Teil von V_2 = 25,0 mL zur gravimetrischen Bestimmung von Phosphor eingesetzt.

Berechnen Sie den Verdünnungsfaktor (aliquoter Faktor, f_a) für die aliquotierte Probe.

Ü 3 Für eine fotometrische Bestimmung wird eine Bodenprobe mit verdünnter Salpetersäure ausgeschüttelt und auf V_1 = 200 mL aufgefüllt. Von dieser Lösung wird ein aliquoter Teil von V_2 = 12,5 mL zur spektroskopischen Kupferbestimmung eingesetzt.

Berechnen Sie den Verdünnungsfaktor (aliquoter Faktor, f_a) für die aliquotierte Lösung.

Ü 4 Eine Salzlösung mit der Massenkonzentration β_1(Salz) = 2,00 g/250 mL wird so verdünnt, dass β_2(Salz) = 5,00 µg/25,0 µL in der verdünnten Probe enthalten sind.

Berechnen Sie das dafür benötigte Verdünnungsverhältnis.

Ü 5 Eine Nährlösung mit der Massenkonzentration β_1(Stoff) = 24,0 g/L wird auf die Massenkonzentration β_2(Stoff) = 1,20 mg/mL verdünnt.

Berechnen Sie das dafür notwendige Verdünnungsverhältnis.

Ü 6 Eine Kupfersulfatlösung mit der Massenkonzentration β_1(Cu) = 0,750 g/L wird so verdünnt, dass β_2(Cu) = 1,25 µg Kupfer pro mL Lösung enthalten sind.

Berechnen Sie das dafür benötigte Verdünnungsverhältnis.

Ü 7 Eine Kaliumnitratlösung, $w_1(KNO_3)$ = 12,5 %, wird 2 : 5 (Verdünnungsfaktor 0,400) verdünnt.

Berechnen Sie den Massenanteil $w_2(KNO_3)$ in % der verdünnten Kaliumnitratlösung.

Ü 8 Eine Natriumsulfatlösung, $w_1(Na_2SO_4)$ = 6,60 %, wird 1 : 40 (Verdünnungsfaktor 0,0250) verdünnt.

Berechnen Sie den Massenanteil $w_2(Na_2SO_4)$ in % der verdünnten Kaliumnitratlösung.

Ü 9 Eine Calciumchloridlösung, $c(CaCl_2)$ = 2,24 mol/L, wird 8 : 100 (Verdünnungsfaktor 0,0800) verdünnt.

Berechnen Sie in g/L die Massenkonzentration $\beta(CaCl_2)$ der verdünnten Calciumchloridlösung.
$M(CaCl_2)$ = 110,98 g/mol

Ü 10 Von einer Glucoselösung, c(Glucose) = 0,755 mol/L, wird eine Verdünnung 5 : 100 (Verdünnungsfaktor 0,0500) angesetzt.

Berechnen Sie in g/L die Massenkonzentration β(Glucose) der verdünnten Lösung.
$M(C_6H_{12}O_6)$ = 180,2 g/mol

Übungsaufgaben

Ü 11 Zur fotometrischen Cobaltbestimmung wird die Probelösung einmal 1 : 100 und einmal 1 : 10 verdünnt. Von der so erhaltenen Lösung ergeben V = 40,0 mL bei der Messung einen Cobaltgehalt von m = 22,4 µg.

Berechnen Sie in mg/L die Massenkonzentration β(Cobalt) der Ausgangslösung.

Ü 12 Die 3. Verdünnungsstufe einer Verdünnungsreihe mit dem Verdünnungsverhältnis 1 : 5 (Verdünnungsfaktor 0,200) ergibt bei der Bestimmung einen Gehalt von 35,2 µg Analyt/100 mL Lösung.

Berechnen Sie in mg/L die Massenkonzentration β(Analyt) der Ausgangslösung.

Ü 13 Berechnen Sie in mg/L die Massenkonzentration β_1(Wirkstoff) einer Wirkstofflösung, wenn die 5. Verdünnungsstufe einer geometrischen Verdünnungsreihe mit dem Verdünnungsverhältnis 1 : 8 (Verdünnungsfaktor = 0,125) einen Wirkstoffgehalt von β_2(Wirkstoff) = 7,17 µg/L hat.

Ü 14 Eine Kaliumsulfatlösung wird 7-mal mit dem Verdünnungsverhältnis 1 : 10 (Verdünnungsfaktor = 0,100) verdünnt. In dieser verdünnten Lösung wird die Massenkonzentration $\beta_1(SO_4^{2-})$ = 1,24 µg/L festgestellt.

Berechnen Sie in g/L die Massenkonzentration $\beta_2(SO_4^{2-})$ der unverdünnten Lösung.

Ü 15 Eine Kupfersulfatlösung mit der Massenkonzentration $\beta_1(CuSO_4)$ = 15,4 g/L wird 4-mal jeweils 1 : 3 (Verdünnungsfaktor = 0,3333) verdünnt.

Berechnen Sie in mg/L die Massenkonzentration $\beta_2(CuSO_4)$ in der 4. Verdünnungsstufe.

Ü 16 Von einem Salz wird die Masse m = 1,62 g in Wasser gelöst und die Lösung auf V = 250 mL aufgefüllt. Diese Stammlösung ist die Ausgangslösung für eine Verdünnungsreihe mit dem Verdünnungsverhältnis 1 : 4 (Verdünnungsfaktor = 0,250).

Berechnen Sie in µg/L die Massenkonzentration β(Salz) in der 9. Verdünnungsstufe.

Ü 17 Eine Wirkstofflösung hat die Massenkonzentration β(Wirkstoff) = 500 mg/mL. Die Wirkstofflösung ist die Ausgangslösung für eine geometrische Verdünnungsreihe mit dem Verdünnungsverhältnis 1 : 2 (Verdünnungsfaktor = 0,500) mit 4 Verdünnungsstufen.

Berechnen Sie, wie viel Milligramm Wirkstoff in V = 20,0 mL der 4. Verdünnungsstufe enthalten sind.

Ü 18 Eine Natriumnitratlösung hat die Massenkonzentration $\beta(NO_3^-)$ = 250 mg/L. Die Lösung wird 3-mal mit dem Verdünnungsverhältnis 1 : 5 (Verdünnungsfaktor = 0,200) verdünnt.

Berechnen Sie in µg, welche Masse $m(NO_3^-)$ in 100,0 mL der 3. Verdünnungsstufe enthalten ist.

Ü 19 Von einer Salzsäurelösung, c_1(HCl) = 4,00 mol/L, wird eine geometrische Verdünnungsreihe mit dem Verdünnungsverhältnis 1 : 2 (Verdünnungsfaktor = 0,500) hergestellt.

Berechnen Sie in mmol/L die Stoffmengenkonzentration c_2(HCl) in der 6. Verdünnungsstufe.

Ü 20 Von einer Stammlösung, c_1(Stoff) = 2,50 mol/L, soll eine geometrische Verdünnungsreihe mit dem Verdünnungsverhältnis 1 : 5 (Verdünnungsfaktor = 0,200) hergestellt werden.

Berechnen Sie in mmol/L die Stoffmengenkonzentration c_2(Stoff) in der 8. Verdünnungsstufe.

8.2 Gravimetrie

Die Gravimetrie ist eine Methode der quantitativen Analytik, bei der ein zu bestimmender Stoff in eine schwerlösliche Verbindung überführt, abgetrennt, getrocknet, gegebenenfalls geglüht und seine Masse durch Wägung und Berechnung ermittelt wird.

Der zu bestimmende Stoff muss dabei zunächst in gelöster Form vorliegen. Mithilfe eines Fällungsmittels wird dann der zu quantifizierende Anteil in eine schwerlösliche Verbindung gebracht und anschließend durch geeignete Filtrationsmethoden abgetrennt. Durch Trocknen oder Glühen kann man den zu quantifizierenden Anteil in eine stabile Wägeform überführen und seine Masse als Auswaage bestimmen.

Anschließend kann durch eine stöchiometrische Berechnung der Stoff quantitativ bestimmt werden. Bei der Berechnung des Analysenergebnisses wird die Relation zwischen dem zu quantifizierenden Stoff und dessen Wägeform zugrunde gelegt. Der Faktor für die Umrechnung der Wägeform in die Masse des zu bestimmenden Stoffs wird analytischer Faktor *F* genannt. Die Masse des quantitativ zu ermittelnden Stoffs ist das Produkt aus der Auswaage und dem analytischen Faktor.

Den analytischen Faktor kann man Tabellenbüchern entnehmen.

$$F(\mathrm{X}) = \frac{\mathrm{a} \cdot M(\mathrm{X})}{M(\text{Wägeform})}$$

$$m(\mathrm{X}) = F(\mathrm{X}) \cdot m(\text{Wägeform})$$

$$m(\mathrm{X}_1) = \frac{m(\text{gefällte Verbindung})_{\mathrm{ges}} - m(\text{Gemisch}) \cdot \dfrac{M(\text{gefällte Verbindung})}{M(\mathrm{X}_2)}}{\dfrac{M(\text{gefällte Verbindung})}{M(\mathrm{X}_1)} - \dfrac{M(\text{gefällte Verbindung})}{M(\mathrm{X}_2)}}$$

$$m(\mathrm{X}) = F(\mathrm{X}) \cdot m(\text{Wägeform}) \cdot f_{\mathrm{a}}$$

$$\beta(\mathrm{X}) = \frac{m(\mathrm{X})}{V(\text{Lösung})}$$

Beispiele

B 7

Bei der gravimetrischen Bleibestimmung wird das Blei als Bleisulfat gefällt, getrocknet und gewogen.
Welchen Wert hat der analytische Faktor *F* für die Bleibestimmung?
$M(\mathrm{Pb}) = 207{,}2$ g/mol, $M(\mathrm{PbSO_4}) = 303{,}3$ g/mol

Gegeben:	$M(\mathrm{Pb}) = 207{,}2$ g/mol $M(\mathrm{PbSO_4}) = 303{,}3$ g/mol
Gesucht:	$F(\mathrm{Pb})$
Berechnung a:	1,000 mol $\mathrm{PbSO_4}$ ≙ 1,000 mol Pb ⇨ a = 1,000
Berechnung $F(\mathrm{Pb})$:	$F(\mathrm{Pb}) = \frac{\mathrm{a} \cdot M(\mathrm{Pb})}{M(\mathrm{PbSO_4})} = \frac{1{,}000 \cdot 207{,}2\ \mathrm{g/mol}}{303{,}3\ \mathrm{g/mol}} = 0{,}6832$

Beispiele

B 8

Aus einer Aluminiumsalzlösung wird das Aluminium als Aluminiumhydroxid gefällt. Nach dem anschließenden Glühen zu Aluminiumoxid wird der Niederschlag gewogen. Welchen Wert hat der analytische Faktor *F* für die Aluminiumbestimmung?
$M(Al) = 26{,}9815$ g/mol, $M(Al_2O_3) = 101{,}961$ g/mol

Gegeben:
$M(Al) = 26{,}9815$ g/mol
$M(Al_2O_3) = 101{,}961$ g/mol

Gesucht: $F(Al)$

Berechnung a:
1,000 mol Al_2O_3 ≙ 2,000 mol Al ⇨ a = 2,000

Berechnung $F(Al)$:
$$F(Al) = \frac{a \cdot M(Al)}{M(Al_2O_3)} = \frac{2{,}000 \cdot 26{,}9815\ \text{g/mol}}{101{,}961\ \text{g/mol}} = 0{,}5293$$

B 9

Bei einer gravimetrischen Magnesiumbestimmung werden $m = 262{,}4$ mg $Mg_2P_2O_7$ ausgewogen.
Wie viel Milligramm Magnesium enthält die eingesetzte Probe?
$M(Mg) = 24{,}305$ g/mol, $M(Mg_2P_2O_7) = 222{,}55$ g/mol

Gegeben:
$m(Mg_2P_2O_7) = 262{,}4$ mg
$M(Mg_2P_2O_7) = 222{,}55$ g/mol
$M(Mg) = 24{,}305$ g/mol

Gesucht: $m(Mg)$

Berechnung a:
1,000 mol $Mg_2P_2O_7$ ≙ 2,000 mol Mg ⇨ a = 2,000

Berechnung $F(Mg)$:
$$F(Mg) = \frac{a \cdot M(Mg)}{M(Mg_2P_2O_7)} = \frac{2{,}000 \cdot 24{,}305\ \text{g/mol}}{222{,}55\ \text{g/mol}} = 0{,}2184$$

Berechnung $m(Mg)$:
$$m(Mg) = F(Mg) \cdot m(Mg_2P_2O_7) = 0{,}2184 \cdot 262{,}4\ \text{mg} = 57{,}31\ \text{mg}$$

B 10

Von einem Antimonchlorid enthaltenden Gemisch werden $m_1 = 1{,}258$ g eingewogen und in Wasser gelöst. Nach der Fällung mit Schwefelwasserstoff beträgt die Auswaage an Antimonsulfid $m_2 = 315{,}2$ mg.
Wie groß ist der Massenanteil $w(SbCl_3)$ in % des Gemischs?
$M(SbCl_3) = 228{,}119$ g/mol, $M(Sb_2S_3) = 339{,}715$ g/mol

Gegeben:
$m(\text{Gemisch}) = m_1 = 1{,}258$ g
$m(Sb_2S_3) = m_2 = 315{,}2$ mg
$M(SbCl_3) = 228{,}119$ g/mol
$M(Sb_2S_3) = 339{,}715$ g/mol

Gesucht: $w(SbCl_3)$

Berechnung a:
1,000 mol Sb_2S_3 ≙ 2,000 mol $SbCl_3$ ⇨ a = 2,000

Berechnung $F(SbCl_3)$:
$$F(SbCl_3) = \frac{a \cdot M(SbCl_3)}{M(Sb_2S_3)} = \frac{2{,}000 \cdot 228{,}119\ \text{g/mol}}{339{,}715\ \text{g/mol}} = 1{,}343$$

Beispiele

B 10

Berechnung $m(SbCl_3)$

$$m(SbCl_3) = 1{,}343 \cdot 315{,}2\ \text{mg} = 423{,}3\ \text{mg} = 0{,}4233\ \text{g}$$

Berechnung $w(SbCl_3)$

$$w(SbCl_3) = \frac{m(SbCl_3)}{m(\text{Gemisch})} \cdot 100\ \% = \frac{0{,}4233\ \text{g}}{1{,}258\ \text{g}} \cdot 100{,}0\ \% = 33{,}65\ \%$$

B 11

Das Volumen V_1 = 12,5 mL einer Aluminiumsalzlösung wird auf ein Volumen von V_2 = 500 mL verdünnt. Ein Volumen von V_3 = 20,0 mL dieser verdünnten Lösung ergibt bei der gravimetrischen Bestimmung eine Auswaage von m = 211,6 mg Aluminiumoxinat. Wie groß ist in g/L die Massenkonzentration β(Al) der Ausgangslösung?
M(Al) = 26,98 g/mol, $M(Al(C_9H_6NO)_3)$ = 459,44 g/mol

Gegeben:

$m(Al(C_9H_6NO)_3)$	= 211,6 mg	
V(Al-Lösung)	= V_1	= 12,5 mL
V(Lösung nach Verdünnung)	= V_2	= 500 mL
V(verdünnte Lösung)	= V_3	= 20,0 mL
M(Al)	= 26,98 g/mol	
$M(Al(C_9H_6NO)_3)$	= 459,44 g/mol	

Gesucht: β(Al)

Berechnung a:

1,000 mol Al ≙ 1,000 mol $Al(C_9H_6NO)_3$ ⇨ a = 1,000

Berechnung F(Al):

$$F(\text{Al}) = \frac{\text{a} \cdot M(\text{Al})}{M(Al(C_9H_6NO)_3)} = \frac{26{,}98\ \text{g/mol}}{459{,}44\ \text{g/mol}} = 0{,}05872$$

Berechnung f_a:

$$f_a = \frac{500\ \text{mL}}{12{,}5\ \text{mL}} = 40{,}0$$

Berechnung β(Al):

$$\beta(\text{Al}) = F(\text{Al}) \cdot m(Al(C_9H_6NO)_3) \cdot f_a$$
$$\beta(\text{Al}) = 0{,}05872 \cdot 211{,}6\ \text{mg} \cdot 40{,}0 = 497\ \text{mg in } 20{,}0\ \text{mL}$$
$$\beta(\text{Al}) = 0{,}497\ \text{g}/20\ \text{mL} \cdot 50{,}0 = 24{,}9\ \text{g}/1000\ \text{mL} = 24{,}9\ \text{g/L}$$

B 12

Zur Bestimmung des Nickelgehalts eines Abwassers werden V_1 = 2000 mL des Abwassers auf V_2 = 50,00 mL eingeengt und das Nickel als Nickelanthranilat gefällt. Die Auswaage beträgt m = 0,2786 g Nickelanthranilat. Wie groß ist die Massenkonzentration β(Ni) in mg/L des Abwassers?
M(Ni) = 58,693 g/mol, $M(Ni(C_7H_6O_2N)_2)$ = 330,95 g/mol

Gegeben:

V(Abwasser)	= V_1	= 2000 mL	= 2,000 L
V(Abwasser eingeengt)	= V_2	= 50,00 mL	
$m(Ni(C_7H_6O_2N)_2)$	= 0,2786 g	= 278,6 mg	
$M(Ni(C_7H_6O_2N)_2)$	= 330,95 g/mol		
M(Ni)	= 58,693 g/mol		

Gesucht: β(Ni)

Berechnung β(Ni):

50,00 mL $\text{Abwasser}_{\text{eingeengt}}$ ≙ 2000 mL $\text{Abwasser}_{\text{original}}$

Beispiele

B 12

Berechnung $\beta(Ni)$:

$$\beta(Ni) = \frac{m(Ni(C_7H_6O_2N)_2) \cdot M(Ni)}{M(Ni(C_7H_6O_2N)_2) \cdot V(Abwasser)_{original}}$$

$$\beta(Ni) = \frac{278{,}6\ mg \cdot 58{,}693\ g/mol}{330{,}95\ g/mol \cdot 2{,}000\ L} = 24{,}70\ mg/L$$

B 13

Von einem hydrogensulfidhaltigen Abgas im Normzustand werden $V = 15{,}0$ L durch eine wässrige Lösung von Wismut(III)-nitrat geleitet. Die Auswaage an ausgefälltem Wismut(III)-sulfid beträgt $m = 1{,}935$ g. Welchen Volumenanteil $\varphi(H_2S)$ in % hat das Abgas?
$M(Bi_2S_3) = 514{,}16$ g/mol, $M(H_2S) = 34{,}081$ g/mol, $V_{mn}(H_2S) = 22{,}4$ L/mol

Gegeben:

$V(Abgas) = 15{,}0$ L
$m(Bi_2S_3) = 1{,}935$ g
$M(H_2S) = 34{,}081$ g/mol
$M(Bi_2S_3) = 514{,}16$ g/mol
$V_{mn}(H_2S) = 22{,}4$ L/mol

Gesucht: $\varphi(H_2S)$

Berechnung a:

1,000 mol Bi_2S_3 $\triangleq$ 3,000 mol H_2S ⇨ a = 3,000

Berechnung $m(H_2S)$:

$$m(H_2S) = \frac{m(Bi_2S_3) \cdot a \cdot M(H_2S)}{M(Bi_2S_3)}$$

$$m(H_2S) = \frac{1{,}935\ g \cdot 3{,}000 \cdot 34{,}081\ g/mol}{514{,}16\ g/mol} = 0{,}3848\ g$$

Berechnung $V(H_2S)$:

$$V(H_2S) = \frac{m(H_2S) \cdot V_{mn}}{M(H_2S)} = \frac{0{,}3848\ g \cdot 22{,}4\ L/mol}{34{,}081\ g/mol} = 0{,}253\ L$$

Berechnung $\varphi(H_2S)$:

$$\varphi(H_2S) = \frac{V(H_2S)}{V(Abgas)} \cdot 100\ \% = \frac{0{,}253\ L}{15{,}0\ L} \cdot 100\ \% = 1{,}69\ \%$$

B 14

In einer cobalthaltigen Verbindung beträgt der Massenanteil w(Cobalt) = 12,50 %. Bei der Fällung als Cobaltanthranilat soll mit einem Fällungsreagenzüberschuss von 32,50 % gearbeitet werden. Wie viel Milliliter einer Natriumanthranilatlösung, w(Natriumanthranilat) = 2,975 %, $\rho = 1{,}012$ g/cm³, müssen als Fällungsreagenz zu einer Masse $m = 586{,}4$ mg der cobalthaltigen Verbindung zugetropft werden, damit das zu bestimmende Cobalt vollständig als Cobaltanthranilat ausgefällt wird?
$M(Co) = 58{,}933$ g/mol, $M(NaC_7H_6O_2N) = 159{,}12$ g/mol

Gegeben:

$w(Co) = 12{,}50\ \% = 0{,}1250$
m(Co-haltige Verbindung) = 586,4 mg
$M(Co) = 58{,}933$ g/mol
$M(NaC_7H_6O_2N) = 159{,}12$ g/mol
Fällungsreagenzüberschuss = 32,50 % = 0,3250
$\rho(NaC_7H_6O_2N\text{-Lösung}) = 1{,}012\ g/cm^3 = 1{,}012\ g/mL$

Gesucht: $V(NaC_7H_6O_2N)$

Beispiele

B 14	Berechnung m(Co):	$m(\text{Co}) = m(\text{Co-haltige Verbindung}) \cdot w(\text{Cobalt})$ $m(\text{Co}) = 586{,}4\ \text{mg} \cdot 0{,}1250 = 73{,}30\ \text{mg}$
	Berechnung a:	$1{,}000\ \text{mol Co}(C_7H_6O_2N)_2 \triangleq 2{,}000\ \text{mol Na}C_7H_6O_2N \Rightarrow \text{a} = 2{,}000$
	Berechnung $m(NaC_7H_6O_2N)$:	$m(NaC_7H_6O_2N), w_{100} = \frac{\text{a} \cdot M(NaC_7H_6O_2N) \cdot m(\text{Co})}{M(\text{Co})}$ $m(NaC_7H_6O_2N), w_{100} = \frac{2{,}000 \cdot 159{,}12\ \text{g/mol} \cdot 73{,}30\ \text{mg}}{58{,}933\ \text{g/mol}} = 395{,}82\ \text{mg}$ $m(NaC_7H_6O_2N), w_{2,975} = \frac{m(NaC_7H_6O_2N), w_{100} \cdot 100{,}0\ \%}{2{,}975\ \%}$ $m(NaC_7H_6O_2N), w_{2,975} = \frac{395{,}82\ \text{mg} \cdot 100{,}0\ \%}{2{,}975\ \%} = 13\,305\ \text{mg} = 13{,}305\ \text{g}$
	Berechnung $V(NaC_7H_6O_2N)$:	$V = \frac{m(NaC_7H_6O_2N)}{\rho} = \frac{13{,}305\ \text{g}}{1{,}012\ \text{g/mL}} = 13{,}147\ \text{mL}$
	Berechnung V mit Überschuss:	$V_{Ü} = V \cdot 1{,}325 = 13{,}147\ \text{mL} \cdot 1{,}325 = 17{,}42\ \text{mL}$
B 15		**In einem feuchten Kupfersalz wird der Kupfergehalt gravimetrisch als Kupfer(I)-thiocyanat bestimmt. Das feuchte Salz hat einen Wassergehalt von $w(H_2O) = 8{,}250\ \%$. Von dem Salz wird die Masse $m_1 = 1{,}782$ g eingewogen. Bei der Kupferbestimmung werden $m_2 = 267{,}2$ mg CuSCN ausgewogen.** **$M(\text{CuSCN}) = 121{,}63$ g/mol, $M(\text{Cu}) = 63{,}546$ g/mol** **a) Wie groß ist der Massenanteil w(Cu) in % im feuchten Salz?**
	Gegeben:	$m(\text{Einwaage}) = m_1 = 1{,}782\ \text{g}$ $m(\text{CuSCN}) = m_2 = 267{,}2\ \text{mg} = 0{,}2672\ \text{g}$ $M(\text{CuSCN}) = 121{,}63\ \text{g/mol}$ $M(\text{Cu}) = 63{,}546\ \text{g/mol}$
	Gesucht:	$w(\text{Cu})$
	Berechnung m(Cu):	$m(\text{Cu}) = \frac{m(\text{CuSCN}) \cdot M(\text{Cu})}{M(\text{CuSCN})}$ $m(\text{Cu}) = \frac{0{,}2672\ \text{g} \cdot 63{,}546\ \text{g/mol}}{121{,}63\ \text{g/mol}} = 0{,}1396\ \text{g}$
	Berechnung w(Cu) im feuchten Salz:	$w(\text{Cu}) = \frac{m(\text{Cu})}{m(\text{Einwaage})} \cdot 100\ \% = \frac{0{,}1396\ \text{g}}{1{,}782\ \text{g}} \cdot 100\ \%$ $w(\text{Cu}) = 7{,}834\ \%$
		b) Wie groß ist der Massenanteil w(Cu) in % im trockenen Salz?
	Gegeben:	$w(\text{Cu})$ im feuchten Salz $= 7{,}834\ \%$ $w(H_2O) = 8{,}250\ \%$

Beispiele

B 15

Gesucht:	$w(Cu)$
Berechnung w(Trockenmasse):	$w(TM) = 100{,}0\,\% - w(H_2O) = 100{,}0\,\% - 8{,}250\,\% = 91{,}75\,\%$
Berechnung $w(Cu)$ im trockenen Salz:	$w(Cu)\text{ im trockenen Salz} = \dfrac{w(Cu)\text{ im feuchten Salz} \cdot 100{,}0\,\%}{w(\text{Trockenmasse})}$ $w(Cu)\text{ im trockenen Salz} = \dfrac{7{,}834\,\% \cdot 100{,}0\,\%}{91{,}75\,\%} = 8{,}538\,\%$

B 16

Die Masse $m_1 = 4{,}264$ g einer Mischung aus Natriumcarbonat und Aluminiumoxid wird bei $\vartheta = 850$ °C gebrannt. Nach dem Brennen bleibt ein Rückstand von $m_2 = 3{,}319$ g eines Gemischs aus Natriumoxid und Aluminiumoxid. Wie groß ist der Massenanteil $w(Al_2O_3)$ in % der eingesetzten Mischung?
$M(Na_2CO_3) = 105{,}99$ g/mol, $M(CO_2) = 44{,}010$ g/mol

Gegeben:	$m(\text{Gemisch}) = m_1 = 4{,}264\text{ g}$ $m(\text{Rückstand}) = m_2 = 3{,}319\text{ g}$ $M(Na_2CO_3) = 105{,}99\text{ g/mol}$ $M(CO_2) = 44{,}010\text{ g/mol}$
Gesucht:	$w(Al_2O_3)$
Berechnung $m(CO_2)$:	$m(CO_2) = m(\text{Gemisch}) - m(\text{Rückstand})$ $m(CO_2) = 4{,}264\text{ g} - 3{,}319\text{ g} = 0{,}9450\text{ g}$
Berechnung $m(Na_2CO_3)$:	$m(Na_2CO_3) = \dfrac{m(CO_2) \cdot M(Na_2CO_3)}{M(CO_2)}$ $m(Na_2CO_3) = \dfrac{0{,}9450\text{ g} \cdot 105{,}99\text{ g/mol}}{44{,}010\text{ g/mol}} = 2{,}276\text{ g}$
Berechnung $m(Al_2O_3)$:	$m(Al_2O_3) = m(\text{Gemisch}) - m(Na_2CO_3)$ $m(Al_2O_3) = 4{,}264\text{ g} - 2{,}276\text{ g} = 1{,}988\text{ g}$
Berechnung $w(Al_2O_3)$:	$w(Al_2O_3) = \dfrac{m(Al_2O_3)}{m(\text{Gemisch})} \cdot 100\,\% = \dfrac{1{,}988\text{ g}}{4{,}264\text{ g}} \cdot 100\,\% = 46{,}62\,\%$

B 17

Die Masse $m_1 = 5{,}428$ g eines kristallwasserhaltigen Chrom(III)-chlorids wird zu kristallwasserfreiem Chrom(III)-chlorid getrocknet. Nach dem Trockenvorgang wird ein Masseverlust von $m_2 = 2{,}202$ g festgestellt. Welche Stoffmenge n(Kristallwasser) in mol enthält $n = 1$ mol des kristallwasserhaltigen Chromchlorids?
$M(CrCl_3) = 158{,}355$ g/mol, $M(H_2O) = 18{,}015$ g/mol

Gegeben:	$m(CrCl_3 \cdot x\,H_2O) = m_1 = 5{,}428\text{ g}$ $m(\text{Masseverlust}) = m_2 = 2{,}202\text{ g}$ $M(CrCl_3) = 158{,}355\text{ g/mol}$ $M(H_2O) = 18{,}015\text{ g/mol}$

Beispiele

B 17

Gesucht:	n(Kristallwasser)
Berechnung $m(CrCl_3$ wasserfrei):	$m(CrCl_3) = m(CrCl_3 \cdot x\, H_2O) - \text{Masseverlust}$ $m(CrCl_3) = 5{,}428\text{ g} - 2{,}202\text{ g} = 3{,}226\text{ g}$
Berechnung $m(H_2O)$ pro Mol Salz:	$m(H_2O/\text{mol Salz}) = \frac{m(H_2O) \cdot M(CrCl_3)}{m(CrCl_3)}$ $m(H_2O/\text{mol Salz}) = \frac{2{,}202\text{ g} \cdot 158{,}355\text{ g/mol}}{3{,}226\text{ g}} = 108{,}09\text{ g}$
Berechnung n(Kristallwasser):	$n(H_2O) = \frac{m(H_2O)}{M(H_2O)} = \frac{108{,}09\text{ g}}{18{,}015\text{ g/mol}} = 6\text{ mol}$

B 18

Von einem Salzgemisch aus Natriumbromid und Kaliumbromid werden $m_1 = 1{,}368$ g eingewogen, in deionisiertem Wasser gelöst und die Bromid-Ionen mit Silbernitratlösung gefällt. Nach dem Trocknen des Niederschlags wird eine Auswaage von $m_2 = 2{,}276$ g Silberbromid ermittelt. Wie groß sind die Massenanteile w(NaBr) und w(KBr) in % in dem Salzgemisch?
M(NaBr) = 102,894 g/mol, M(KBr) = 119,002 g/mol, M(AgBr) = 187,772 g/mol

Gegeben:	$m(\text{Salzgemisch}) = m_1 = 1{,}368\text{ g}$ $m(AgBr) = m_2 = 2{,}276\text{ g}$ $M(NaBr) = 102{,}894\text{ g/mol}$ $M(KBr) = 119{,}002\text{ g/mol}$ $M(AgBr) = 187{,}772\text{ g/mol}$
Gesucht:	w(NaBr) und w(KBr)
Berechnung m(KBr):	$m(KBr) = \frac{m(AgBr)_{ges} - m(\text{Gemisch}) \cdot \frac{M(AgBr)}{M(NaBr)}}{\frac{M(AgBr)}{M(KBr)} - \frac{M(AgBr)}{M(NaBr)}}$ $m(KBr) = \frac{2{,}276\text{ g} - 1{,}368\text{ g} \cdot \frac{187{,}772\text{ g/mol}}{102{,}894\text{ g/mol}}}{\frac{187{,}772\text{ g/mol}}{119{,}002\text{ g/mol}} - \frac{187{,}772\text{ g/mol}}{102{,}894\text{ g/mol}}} = 0{,}8925\text{ g}$
Berechnung w(KBr):	$w(KBr) = \frac{m(KBr) \cdot 100{,}0\,\%}{m(\text{Gemisch})} = \frac{0{,}8925\text{ g} \cdot 100{,}0\,\%}{1{,}368\text{ g}} = 65{,}2\,\%$
Berechnung m(NaBr):	$m(NaBr) = m(\text{Gemisch}) - m(KBr) = 1{,}368\text{ g} - 0{,}8925\text{ g} = 0{,}4755\text{ g}$
Berechnung w(NaBr):	$w(NaBr) = \frac{m(NaBr) \cdot 100{,}0\,\%}{m(\text{Gemisch})} = \frac{0{,}4755\text{ g} \cdot 100{,}0\,\%}{1{,}368\text{ g}} = 34{,}8\,\%$

Übungsaufgaben

Ü 21 Bei der gravimetrischen Sulfat-Bestimmung wird das Sulfat als Bariumsulfat gefällt, getrocknet und gewogen.

Berechnen Sie den Wert des analytischen Faktors F für die Sulfat-Bestimmung.
$M(SO_4)$ = 96,063 g/mol, $M(BaSO_4)$ = 233,39 g/mol

Ü 22 Chlorid wird bei der gravimetrischen Bestimmung als Silberchlorid gefällt, der Niederschlag abfiltriert, bis zur Massenkonstanz getrocknet und gewogen.

Berechnen Sie den Wert des analytischen Faktors F für die Chlorid-Bestimmung.
$M(Cl)$ = 35,453 g/mol, $M(AgCl)$ = 143,321 g/mol

Ü 23 Bei einer gravimetrischen Bestimmung wird der Gehalt an Calciumcarbonat in einem Kalkstein bestimmt. Als Wägeform liegt bei dieser Bestimmung Calciumoxalat-1-hydrat vor.

Berechnen Sie den Wert des analytischen Faktors F für diese Bestimmung.
$M(CaCO_3)$ = 100,09 g/mol, $M(CaC_2O_4 \cdot H_2O)$ = 146,12 g/mol

Ü 24 Aus einer Eisen(III)-salzlösung wird das Eisen als Eisen(III)-hydroxid gefällt und zu Eisen(III)-oxid geglüht und der Rückstand gewogen.

Berechnen Sie den Wert des analytischen Faktors F für die Eisen-Bestimmung.
$M(Fe)$ = 55,845 g/mol, $M(Fe_2O_3)$ = 159,69 g/mol

Ü 25 Bei der gravimetrischen Mangan-Bestimmung wird das Mangan als Ammoniummangan(II)-phosphat gefällt, durch Glühen zu Mangandiphosphat umgesetzt und der Rückstand gewogen.

Berechnen Sie den Wert des analytischen Faktors F für die Mangan-Bestimmung.
$M(Mn)$ = 54,938 g/mol, $M(Mn_2P_2O_7)$ = 283,82 g/mol

Ü 26 Die Auswaage bei einer gravimetrischen Kupferbestimmung beträgt m = 0,2155 g Kupfer(I)-thiocyanat. Berechnen Sie, wie viel Milligramm Kupfer die Probe enthält.

$M(CuSCN)$ = 121,63 g/mol, $M(Cu)$ = 63,546 g/mol

Ü 27 Zur Bestimmung des Zinkgehalts werden m_1 = 0,7383 g eines Pigments eingewogen und das Zink gravimetrisch als $Zn_2P_2O_7$ bestimmt. Auswaage: $m_2(Zn_2P_2O_7)$ = 324,4 mg.

Berechnen Sie in mg die Masse m an Zink, die das Pigment enthält.
$M(Zn_2P_2O_7)$ = 304,68 g/mol, $M(Zn)$ = 65,37 g/mol

Ü 28 Die Masse m_1 = 3,425 g einer Natriumsulfat enthaltenden Substanz wird eingewogen und in Wasser gelöst. Nach der Fällung mit Bariumchloridlösung wird eine Auswaage von m_2 = 0,4217 g Bariumsulfat ermittelt.

Berechnen Sie den Massenanteil $w(Na_2SO_4)$ in % der Substanz.
$M(Na_2SO_4)$ = 142,0 g/mol, $M(BaSO_4)$ = 233,4 g/mol

Ü 29 Von einem verunreinigten Cobalt-Salz werden m_1 = 276,2 mg eingewogen und in Wasser gelöst. Zur gravimetrischen Bestimmung des Cobalt-Gehalts in dem Salz werden die Cobalt-Ionen mit Natriumanthranilatlösung versetzt und nach dem Trocknen des Niederschlags m_2 = 307,8 mg Cobaltanthranilat ausgewogen.

Berechnen Sie den Massenanteil $w(Co)$ in % des Salzes.
$M(Co(C_7H_6O_2N)_2)$ = 331,19 g/mol, $M(Co)$ = 58,933 g/mol

Übungsaufgaben

Ü 30 Das Volumen $V = 12{,}5$ mL einer eisenhaltigen Lösung ergibt bei der gravimetrischen Eisenbestimmung eine Auswaage von $m = 0{,}4911$ g Fe_2O_3.

Berechnen Sie die Massenkonzentration $\beta(Fe)$ in g/L der eisenhaltigen Lösung.
$M(Fe_2O_3) = 159{,}7$ g/mol, $M(Fe) = 55{,}85$ g/mol

Ü 31 Zur Bestimmung des Calcium-Gehalts in einem Abwasser werden die darin enthaltenen Calcium-Ionen mit Oxalsäure als Calciumoxalat-Monohydrat gefällt. Aus $V = 200{,}0$ mL des Abwassers erhält man $m = 139{,}7$ mg Oxalatniederschlag.

Berechnen Sie die Massenkonzentration $\beta(Ca)$ in mg/L des Abwassers.
$M(CaC_2O_4 \cdot H_2O) = 146{,}12$ g/mol, $M(Ca) = 40{,}08$ g/mol

Ü 32 Aus einer chromathaltigen Lösung werden die Chromat-Ionen als Bariumchromat gefällt. Bei einem Einsatz von $V = 75{,}0$ mL dieser Lösung erhält man eine Auswaage von $m = 0{,}2146$ g Bariumchromat.

Berechnen Sie die Massenkonzentration $\beta(CrO_4^{2-})$ in g/L der chromathaltigen Lösung.
$M(BaCrO_4) = 253{,}321$ g/mol, $M(CrO_4^{2-}) = 115{,}994$ g/mol

Ü 33 Zur Bestimmung des Sulfat-Gehalts eines Abwassers werden $V_1 = 50{,}0$ mL des Abwassers auf $V_2 = 1000$ mL verdünnt. $V_3 = 40{,}0$ mL davon ergeben bei der gravimetrischen Bestimmung eine Auswaage von $m = 0{,}2862$ g $BaSO_4$.

Berechnen Sie die Massenkonzentration $\beta(SO_4^{2-})$ in g/L des Abwassers.
$M(BaSO_4) = 233{,}4$ g/mol, $M(SO_4^{2-}) = 96{,}06$ g/mol

Ü 34 $V_1 = 25{,}0$ mL einer Zinksalzlösung werden auf $V_2 = 200$ mL verdünnt. $V_3 = 20{,}0$ mL dieser verdünnten Lösung ergeben bei der gravimetrischen Bestimmung eine Auswaage von $m = 206$ mg Ammoniumzinkphosphat (NH_4ZnPO_4).

Berechnen Sie die Massenkonzentration $\beta(Zn)$ in g/L der Ausgangslösung.
$M(NH_4ZnPO_4) = 178{,}4$ g/mol, $M(Zn) = 65{,}39$ g/mol

Ü 35 Zur Bestimmung des Calciumchlorid-Gehalts eines Abwassers werden $V_1 = 40{,}0$ mL des Abwassers auf $V_2 = 250$ mL verdünnt. $V_3 = 15{,}0$ mL dieser verdünnten Lösung ergeben bei der gravimetrischen Bestimmung die Auswaage von $m = 281{,}2$ mg Calciumoxalat-1-hydrat.

Berechnen Sie die Massenkonzentration $\beta(CaCl_2)$ in g/L des Abwassers.
$M(CaCl_2) = 111{,}0$ g/mol, $M(CaC_2O_4 \cdot H_2O) = 146{,}1$ g/mol

Ü 36 Zur gravimetrischen Bestimmung des Phosphor-Gehalts werden $m_1 = 7{,}50$ g eines phosphorhaltigen Düngers gelöst und auf $V_1 = 500$ mL verdünnt. $V_2 = 10{,}0$ mL dieser Lösung ergeben nach der Fällung und dem Glühen des Niederschlags eine Auswaage von $m_2 = 0{,}1983$ g $Mg_2P_2O_7$.

Berechnen Sie den Massenanteil $w(P)$ in % des Düngers.
$M(Mg_2P_2O_7) = 222{,}55$ g/mol, $M(P) = 30{,}97$ g/mol

Ü 37 Zur Bestimmung des Zink-Gehalts eines Substanzgemischs werden $m_1 = 1{,}186$ g Substanz gelöst und auf $V_1 = 250$ mL verdünnt. Aus $V_2 = 50{,}0$ mL dieser Lösung wird das Zink als Sulfid gefällt. Die Auswaage beträgt $m_2 = 0{,}1209$ g ZnS.

Berechnen Sie den Massenanteil $w(Zn)$ in % des Gemischs.
$M(Zn) = 65{,}38$ g/mol, $M(ZnS) = 97{,}44$ g/mol

Übungsaufgaben

Ü 38 Von einer Münze wird der darin enthaltene Massenteil an Kupfer und Silber bestimmt. Dazu werden m_1 = 24,9 g der Münze eingewogen, gelöst und auf V_1 = 250 mL verdünnt. In je V_2 = 20,0 mL dieser verdünnten Lösung werden die Silber-Ionen als Silberchlorid und die Kupfer-Ionen als Kupferoxid bestimmt. Die Auswaagen betragen $m(AgCl)$ = 218,9 mg und $m(CuO)$ = 143,1 mg.

Berechnen Sie die Massenanteile $w(Ag)$ und $w(Cu)$ in % der Münze.
$M(Ag)$ = 107,87 g/mol, $M(AgCl)$ = 143,32 g/mol, $M(Cu)$ = 63,546 g/mol, $M(CuO)$ = 79,544 g/mol

Ü 39 Bei der gravimetrischen Bestimmung des Zinn-Gehalts werden V_1 = 400 mL eines Abwassers auf V_2 = 50,0 mL eingedampft. Nach der Fällung als Zinn(IV)-hydroxid und dem anschließenden Glühen des Niederschlags ergibt sich eine Auswaage von m = 0,2849 g Zinn(IV)-oxid.

Berechnen Sie die Massenkonzentration $\beta(Sn)$ in g/L des Abwassers.
$M(SnO_2)$ = 150,71 g/mol, $M(Sn)$ = 118,71 g/mol

Ü 40 Von einem Abwasser soll der Blei-Gehalt gravimetrisch bestimmt werden. Dazu werden V_1 = 800 mL des Abwassers auf ein Volumen V_2 = 40,0 mL eingeengt und die Blei-Ionen mit Schwefelsäure als Bleisulfat gefällt. Nach dem Trocknen wird eine Auswaage von m = 217,8 mg Bleisulfat ermittelt.

Berechnen Sie die Massenkonzentration $\beta(Pb)$ in g/L des Abwassers.
$M(PbSO_4)$ = 303,3 g/mol, $M(Pb)$ = 207,2 g/mol

Ü 41 Zur Bestimmung des Cadmium-Gehalts eines Abwassers werden V_1 = 500 mL des Abwassers auf V_2 = 25,0 mL eingeengt und das Cadmium als Anthranilat gefällt. Die Auswaage beträgt m = 0,3967 g $Cd(C_7H_6O_2N)_2$.

Berechnen Sie die Massenkonzentration $\beta(Cd)$ in g/L des Abwassers.
$M(Cd)$ = 112,41 g/mol, $M(Cd(C_7H_6O_2N)_2)$ = 384,41 g/mol

Ü 42 Das Volumen V = 25,0 L eines hydrogensulfidhaltigen Abgases im Normzustand werden durch eine Quecksilber(II)-chloridlösung geleitet. Die Auswaage an ausgefälltem Quecksilber(II)-sulfid beträgt m = 1,631g.

Berechnen Sie den Volumenanteil $\varphi(H_2S)$ in % des Abgases.
$M(HgS)$ = 232,65 g/mol, $M(H_2S)$ = 34,081 g/mol, $V_{mn}(H_2S)$ = 22,4 L/mol

Ü 43 Es soll der Volumenanteil φ an Kohlenstoffdioxid in einem Gasgemisch ermittelt werden. Dazu werden V = 17,2 L des Gasgemischs im Normzustand durch eine Calciumhydroxidlösung geleitet. Die Auswaage an ausgefälltem Calciumcarbonat beträgt m = 2,582 g.

Berechnen Sie den Volumenanteil $\varphi(CO_2)$ in % des Abgases.
$M(CO_2)$ = 44,010 g/mol, $M(CaCO_3)$ = 100,09 g/mol, $V_{mn}(CO_2)$ = 22,4 L/mol

Ü 44 V = 10,0 L eines hydrogenchloridhaltigen Abgases im Normzustand werden durch eine Silbernitratlösung geleitet. Die Auswaage an ausgefälltem Silberchlorid beträgt m = 0,2591 g.

Berechnen Sie den Volumenanteil $\varphi(HCl)$ in % des Abgases.
$M(AgCl)$ = 143,32 g/mol, $M(HCl)$ = 36,461 g/mol, $V_{mn}(HCl)$ = 22,4 L/mol

Übungsaufgaben

Ü 45 Das Volumen $V = 25{,}0$ mL einer Schwefelsäurelösung wird bis zur vollständigen Ausfällung des Sulfats mit Bariumchloridlösung versetzt. Die Masse des Bariumsulfat-Niederschlags beträgt nach dem Trocknen $m = 0{,}423$ g.

Berechnen Sie die Stoffmengenkonzentration $c(H_2SO_4)$ in mol/L der eingesetzten Schwefelsäurelösung.
$M(BaSO_4) = 233{,}39$ g/mol

Ü 46 Bei der gravimetrischen Bestimmung werden $V_1 = 40{,}0$ mL einer Natriumbromidlösung auf $V_2 = 500$ mL verdünnt. $V_3 = 30{,}0$ mL der verdünnten Lösung ergeben bei der Fällung mit Silbernitrat nach dem Trocknen des Niederschlags eine Auswaage von $m = 0{,}279$ g Silberbromid.

Berechnen Sie die Stoffmengenkonzentration $c(NaBr)$ in mol/L der Ausgangslösung.
$M(AgBr) = 187{,}772$ g/mol

Ü 47 $V_1 = 20{,}0$ mL einer Mangan(II)-chloridlösung werden auf $V_2 = 1000$ mL Lösung verdünnt. $V_3 = 40{,}0$ mL der verdünnten Lösung ergeben bei der gravimetrischen Bestimmung nach dem Ausfällen als Ammoniummangan(II)-phosphat und dem Glühen zum Mangandiphosphat eine Auswaage von $m = 197{,}6$ mg.

Berechnen Sie die Stoffmengenkonzentration $c(MnCl_2)$ in mol/L der Ausgangslösung.
$M(Mn_2P_2O_7) = 283{,}82$ g/mol

Ü 48 Der Massenanteil an Eisen in einer eisenhaltigen Verbindung beträgt $w(Fe) = 20{,}09$ %. Es wird ein Fällungsreagenzüberschuss von 25,0 % zugeführt.

Berechnen Sie, wie viel Milliliter einer Ammoniaklösung, $w(NH_3) = 2{,}82$ %, $\rho = 0{,}9860$ g/cm^3, als Fällungsreagenz zu einer Masse $m = 716{,}5$ mg der eisenhaltigen Verbindung zugetropft werden müssen, damit das zu bestimmende Eisen vollständig als Eisen(III)-hydroxid ausgefällt wird.
$M(Fe_2O_3) = 159{,}7$ g/mol, $M(Fe) = 55{,}85$ g/mol, $M(NH_3) = 17{,}03$ g/mol

Ü 49 Von einer silberhaltigen Verbindung, $w(Ag) = 2{,}79$ %, wird durch Zugabe von Salzsäure das Silber vollständig als Silberchlorid ausgefällt. Bei der Fällung wird mit einem Überschuss an Fällungsreagenz von 19,5 % gearbeitet.

Berechnen Sie, wie viel Milliliter einer Salzsäurelösung, $w(HCl) = 3{,}37$ %, $\rho(HCl) = 1{,}015$ g/mL, zu einer Masse $m = 12{,}6$ g der silberhaltigen Verbindung zugetropft werden müssen, damit das Silberchlorid vollständig ausgefällt wird.
$M(Ag) = 107{,}868$ g/mol, $M(AgCl) = 143{,}321$ g/mol, $M(HCl) = 36{,}461$ g/mol

Ü 50 Durch Zugabe einer Natriumanthranilatlösung wird aus einer zinkhaltigen Lösung, $w(Zn) = 0{,}825$ %, das Zink vollständig als Zinkanthranilat ausgefällt. Bei der Fällung wird mit einem Überschuss an Fällungsreagenz von 28,5 % gearbeitet.

Berechnen Sie, wie viel Milliliter einer Natriumanthranilatlösung, $w(NaC_7H_6O_2N) =$ 2,25 %, $\rho = 1{,}02$ g/mL, zu einer Masse $m = 5{,}22$ g der zinkhaltigen Lösung zugetropft werden müssen, um eine vollständige Fällung zu erhalten.
$M(Zn) = 65{,}39$ g/mol, $M(Zn(C_7H_6O_2N)_2) = 337{,}65$ g/mol, $M(NaC_7H_6O_2N) = 159{,}12$ g/mol

Übungsaufgaben

Ü 51 Der Eisengehalt einer Probe wird als Eisen(III)-oxid gravimetrisch bestimmt. Die Probe enthält w(Wasser) = 15,30 %. Von der Probe wird die Masse m_1 = 2,641 g eingewogen. Bei der Bestimmung werden m_2 = 419,4 mg Fe_2O_3 ausgewogen.

Berechnen Sie
a) den Massenanteil w(Fe) in % der feuchten Probe;
b) den Massenanteil w(Fe) in % der trockenen Probe.
$M(Fe_2O_3)$ = 159,69 g/mol, M(Fe) = 55,845 g/mol

Ü 52 Von einem Aluminiumsalz wird der Aluminiumgehalt nach dem Lösen des Salzes in deionisiertem Wasser durch Fällung mit 8-Hydroxychinolin als Aluminiumhydroxichinolat bestimmt. Die Salzlösung enthält den Massenanteil w(Wasser) = 3,75 %. Von dem Salz wird die Masse m(Salz) = 1,76 g eingewogen, gelöst und auf das Volumen V_1 = 250 mL aufgefüllt. V_2 = 20,0 mL dieser Lösung ergeben eine Auswaage $m(Al(C_9H_6ON)_3)$ = 283,8 mg.

Berechnen Sie
a) den Massenanteil w(Al) in % des feuchten Salzes;
b) den Massenanteil w(Al) in % des trockenen Salzes.
$M(Al(C_9H_6ON)_3)$ = 459,432 g/mol, M(Al) = 26,9815 g/mol

Ü 53 Die Masse m_1 = 5,273 g einer Mischung aus Calciumcarbonat und Siliciumdioxid wird bei ϑ = 1000 °C gebrannt. Nach dem Brennen bleibt ein Rückstand an Calciummetasilikat von m_2 = 3,586 g.

Berechnen Sie den Massenanteil $w(SiO_2)$ in % der eingesetzten Mischung.
$M(CaCO_3)$ = 100,09 g/mol, $M(CO_2)$ = 44,01 g/mol

Ü 54 Die Masse m_1 = 8,156 g feuchter Kalkstein wird bei einer Temperatur von ϑ = 1000 °C zur Massenkonstanz geglüht. Der Glührückstand beträgt m_2 = 4,263 g Calciumoxid.

Berechnen Sie den Massenanteil $w(H_2O)$ in % des eingesetzten Kalksteins.
$M(CaCO_3)$ = 100,09 g/mol, M(CaO) = 56,08 g/mol

Ü 55 Die Masse m_1 = 6,844 g eines kristallwasserhaltigen Nickelsulfats wird gelöst und auf V_1 = 500 mL aufgefüllt. V_2 = 20,0 mL dieser Lösung ergeben bei der gravimetrischen Bestimmung m = 0,2816 g Nickeldiacetyldioximat $Ni(C_4H_7N_2O_2)_2$.

Berechnen Sie in mol, welche Stoffmenge n(Kristallwasser) in n = 1 mol kristallwasserhaltigem Nickelsulfat enthalten ist.
$M(NiSO_4)$ = 154,75 g/mol, M(Ni) = 58,693 g/mol,
$M(Ni(C_4H_7N_2O_2)_2)$ = 288,91 g/mol, $M(H_2O)$ = 18,015 g/mol

Ü 56 Die Masse m_1 = 3,677 g eines kristallwasserhaltigen Mangansulfats wird zu kristallwasserfreiem Mangansulfat getrocknet. Nach dem Trockenvorgang wird die Probe gewogen und ein Masseverlust von m_2 = 1,188 g festgestellt.

Berechnen Sie in mol, welche Stoffmenge n(Kristallwasser) in n = 1 mol kristallwasserhaltigem Mangansulfat enthalten ist.
$M(MnSO_4)$ = 151,00 g/mol, $M(H_2O)$ = 18,015 g/mol

Übungsaufgaben

Ü 57 Die Masse m_1 = 2,782 g kristallines Nickelsulfat, $NiSO_4 \cdot 7\ H_2O$, wird bei der Temperatur ϑ = 148 °C bis zur Massenkonstanz getrocknet. Nach dem Trocknen wird eine Auswaage von m_2 = 1,711 g festgestellt.

Berechnen Sie in mol, welche Stoffmenge n(Kristallwasser) in n = 1 mol des getrockneten Salzes noch vorhanden ist.
$M(NiSO_4)$ = 154,75 g/mol, $M(H_2O)$ = 18,015 g/mol

Ü 58 Die Masse m_1 = 0,5820 g eines Gemischs aus Kaliumchlorid und Natriumchlorid wird in Wasser gelöst und mit Silbernitrat gefällt. Die Auswaage nach dem Trocknen des Niederschlags beträgt m_2 = 1,246 g Silberchlorid.

Berechnen Sie in % die Massenanteile w(KCl) und w(NaCl), die das Gemisch enthält.
M(KCl) = 74,551 g/mol, M(NaCl) = 58,442 g/mol, M(AgCl) = 143,32 g/mol

Ü 59 Von einem Salzgemisch, das aus Natriumsulfat und Kaliumsulfat besteht, werden m_1 = 825,4 mg in Wasser gelöst und mit Bariumchlorid gefällt. Die Auswaage nach dem Trocknen des Niederschlags beträgt m_2 = 1,209 g Bariumsulfat.

Berechnen Sie die Massenanteile $w(Na_2SO_4)$ und $w(K_2SO_4)$ in % des Salzgemischs.
$M(Na_2SO_4)$ = 142,04 g/mol, $M(K_2SO_4)$ = 174,26 g/mol, $M(BaSO_4)$ = 233,39 g/mol

9 Quantitative Analytik II

Volumetrie (Maßanalyse)

Eine weitere wichtige Methode in der quantitativen Analytik ist die maßanalytische Titration, auch als Volumetrie bezeichnet. Sie ist in der nasschemischen Analytik eine Methode, die mit einfachen Geräten und mit einem geringen Zeitaufwand durchgeführt werden kann.

Anstelle der Wägung als Messverfahren wird bei der Volumetrie die Volumenbestimmung als Messverfahren eingesetzt. Die zu untersuchende Lösung wird dabei mit dem Volumen einer Lösung, deren Gehalt genau bekannt ist, zur restlosen Umsetzung gebracht.

Lösungen mit einem bekannten Gehalt an Stoff werden Maßlösungen genannt. Der Gehalt der Maßlösung an wirksamer Substanz bezeichnet man als Titer *t* dieser Lösung.

Durch geeignete Indikatoren lässt sich der Endpunkt dieser Reaktion sichtbar machen. Aus dem Verbrauch an Maßlösung lässt sich die umgesetzte Menge an zu quantifizierendem Stoff stöchiometrisch berechnen.

Besonderheiten einzelner volumetrischer Quantifizierungen interessieren in diesem Kapitel nur insoweit, als sie für die stöchiometrische Auswertung von Bedeutung sind.

Wägungen sind nur erforderlich zur Einwaage der Masse, die zur Herstellung der Maßlösung erforderlich ist, sowie zur Einwaage der Masse der zu quantifizierenden Lösung. Alle anderen Messungen von Stoffmengen werden mit Volumenmessgeräten (z. B. Büretten, Pipetten und Messkolben) ausgeführt. Jedes Volumen entspricht einer zu quantifizierenden Masse eines gelöst enthaltenen Analyten.

Bei der Volumetrie wird der zu untersuchenden Lösung gerade so viel Maßlösung hinzugefügt, bis der in der Analysenlösung enthaltene Stoff vollständig umgesetzt ist. Aus dem dafür erforderlichen Volumen an Maßlösung wird die Stoffmenge oder Masse des zu quantifizierenden Stoffs berechnet.

Der absolute und relative Fehler der eingesetzten Volumenmessgeräte wird bei den aufgeführten Berechnungsbeispielen unberücksichtigt gelassen, aber in den Kapiteln 14, 16 und 19 angesprochen.

Einzelne Reaktionstypen, die hier in Berechnungen angesprochen werden, sind Neutralisations-, Redox-, Fällungs- und Komplexbildungsreaktionen. Die Zahl der volumetrisch zu quantifizierenden Stoffe ist sehr groß. Dabei werden alle Analysen nach völlig analogen quantitativen Beziehungen stöchiometrisch ausgewertet. Aus den allgemeinen grundsätzlichen quantitativen Zusammenhängen werden Algorithmen und Berechnungsformeln für alle auszuführenden Bestimmungen abgeleitet.

$$t = \frac{m(\text{Urtitersubstanz})}{F(\text{Urtitersubstanz}) \cdot V(\text{Maßlösung})}$$

$$F(\text{X}) = \frac{M(\text{X}) \cdot c}{z^*}$$

$$V_1 \cdot c_1 \cdot t_1 = V_2 \cdot c_2 \cdot t_2$$

$$m(\text{X}) = \frac{V(\text{Maßlösung}) \cdot \tilde{c}(\frac{1}{z}\text{Maßlösung}) \cdot t \cdot M(\text{X})}{z^*(\text{X})}$$

Beispiele

B 1

Wie viel Gramm Kaliumpermanganat sind zur Herstellung von V = 2,00 L einer Lösung mit der Äquivalentkonzentration $c(\frac{1}{5}\,KMnO_4)$ = 0,0500 mol/L abzuwiegen?
$M(KMnO_4)$ = 158,0 g/mol

Gegeben:
$c(\frac{1}{5}\,KMnO_4)$ = 0,0500 mol/L
$M(KMnO_4)$ = 158,0 g/mol
V(Lösung) = 2,00 L

Gesucht: $m(KMnO_4)$

Berechnung:

$$m(KMnO_4) = \frac{1 \cdot c \cdot M(KMnO_4) \cdot V}{z^*}$$

$$m(KMnO_4) = \frac{1 \cdot 0{,}0500\ \text{mol/L} \cdot 158{,}0\ \text{g/mol} \cdot 2{,}00\ \text{L}}{5} = 3{,}16\ \text{g}$$

B 2

Das Volumen V_1 = 500 mL einer Salpetersäuremaßlösung, $\tilde{c}(\frac{1}{1}\,HNO_3)$ = 0,200 mol/L, t = 1,028, ist durch Zugabe von Wasser genau auf $c(\frac{1}{1}\,HNO_3)$ = 0,100 mol/L einzustellen. Welches Volumen V_2 in mL an Wasser muss der Maßlösung dafür zugesetzt werden?

Gegeben:
$\tilde{c}(\frac{1}{1}\,HNO_3)$ = 0,200 mol/L
$c(\frac{1}{1}\,HNO_3)$ = 0,100 mol/L
V(Maßlösung) = V_1 = 500 mL
t(Maßlösung) = 1,028

Gesucht: $V(H_2O)$

Berechnung V_2:

$$V_2 = \frac{V_1 \cdot \tilde{c}_1 \cdot t_1}{\tilde{c}_2} = \frac{500\ \text{mL} \cdot 0{,}200\ \text{mol/L} \cdot 1{,}028}{0{,}100\ \text{mol/L}} = 1028\ \text{mL}$$

Berechnung $V(H_2O)$:

$$V(H_2O) = V_2 - V_1 = 1028\ \text{mL} - 500\ \text{mL} = 528\ \text{mL}$$

B 3

Das Volumen V_1 = 20,0 mL einer Kalilauge wird auf V_2 = 200 mL verdünnt. Von dieser verdünnten Lösung verbrauchen V_3 = 34,0 mL zur Neutralisation V_4 = 33,3 mL Schwefelsäuremaßlösung, $\tilde{c}(\frac{1}{2}\,H_2SO_4)$ = 0,0500 mol/L, t = 1,021. Wie groß ist in mol/L die Äquivalentkonzentration $\tilde{c}(\frac{1}{1}\,KOH)$ der unverdünnten Kalilauge?
$H_2SO_4 + 2\,KOH \longrightarrow K_2SO_4 + 2\,H_2O$

Gegeben:
$V(KOH)$ = V_1 = 20,0 mL
Verdünnungsverhältnis = 1:10
$\tilde{c}(\frac{1}{2}\,H_2SO_4)$ = 0,0500 mol/L, t = 1,021
V(verdünnte KOH) = V_3 = 34,0 mL
$V(\frac{1}{2}\,H_2SO_4)$ = V_4 = 33,3 mL

Gesucht: $\tilde{c}(\frac{1}{1}\,KOH)$

Berechnung $\tilde{c}(H_2SO_4)$:

$$\tilde{c}(H_2SO_4) = \frac{\tilde{c}(\frac{1}{2}\,H_2SO_4)}{2} = \frac{0{,}0500\ \text{mol/L}}{2} = 0{,}0250\ \text{mol/L}$$

Beispiele

B 3

Berechnung $\tilde{c}(\frac{1}{1}\,KOH)$:

$$\tilde{c}(\tfrac{1}{1}\,KOH) = \frac{V_4 \cdot \tilde{c}_1 \cdot z^* \cdot t_1 \cdot \text{Verdünnungsverhältnis}}{V_3 \cdot t_2}$$

$$\tilde{c}(\tfrac{1}{1}\,KOH) = \frac{33{,}3\ \text{mL} \cdot 0{,}0250\ \text{mol/L} \cdot 2 \cdot 1{,}021 \cdot 10}{34{,}0\ \text{mL} \cdot 1{,}000} = 0{,}500\ \text{mol/L}$$

B 4

Wie viel Gramm Oxalsäure-Dihydrat müssen eingewogen werden, wenn nach dem Lösen des Salzes die Salzlösung auf ein Volumen von V_1 = 250 mL aufgefüllt wird und V_2 = 30,0 mL der aufgefüllten Lösung bei der Titration V_3 = 31,4 mL Natronlaugemaßlösung, $c(\frac{1}{1}\,NaOH)$ = 0,200 mol/L, verbrauchen sollen?
$H_2C_2O_4 + 2\ NaOH \longrightarrow Na_2C_2O_4 + 2\ H_2O$
$M(H_2C_2O_4 \cdot 2\ H_2O)$ = 126,07 g/mol

Gegeben:

$c(\frac{1}{1}\,NaOH)$ = 0,200 mol/L
$V(c(\frac{1}{1}\,NaOH))$ = 0,200 mol/L = V_3 = 31,4 mL = 0,0314 L
V(Lösung) = V_1 = 250 mL
V_{Aliquot}(Lösung) = V_2 = 30,0 mL
$M(H_2C_2O_4 \cdot 2\ H_2O)$ = 126,07 g/mol

Gesucht: $m(H_2C_2O_4 \cdot 2\ H_2O)$

Berechnung:

$$m = \frac{V(NaOH) \cdot c(\tfrac{1}{1}\,NaOH) \cdot M(H_2C_2O_4 \cdot 2\ H_2O) \cdot V(\text{Lösung})}{z^* \cdot V_{\text{Aliquot}}(\text{Lösung})}$$

$$m = \frac{0{,}0314\ \text{L} \cdot 0{,}200\ \text{mol/L} \cdot 126{,}07\ \text{g/mol} \cdot 250\ \text{mL}}{2 \cdot 30{,}0\ \text{mL}} = 3{,}30\ \text{g}$$

B 5

Zur Bestimmung des Titers einer Kupfer-/Zinksulfatmaßlösung, $\tilde{c}_1(\frac{1}{1}$ Cu-/Zn-Sulfat) = 0,02000 mol/L, werden V_2 = 25,00 mL EDTA-Lösung, $\tilde{c}_2(\frac{1}{1}$ EDTA) = 0,02000 mol/L, t_2 = 1,009, vorgelegt und mit der Kupfer-/Zinksulfatmaßlösung mit PAN als Indikator titriert. Der Verbrauch an Maßlösung beträgt V_1 = 24,85 mL.
Cu^{2+} + EDTA $\longrightarrow$ $[CuEDTA]^{2+}$, Zn^{2+} + EDTA $\longrightarrow$ $[ZnEDTA]^{2+}$
Welchen Titer t_1 hat die Kupfer-/Zinksulfatmaßlösung?

Gegeben:

$\tilde{c}_1(\frac{1}{1}$ Cu-/Zn-Sulfat) = 0,02000 mol/L
$\tilde{c}_2(\frac{1}{1}$ EDTA) = 0,02000 mol/L
t_2 = 1,009
$V_1(\frac{1}{1}$ Cu-/Zn-Sulfat-Lösung) = 24,85 mL
$V_2(\frac{1}{1}$ EDTA-Lösung) = 25,00 mL

Gesucht: t_1(Cu-/Zn-Sulfat-Lösung)

Berechnung:

$$t_1 = \frac{V_2 \cdot c_2 \cdot t_2}{V_1 \cdot c_1} = \frac{25{,}00\ \text{mL} \cdot 0{,}02000\ \text{mol/L} \cdot 1{,}009}{24{,}85\ \text{mL} \cdot 0{,}02000\ \text{mol/L}} = 1{,}015$$

B 6

Das Volumen V = 24,80 mL einer Salpetersäuremaßlösung, $\tilde{c}(\frac{1}{1}\,HNO_3)$ = 0,2000 mol/L, wird zur Neutralisation von m = 258,1 mg Natriumcarbonat verbraucht.
Welchen Titer t hat die Salpetersäuremaßlösung?
$Na_2CO_3 + 2\ HNO_3 \longrightarrow 2\ NaNO_3 + CO_2 + H_2O$
$M(Na_2CO_3)$ = 105,99 g/mol

Beispiele

B 6	Gegeben:	$\tilde{c}(\frac{1}{1}\,HNO_3)$ = 0,2000 mol/L $V(HNO_3\text{-Maßlösung}) = V(mL)$ = 24,80 mL $m(Na_2CO_3)$ = 258,1 mg $M(Na_2CO_3)$ = 105,99 g/mol
	Gesucht:	$t(HNO_3\text{-Maßlösung})$
	Berechnung $F(Na_2CO_3)$:	$F(Na_2CO_3) = \frac{M(Na_2CO_3) \cdot \tilde{c}}{z^*} = \frac{105{,}99\text{ g/mol} \cdot 0{,}2000\text{ mol/L}}{2}$ $F(Na_2CO_3) = 10{,}599\text{ g/L} = 10{,}599\text{ mg/mL}$
	Berechnung $t(HNO_3$-Maßlösung):	$t = \frac{m(Na_2CO_3)}{F(Na_2CO_3) \cdot V(mL)} = \frac{258{,}1\text{ mg}}{10{,}599\text{ mg/mL} \cdot 24{,}80\text{ mL}} = 0{,}9819$
B 7		**Welchen Titer *t* hat eine Silbernitratmaßlösung, $\tilde{c}(\frac{1}{1}\,AgNO_3)$ = 0,1000 mol/L, wenn bei der Titration von *m* = 162,1 mg Natriumchlorid ein Volumen von *V* = 27,30 mL der Silbernitratmaßlösung benötigt wird?** $NaCl + AgNO_3 \longrightarrow AgCl + NaNO_3$ **$M(NaCl)$ = 58,442 g/mol**
	Gegeben:	$\tilde{c}(\frac{1}{1}\,AgNO_3)$ = 0,1000 mol/L $V(AgNO_3\text{-Maßlösung}) = V(mL)$ = 27,30 mL $m(NaCl)$ = 162,1 mg $M(NaCl)$ = 58,442 g/mol
	Gesucht:	$t(AgNO_3\text{-Maßlösung})$
	Berechnung $F(NaCl)$:	$F(NaCl) = \frac{M(NaCl) \cdot \tilde{c}}{z^*} = \frac{58{,}442\text{ g/mol} \cdot 0{,}1000\text{ mol/L}}{1}$ $F(NaCl) = 5{,}8442\text{ g/L} = 5{,}8442\text{ mg/mL}$
	Berechnung $t(AgNO_3$-Maßlösung):	$t = \frac{m(NaCl)}{F(NaCl) \cdot V(mL)} = \frac{162{,}1\text{ mg}}{5{,}8442\text{ mg/mL} \cdot 27{,}30\text{ mL}} = 1{,}016$
B 8		**Zur Bestimmung des Titers einer Natriumthiosulfatlösung, $\tilde{c}(\frac{1}{1}\,Na_2S_2O_3)$ = 0,100 mol/L, wird eine bestimmte Masse Kaliumiodat eingewogen und gelöst. Nach Zugabe von Salzsäure und überschüssiger Kaliumiodidlösung wird das ausgeschiedene Iod mit der Natriumthiosulfatmaßlösung titriert.** **Wie viel Milligramm Kaliumiodat (bei einem angenommenen Titer von *t* = 1,000) sind einzuwiegen, damit der Verbrauch der eingesetzten Natriumthiosulfatmaßlösung *V* = 31,7 mL beträgt?** $IO_3^- + 5\,I^- + 6\,HCl \longrightarrow 3\,I_2 + 6\,Cl^- + 3\,H_2O$ $I_2 + 2\,S_2O_3^{2-} \longrightarrow 2\,I^- + S_4O_6^{2-}$ **$M(KIO_3)$ = 214,0 g/mol**
	Gegeben:	$\tilde{c}(\frac{1}{1}\,Na_2S_2O_3)$ = 0,100 mol/L $V(Na_2S_2O_3\text{-Maßlösung})$ = 31,7 mL $M(KIO_3)$ = 214,0 g/mol

Beispiele

B 8

Gesucht: $m(KIO_3)$

Berechnung:

$$m(KIO_3) = \frac{V(Na_2S_2O_3) \cdot \tilde{c}(\frac{1}{1}\,Na_2S_2O_3) \cdot t \cdot M(KIO_3)}{z^*(KIO_3)}$$

$$m(KIO_3) = \frac{0{,}0317\ L \cdot 0{,}100\ mol/L \cdot 1{,}000 \cdot 214{,}0\ g/mol}{6 \cdot (KIO_3)}$$

$$m(KIO_3) = 0{,}113\ g \cdot 1000\ mg/g \quad = \quad 113\ mg$$

B 9

Zur Neutralisation von m = 0,517 g einer Salpetersäure werden V = 21,3 mL Natronlauge, $\tilde{c}(\frac{1}{1}\,NaOH)$ = 0,100 mol/L, t = 1,013, benötigt. Wie groß ist der Massenanteil $w(HNO_3)$ in % der eingesetzten Salpetersäure?
$HNO_3 + NaOH \longrightarrow NaNO_3 + H_2O$
$M(HNO_3)$ = 63,013 g/mol

Gegeben:

$\tilde{c}(\frac{1}{1}\,NaOH)$ = 0,100 mol/L, t = 1,013
$V(NaOH)$ = 21,3 mL
$m(HNO_3)$ = 0,517 g = 517 mg
$M(HNO_3)$ = 63,013 g/mol = 63,013 mg/mmol

Gesucht: $w(HNO_3)$

Berechnung $m(HNO_3)$:

$$m(HNO_3) = \frac{V(NaOH) \cdot \tilde{c}(\frac{1}{1}\,NaOH) \cdot t \cdot M(HNO_3)}{z^*(HNO_3)}$$

$$m(HNO_3) = \frac{21{,}3\ mL \cdot 0{,}100\ mmol/mL \cdot 1{,}013 \cdot 63{,}013\ mg/mmol}{1} = 136\ mg$$

Berechnung $w(HNO_3)$:

$$w(HNO_3) = \frac{m(HNO_3)}{m(\text{Lösung})} \cdot 100\ \% = \frac{136\ mg}{517\ mg} \cdot 100\ \% = 26{,}3\ \%$$

B 10

In einer Lösung soll komplexometrisch der Gehalt an Cobaltsulfat bestimmt werden. Dazu werden V_1 = 25,0 mL der Lösung auf V_2 = 500 mL verdünnt. V_3 = 40,0 mL der verdünnten Lösung verbrauchen bei der Titration V_4 = 30,0 mL der EDTA-Maßlösung mit $\tilde{c}(EDTA)$ = 0,0500 mol/L, t = 1,024.
Wie groß in g/L ist die Massenkonzentration $\beta(CoSO_4)$ der Ausgangslösung?
$Co^{2+} + EDTA \longrightarrow [CoEDTA]^{2+}$
$M(CoSO_4)$ = 154,99 g/mol

Gegeben:

$\tilde{c}(EDTA)$ = 0,0500 mol/L, t = 1,024
V(Originallösung) = V_1 = 25,0 mL
V(verdünnte Lösung) = V_2 = 500 mL
$V_{Aliquot}$(verdünnteLösung) = V_3 = 40,0 mL
V(EDTA-Maßlösung) = V_4 = 30,0 mL = 0,0300 L
$M(CoSO_4)$ = 154,99 g/mol

Gesucht: $\beta(CoSO_4)$

Beispiele

B 10	Berechnung $m(CoSO_4)$ in 40 mL verdünnter Lösung:	$m(CoSO_4) = \frac{V(EDTA) \cdot \tilde{c}(EDTA) \cdot t \cdot M(CoSO_4)}{z^*(CoSO_4)}$ $m(CoSO_4) = \frac{0{,}0300\ L \cdot 0{,}0500\ mol/L \cdot 1{,}024 \cdot 154{,}99\ g/mol}{1}$ $m(CoSO_4) = 0{,}23806\ g$
	Berechnung $m(CoSO_4)$ in 500 mL verdünnter Lösung:	$m(CoSO_4) = \frac{m(CoSO_4)\ in\ V = 40{,}0\ mL \cdot V(verdünnte\ Lösung)}{V_{Aliquot}(verdünnte\ Lösung)}$ $m(CoSO_4) = \frac{0{,}23806\ g \cdot 500\ mL}{40{,}0\ mL} = 2{,}976\ g$
	Berechnung $\beta(CoSO_4)$:	500 mL verdünnte Lösung ≙ 25,0 mL Originallösung in 25,0 mL = 2,976 g $CoSO_4$ in 1000 mL = $\frac{2{,}976\ g \cdot 1000\ mL}{25{,}0\ mL} = 119\ g\ CoSO_4$ $\beta(CoSO_4) = 119\ g/L$
B 11		**Die Masse *m* = 4,523 g einer Natriumoxalatlösung wird mit Wasser auf V_1 = 250 mL verdünnt. V_2 = 50,0 mL dieser verdünnten Lösung verbrauchen bei der Titration im schwefelsauren Medium V_3 = 23,9 mL Maßlösung, $\tilde{c}(\frac{1}{5}\ KMnO_4)$ = 0,0500 mol/L, *t* = 1,019. Wie groß ist der Massenanteil $w(Na_2C_2O_4)$ in % in der Ausgangslösung?** **$5\ C_2O_4^{2-} + 2\ MnO_4^- + 16\ H^+ \longrightarrow 10\ CO_2 + 2\ Mn^{2+} + 8\ H_2O$** **$M(Na_2C_2O_4) = 134{,}0\ g/mol$**
	Gegeben:	$\tilde{c}(\frac{1}{5}KMnO_4)$ = 0,0500 mol/L, t = 1,019 $V(\frac{1}{5}KMnO_4)$ = 23,9 mL = 0,0239 L $m(Na_2C_2O_4\text{-Lösung})$ = 4,523 g $M(Na_2C_2O_4)$ = 134,0 g/mol V_1 = V(Lösung nach Verdünnung) = 250 mL V_2 = V(titrierte verdünnte Lösung) = 50,0 mL
	Gesucht:	$w(Na_2C_2O_4)$
	Berechnung $m(Na_2C_2O_4)$:	$m(Na_2C_2O_4) = \frac{V(\frac{1}{5}KMnO_4) \cdot \tilde{c}(\frac{1}{5}KMnO_4) \cdot t \cdot M(Na_2C_2O_4) \cdot V_1}{z^*(Na_2C_2O_4) \cdot V_2}$ $m(Na_2C_2O_4) = \frac{0{,}0239\ L \cdot 0{,}0500\ mol/L \cdot 1{,}019 \cdot 134{,}0\ g/mol \cdot 250\ mL}{2 \cdot 50{,}0\ mL}$ $m(Na_2C_2O_4) = 0{,}408\ g$
	Berechnung $w(Na_2C_2O_4)$:	$w(Na_2C_2O_4) = \frac{m(Na_2C_2O_4) \cdot 100\ \%}{m(Na_2C_2O_4\text{-Lösung})} = \frac{0{,}408\ g \cdot 100\ \%}{4{,}523\ g} = 9{,}02\ \%$

Beispiele

B 12

Die Masse m = 8,73 g einer salzsauren Ammoniumchloridlösung wird auf V_1 = 1000 mL verdünnt. V_2 = 50,0 mL der verdünnten Lösung verbrauchen bei der Neutralisationstitration V_3 = 25,2 mL Natronlauge, $c(\frac{1}{1}$ NaOH) = 0,100 mol/L. V_4 = 50,0 mL der verdünnten Lösung verbrauchen bei der Fällungstitration V_5 = 31,8 mL Silbernitratlösung, $c(\frac{1}{1}$ $AgNO_3$) = 0,100 mol/L.
Wie groß ist der Massenanteil $w(NH_4Cl)$ in % der eingesetzten Ammoniumchloridlösung?

$$HCl + NaOH \longrightarrow NaCl + H_2O$$
$$NH_4Cl + AgNO_3 \longrightarrow AgCl + NH_4NO_3$$

$M(Cl^-)$ = 35,453 g/mol, $M(NH_4Cl)$ = 53,491 g/mol

Gegeben:

$c(\frac{1}{1}\,NaOH) = 0{,}100$ mol/L
$c(\frac{1}{1}\,AgNO_3) = 0{,}100$ mol/L
$V(\frac{1}{1}\,NaOH) = V_3 = 25{,}2$ mL $= 0{,}0252$ L
$V(\frac{1}{1}\,AgNO_3) = V_5 = 31{,}8$ mL $= 0{,}0318$ L
m(Lösung) = 8,73 g
V(Lösung nach Verdünnung) = V_1 = 1000 mL
V(titrierte verdünnte Lösung) = V_2 = V_4 = 50,0 mL
$M(Cl^-)$ = 35,453 g/mol
$M(NH_4Cl)$ = 53,491 g/mol

Gesucht: $w(NH_4Cl)$

Berechnung $m(Cl^-)$ aus HCl:

$$m(Cl^-) = \frac{V(NaOH) \cdot c(NaOH) \cdot M(Cl^-) \cdot V_1}{z^*(Cl^-) \cdot V_2}$$

$$m(Cl^-) = \frac{0{,}0252\ L \cdot 0{,}100\ mol/L \cdot 35{,}453\ g/mol \cdot 1000\ mL}{1 \cdot 50{,}0\ mL}$$

$$m(Cl^-)\text{ aus HCl} = 1{,}78683\ g$$

Berechnung $m(Cl^-)_{gesamt}$:

$$m(Cl^-) = \frac{V(AgNO_3) \cdot c(AgNO_3) \cdot M(Cl^-) \cdot V_1}{z^*(Cl^-) \cdot V_2}$$

$$m(Cl^-) = \frac{0{,}0318\ L \cdot 0{,}100\ mol/L \cdot 35{,}453\ g/mol \cdot 1000\ mL}{1 \cdot 50{,}0\ mL}$$

$$m(Cl^-)_{gesamt} = 2{,}25481\ g$$

Berechnung $m(Cl^-)$ aus NH_4Cl:

$$m(Cl^-)\text{ aus }NH_4Cl = m(Cl^-)_{gesamt} - m(Cl^-)\text{ aus HCl}$$
$$m(Cl^-)\text{ aus }NH_4Cl = 2{,}25481\ g - 1{,}78683\ g = 0{,}46798\ g$$

Berechnung $m(NH_4Cl)$:

$$m(NH_4Cl) = \frac{m(Cl^-)\text{ aus }NH_4Cl \cdot M(NH_4Cl)}{M(Cl^-)}$$

$$m(NH_4Cl) = \frac{0{,}46798\ g \cdot 53{,}491\ g/mol}{35{,}453\ g/mol} = 0{,}70608\ g$$

Berechnung $w(NH_4Cl)$:

$$w(NH_4Cl) = \frac{m(NH_4Cl) \cdot 100\ \%}{m(\text{Lösung})} = \frac{0{,}70608\ g \cdot 100\ \%}{8{,}73\ g} = 8{,}09\ \%$$

Beispiele

B 13

Das Volumen V_1 = 100 mL einer Salzlösung, die Dichromat-Ionen enthält, wird auf V_2 = 500 mL verdünnt. Von dieser Verdünnung wird ein Volumen V_3 = 40,0 mL mit Kaliumiodidlösung im Überschuss und Schwefelsäure versetzt. Das dabei gebildete Iod wird mit Natriumthiosulfatlösung, $\tilde{c}(\frac{1}{1}\,Na_2S_2O_3)$ = 0,100 mol/L, t = 1,024, titriert. Der Verbrauch an Maßlösung beträgt V_4 = 28,2 mL.
Wie groß ist in g/L die Massenkonzentration $\beta(K_2Cr_2O_7)$ der unverdünnten Salzlösung?

$Cr_2O_7^{2-} + 6\,I^- + 14\,H^+ \longrightarrow 2\,Cr^{3+} + 3\,I_2 + 7\,H_2O$
$I^2 + 2\,S_2O_3^{2-} \longrightarrow 2\,I^- + S_4O_6^{2-}$
$M(K_2Cr_2O_7)$ = 294,185 g/mol

Gegeben:

V(Salzlösung) = V_1 = 100 mL
V(Salzlösung nach Verdünnung) = V_2 = 500 mL
V(titrierte verdünnte Salzlösung) = V_3 = 40,0 mL
$\tilde{c}(\frac{1}{1}\,Na_2S_2O_3)$ = 0,100 mol/L, t = 1,024
$V(\frac{1}{1}\,Na_2S_2O_3)$ = V_4 = 28,2 mL = 0,0282 L
$M(K_2Cr_2O_7)$ = 294,185 g/mol

Gesucht: $\beta(K_2Cr_2O_7)$

Berechnung $m(K_2Cr_2O_7)$:

$$m(K_2Cr_2O_7) = \frac{V(\frac{1}{1}\,Na_2S_2O_3) \cdot \tilde{c}(\frac{1}{1}\,Na_2S_2O_3) \cdot t \cdot M(K_2Cr_2O_7) \cdot V_2}{z^*(K_2C_2O_7) \cdot V_3}$$

$$m(K_2Cr_2O_7) = \frac{0{,}0282\text{ L} \cdot 0{,}100\text{ mol/L} \cdot 1{,}024 \cdot 294{,}185\text{ g/mol} \cdot 500\text{ mL}}{6 \cdot 40{,}0\text{ mL}}$$

$$m(K_2Cr_2O_7) = 1{,}77\text{ g}$$

Berechnung $\beta(K_2Cr_2O_7)$:

500 mL verdünnte Lösung ≙ 100 mL Originallösung
in 100 mL = 1,77 g $K_2Cr_2O_7$

$$\text{in 1000 mL} = \frac{1{,}77\text{ g} \cdot 1000\text{ mL}}{100\text{ mL}} = 17{,}7\text{ g } K_2Cr_2O_7$$

$\beta(K_2Cr_2O_7)$ = 17,7 g/L

B 14

Die Masse m = 0,160 g einer kristallwasserhaltigen zweiprotonigen Säure wird gelöst und mit V = 32,0 mL Natronlauge, $c(\frac{1}{1}\,NaOH)$ = 0,0500 mol/L, vollständig neutralisiert.
Welche Stoffmenge n(Kristallwasser) in mol ist in n = 1 mol der kristallinen Säure gebunden?

$H^+ + NaOH \longrightarrow Na^+ + H_2O$
M(kristallwasserfreie Säure) = 128,0 g/mol, $M(H_2O)$ = 18,0 g/mol

Gegeben:

$c(\frac{1}{1}\,NaOH)$ = 0,0500 mol/L
$V(NaOH)$ = 32,0 mL = 0,0320 L
m(kristallwasserhaltige zweiprotonige Säure) = 0,160 g
M(kristallwasserfreie Säure) = 128,0 g/mol

Gesucht: n(Kristallwasser)

Beispiele

B 14	Berechnung *m*(kristallwasserfreie Säure):	$m(\text{Säure ohne } H_2O) = \dfrac{V(\text{NaOH}) \cdot c(\text{NaOH}) \cdot M(\text{kristallwasserfreie Säure})}{z^*(\text{kristallwasserfreie Säure})}$ $m(\text{Säure ohne } H_2O) = \dfrac{0{,}0320\ \text{L} \cdot 0{,}0500\ \text{mol/L} \cdot 128{,}0\ \text{g/mol}}{2}$ $m(\text{Säure ohne } H_2O) = 0{,}1024\ \text{g}$
	Berechnung $m(H_2O)$:	$m(H_2O) = m(\text{kristallwasserhaltige Säure}) - m(\text{Säure ohne } H_2O)$ $m(H_2O) = 0{,}160\ \text{g} - 0{,}1024\ \text{g} = 0{,}0576\ \text{g}$
	Berechnung $m(H_2O)$ pro Mol kristallwasserhaltiger Säure:	0,1024 g kristallwasserfreie Säure = 0,0576 g H_2O 128,0 g kristallwasserfreie Säure = 72,0 g H_2O
	Berechnung *n*(Kristallwasser):	$n(\text{Kristallwasser}) = \dfrac{m(H_2O)}{M(H_2O)} = \dfrac{72{,}0\ \text{g}}{18{,}0\ \text{g/mol}} = 4\ \text{mol}$
B 15		**Zur Bestimmung des Schwefeldioxid-Gehalts in einer wässrigen Lösung werden m = 14,75 g der Lösung eingewogen und auf V_1 = 100 mL verdünnt. Zur Titration werden V_3 = 40,0 mL Iodmaßlösung, $\tilde{c}(\frac{1}{2}\,I_2)$ = 0,100 mol/L, t = 0,986, vorgelegt und mit der verdünnten Säurelösung titriert. Der Verbrauch an Säurelösung beträgt V_2 = 23,4 mL. Wie groß ist der Massenanteil $w(SO_2)$ in % der eingesetzten wässrigen Lösung?** **$SO_2 + I_2 + 2\ H_2O \longrightarrow 2\ I^- + H_2SO_4 + 2\ H^+$** **$M(SO_2)$ = 64,064 g/mol**
	Gegeben:	*m*(Lösung) = 14,75 g *V*(verdünnte Lösung) = V_1 = 100 mL *V*(Säurelösung für Titration) = V_2 = 23,4 mL $\tilde{c}(\frac{1}{2}\,I_2)$ = 0,100 mol/L, t = 0,986 $V(\frac{1}{2}\,I_2$ - Maßlösung) = V_3 = 40,0 mL = 0,0400 L $M(SO_2)$ = 64,064 g/mol
	Gesucht:	$w(SO_2)$
	Berechnung $m(SO_2)$:	$m(SO_2) = \dfrac{V(I_2\text{-Maßlösung}) \cdot \tilde{c} \cdot t \cdot M(SO_2) \cdot V_1}{z^*(SO_2) \cdot V_2}$ $m(SO_2) = \dfrac{0{,}0400\ \text{L} \cdot 0{,}100\ \text{mol/L} \cdot 0{,}986 \cdot 64{,}064\ \text{g/mol} \cdot 100\ \text{mL}}{2 \cdot 23{,}4\ \text{mL}}$ $m(SO_2) = 0{,}540\ \text{g}$
	Berechnung $w(SO_2)$:	$w(SO_2) = \dfrac{m(SO_2)}{m(\text{Lösung})} \cdot 100\ \%$ $w(SO_2) = \dfrac{0{,}540\ \text{g}}{14{,}75\ \text{g}} \cdot 100\ \% = 3{,}66\ \%$

Beispiele

B 16

Zur komplexometrischen Aluminium-Bestimmung werden m = 3,505 g einer aluminiumhaltigen Lösung auf V_1 = 500 mL verdünnt. V_2 = 35,0 mL der verdünnten Lösung werden mit V_3 = 40,0 mL EDTA-Maßlösung, $\tilde{c}$(EDTA) = 0,0500 mol/L, t = 0,974, versetzt und erhitzt.
Zur Rücktitration der überschüssigen EDTA-Maßlösung werden V_4 = 15,0 mL Zinksulfatlösung, $\tilde{c}(ZnSO_4)$ = 0,0500 mol/L, t = 1,010, verbraucht.
Wie groß ist der Massenanteil w(Al) in % der Ausgangslösung?
$Al^{3+} + EDTA \longrightarrow [AlEDTA]^{3+}$
$EDTA + Zn^{2+} \longrightarrow [ZnEDTA]^{2+}$
M(Al) = 26,982 g/mol

Gegeben:

$\tilde{c}$(EDTA)	=	0,0500 mol/L, t	=	0,974
V(Al-haltige Lösung nach Verdünnung)	=	V_1	=	500 mL
V(titrierte Al-haltige Lösung)	=	V_2	=	35,0 mL
$V(\tilde{c}$(EDTA))	=	V_3	=	40,0 mL
$\tilde{c}(ZnSO_4)$	=	0,0500 mol/L, t	=	1,010
$V(\tilde{c}(ZnSO_4))$	=	V_4	=	15,0 mL
m(Al-haltige Lösung)	=	3,505 g		
M(Al)	=	26,982 g/mol		

Gesucht: w(Al)

Berechnung $V(c(\text{EDTA}))$:

$$V(c(\text{EDTA})) = V(\tilde{c}(\text{EDTA})) \cdot t = 40{,}0\ \text{mL} \cdot 0{,}974 = 38{,}96\ \text{mL}$$

Berechnung $V(c(ZnSO_4))$:

$$V(c(ZnSO_4)) = V(\tilde{c}(ZnSO_4)) \cdot t = 15{,}0\ \text{mL} \cdot 1{,}010 = 15{,}15\ \text{mL}$$

Berechnung $V(\text{EDTA})_{Al}$:

$$V(\text{EDTA})_{Al} = V(\text{EDTA}) - V(ZnSO_4) = 38{,}96\ \text{mL} - 15{,}15\ \text{mL} = 23{,}81\ \text{mL}$$

Berechnung m(Al):

$$m(\text{Al}) = \frac{V(\text{EDTA})_{Al} \cdot c(\text{EDTA}) \cdot M(\text{Al}) \cdot V_1}{z^*(\text{Al}) \cdot V_2}$$

$$m(\text{Al}) = \frac{0{,}02381\ \text{L} \cdot 0{,}0500\ \text{mol/L} \cdot 26{,}982\ \text{g/mol} \cdot 500\ \text{mL}}{1 \cdot 35{,}0\ \text{mL}} = 0{,}4589\ \text{g}$$

Berechnung w(Al):

$$w(\text{Al}) = \frac{m(\text{Al}) \cdot 100\ \%}{m(\text{Al-haltige Lösung})} = \frac{0{,}4589\ \text{g} \cdot 100\ \%}{3{,}505\ \text{g}} = 13{,}1\ \%$$

B 17

Zur Bestimmung des Massenanteils von einem technischen Natriumbromidsalz werden m = 0,317 g davon eingewogen, in Wasser gelöst und mit V_1 = 50,0 mL Silbernitratmaßlösung, $\tilde{c}(\frac{1}{1}\ AgNO_3)$ = 0,100 mol/L, t = 1,014, versetzt. Der Überschuss an Silbernitrat wird mit V_2 = 23,8 mL Ammoniumthiocyanatmaßlösung, $\tilde{c}(\frac{1}{1}\ NH_4SCN)$ = 0,100 mol/L, t = 1,021, zurücktitriert.
Welchen Massenanteil w(NaBr) in % hat das technische Natriumbromidsalz?
$NaBr + AgNO_3 \longrightarrow AgBr + NaNO_3$
$AgNO_3 + NH_4SCN \longrightarrow AgSCN + NH_4NO_3$
M(NaBr) = 102,9 g/mol

Beispiele

B 17

Gegeben:	$\tilde{c}(\frac{1}{1}\,AgNO_3)$ = 0,100 mol/L, t = 1,014 $V(\tilde{c}\frac{1}{1}\,AgNO_3)$ = V_1 = 50,0 mL $\tilde{c}(\frac{1}{1}\,NH_4SCN)$ = 0,100 mol/L, t = 1,021 $V(\tilde{c}(\frac{1}{1}\,NH_4SCN))$ = V_2 = 23,8 mL m(NaBr-Salz) = 0,317 g M(NaBr) = 102,9 g/mol	
Gesucht:	w(NaBr) in %	
Berechnung $V(c(\frac{1}{1}\,AgNO_3))$:	$V(c(\frac{1}{1}\,AgNO_3) = V(\tilde{c}(\frac{1}{1}\,AgNO_3)) \cdot t = 50{,}0\ mL \cdot 1{,}014$	$= 50{,}7\ mL$
Berechnung $V(c(\frac{1}{1}\,NH_4SCN))$:	$V(c(\frac{1}{1}\,NH_4SCN)) = V(\tilde{c}(\frac{1}{1}\,NH_4SCN)) \cdot t = 23{,}8\ mL \cdot 1{,}021$	$= 24{,}3\ mL$
Berechnung $V(c(\frac{1}{1}\,AgNO_3)_{NaBr}$:	$V(c(\frac{1}{1}\,AgNO_3))_{NaBr} = V(c(\frac{1}{1}\,AgNO_3)) - V(c(\frac{1}{1}\,NH_4SCN))$ $V(c(\frac{1}{1}\,AgNO_3))_{NaBr} = 50{,}7\ mL - 24{,}3\ mL$	$= 26{,}4\ mL$
Berechnung m(NaBr):	$m(NaBr) = \frac{V(\frac{1}{1}\,AgNO_3)_{NaBr} \cdot c(\frac{1}{1}\,AgNO_3) \cdot M(NaBr)}{z^*(NaBr)}$ $m(NaBr) = \frac{0{,}0264\ L \cdot 0{,}100\ mol/L \cdot 102{,}9\ g/mol}{1}$	$= 0{,}27166\ g$
Berechnung w(NaBr):	$w(NaBr) = \frac{m(NaBr) \cdot 100\ \%}{m(NaBr\text{-}Salz)} = \frac{0{,}27166\ g \cdot 100\ \%}{0{,}317\ g}$	$= 85{,}7\ \%$

B 18

Von einem Öl soll die Verseifungszahl bestimmt werden. Dazu werden m = 1,253 g eines Öls mit V_1 = 50,0 mL ethanolischer Kalilauge, $c(\frac{1}{1}\,KOH)$ = 0,200 mol/L, verseift. Zur Rücktitration der überschüssigen Kalilauge werden V_2 = 21,4 mL Salzsäuremaßlösung, $\tilde{c}(\frac{1}{1}\,HCl)$ = 0,200 mol/L, t = 1,021, verbraucht.
Wie groß ist die Verseifungszahl (mg KOH/g Öl) des untersuchten Öls?
$KOH + HCl \longrightarrow KCl + H_2O$
$M(KOH)$ = 56,106 g/mol

Gegeben:	$c(\frac{1}{1}\,KOH)$ = 0,200 mol/L V(KOH) = V_1 = 50,0 mL $\tilde{c}(\frac{1}{1}\,HCl)$ = 0,200 mol/L, t = 1,021 $V(\tilde{c}(\frac{1}{1}\,HCl))$ = V_2 = 21,4 mL m(Öl) = 1,253 g M(KOH) = 56,106 g/mol	
Gesucht:	Verseifungszahl	
Berechnung $V(c(\frac{1}{1}\,HCl))$:	$V(c(\frac{1}{1}\,HCl)) = V(\tilde{c}(\frac{1}{1}\,HCl)) \cdot t = 21{,}4\ mL \cdot 1{,}021$	$= 21{,}8494\ mL$
Berechnung $V(c(\frac{1}{1}\,KOH))_{Öl}$:	$V(c(\frac{1}{1}\,KOH))_{Öl} = V(c(\frac{1}{1}\,KOH)) - V(c(\frac{1}{1}\,HCl))$ $V(c(\frac{1}{1}\,KOH))_{Öl} = 50{,}0\ mL - 21{,}8494\ mL$	$= 28{,}1506\ mL$
Berechnung m(KOH):	$m(KOH) = \frac{V(\frac{1}{1}\,KOH)_{Öl} \cdot c(\frac{1}{1}\,KOH) \cdot M(KOH)}{z^*(KOH)}$ $m(KOH) = \frac{0{,}0281506\ L \cdot 0{,}200\ mol/L \cdot 56{,}106\ g/mol}{1}$	$= 0{,}31588\ g$

Beispiele

B 18

Berechnung Verseifungszahl:

$$\text{Verseifungszahl} = \frac{\text{mg KOH}}{\text{g Öl}} = \frac{315{,}88\ \text{mg}}{1{,}253\ \text{g}} = 252$$

B 19

Zur Bestimmung der Iodzahl von Sonnenblumenöl verbrauchen m = 0,1948 g der Probe V_1 = 22,9 mL Natriumthiosulfatmaßlösung, $c(\frac{1}{1}\ Na_2S_2O_3)$ = 0,100 mol/L. Beim Blindversuch zu dieser Bestimmung werden V_2 = 43,0 mL der Natriumthiosulfatmaßlösung verbraucht. Welche Iodzahl (g Iod pro 100 g Substanz) hat das Sonnenblumenöl?

$I_2 + 2\ S_2O_3^{2-} \longrightarrow 2\ I^- + S_4O_6^{2-}$

M(I) = 126,9 g/mol

Gegeben:

$V_{Öl}(c(\frac{1}{1}\ Na_2S_2O_3)) = V_1 = 22{,}9$ mL

$V_{Blindv.}(c(\frac{1}{1}\ Na_2S_2O_3)) = V_2 = 43{,}0$ mL

$c(\frac{1}{1}\ Na_2S_2O_3) = 0{,}100$ mol/L

$m(Öl) = 0{,}1948$ g

$M(I) = 126{,}9$ g/mol

Gesucht: Iodzahl

Berechnung $V(c(\frac{1}{1}\ Na_2S_2O_3))$:

$V(c(\frac{1}{1}\ Na_2S_2O_3))_{Öl} = V_{Blindv.}(c(\frac{1}{1}\ Na_2S_2O_3)) - V_{Öl}((c(\frac{1}{1}\ Na_2S_2O_3))$

$V(c(\frac{1}{1}\ Na_2S_2O_3))_{Öl} = 43{,}0\ \text{mL} - 22{,}9\ \text{mL} = 20{,}1\ \text{mL}$

Berechnung m(I):

$$m(I) = \frac{V(\frac{1}{1}\ Na_2S_2O_3) \cdot c(\frac{1}{1}\ Na_2S_2O_3) \cdot M(I)}{z^*(I)}$$

$$m(I) = \frac{0{,}0201\ \text{L} \cdot 0{,}100\ \text{mol/L} \cdot 126{,}9\ \text{g/mol}}{1} = 0{,}25507\ \text{g}$$

Berechnung Iodzahl:

$$\text{Iodzahl} = \frac{\text{g I} \cdot 100\ \text{g Öl}}{\text{g Öl}} = \frac{0{,}25507\ \text{g} \cdot 100\ \text{g}}{0{,}1948\ \text{g}} = 131$$

B 20

Von einer ungesättigten Verbindung werden m = 0,1047 g eingewogen und mit V_1 = 50,0 mL einer Iodmaßlösung, $c(\frac{1}{2}\ I_2)$ = 0,100 mol/L, versetzt. Zur Rücktitration des unverbrauchten Iods werden V_2 = 14,0 mL Natriumthiosulfatmaßlösung, $\tilde{c}(\frac{1}{1}\ Na_2S_2O_3)$ = 0,10 mol/L, t = 0,995, verbraucht. Wie viele Doppelbindungen enthält 1 Molekül der ungesättigten Verbindung?

$I_2 + 2\ S_2O_3^{2-} \longrightarrow 2\ I^- + S_4O_6^{2-}$

M(ungesättigte Verbindung) = 58,08 g/mol, M(I) = 126,9 g/mol

Gegeben:

$c(\frac{1}{2}\ I_2) = 0{,}100$ mol/L

$V(c(\frac{1}{2}\ I_2)) = V_1 = 50{,}0$ mL

$\tilde{c}(\frac{1}{1}\ Na_2S_2O_3) = 0{,}10$ mol/L, $t = 0{,}995$

$V(\tilde{c}(\frac{1}{1}\ Na_2S_2O_3)) = V_2 = 14{,}0$ mL

m(ungesättigte Verbindung) $= 0{,}1047$ g $= 104{,}7$ mg

$M(I) = 126{,}9$ g/mol

M(ungesättigte Verbindung) $= 58{,}08$ g/mol

Gesucht: n(Doppelbindungen)

Berechnung $V(c(\frac{1}{1}\ Na_2S_2O_3))$:

$V(c(\frac{1}{1}\ Na_2S_2O_3)) = V(\tilde{c}(\frac{1}{1}\ Na_2S_2O_3) \cdot t = 14{,}0\ \text{mL} \cdot 0{,}995 = 13{,}93\ \text{mL}$

Beispiele

B 20

Berechnung $V(c(\frac{1}{2}\,I_2))_{Verbindung}$:	$V(c(\frac{1}{2}\,I_2))_{Verb.} = V(c(\frac{1}{2}\,I_2)) - V(c(\frac{1}{1}\,Na_2S_2O_3))$ $V(c(\frac{1}{2}\,I_2))_{Verb.} = 50{,}0\ mL - 13{,}93\ mL = 36{,}07\ mL$	
Berechnung $m(I)$:	$m(I) = \frac{V(c(\frac{1}{2}\,I_2))_{Verb.} \cdot c(\frac{1}{2}\,I_2) \cdot M(I)}{z^*(I)}$ $m(I) = \frac{0{,}03607\ L \cdot 0{,}100\ mol/L \cdot 126{,}9\ g/mol}{1} = 0{,}45773\ g$	
Berechnung $m(I)$ für $n_{Verb.} = 1$:	$m(I)$ für $n_{Verb.} = 1 = \frac{m(I) \cdot M(Verbindung)}{m(Verbindung)}$ $m(I)$ für $n_{Verb.} = 1 = \frac{0{,}45773\ g \cdot 58{,}08\ g/mol}{0{,}1047\ g} = 253{,}9\ g$	
Berechnung $n(I)$:	$n(I) = \frac{m(I)}{M(I)} = \frac{253{,}9\ g}{126{,}9\ mol} = 2\ mol$	
Berechnung Anzahl Doppelbindungen:	1 Doppelbindung ≙ 2 mol I Anzahl Doppelbindungen = 1	

Übungsaufgaben

Ü 1 Berechnen Sie in g die Masse *m* an Natronlauge, die einzuwiegen ist, um $V = 500$ mL Natronlaugemaßlösung, $c(\frac{1}{1}\,NaOH) = 0{,}250$ mol/L, anzusetzen.
$M(NaOH) = 39{,}997$ g/mol

Ü 2 Berechnen Sie in g die Masse *m* an Schwefelsäure, $w(H_2SO_4) = 23{,}5$ %, die erforderlich ist, um $V = 3{,}00$ L Schwefelsäuremaßlösung, $c(\frac{1}{2}\,H_2SO_4) = 0{,}500$ mol/L, herzustellen.
$M(H_2SO_4) = 98{,}078$ g/mol

Ü 3 Es werden $V = 2500$ mL Kaliumdichromatmaßlösung, $c(\frac{1}{6}\,K_2Cr_2O_7) = 0{,}0500$ mol/L, benötigt.

Berechnen Sie in g, welche Masse *m* Kaliumdichromat dafür einzuwiegen ist.
$M(K_2Cr_2O_7) = 294{,}185$ g/mol

Ü 4 Berechnen Sie, wie viel Liter Phosphorsäure, $c(\frac{1}{2}\,H_3PO_4) = 0{,}250$ mol/L, sich aus $m = 171{,}5$ g Phosphorsäure, $w(H_3PO_4) = 37{,}5$ %, herstellen lassen.
$M(H_3PO_4) = 97{,}995$ g/mol

Ü 5 $V_1 = 2000$ mL einer Salzsäuremaßlösung, $\tilde{c}(\frac{1}{1}\,HCl) = 0{,}100$ mol/L, $t = 1{,}015$, sind durch Zugabe von Wasser genau auf $c(\frac{1}{1}\,HCl) = 0{,}100$ mol/L einzustellen.

Berechnen Sie in mL das Volumen *V* Wasser, das der Maßlösung zugesetzt werden muss.

Übungsaufgaben

Ü 6 Das Volumen V_1 = 1000 mL einer Natronlaugemaßlösung, $\tilde{c}(\frac{1}{1}\,NaOH)$ = 0,200 mol/L, t = 0,983, ist durch Zugabe einer Natronlaugelösung, $c(\frac{1}{1}\,NaOH)$ = 1,00 mol/L, genau auf $c(\frac{1}{1}\,NaOH)$ = 0,200 mol/L einzustellen.

Berechnen Sie in mL das Volumen V an Natronlauge, $c(\frac{1}{1}\,NaOH)$ = 1,00 mol/L, das der Maßlösung zugesetzt werden muss.

Ü 7 V_1 = 40,0 mL Natronlauge, $c(\frac{1}{1}\,NaOH)$ = 0,375 mol/L, neutralisieren V_2 = 60,0 mL einer Salzsäuremaßlösung.

Berechnen Sie in mol/L die Äquivalentkonzentration $c(\frac{1}{1}\,HCl)$ der Salzsäuremaßlösung.
$HCl + NaOH \longrightarrow NaCl + H_2O$

Ü 8 V_1 = 12,5 mL Salpetersäure werden auf V_2 = 200 mL verdünnt. V_3 = 25,0 mL dieser verdünnten Lösung verbrauchen zur Neutralisation V_4 = 27,4 mL Natronlaugemaßlösung, $\tilde{c}(\frac{1}{1}\,NaOH)$ = 0,200 mol/L, t = 1,015.

Berechnen Sie in mol/L die Äquivalentkonzentration $c(\frac{1}{1}\,HNO_3)$ der Salpetersäure.
$HNO_3 + NaOH \longrightarrow NaNO_3 + H_2O$

Ü 9 Berechnen Sie, wie viel Gramm Natriumcarbonat eingewogen wurden, wenn nach dem Lösen des Salzes auf ein Volumen von V_1 = 500 mL aufgefüllt wird und V_2 = 20,0 mL der aufgefüllten Lösung bei der Titration V_3 = 26,6 mL Salzsäuremaßlösung, $c(\frac{1}{1}\,HCl)$ = 0,250 mol/L, verbrauchen.
$Na_2CO_3 + 2\,HCl \longrightarrow 2\,NaCl + CO_2 + H_2O$
$M(Na_2CO_3)$ = 105,99 g/mol

Ü 10 Berechnen Sie, wie viel Gramm eines Eisen(II)-salzes, $w(Fe)$ = 36,7 %, eingewogen werden müssen, wenn nach dem Lösen des Salzes auf ein Volumen V_1 = 1000 mL aufgefüllt wird und anschließend V_2 = 25,0 mL dieser aufgefüllten Lösung bei der Titration V_3 = 24,3 mL Kaliumdichromatmaßlösung, $c(\frac{1}{6}\,K_2Cr_2O_7)$ = 0,100 mol/L, verbrauchen.
$6\,Fe^{2+} + Cr_2O_7^{2-} + 14\,H^+ \longrightarrow 6\,Fe^{3+} + 2\,Cr^{3+} + 7\,H_2O$
$M(Fe)$ = 55,845 g/mol

Ü 11 V_1 = 30,00 mL einer Natronlauge, $\tilde{c}(\frac{1}{1}\,NaOH)$ = 0,2000 mol/L, verbrauchen zur Neutralisation V_2 = 30,30 mL Salzsäure, $\tilde{c}(\frac{1}{1}\,HCl)$ = 0,2000 mol/L, t = 1,025.

Berechnen Sie den Titer t der Natronlauge.
$NaOH + HCl \longrightarrow NaCl + H_2O$

Ü 12 Berechnen Sie den Titer t einer Schwefelsäuremaßlösung, $\tilde{c}(\frac{1}{2}\,H_2SO_4)$ = 0,05000 mol/L, von der V_1 = 40,00 mL bei der Titration V_2 = 20,80 mL Natronlaugemaßlösung, $\tilde{c}(\frac{1}{1}\,NaOH)$ = 0,1000 mol/L, t = 0,9810, verbrauchen.
$H_2SO_4 + 2\,NaOH \longrightarrow Na_2SO_4 + 2\,H_2O$

Ü 13 Eine Einwaage von m = 289,6 mg Natriumcarbonat erfordert zur vollständigen Neutralisation V = 22,1 mL einer Salzsäuremaßlösung, $\tilde{c}(\frac{1}{1}\,HCl)$ = 0,250 mol/L.

Berechnen Sie den Titer t der verwendeten Salzsäuremaßlösung.
$Na_2CO_3 + 2\,HCl \longrightarrow 2\,NaCl + CO_2 + H_2O$
$M(Na_2CO_3)$ = 105,99 g/mol

Übungsaufgaben

Ü 14 Eine Einwaage von m = 0,6722 g Natriumcarbonat erfordert zur vollständigen Neutralisation V = 25,6 mL einer Schwefelsäuremaßlösung, $\tilde{c}(\frac{1}{2}\ H_2SO_4)$ = 0,500 mol/L.

Berechnen Sie den Titer t der verwendeten Schwefelsäuremaßlösung.
$Na_2CO_3 + H_2SO_4 \longrightarrow Na_2SO_4 + CO_2 + H_2O$
$M(Na_2CO_3)$ = 105,99 g/mol

Ü 15 Eine Einwaage von m = 0,1619 g Oxalsäure-Dihydrat erfordert zur vollständigen Neutralisation V = 24,60 mL einer Kalilauge, $\tilde{c}(\frac{1}{1}\ KOH)$ = 0,1000 mol/L.

Berechnen Sie den Titer t der verwendeten Kalilauge.
$H_2C_2O_4 + 2\ KOH \longrightarrow K_2C_2O_4 + 2\ H_2O$
$M(H_2C_2O_4 \cdot 2\ H_2O)$ = 126,07 g/mol

Ü 16 Zur Titerbestimmung einer EDTA-Maßlösung werden m = 508,5 mg Zinkgranulat mit Salzsäure, $w(HCl)$ = 18,0 %, gelöst und mit Wasser auf V_1 = 250 mL aufgefüllt. Von dieser Lösung werden V_2 = 50,0 mL mit EDTA-Maßlösung, $\tilde{c}(EDTA)$ = 0,0500 mol/L, titriert. Der Verbrauch an Maßlösung beträgt V_3 = 31,9 mL.

Berechnen Sie den Titer t der EDTA-Maßlösung.
$Zn^{2+} + EDTA \longrightarrow [ZnEDTA]^{2+}$
$M(Zn)$ = 65,39 g/mol

Ü 17 Zur Titerbestimmung einer Kaliumpermanganatlösung, $\tilde{c}(\frac{1}{5}\ KMnO_4)$ = 0,05000 mol/L, werden m = 0,1058 g Natriumoxalat eingewogen. Nach dem Auflösen in Wasser und der Zugabe von Schwefelsäure wird mit der Kaliumpermanganatlösung titriert. Verbrauch an Maßlösung: V = 31,30 mL.

Berechnen Sie den Titer t der Kaliumpermanganatlösung.
$5\ C_2O_4^{2-} + 2\ MnO_4^- + 16\ H^+ \longrightarrow 2\ Mn^{2+} + 10\ CO_2 + 8\ H_2O$
$M(Na_2C_2O_4)$ = 134,0 g/mol

Ü 18 Zur Titerbestimmung einer Natriumthiosulfatlösung, $\tilde{c}(\frac{1}{1}\ Na_2S_2O_3)$ = 0,1000 mol/L, werden m = 94,90 mg Kaliumiodat eingewogen. Nach Zugabe von Salzsäure und Kaliumiodid wird das ausgeschiedene Iod mit der Natriumthiosulfatlösung titriert. Der Verbrauch an Maßlösung beträgt dabei V = 25,10 mL.

Berechnen Sie den Titer t der Natriumthiosulfatlösung.
$IO_3^- + 5\ I^- + 6\ HCl \longrightarrow 3\ I_2 + 6\ Cl^- + 3\ H_2O$
$I_2 + 2\ S_2O_3^{2-} \longrightarrow 2\ I^- + S_4O_6^{2-}$
$M(KIO_3)$ = 214,0 g/mol

Ü 19 Der Titer einer Salzsäuremaßlösung, $\tilde{c}(\frac{1}{1}\ HCl)$ = 0,1000 mol/L, wird mit Natriumcarbonat als Urtitersubstanz bestimmt.

Berechnen Sie, wie viel Milligramm Natriumcarbonat (bei einem angenommenen Titer von t = 1,000) einzuwiegen sind, damit der Verbrauch der eingesetzten Salzsäuremaßlösung V = 31,21 mL beträgt.
$Na_2CO_3 + 2\ HCl \longrightarrow 2\ NaCl + CO_2 + H_2O$
$M(Na_2CO_3)$ = 105,99 g/mol

Übungsaufgaben

Ü 20 Der Titer einer Kaliumpermanganatlösung, $\tilde{c}(\frac{1}{5}KMnO_4)$ = 0,05000 mol/L, wird in schwefelsaurer Lösung mit Natriumoxalat als Urtitersubstanz bestimmt.

Berechnen Sie, wie viel Milligramm Natriumoxalat (bei einem angenommenen Titer von t = 1,000) einzuwiegen sind, damit der Verbrauch der eingesetzten Kaliumpermanganatlösung V = 30,30 mL beträgt.
$5\ C_2O_4^{2-} + 2\ MnO_4^- + 16\ H^+ \longrightarrow 2\ Mn^{2+} + 10\ CO_2 + 8\ H_2O$
$M(Na_2C_2O_4)$ = 134,0 g/mol

Ü 21 Um eine Salpetersäure zu neutralisieren, werden V = 22,6 mL Kalilauge, $c(\frac{1}{1}KOH)$ = 0,500 mol/L, benötigt.

Berechnen Sie, wie viel Milligramm HNO_3 in der Salpetersäure enthalten sind.
$HNO_3 + KOH \longrightarrow KNO_3 + H_2O$
$M(HNO_3)$ = 63,013 g/mol

Ü 22 Die Masse m = 0,4244 g einer Salzsäure verbraucht zur Neutralisation V = 18,8 mL Natronlauge, $c(\frac{1}{1}NaOH)$ = 0,200 mol/L.

Berechnen Sie den Massenanteil w(HCl) in % der eingesetzten Salzsäure.
$HCl + NaOH \longrightarrow NaCl + H_2O$
M(HCl) = 36,46 g/mol

Ü 23 V_1 = 20,0 mL eines natriumhydroxidhaltigen Waschwassers werden auf V_2 = 250 mL aufgefüllt. V_3 = 40,0 mL der aufgefüllten Lösung verbrauchen bei der Titration V_4 = 26,9 mL Maßlösung, $\tilde{c}(\frac{1}{1}HCl)$ = 0,0500 mol/L, t = 1,047.

Berechnen Sie in g/L die Massenkonzentration β(NaOH) des Waschwassers.
$NaOH + HCl \longrightarrow NaCl + H_2O$
M(NaOH) = 39,997 g/mol

Ü 24 Berechnen Sie, wie viel Milliliter einer Salzsäurelösung, $c(\frac{1}{1}HCl)$ = 0,250 mol/L, zur Umsetzung von m = 688,9 mg Natriumhydrogencarbonat benötigt werden.
$HCl + NaHCO_3 \longrightarrow NaCl + CO_2 + H_2O$
$M(NaHCO_3)$ = 84,01 g/mol

Ü 25 Die Masse m = 6,847 g einer KOH-haltigen Probe verbraucht zur Neutralisation V = 32,6 mL Salzsäure, $\tilde{c}(\frac{1}{1}HCl)$ = 1,00 mol/L, t = 1,082.

Berechnen Sie den Massenanteil w(KOH) in % der eingesetzten Kalilauge.
$KOH + HCl \longrightarrow KCl + H_2O$
M(KOH) = 56,105 g/mol

Ü 26 Von einer technischen Natronlauge werden m = 8,251 g auf V_1 = 1000 mL aufgefüllt. V_2 = 20,0 mL dieser Lösung verbrauchen zur Neutralisation V_3 = 17,6 mL Maßlösung, $\tilde{c}(\frac{1}{2}H_2SO_4)$ = 0,100 mol/L, t = 0,994.

Berechnen Sie den Massenanteil w(NaOH) in % der eingesetzten Natronlauge.
$2\ NaOH + H_2SO_4 \longrightarrow Na_2SO_4 + 2\ H_2O$
M(NaOH) = 39,997 g/mol

Übungsaufgaben

Ü 27 Zur Gehaltsbestimmung einer Phosphorsäure werden $m = 1{,}261$ g davon eingewogen und mit Kalilauge, $\tilde{c}(\frac{1}{1}\ KOH) = 0{,}250$ mol/L, $t = 1{,}0182$, gegen Phenolphthalein als Indikator bis zum Dikaliumhydrogenphosphat titriert. Der Verbrauch an Kalilauge, $\tilde{c}(\frac{1}{1}\ KOH) = 0{,}250$ mol/L, $t = 1{,}0182$, beträgt $V = 32{,}6$ mL.

Berechnen Sie den Massenanteil $w(H_3PO_4)$ in % der eingesetzten Phosphorsäure.
$H_3PO_4 + 2\ KOH \longrightarrow K_2HPO_4 + 2\ H_2O$
$M(H_3PO_4) = 97{,}995$ g/mol

Ü 28 Eine Oxalsäurelösung, $w(H_2C_2O_4) = 9{,}50$ %, verbraucht zur vollständigen Neutralisation $V = 25{,}4$ mL Natronlauge, $\tilde{c}(\frac{1}{1}\ NaOH) = 0{,}150$ mol/L, $t = 0{,}976$.

Berechnen Sie, wie viel Gramm der Oxalsäurelösung eingewogen wurden.
$2\ NaOH + H_2C_2O_4 \longrightarrow Na_2C_2O_4 + 2\ H_2O$
$M(H_2C_2O_4) = 90{,}035$ g/mol

Ü 29 Das Volumen $V_1 = 12{,}5\ m^3$ eines sauren Abwassers wird vor dem Ablassen in ein Klärbecken neutralisiert. Eine Probe von $V_2 = 50{,}0$ mL des Abwassers verbrauchen zur vollständigen Neutralisation $V_3 = 23{,}8$ mL Natronlauge, $\tilde{c}(\frac{1}{1}\ NaOH) = 0{,}0500$ mol/L, $t = 0{,}995$.

Berechnen Sie, wie viel Kilogramm gelöschter Kalk, $w(Ca(OH)_2) = 86{,}4$ %, zur vollständigen Neutralisation des gesamten Abwassers benötigt werden.
$2\ H^+ + Ca(OH)_2 \longrightarrow Ca^{2+} + 2\ H_2O$
$M(Ca(OH)_2) = 74{,}1$ g/mol, $M(NaOH) = 40{,}0$ g/mol

Ü 30 Zur Gehaltsbestimmung einer Glycerinlösung werden $m = 1{,}625$ g der Lösung mit Natriumiodat zu Ameisensäure oxidiert. Zur vollständigen Neutralisation der entstandenen Ameisensäure werden bei der Titration $V = 21{,}9$ mL Natronlauge, $\tilde{c}(\frac{1}{1}\ NaOH) = 0{,}0200$ mol/L, $t = 0{,}986$, verbraucht.

Berechnen Sie den Massenanteil $w(C_3H_5(OH)_3)$ in % der Glycerinlösung.
$C_3H_5(OH)_3 + 2\ NaIO_4 \longrightarrow HCOOH + 2\ HCHO + 2\ NaIO_3 + H_2O$
$HCOOH + NaOH \longrightarrow HCOONa + H_2O$
$M(C_3H_5(OH)_3) = 92{,}10$ g/mol

Ü 31 Zur Bestimmung der Gesamthärte von Leitungswasser werden $V_1 = 50{,}0$ mL des Wassers mit $c(\frac{1}{1}\ EDTA) = 0{,}0100$ mol/L, titriert. Der Verbrauch an Maßlösung beträgt $V_2 = 18{,}6$ mL.

Berechnen Sie die Gesamthärte der Wasserprobe in mmol/L.

Ü 32 In einer Lösung wird komplexometrisch der Gehalt an Cadmium-Ionen bestimmt. Dazu werden $V_1 = 20{,}0$ mL der Lösung auf $V_2 = 500$ mL verdünnt. $V_3 = 15{,}0$ mL der verdünnten Lösung verbrauchen $V_4 = 23{,}6$ mL EDTA-Maßlösung, $\tilde{c}(\frac{1}{1}\ EDTA) = 0{,}0100$ mol/L, $t = 1{,}038$.

Berechnen Sie in g/L die Massenkonzentration $\beta(Cd^{2+})$ der Ausgangslösung.
$Cd^{2+} + EDTA \longrightarrow [CdEDTA]^{2+}$
$M(Cd) = 112{,}41$ g/mol

Ü 33 Zur komplexometrischen Bestimmung von Nickel-Ionen in einer Probenlösung werden $V_1 = 12{,}5$ mL der Lösung auf $V_2 = 250$ mL verdünnt. Bei der Titration verbrauchen $V_3 = 20{,}0$ mL der verdünnten Lösung $V_4 = 16{,}9$ mL EDTA-Maßlösung, $\tilde{c}(\frac{1}{1}\ EDTA) = 0{,}0200$ mol/L, $t = 0{,}983$.

Übungsaufgaben

Ü 33 Berechnen Sie in g/L die Massenkonzentration $\beta(Ni^{2+})$ der Ausgangslösung.
$Ni^{2+} + EDTA \longrightarrow [NiEDTA]^{2+}$
$M(Ni) = 58{,}693$ g/mol

Ü 34 Zur komplexometrischen Gehaltsbestimmung von Cobalt in einer Lösung werden $V_1 = 40{,}0$ mL der Lösung auf $V_2 = 500$ mL verdünnt. $V_3 = 25{,}0$ mL der verdünnten Lösung verbrauchen bei der Titration $V_4 = 26{,}2$ mL EDTA-Maßlösung, $c(\frac{1}{1}\,EDTA) = 0{,}0250$ mol/L.

Berechnen Sie die Masse Cobalt in mg, die in $V_5 = 10{,}0$ mL der Ausgangslösung enthalten ist.
$Co^{2+} + EDTA \longrightarrow [CoEDTA]^{2+}$
$M(Co) = 58{,}933$ g/mol

Ü 35 Zur Bestimmung der Kalkhärte einer Wasserprobe werden $V_1 = 50{,}0$ mL der zu untersuchenden Probe mit Kalilauge versetzt, wobei außer den Calcium-Ionen alle anderen härtebildenden Ionen als schwerlösliche Hydroxide ausfallen. Diese Probe verbraucht bei der Titration $V_2 = 28{,}2$ mL EDTA-Maßlösung, $\tilde{c}(\frac{1}{1}\,EDTA) = 0{,}0100$ mol/L, $t = 1{,}037$.

Berechnen Sie die Kalkhärte der Wasserprobe in mmol/L.
$Ca^{2+} + EDTA \longrightarrow [CaEDTA]^{2+}$

Ü 36 Das Volumen $V_1 = 25{,}0$ mL einer Fe^{2+}-haltigen Lösung verbraucht bei der Titration $V_2 = 19{,}2$ mL Kaliumpermanganatmaßlösung, $c(\frac{1}{5}KMnO_4) = 0{,}150$ mol/L.

Berechnen Sie die Massenkonzentration $\beta(Fe^{2+})$ in g/L der eisenhaltigen Lösung.
$5\,Fe^{2+} + MnO_4^- + 10\,H^+ \longrightarrow 5\,Fe^{3+} + Mn^{2+} + 5\,H_2O$
$M(Fe) = 55{,}847$ g/mol

Ü 37 Die Masse $m = 0{,}5422$ g einer Ameisensäure verbraucht bei der Titration im schwefelsauren Medium $V = 22{,}4$ mL Kaliumpermanganatmaßlösung, $\tilde{c}(\frac{1}{5}KMnO_4) = 0{,}0500$ mol/L, $t = 0{,}987$.

Berechnen Sie den Massenanteil $w(HCOOH)$ in % der Ameisensäure.
$5\,HCOOH + 2\,MnO_4^- + 6\,H^+ \longrightarrow 5\,CO_2 + 2\,Mn^{2+} + 8\,H_2O$
$M(HCOOH) = 46{,}026$ g/mol

Ü 38 Zur Bestimmung von Oxalat-Ionen werden $V_1 = 50{,}0$ mL einer Lösung auf $V_2 = 1000$ mL verdünnt. $V_3 = 40{,}0$ mL der verdünnten Lösung verbrauchen bei der Titration $V_4 = 19{,}3$ mL Kaliumpermanganatmaßlösung, $\tilde{c}(\frac{1}{5}KMnO_4) = 0{,}0500$ mol/L, $t = 0{,}971$.

Berechnen Sie in g/L die Massenkonzentration $\beta(C_2O_4^{2-})$ der Ausgangslösung.
$5\,C_2O_4^{2-} + 2\,MnO_4^- + 16\,H^+ \longrightarrow 10\,CO_2 + 2\,Mn^{2+} + 8\,H_2O$
$M(C_2O_4^{2-}) = 88{,}02$ g/mol

Ü 39 Die Masse $m = 25{,}0$ g einer Wasserstoffperoxidlösung wird mit Wasser auf $V_1 = 500$ mL verdünnt. $V_2 = 20{,}0$ mL dieser verdünnten Lösung verbrauchen bei der Titration $V_3 = 18{,}4$ mL Kaliumpermanganatmaßlösung, $\tilde{c}(\frac{1}{5}KMnO_4) = 0{,}100$ mol/L, $t = 0{,}969$.

Berechnen Sie den Massenanteil $w(H_2O_2)$ in % der eingesetzten Wasserstoffperoxidlösung.
$5\,H_2O_2 + 2\,MnO_4^- + 6\,H^+ \longrightarrow 2\,Mn^{2+} + 8\,H_2O + 5\,O_2$
$M(H_2O_2) = 34{,}015$ g/mol

Übungsaufgaben

Ü 40 Zur Calciumbestimmung werden V_1 = 20,0 mL einer Lösung auf V_2 = 250 mL verdünnt. Aus V_3 = 40,0 mL der verdünnten Lösung werden die Calcium-Ionen als Calciumoxalat gefällt. Nach dem Lösen des Oxalat-Niederschlags in Schwefelsäure werden für die dabei freigesetzte Oxalsäure V_4 = 24,8 mL Kaliumpermanganatmaßlösung, $\tilde{c}(\frac{1}{5}KMnO_4)$ = 0,100 mol/L, t = 1,024, verbraucht.

Berechnen Sie in g/L die Massenkonzentration β(Ca) der Ausgangslösung.
$Ca^{2+} + C_2O_4^{2-} \longrightarrow CaC_2O_4$
$5\ C_2O_4^{2-} + 2\ MnO_4^- + 16\ H^+ \longrightarrow 10\ CO_2 + 2\ Mn^{2+} + 8\ H_2O$
M(Ca) = 40,08 g/mol

Ü 41 Bei der argentometrischen Titration verbrauchen m = 915,2 mg einer calciumchloridhaltigen Salzmischung V = 25,8 mL Silbernitratmaßlösung, $c(\frac{1}{1}AgNO_3)$ = 0,0500 mol/L.

Berechnen Sie den Massenanteil $w(CaCl_2)$ in % der eingesetzten Mischung.
$CaCl_2 + 2\ AgNO_3 \longrightarrow 2\ AgCl + Ca(NO_3)_2$
$M(CaCl_2)$ = 110,98 g/mol

Ü 42 Die Masse m = 0,7425 g eines natriumchloridhaltigen Salzgemischs verbraucht bei der argentometrischen Titration V = 31,2 mL Silbernitratmaßlösung, $\tilde{c}(\frac{1}{1}AgNO_3)$ = 0,100 mol/L, t = 0,973.

Berechnen Sie den Massenanteil w(NaCl) in % des Salzgemischs.
$NaCl + AgNO_3 \longrightarrow AgCl + NaNO_3$
M(NaCl) = 58,442 g/mol

Ü 43 V_1 = 50,0 mL einer Silbernitratlösung werden nach Zugabe von Eisen(III)-ammoniumsulfat als Indikator mit Ammoniumthiocyanatmaßlösung, $\tilde{c}(\frac{1}{1}NH_4SCN)$ = 0,100 mol/L, t = 1,024, bis zum Umschlagspunkt titriert. Der Verbrauch an Maßlösung beträgt V_2 = 28,6 mL.

Berechnen Sie in g/L die Massenkonzentration $\beta(AgNO_3)$ der Lösung.
$AgNO_3 + NH_4SCN \longrightarrow AgSCN + NH_4NO_3$
$M(AgNO_3)$ = 169,87 g/mol

Ü 44 Die Masse m = 4,72 g einer salzsauren Kaliumchloridlösung wird auf V_1 = 500 mL verdünnt. V_2 = 40,0 mL der verdünnten Lösung verbrauchen bei der Neutralisationstitration V_3 = 21,4 mL Natronlauge, $c(\frac{1}{1}NaOH)$ = 0,0500 mol/L. V_4 = 25,0 mL der verdünnten Lösung verbrauchen bei der Fällungstitration V_5 = 28,2 mL Silbernitratlösung, $c(\frac{1}{1}AgNO_3)$ = 0,0500 mol/L.

Berechnen Sie den Massenanteil w(KCl) in % der eingesetzten Kaliumchloridlösung.
$HCl + NaOH \longrightarrow NaCl + H_2O$
$KCl + AgNO_3 \longrightarrow AgCl + KNO_3$
$M(Cl^-)$ = 35,453 g/mol, M(HCl) = 36,461 g/mol, M(KCl) = 74,551 g/mol

Ü 45 Die Masse m = 10,7 g einer salzsauren Calciumchloridlösung wird auf V_1 = 1000 mL verdünnt. V_2 = 50,0 mL der verdünnten Lösung verbrauchen bei der Neutralisationstitration V_3 = 27,4 mL Natronlauge, $c(\frac{1}{1}NaOH)$ = 0,100 mol/L. V_4 = 20,0 mL der verdünnten Lösung verbrauchen bei der Fällungstitration V_5 = 31,6 mL Silbernitratmaßlösung, $c(\frac{1}{1}AgNO_3)$ = 0,100 mol/L.

Übungsaufgaben

Ü 45 Berechnen Sie den Massenanteil $w(CaCl_2)$ in % der eingesetzten Calciumchloridlösung.

$HCl + NaOH \longrightarrow NaCl + H_2O$

$CaCl_2 + 2\ AgNO_3 \longrightarrow 2\ AgCl + Ca(NO_3)_2$

$M(Cl^-) = 35{,}453$ g/mol, $M(HCl) = 36{,}461$ g/mol, $M(CaCl_2) = 110{,}98$ g/mol

Ü 46 Zur Gehaltsbestimmung einer Natriumsulfitlösung werden $m = 2{,}184$ g der Lösung direkt mit Iodmaßlösung, $c(\frac{1}{2}\ I_2) = 0{,}100$ mol/L titriert. Der Verbrauch an Maßlösung beträgt $V = 25{,}3$ mL.

Berechnen Sie den Massenanteil $w(Na_2SO_3)$ in % der eingesetzten Natriumsulfitlösung.

$Na_2SO_3 + I_2 + H_2O \longrightarrow Na_2SO_4 + 2\ I^- + 2\ H^+$

$M(Na_2SO_3) = 126{,}04$ g/mol

Ü 47 Von einem verunreinigten Zinn(II)-chloridsalz werden zur Bestimmung des Massenanteils an Zinn $m = 0{,}4168$ g Salz gelöst und mit Iodmaßlösung titriert. Bei der Titration werden $V = 27{,}3$ mL Iodmaßlösung, $\tilde{c}(\frac{1}{2}\ I_2) = 0{,}100$ mol/L, $t = 1{,}021$, verbraucht.

Berechnen Sie den Massenanteil $w(Sn)$ in % des eingesetzten Zinnsalzes.

$Sn^{2+} + I_2 \longrightarrow Sn^{4+} + 2\ I^-$

$M(Sn) = 118{,}71$ g/mol

Ü 48 Zur Bestimmung des Antimongehalts einer Antimonat(III)-Lösung werden $m = 8{,}715$ g der Lösung eingewogen, mit Natriumhydrogencarbonatlösung versetzt und auf $V_1 = 250$ mL aufgefüllt. $V_2 = 25{,}0$ mL der verdünnten Lösung verbrauchen bei der Titration $V_3 = 29{,}2$ mL Iodmaßlösung, $\tilde{c}(\frac{1}{2}\ I_2) = 0{,}0500$ mol/L, $t = 0{,}962$.

Berechnen Sie den Massenanteil $w(Sb)$ in % der eingesetzten Lösung.

$SbO_3^{3-} + I_2 + 2\ HCO_3^{2-} \longrightarrow SbO_4^{3-} + 2\ I^- + 2\ CO_2 + H_2O$

$M(Sb) = 121{,}76$ g/mol

Ü 49 Von einem chromhaltigen Erz werden $m = 0{,}486$ g aufgeschlossen. Das beim Aufschluss gebildete Chromat wird mit Kaliumiodid umgesetzt, und das dabei freigesetzte Iod wird mit Natriumthiosulfatmaßlösung, $\tilde{c}(\frac{1}{1}\ Na_2S_2O_3) = 0{,}100$ mol/L, $t = 1{,}038$ titriert. Der Verbrauch an Maßlösung beträgt $V = 27{,}3$ mL.

Berechnen Sie den Massenanteil $w(Cr)$ in % des eingesetzten chromhaltigen Erzes.

$2\ CrO_4^{2-} + 6\ I^- + 16\ H^+ \longrightarrow 2\ Cr^{3+} + 3\ I_2 + 8\ H_2O$

$I_2 + 2\ S_2O_3^{2-} \longrightarrow 2\ I^- + S_4O_6^{2-}$

$M(Cr) = 51{,}996$ g/mol

Ü 50 Die Masse $m = 8{,}75$ g einer Wasserstoffperoxidlösung wird auf $V_1 = 250$ mL verdünnt. $V_2 = 30{,}0$ mL dieser verdünnten Lösung werden im sauren Medium mit Kaliumiodid im Überschuss versetzt. Das dabei ausgeschiedene Iod wird mit Natriumthiosulfatlösung, $\tilde{c}(\frac{1}{1}\ Na_2S_2O_3) = 0{,}0500$ mol/L, $t = 0{,}987$, titriert. Der Verbrauch an Maßlösung beträgt $V_3 = 24{,}9$ mL.

Berechnen Sie den Massenanteil $w(H_2O_2)$ in % der eingesetzten Wasserstoffperoxidlösung.

$H_2O_2 + 2\ I^- + 2\ H^+ \longrightarrow I_2 + 2\ H_2O$

$I_2 + 2\ S_2O_3^{2-} \longrightarrow 2\ I^- + S_4O_6^{2-}$

$M(H_2O_2) = 34{,}015$ g/mol

Übungsaufgaben

Ü 51 Die Masse m = 272,3 mg einer kristallwasserhaltigen zweiprotonigen Säure verbraucht zur vollständigen Neutralisation V = 43,2 mL Natronlauge, $c(\frac{1}{1}\ NaOH)$ = 0,10 mol/L.

Berechnen Sie in mol, welche Stoffmenge n(Kristallwasser) in n = 1 mol der kristallinen Säure gebunden ist.
$2\ H^+ + 2\ NaOH \longrightarrow 2\ Na^+ + 2\ H_2O$
M(kristallwasserfreie Säure) = 90,035 g/mol, $M(H_2O)$ = 18,015 g/mol

Ü 52 Von einer kristallwasserhaltigen dreiprotonigen Säure werden m = 0,367 g eingewogen, in Wasser gelöst und mit V = 26,2 mL Natronlauge, $c(\frac{1}{1}\ NaOH)$ = 0,20 mol/L, vollständig neutralisiert.

Berechnen Sie in mol, welche Stoffmenge n(Kristallwasser) in n = 1 mol der kristallinen Säure gebunden ist.
$3\ H^+ + 3\ NaOH \longrightarrow 3\ Na^+ + 3\ H_2O$
M(kristallwasserfreie Säure) = 192,12 g/mol, $M(H_2O)$ = 18,015 g/mol

Ü 53 Die Masse m = 766,2 mg Oleum, $w(SO_3)$ = 25,0 %, wird vorsichtig mit Wasser versetzt und anschließend mit Natronlauge, $c(\frac{1}{1}\ NaOH)$ = 0,500 mol/L, neutralisiert.

Berechnen Sie, wie viel Milliliter Natronlaugemaßlösung, $c(\frac{1}{1}\ NaOH)$ = 0,500 mol/L, zur vollständigen Neutralisation des eingesetzten Oleums benötigt werden.
$SO_3 + H_2O \longrightarrow H_2SO_4$
$H_2SO_4 + 2\ NaOH \longrightarrow Na_2SO_4 + 2\ H_2O$
$M(SO_3)$ = 80,063 g/mol, $M(H_2SO_4)$ = 98,078 g/mol

Ü 54 Die Masse m = 8,762 g Oleum wird mit Wasser auf V_1 = 500 mL verdünnt. V_2 = 15,0 mL der verdünnten Probe verbrauchen zur Neutralisation V_3 = 28,6 mL Natronlauge, $\tilde{c}(\frac{1}{1}\ NaOH)$ = 0,200 mol/L, t = 1,037.

Berechnen Sie in % den Massenanteil $w(SO_3)$ im eingesetzten Oleum.
$SO_3 + H_2O \longrightarrow H_2SO_4$
$H_2SO_4 + 2\ NaOH \longrightarrow Na_2SO_4 + 2\ H_2O$
$M(SO_3)$ = 80,063 g/mol, $M(H_2O)$ = 18,015 g/mol, $M(H_2SO_4)$ = 98,078 g/mol

Ü 55 Zur Bestimmung des Natriumnitrit-Gehalts in einem Salz werden m = 4,250 g davon in einen 500-mL-Messkolben eingewogen, in Wasser gelöst und auf V_1 = 500 mL aufgefüllt. Mit dieser Lösung wird eine Vorlage von V_2 = 40,0 mL Kaliumpermanganatmaßlösung, $\tilde{c}(\frac{1}{5}\ KMnO_4)$ = 0,100 mol/L, t = 1,008, und verdünnter Schwefelsäure titriert. Der Verbrauch an Salzlösung bei der Titration beträgt V_3 = 18,2 mL.

Berechnen Sie in % den Massenanteil $w(NaNO_2)$ im eingesetzten Salz.
$5\ NO_2^- + 2\ MnO_4^- + 16\ H^+ \longrightarrow 5\ NO_3^- + 2\ Mn^{2+} + 8\ H_2O$
$M(NaNO_2)$ = 68,995 g/mol

Ü 56 In einer quecksilberhaltigen Lösung soll die Massenkonzentration an Hg^{2+}-Ionen komplexometrisch bestimmt werden. Dazu werden V_1 = 25,0 mL der Analysenlösung mit V_2 = 50,0 mL EDTA-Maßlösung, $\tilde{c}$(EDTA) = 0,00200 mol/L, t = 0,985, versetzt. Zur Rücktitration der überschüssigen EDTA-Maßlösung werden nach Zusatz von Xylenolorange als Indikator V_3 = 34,5 mL Magnesiumsulfatmaßlösung, $\tilde{c}(MgSO_4)$ = 0,00200 mol/L, t = 1,037, verbraucht.

Übungsaufgaben

Ü 56 Berechnen Sie die Massenkonzentration $\beta(Hg^{2+})$ in mg/L der eingesetzten Lösung.
$Hg^{2+} + EDTA \longrightarrow [HgEDTA]^{2+}$
$EDTA + Mg^{2+} \longrightarrow [MgEDTA]^{2+}$
$M(Hg) = 200{,}59$ g/mol

Ü 57 Bei der komplexometrischen Bestimmung von Nickel-Ionen werden $V_1 = 25{,}0$ mL Probelösung auf $V_2 = 1000$ mL aufgefüllt. Von dieser Verdünnung werden $V_3 = 20{,}0$ mL mit $V_4 = 35{,}0$ mL EDTA-Maßlösung, $\tilde{c}(EDTA) = 0{,}0100$ mol/L, $t = 0{,}992$, versetzt. Der EDTA-Überschuss verbraucht $V_5 = 20{,}1$ mL Maßlösung, $\tilde{c}(MgSO_4) = 0{,}0100$ mol/L, $t = 1{,}028$.

Berechnen Sie in g/L die Massenkonzentration $\beta(NI^{2+})$ der Ausgangslösung.
$Ni^{2+} + EDTA \longrightarrow [NiEDTA]^{2+}$
$EDTA + Mg^{2+} \longrightarrow [MgEDTA]^{2+}$
$M(Ni) = 58{,}693$ g/mol

Ü 58 Von einer über einen Kationenaustauscher gelaufenen Wasserprobe wird der Sulfat-Gehalt bestimmt. Dazu werden $V_1 = 30{,}0$ mL der Wasserprobe mit $V_2 = 40{,}0$ mL Bariumchloridlösung versetzt. Nach Ausfällung des Bariumsulfats werden zur Rücktitration des überschüssigen Bariumchlorids $V_3 = 21{,}3$ mL EDTA-Maßlösung, $c(\frac{1}{1}\ EDTA) = 0{,}0500$ mol/L, verbraucht. Ein Blindversuch mit ebenfalls $V_2 = 40{,}0$ mL der Bariumchloridlösung ergibt einen Verbrauch von $V_4 = 38{,}9$ mL der EDTA-Maßlösung.

Berechnen Sie in g/L die Massenkonzentration $\beta(SO_4^{2-})$ der Wasserprobe.
$Ba^{2+} + EDTA \longrightarrow [BaEDTA]^{2+}$
$M(SO_4^{2-}) = 96{,}063$ g/mol

Ü 59 $V_1 = 50{,}0$ mL einer wässrigen Schwefelwasserstofflösung werden mit Salzsäure und $V_2 = 35{,}0$ mL Iodlösung, $\tilde{c}(\frac{1}{2}\ I_2) = 0{,}100$ mol/L, $t = 1{,}027$, versetzt. Die Rücktitration des überschüssigen Iods mit Natriumthiosulfatmaßlösung, $\tilde{c}(\frac{1}{1}\ Na_2S_2O_3) = 0{,}100$ mol/L, $t = 1{,}016$, ergibt einen Verbrauch von $V_3 = 17{,}9$ mL der Maßlösung.

Berechnen Sie in mg/L die Massenkonzentration $\beta(H_2S)$ der wässrigen Lösung.
$H_2S + I_2 \longrightarrow S + 2\ I^- + 2\ H^+$
$I_2 + 2\ S_2O_3^{2-} \longrightarrow 2\ I^- + S_4O_6^{2-}$
$M(H_2S) = 34{,}081$ g/mol

Ü 60 Zur Bestimmung des Gehalts an Natriumsulfit in einer Salzprobe werden $m = 1{,}752$ g der Probe gelöst und mit $V_1 = 40{,}0$ mL Iodlösung, $\tilde{c}(\frac{1}{2}\ I_2) = 0{,}0500$ mol/L, $t = 0{,}991$, versetzt. Für die Rücktitration des überschüssigen Iods werden $V_2 = 19{,}2$ mL Natriumthiosulfatmaßlösung, $\tilde{c}(\frac{1}{1}\ Na_2S_2O_3) = 0{,}0500$ mol/L, $t = 1{,}059$, benötigt.

Berechnen Sie den Massenanteil $w(Na_2SO_3)$ in % der Salzprobe.
$SO_3^{2-} + I_2 + H_2O \longrightarrow SO_4^{2-} + 2\ I^- + 2\ H^+$
$I_2 + 2\ S_2O_3^{2-} \longrightarrow 2\ I^- + S_4O_6^{2-}$
$M(Na_2SO_3) = 126{,}04$ g/mol

Ü 61 Die Fläche $A_1 = 10{,}0\ cm^2$ eines verzinnten Eisenblechs wird in Salzsäure gelöst und mit $V_1 = 35{,}0$ mL Iodlösung, $c(\frac{1}{2}\ I_2) = 0{,}100$ mol/L, versetzt. Das überschüssige Iod wird mit $V_2 = 24{,}3$ mL Natriumthiosulfatlösung, $c(\frac{1}{1}\ Na_2S_2O_3) = 0{,}100$ mol/L, zurücktitriert.

Übungsaufgaben

Ü 61 Berechnen Sie, wie viel Gramm Zinn zur Herstellung von $A_2 = 1{,}50\ m^2$ des Blechs benötigt werden.

$Sn^{2+} + I_2 \longrightarrow Sn^{4+} + 2\ I^-$

$I_2 + 2\ S_2O_3^{2-} \longrightarrow 2\ I^- + S_4O_6^{2-}$

$M(Sn) = 118{,}71\ g/mol$

Ü 62 Die Masse $m_1 = 182{,}4$ mg verunreinigtes Kaliumbromid wird in Wasser gelöst und mit $V_1 = 40{,}0$ mL Silbernitratmaßlösung, $\tilde{c}(\frac{1}{1}\ AgNO_3) = 0{,}0500$ mol/L, $t = 1{,}047$, versetzt. Der Überschuss an Silbernitrat wird mit $V_2 = 15{,}4$ mL Ammoniumthiocyanatmaßlösung, $\tilde{c}(\frac{1}{1}\ NH_4SCN) = 0{,}0500$ mol/L, $t = 0{,}986$, zurücktitriert.

Berechnen Sie den Massenanteil $w(KBr)$ in % des verunreinigten Kaliumbromids.

$KBr + AgNO_3 \longrightarrow AgBr + KNO_3$

$AgNO_3 + NH_4SCN \longrightarrow AgSCN + NH_4NO_3$

$M(KBr) = 119{,}0\ g/mol$

Ü 63 Von einer natriumcarbonathaltigen Lösung werden $m = 5{,}36$ g mit $V_1 = 40{,}0$ mL Salzsäure, $\tilde{c}(\frac{1}{1}\ HCl) = 0{,}200$ mol/L, $t = 1{,}016$, versetzt. Nach der Reaktion und dem Austreiben des entstandenen Kohlenstoffdioxids wird der Überschuss an Salzsäure mit Natronlauge, $\tilde{c}(\frac{1}{1}\ NaOH) = 0{,}200$ mol/L, $t = 0{,}981$, zurücktitriert. Der Verbrauch an Natronlaugemaßlösung beträgt $V_2 = 23{,}4$ mL.

Berechnen Sie den Massenanteil $w(Na_2CO_3)$ in % der eingesetzten Lösung.

$Na_2CO_3 + 2\ HCl \longrightarrow 2\ NaCl + CO_2 + H_2O$

$HCl + NaOH \longrightarrow NaCl + H_2O$

$M(Na_2CO_3) = 105{,}99\ g/mol$

Ü 64 Für $V_1 = 30{,}0$ mL einer Natronlauge werden bei der Titration $V_2 = 23{,}4$ mL Schwefelsäure, $\tilde{c}(\frac{1}{2}\ H_2SO_4) = 0{,}500$ mol/L, $t = 1{,}029$, verbraucht. Durch eine neue Portion von $V_1 = 30{,}0$ mL dieser Natronlauge wird eine HCl-haltige Abgasprobe geleitet. Für die Rücktitration der überschüssigen Natronlauge werden $V_3 = 13{,}0$ mL der Schwefelsäuremaßlösung verbraucht.

Berechnen Sie, wie viel Milliliter HCl-Gas bezogen auf den Normzustand die Abgasprobe enthält.

$H_2SO_4 + 2\ NaOH \longrightarrow Na_2SO_4 + 2\ H_2O$

$HCl + NaOH \longrightarrow NaCl + H_2O$

$V_{mn}(HCl) = 22{,}4\ L/mol$

Ü 65 $V_1 = 2{,}50$ L einer schwefeldioxidhaltigen Abluft im Normzustand werden durch $V_2 = 100$ mL einer Kaliumpermanganatlösung, $\tilde{c}(\frac{1}{5}KMnO_4) = 0{,}0500$ mol/L, $t = 1{,}012$, geleitet.

Berechnen Sie, wie viel Milliliter Natriumoxalatlösung, $c(\frac{1}{2}\ Na_2C_2O_4) = 0{,}0500$ mol/L, benötigt werden, um die nicht verbrauchte Kaliumpermanganatlösung zu reduzieren, wenn der Volumenanteil $\varphi(SO_2) = 1{,}81$ % beträgt.

$5\ SO_2 + 2\ MnO_4^- + 6\ H^+ + 2\ H_2O \longrightarrow 5\ H_2SO_4 + 2\ Mn^{2+}$

$5\ C_2O_4^{2-} + 2\ MnO_4^- + 16\ H^+ \longrightarrow 10\ CO_2 + 2\ Mn^{2+} + 8\ H_2O$

$V_{mn}\ (SO_2) = 22{,}4\ L/mol$

Übungsaufgaben

Ü 66 Zur Bestimmung des Gehalts an Mangan(IV)-oxid in einer Probe werden m = 426,8 mg davon eingewogen und mit V_1 = 40,0 mL Oxalsäuremaßlösung, $\tilde{c}(\frac{1}{2}\ H_2C_2O_4)$ = 0,100 mol/L, t = 0,971, reduziert. Zur Rücktitration der überschüssigen Oxalsäure werden V_2 = 21,9 mL einer Kaliumpermanganatmaßlösung, $\tilde{c}(\frac{1}{5}KMnO_4)$ = 0,100 mol/L, t = 1,052, benötigt.

Berechnen Sie den Massenanteil $w(MnO_2)$ in % der eingesetzten Probe.
$MnO_2 + C_2O_4^{2-} + 4\ H^+ \longrightarrow Mn^{2+} + 2\ CO_2 + 2\ H_2O$
$5\ C_2O_4^{2-} + 2\ MnO_4^- + 16\ H^+ \longrightarrow 10\ CO_2 + 2\ Mn^{2+} + 8\ H_2O$
$M(MnO_2)$ = 86,937 g/mol

Ü 67 Zur Bestimmung der Verseifungszahl werden m = 2,915 g eines Fetts mit V_1 = 40,0 mL ethanolischer Kalilauge gekocht. Zur Rücktitration der überschüssigen Kalilauge werden V_2 = 18,7 mL Salzsäuremaßlösung, $\tilde{c}(\frac{1}{1}\ HCl)$ = 0,50 mol/L, t = 1,024, verbraucht. Ein Blindversuch mit ebenfalls V_1 = 40,0 mL der Kalilauge ergibt einen Verbrauch von V_3 = 39,5 mL der Salzsäuremaßlösung.

Berechnen Sie die Verseifungszahl (mg KOH/g Fett) für das untersuchte Fett.
$KOH + HCl \longrightarrow KCl + H_2O$
$M(KOH)$ = 56,106 g/mol

Ü 68 Die Masse m = 1,435 g Kokosfett wird mit V_1 = 50,0 mL ethanolischer Kalilauge, $\tilde{c}(\frac{1}{1}\ KOH)$ = 0,500 mol/L, t = 1,038, verseift. Die überschüssige Kalilauge wird mit V_2 = 27,8 mL Salzsäuremaßlösung, $\tilde{c}(\frac{1}{1}\ HCl)$ = 0,500 mol/L, t = 0,985, gegen Phenolphthalein als Indikator zurücktitriert.

Berechnen Sie die Verseifungszahl (mg KOH/g Fett) für das Kokosfett.
$KOH + HCl \longrightarrow KCl + H_2O$
$M(KOH)$ = 56,106 g/mol

Ü 69 Die Masse einer Substanz mit der Verseifungszahl 199 (mg KOH/g Substanz) wird mit V_1 = 50,0 mL ethanolischer Kalilauge, $\tilde{c}(\frac{1}{1}\ KOH)$ = 0,500 mol/L, t = 1,014, verseift. Zur Rücktitration der überschüssigen Kalilauge werden V_2 = 26,3 mL Salzsäure, $c(\frac{1}{1}\ HCl)$ = 0,500 mol/L, verbraucht.

Berechnen Sie in g die Masse m an Substanz, die eingewogen wurde.
$KOH + HCl \longrightarrow KCl + H_2O$
$M(KOH)$ = 56,106 g/mol

Ü 70 Bei einem Öl wird eine Verseifungszahl (mg KOH/g Öl) von 194 erwartet. Das eingewogene Öl wird mit V_1 = 50,0 mL ethanolischer Kalilauge, $c(\frac{1}{1}\ KOH$ = 0,250 mol/L, unter Rückfluss erhitzt. Zur Rücktitration der überschüssigen Kalilauge werden V_2 = 22,3 mL Schwefelsäure, $c(\frac{1}{2}\ H_2SO_4)$ = 0,250 mol/L, verbraucht.

Berechnen Sie in g die Masse m an Öl, die eingewogen wurde.
$2\ KOH + H_2SO_4 \longrightarrow K_2SO_4 + 2\ H_2O$
$M(KOH)$ = 56,106 g/mol

Ü 71 Zur Iodzahlbestimmung von einem Sojaöl werden m = 215,2 mg der Probe eingewogen und mit V_1 = 23,2 mL Natriumthiosulfatmaßlösung, $\tilde{c}(\frac{1}{1}\ Na_2S_2O_3)$ = 0,100 mol/L, t = 1,023, titriert. Beim Blindversuch zu dieser Bestimmung werden V_2 = 41,6 mL der Natriumthiosulfatmaßlösung verbraucht.

Übungsaufgaben

Ü 71 Berechnen Sie die Iodzahl (g Iod pro 100 g Substanz) des Sojaöls.

$I_2 + 2\,S_2O_3^{2-} \longrightarrow 2\,I^- + S_4O_6^{2-}$

$M(I) = 126{,}9$ g/mol

Ü 72 Zur Bestimmung der Iodzahl (g Iod/100 g Öl) werden m = 982,6 mg eines Öls mit V_1 = 30,0 mL einer Bromlösung versetzt. Das überschüssige Brom setzt mit Kaliumiodid eine äquivalente Menge an Iod frei, die mit Natriumthiosulfatmaßlösung, $c(\frac{1}{1}\,Na_2S_2O_3)$ = 0,100 mol/L, titriert wird. Dabei beträgt der Verbrauch an Natriumthiosulfatmaßlösung V_2 = 26,3 mL. Ein Blindversuch mit ebenfalls V_1 = 30,0 mL der Bromlösung ergibt einen Verbrauch von V_3 = 48,9 mL der Maßlösung.

Berechnen Sie die Iodzahl (g Iod pro 100 g Substanz) des Öls.

$Br_2 + 2\,I^- \longrightarrow I_2 + 2\,Br^-$

$I_2 + 2\,S_2O_3^{2-} \longrightarrow 2\,I^- + S_4O_6^{2-}$

$M(I) = 126{,}9$ g/mol

Ü 73 Die Masse m = 721,5 mg eines Öls verbraucht beim Hauptversuch der Iodzahl-Bestimmung V_1 = 34,8 mL Natriumthiosulfat-Maßlösung, $c(\frac{1}{1}\,Na_2S_2O_3)$ = 0,100 mol/L. Beim Blindversuch zu dieser Bestimmung werden V_2 = 49,6 mL der Natriumthiosulfat-Maßlösung verbraucht.

Berechnen Sie die Iodzahl (g Iod pro 100 g Substanz) des Öls.

$I_2 + 2\,S_2O_3^{2-} \longrightarrow 2\,I^- + S_4O_6^{2-}$

$M(I) = 126{,}9$ g/mol

Ü 74 Von einer ungesättigten Verbindung werden m = 100,9 mg eingewogen und mit V_1 = 50,0 mL einer Iodmaßlösung, $\tilde{c}(\frac{1}{2}\,I_2)$ = 0,0500 mol/L, t = 1,038, versetzt. Zur Rücktitration des unverbrauchten Iods werden V_2 = 18,5 mL Natriumthiosulfatmaßlösung, $\tilde{c}(\frac{1}{1}\,Na_2S_2O_3)$ = 0,0500 mol/L, t = 0,987, verbraucht.

Berechnen Sie die Anzahl der Doppelbindungen, die 1 Molekül der ungesättigten Verbindung enthält.

$I_2 + 2\,S_2O_3^{2-} \longrightarrow 2\,I^- + S_4O_6^{2-}$

M(ungesättigteVerbindung) = 120,0 g/mol, $M(I) = 126{,}9$ g/mol

Ü 75 Von einer ungesättigten Verbindung werden m = 112,9 mg eingewogen und mit V_1 = 50,0 mL einer Iod-Maßlösung, $c(\frac{1}{2}\,I_2)$ = 0,10 mol/L, versetzt. Zur Rücktitration des unverbrauchten Iods werden V_2 = 21,8 mL Natriumthiosulfatmaßlösung, $\tilde{c}(\frac{1}{1}\,Na_2S_2O_3)$ = 0,05 mol/L, t = 1,018, verbraucht.

Berechnen Sie die Anzahl der Doppelbindungen, die 1 Molekül der ungesättigten Verbindung enthält.

$I_2 + 2\,S_2O_3^{2-} \longrightarrow 2\,I^- + S_4O_6^{2-}$

M(ungesättigteVerbindung) = 116,1 g/mol, $M(I) = 126{,}9$ g/mol

10 Quantitative Analytik III

10.1 Fotometrie

Die Fotometrie beschreibt physikalisch-technische Messverfahren, die die Lichtänderungen in den unterschiedlichsten Wellenlängenbereichen zur Analytbestimmung heranziehen. Die dazu benötigten Messgeräte werden Fotometer genannt und sowohl zur Bestimmung von Licht im UV- als auch im VIS-Bereich eingesetzt.

- Farbige Stoffe absorbieren abhängig von der Konzentration des zu quantifizierenden Stoffs Licht einer bestimmten Wellenlänge.
- Farbige Lösungen können mithilfe der VIS-Fotometrie quantifiziert werden. Dabei lässt sich anhand der Farbintensität der Lösungen die Konzentration des zu quantifizierenden Stoffs stöchiometrisch berechnen.
- Soll die Konzentration von transparenten Stoffen ermittelt werden, ist eine Quantifizierung im UV-Bereich möglich.

Das Bouguer-Lambert-Beer-Gesetz ($E = \varepsilon \cdot c \cdot d$) beschreibt die Intensität des Lichts beim Durchgang durch ein Medium. Es besteht ein definierter mathematischer Zusammenhang zwischen dem von der Lösung absorbierten Licht und der Konzentration der Lösung: Die Absorption A ist der Anteil des Lichts, der durch die farbige bzw. transparente Lösung nicht durchgelassen wird. Die durchgelassene Lichtmenge ist als Transmissionsgrad T definiert.

Die Lichtdurchlässigkeit einer Lösung richtet sich nach der Anzahl der gelösten absorbierenden Teilchen des Analyten. Diese wiederum ist abhängig von der Stoffmengenkonzentration c des zu bestimmenden Analyten und der Länge des Lichtwegs. Diese Länge des Lichtwegs wird auch als Schichtdicke d bezeichnet. So ist also die Extinktion E immer im proportionalen Zusammenhang von Schichtdicke und Stoffmengenkonzentration des Analyten zu betrachten. Der Proportionalitätsfaktor ist der Extinktionskoeffizient ε. Ist dieser von der verwendeten Wellenlänge abhängig, nennt man ihn molaren Extinktionskoeffizienten, bei einer Abhängigkeit von der Massenkonzentration spricht man vom spezifischen Extinktionskoeffizienten.

Die Extinktion ist der negativ dekadische Logarithmus des Transmissionsgrads: $E = -\lg T$. Heute wird die Extinktion auch als spektrales dekadisches Absorptionsmaß bezeichnet. Der Extinktionskoeffizient ist eine von der Wellenlänge der einfallenden Strahlung abhängige Stoffkonstante.

Die in den Beispielen und Aufgaben dargestellten Auswertungen von fotometrischen Bestimmungen eines bestimmten Analyten sind Berechnungsbeispiele zum Ergebnis eines fotometrischen Analyseverfahrens. Auf eine bestimmte Probenahme, Probenvorbereitung, Bestimmung der Messgröße sowie der Auswertung der Analytbestimmung wird in den Kapiteln 12 und 14 genauer eingegangen. Sie haben eine große Bedeutung: Fehler in diesen Teilen eines analytischen Prozesses lassen sich durch eine noch so gute Analytik nicht mehr kompensieren.

F

$$A\,[\text{in }\%] + T\,[\text{in }\%] = 100\,\% \qquad \alpha\,[\text{in }\%] + \tau\,[\text{in }\%] = 100\,\%$$

$$A + T = 1 \qquad \alpha + \tau = 1$$

$$E = \varepsilon \cdot c \cdot d$$

$$E = \varepsilon \cdot \frac{\beta}{M} \cdot d$$

$$E = -\lg T = \lg (1/T)$$

$$\bar{x} = \frac{\sum x_i}{n}$$

Beispiele

B 1		**Es werden 33,0 % des eingestrahlten Lichts von einer farbigen Lösung absorbiert.** **a) Wie groß ist der Transmissionsgrad T in % durch die farbige Lösung?**
	Gegeben:	$A = 33{,}0\,\%$
	Gesucht:	T
	Berechnung:	$T = 100\,\% - \%\,A = 100\,\% - 33{,}0\,\% = 67{,}0\,\%$
		b) Welchen Wert hat die Extinktion E dieser Messung?
	Gegeben:	$T = 67{,}0\,\% = 0{,}670$
	Gesucht:	E
	Berechnung:	$E = -\lg T = -\lg 0{,}670 = 0{,}174$
B 2		**Ein Lichtstrahl wird durch zwei hintereinandergesetzte Küvetten geschickt. Beide Küvetten haben die Schichtdicke d = 2,000 cm und sind mit identischer Lösung gefüllt. In jeder Küvette werden 22,00 % des eingestrahlten Lichts absorbiert.** **Wie viel Prozent des eingestrahlten Lichts verlassen die zweite Küvette?**
	Gegeben:	$\alpha = 22{,}00\,\%$
	Gesucht:	τ nach der zweiten Küvette
	Berechnung τ nach der ersten Küvette:	$\tau = 100{,}0\,\% - \alpha = 100{,}0\,\% - 22{,}00\,\% = 78{,}00\,\%$
	Berechnung τ nach der zweiten Küvette:	$\tau = 78{,}00\,\% \cdot 0{,}7800 = 60{,}84\,\%$
B 3		**Bei der fotometrischen Bestimmung einer kupferhaltigen Lösung, c(Kupfer) = 2,04 mmol/L, wird bei der Wellenlänge λ = 635 nm und der Schichtdicke d = 50,0 mm die Extinktion E = 0,565 gemessen.** **Wie groß ist in L/(mol · cm) der molare Extinktionskoeffizient ε dieser Lösung?**
	Gegeben:	$E = 0{,}565$ $d = 50{,}0\text{ mm} = 5{,}00\text{ cm}$ $c = 2{,}04\text{ mmol/L} = 2{,}04 \cdot 10^{-3}\text{ mol/L}$
	Gesucht:	ε
	Berechnung:	$\varepsilon = \frac{E}{c \cdot d} = \frac{0{,}565}{5{,}00\text{ cm} \cdot 2{,}04 \cdot 10^{-3}\text{ mol/L}} = 55{,}4\text{ L/(mol} \cdot \text{cm)}$

Beispiele

B 4

Bei der fotometrischen Phosphor-Bestimmung einer wässrigen Lösung werden folgende Extinktionen ermittelt:
$E_1 = 0{,}254$, $E_2 = 0{,}253$, $E_3 = 0{,}258$.
Standard: c(Phosphor) = 4,25 mmol/L, $E = 0{,}271$.
Die Extinktion ist der Konzentration proportional.
Wie groß ist in mg/L die Massenkonzentration β(P) der Lösung?
M(P) = 30,9738 g/mol

Gegeben:

E_1 = 0,254, E_2 = 0,253, E_3 = 0,258
c(P)Standard = 4,25 mmol/L
E = 0,271
M(P) = 30,9738 g/mol = 30,9738 mg/mmol

Gesucht: β(P)

Berechnung $\bar{x}$:

$$\bar{x} = \frac{\sum x_i}{n} = \frac{0{,}254 + 0{,}253 + 0{,}258}{3} = 0{,}255$$

Berechnung c(P):

$$c(\text{P}) = \frac{c(\text{P})\text{Standard} \cdot \bar{x}}{E}$$

$$c(\text{P}) = \frac{4{,}25 \text{ mmol/L} \cdot 0{,}255}{0{,}271} = 4{,}00 \text{ mmol/L}$$

Berechnung β(P):

$$\beta(\text{P}) = c(\text{P}) \cdot M(\text{P}) = 4{,}00 \text{ mmol/L} \cdot 30{,}9738 \text{ mg/mmol} = 124 \text{ mg/L}$$

B 5

Bei der fotometrischen Messung einer Proteinlösung wird bei der Schichtdicke d = 10,0 mm der Transmissionsgrad τ = 0,342 gemessen. Der molare Extinktionskoeffizient des Proteins beträgt ε = 165 L/(mol · cm). Wie groß ist in mmol/L die Stoffmengenkonzentration c(Protein) der Lösung?

Gegeben:

d = 10,0 mm = 1,00 cm
τ = 0,342
ε = 165 L/(mol · cm)

Gesucht: c(Protein)

Berechnung E:

$$E = -\lg \tau = -\lg 0{,}342 = 0{,}466$$

Berechnung c(Protein):

$$c = \frac{E}{\varepsilon \cdot d} = \frac{0{,}466}{165 \text{ L/(mol} \cdot \text{cm)} \cdot 1{,}00 \text{ cm}} = 2{,}82 \cdot 10^{-3} \text{ mol/L} = 2{,}82 \text{ mmol/L}$$

B 6

Zur Herstellung der Kalibrierlösung für die spektroskopische Bestimmung der Massenkonzentration an Nickel-Ionen in einem Abwasser wird eine Ausgangslösung mit einer Massenkonzentration von $\beta(Ni^{2+})$ = 50,0 mg/L benötigt. Welche Masse Nickelsulfat-hexahydrat in g, $w(NiSO_4 \cdot 6\,H_2O)$ = 97,2 %, muss zum Ansetzen von V = 500 mL dieser Ausgangslösung eingewogen werden, wenn diese Lösung zur Herstellung der Kalibrierlösung noch im Verhältnis 1 : 40 verdünnt wird?
M(Ni) = 58,693 g/mol, $M(NiSO_4 \cdot 6\,H_2O)$ = 262,84 g/mol

Gegeben:

$\beta(Ni^{2+}$, Ausgangslösung) = 50,00 mg/L
Verdünnungsverhältnis 1 : 40

Beispiele

B 6

Gegeben:

$V(\text{Lösung}) = 500\ \text{mL} = 0{,}500\ \text{L}$
$M(\text{Ni}) = 58{,}693\ \text{g/mol}$
$M(\text{NiSO}_4 \cdot 6\ \text{H}_2\text{O}) = 262{,}84\ \text{g/mol}$

Gesucht:

$m(\text{NiSO}_4 \cdot 6\ \text{H}_2\text{O})$ mit $w = 97{,}2\ \%$

Berechnung $m(\text{Ni}^{2+})$:

$m(\text{Ni}^{2+}) = \beta(\text{Ni}^{2+}, \text{Ausgangslösung}) \cdot V(\text{Lösung}) \cdot \text{Verdünnung}$
$m(\text{Ni}^{2+}) = 50{,}0\ \text{mg/L} \cdot 0{,}500\ \text{L} \cdot 40 = 1000\ \text{mg} = 1{,}00\ \text{g}$

Berechnung $m(\text{NiSO}_4 \cdot 6\ \text{H}_2\text{O})$:

$$m(\text{NiSO}_4 \cdot 6\ \text{H}_2\text{O}) = \frac{m(\text{Ni}^{2+}) \cdot M(\text{NiSO}_4 \cdot 6\ \text{H}_2\text{O})}{M(\text{Ni}^{2+})}$$

$$m(\text{NiSO}_4 \cdot 6\ \text{H}_2\text{O}) = \frac{1{,}00\ \text{g} \cdot 262{,}84\ \text{g/mol}}{58{,}693\ \text{g/mol}} = 4{,}4782\ \text{g}$$

Berechnung $m(\text{NiSO}_4 \cdot 6\ \text{H}_2\text{O})$ mit $w = 97{,}2\ \%$:

$$m(\text{NiSO}_4) \cdot 6\ \text{H}_2\text{O}, w(97{,}2\ \%) = \frac{m(\text{NiSO}_4 \cdot 6\ \text{H}_2\text{O}) \cdot 100\ \%}{97{,}2\ \%}$$

$$m(\text{NiSO}_4) \cdot 6\ \text{H}_2\text{O}, w(97{,}2\ \%) = \frac{4{,}4782\ \text{g} \cdot 100\ \%}{97{,}2\ \%} = 4{,}61\ \text{g}$$

B 7

Für die fotometrische Bestimmung von Salicylsäure sind folgende Angaben bekannt:

Schichtdicke	**d = 2,00 cm**
gesicherter Bereich der Linearität der Extinktionswerte	**E = 0,200 bis E = 0,840**
molarer Extinktionskoeffizient	**ε = 3497 L/(mol · cm)**
Wellenlänge	**λ = 298 nm**
molare Masse Salicylsäure	**M = 138,12 g/mol**

Wie groß muss die minimale und darf die maximale Massenkonzentration β an Salicylsäure der Kalibrierniveaus jeweils in mg/L sein, damit die Messwerte im linearen Konzentrationsbereich liegen?

Gegeben: siehe Tabelle

Gesucht: β_{min} und β_{max}

Berechnung c für E_{min}:

$$c = \frac{E_{min}}{\varepsilon \cdot d} = \frac{0{,}200}{3497\ \text{L/(mol} \cdot \text{cm)} \cdot 2{,}00\ \text{cm}} = 2{,}86 \cdot 10^{-5}\ \text{mol/L}$$

Berechnung β_{min}:

$\beta_{min} = c \cdot M(\text{Salicylsäure}) = 2{,}86 \cdot 10^{-5}\ \text{mol/L} \cdot 138{,}12\ \text{g/mol}$
$\beta_{min} = 3{,}95 \cdot 10^{-3}\ \text{g/L} = 3{,}95\ \text{mg/L}$

Berechnung c für E_{max}:

$$c = \frac{E_{max}}{\varepsilon \cdot d} = \frac{0{,}840}{3497\ \text{L/(mol} \cdot \text{cm)} \cdot 2{,}00\ \text{cm}} = 1{,}20 \cdot 10^{-4}\ \text{mol/L}$$

Berechnung β_{max}:

$\beta_{max} = c \cdot M(\text{Salicylsäure}) = 1{,}20 \cdot 10^{-4}\ \text{mol/L} \cdot 138{,}12\ \text{g/mol}$
$\beta_{max} = 1{,}66 \cdot 10^{-2}\ \text{g/L} = 16{,}6\ \text{mg/L}$

Übungsaufgaben

Ü 1 In einer Lösung werden 20,0 % des eingestrahlten Lichts absorbiert.

Berechnen Sie
a) den Transmissionsgrad *T*,
b) die Extinktion *E*.

Ü 2 Der Transmissionsgrad τ des eingestrahlten Lichts durch eine Lösung beträgt 67,0 %.

Berechnen Sie
a) die Absorption *A*,
b) die Extinktion *E*.

Ü 3 Bei einer fotometrischen Messung werden von einer gefärbten Lösung in einer Küvette mit d = 2,00 cm 72,0 % des eingestrahlten Lichts durchgelassen.

Berechnen Sie, wie viel Prozent des eingestrahlten Lichts von einer Küvette mit d = 5,00 cm durchgelassen werden.

Ü 4 Durch drei hintereinander gesetzte Küvetten von gleicher Schichtdicke und gleicher Füllung wird ein Lichtstrahl geschickt. In jeder Küvette werden 15,0 % des eingestrahlten Lichts absorbiert.

Berechnen Sie, wie viel Prozent des eingestrahlten Lichts die dritte Küvette verlassen.

Ü 5 Es werden vier Küvetten von gleicher Schichtdicke und gleicher Füllung hintereinander gesetzt. Durch die Küvetten wird ein Lichtstrahl geschickt, wobei in jeder Küvette 25,0 % des eingestrahlten Lichts absorbiert werden.

Berechnen Sie, wie viel Prozent des eingestrahlten Lichts die vierte Küvette verlassen.

Ü 6 Eine gefärbte Lösung absorbiert pro 1 cm Schichtdicke 10,0 % des eingestrahlten Lichts.

Berechnen Sie die erforderliche Anzahl Küvetten mit d = 1 cm, damit 47,83 % des eingestrahlten Lichts absorbiert werden.

Ü 7 Berechnen Sie aus den folgenden Daten den molaren Extinktionskoeffizienten ε in L/(mol · cm) für die fotometrische Eisenbestimmung als Phenanthrolin-Komplex.

Schichtdicke der Küvette:	d	= 2,000 cm
Extinktion:	E	= 0,6000
Massenkonzentration:	β(Fe)	= 1,750 µg/mL

M(Fe) = 55,845 g/mol

Ü 8 Bei der fotometrischen Messung einer Kupferlösung werden folgende Werte ermittelt:

Schichtdicke:	d	= 10,0 mm
Extinktion:	E	= 0,482
Stoffmengenkonzentration:	c(Cu)	= 7,59 mmol/L

Berechnen Sie den molaren Extinktionskoeffizienten ε in L/(mol · cm).

Ü 9 Bei der fotometrischen Bestimmung einer Lösung wird bei der Wellenlänge λ = 320 nm die Extinktion E = 0,433 gemessen. Die Küvette hat die Schichtdicke d = 20,0 mm und der molare Extinktionskoeffizient beträgt ε = 182 L/(mol · cm).

Berechnen Sie in mmol/L die Stoffmengenkonzentration c(Stoff) der Lösung.

Übungsaufgaben

Ü 10 Die spektroskopische Quantifizierung von Cobalt in einer wässrigen Lösung erfolgt nach Anfärben mit Nitroso-R-Salz-Lösung. Die Messung erfolgt in Küvetten mit $d = 1{,}00$ cm. Der molare Extinktionskoeffizient hat den Wert $\varepsilon = 16700$ L/(mol · cm).

Berechnen Sie in mg/L die Massenkonzentration β(Cobalt) der Lösung, wenn die Messung die Extinktion $E = 0{,}629$ ergibt.
M(Co) = 58,9332 g/mol

Ü 11 Eine Verbindung hat die molare Masse M(X) = 82,15 g/mol. Der molare Extinktionskoeffizient dieser Verbindung beträgt $\varepsilon = 1{,}985 \cdot 10^4$ L/(mol · cm). Die Extinktion einer Probelösung beträgt bei der Schichtdicke $d = 20{,}00$ mm $E = 1{,}474$.

Berechnen Sie in mg/L die Massenkonzentration β(Verbindung) der untersuchten Probe.

Ü 12 Der molare Extinktionskoeffizient einer fotometrischen 4-Acetamidophenol-Bestimmung beträgt $\varepsilon = 9833$ L/(mol · cm).

Berechnen Sie in mg/L die Massenkonzentration β(4-Acetamidophenol) der Lösung, wenn bei einer Schichtdicke $d = 10{,}0$ mm eine Extinktion E von 0,527 gemessen wird.
M(4-Acetamidophenol) = 151,16 g/mol

Ü 13 Bei der fotometrischen Cobalt-Bestimmung einer Lösung werden durch Zweifachmessung folgende Extinktionen ermittelt:
Messung 1: $E_1 = 0{,}110$
Messung 2: $E_2 = 0{,}113$
Standard: c(Cobalt) = 2,50 mmol/L, $E = 0{,}144$
Die Extinktion ist der Konzentration proportional.

Berechnen Sie in mg/L die Massenkonzentration β(Cobalt) der Lösung.
M(Cobalt) = 58,9332 g/mol

Ü 14 Bei der fotometrischen Quantifizierung eines Analyten liegen folgende Werte vor:
Schichtdicke der Küvette: $d = 5{,}00$ mm
Extinktion: $E = 0{,}386$
molarer Extinktionskoeffizient: $\varepsilon = 24850$ L/(mol · cm)

Berechnen Sie in mmol/L die Stoffmengenkonzentration c(Analyt) der Lösung.

Ü 15 Kupfer(II)-Ionen bilden mit Ammoniak einen blauen Tetraammin-Komplex, der fotometrisch bei einer Wellenlänge $\lambda = 580$ nm gemessen werden kann. Bei der Messung der Probelösung ergibt sich eine Extinktion $E_1 = 0{,}141$, die Extinktion einer Vergleichslösung mit $c(Cu^{2+}) = 4{,}25$ mmol/L beträgt $E_2 = 0{,}159$.

Berechnen Sie in mmol/L die Stoffmengenkonzentration $c(Cu^{2+})$ der untersuchten Probelösung.

Ü 16 Eine eisenhaltige Lösung wird zwanzigfach verdünnt. Bei der fotometrischen Bestimmung dieser verdünnten Lösung erhält man die Extinktion $E = 0{,}385$.
Standard: c_1(Eisen) = 2,50 mmol/L, $E_1 = 0{,}415$
Die Extinktion ist der Konzentration proportional.

Berechnen Sie in mol/L die Stoffmengenkonzentration c(Eisen) der Ausgangslösung.

Übungsaufgaben

Ü 17 Bei der fotometrischen Messung einer Eiweiß-Lösung erhält man folgende Werte:
Schichtdicke: d = 20,0 mm
Transmissionsgrad: T = 0,317
molarer Extinktionskoeffizient: ε = 165 L/(mol · cm)

Berechnen Sie in mmol/L die Stoffmengenkonzentration c(Eiweiß) der Lösung.

Ü 18 Von einem Abwasser wird der Phosphor-Gehalt fotometrisch bestimmt. Folgende Werte liegen bei der Bestimmung vor: Schichtdicke d = 5,00 cm, Transmissionsgrad T = 0,426 und der molare Extinktionskoeffizient ε = 13125 L/(mol · cm).

Berechnen Sie in mg/L die Massenkonzentration β(Phosphor) des Abwassers.
M(Phosphor) = 30,9738 g/mol

Ü 19 Für die fotometrische Bestimmung von Eisen(III)-Ionen mit Ammoiumthiocyanatlösung wird ein Kalibrierstandard mit einem Eisengehalt von β(Fe) = 10,0 µg/mL hergestellt.

Berechnen Sie, wie viel Gramm Eisen(III)-nitrat für V = 2500 mL einer Stammlösung einzuwiegen sind, wenn V_1 = 50,0 mL dieser Stammlösung anschließend auf V_2 = 1000 mL verdünnt werden.
$M(Fe(NO_3)_3)$ = 179,855 g/mol, M(Fe) = 55,845 g/mol

Ü 20 Die Konzentration an Calcium-Ionen in einem Abwasser wird spektroskopisch quantifiziert. Dafür wird eine Ausgangslösung mit einer Massenkonzentration von $\beta(Ca^{2+})$ = 25,0 mg/L benötigt.

Berechnen Sie in g, welche Masse m an Calciumcarbonat mit dem Massenanteil $w(CaCO_3)$ = 98,5 % zum Ansetzen von V = 1000 mL eingewogen werden muss, wenn die Lösung noch im Verhältnis 1 : 50 für die Herstellung der Kalibrierlösung aliquotiert wird.
M(Ca) = 40,08 g/mol, $M(CaCO_3)$ = 100,09 g/mol

Ü 21 In einem Abwasser wird spektroskopisch die Konzentration an Sulfat-Ionen ermittelt. Dafür wird eine Lösung mit einer Massenkonzentration von $\beta(SO_4^{2})$ = 12,5 mg/L angesetzt.

Berechnen Sie in mg, welche Masse m an Natriumsulfat, $w(Na_2SO_4)$ = 97,2 %, für V = 500,0 mL Lösung eingewogen werden muss, wenn diese Lösung für die Herstellung der Kalibrierlösung noch im Verhältnis 1 : 20 verdünnt wird.
$M(SO_4^{2-})$ = 96,063 g/mol, $M(Na_2SO_4)$ = 142,04 g/mol

Ü 22 Für die fotometrische Messung der Mangankonzentration in einer wässrigen Lösung als Permanganat ist die Linearität zwischen den Extinktionswerten E_{min} = 0,250 und E_{max} = 1,10 gesichert. Die Messung erfolgt in Küvetten mit d = 1,00 cm.

Berechnen Sie den abgesicherten Konzentrationsbereich für die Kalibrierniveaus in mg/L, wenn der molare Extinktionskoeffizient ε = 2385 L/(mol · cm) beträgt.
M(Mn) = 54,938 g/mol

Übungsaufgaben

Ü 23 Bismut(III)-Ionen werden VIS-spektroskopisch bei der Wellenlänge λ = 460 nm als Tetraiodobismutat(III)-Komplex bestimmt. Die Linearität der Messergebnisse ist zwischen den Extinktionswerten 0,100 und 0,600 gesichert. Der molare Extinktionskoeffizient hat den Wert ε = 6699 L/(mol · cm). Die Messung erfolgt in Küvetten mit d = 10,0 mm.

Berechnen Sie in mg/L die Massenkonzentration β an Bismut, die das minimale und das maximale Kalibrierniveau enthalten müssen, damit deren Messwerte im linearen Konzentrationsbereich liegen.
M(Bismut) = 208,980 g/mol

Ü 24 Zur Bestimmung des Kupfergehalts wird eine Lösung mit Ammoniak versetzt und der entstehende blaue Farbkomplex mit dem Fotometer bei der Wellenlänge λ = 578 nm gemessen. Die Linearität der Messergebnisse ist zwischen den Extinktionswerten 0,250 und 0,750 gesichert. Der molare Extinktionskoeffizient hat den Wert ε = 43,7 L/(mol · cm). Die Messung erfolgt in Küvetten mit der Schichtdicke d = 2,00 cm.

Berechnen Sie in mg/L die Massenkonzentration β an Kupfer, die das minimale und das maximale Kalibrierniveau enthalten muss, damit die Messwerte im abgesicherten Konzentrationsbereich liegen.
M(Cu) = 63,546 g/mol

Ü 25 Benzoesäure wird fotometrisch bestimmt. Folgende Angaben für die Messung sind bekannt:

Schichtdicke:	d = 1,00 cm
gesicherter Bereich der Linearität der Extinktionswerte:	E = 0,150 bis E = 0,920
molarer Extinktionskoeffizient:	ε = 10177 L/(mol · cm)
Wellenlänge:	λ = 220 nm

Berechnen Sie in mg/L die minimale und die maximale Massenkonzentration β an Benzoesäure, die die Kalibrierniveaus enthalten müssen, damit die Messwerte im linearen Konzentrationsbereich liegen.
M(Benzoesäure) = 122,121 g/mol

10.2 Chromatografie

Chromatografie nennt man die physikalische Methode zur Stofftrennung durch Aufteilung des zu trennenden Stoffgemischs in eine stationäre und eine mobile Phase. Der Trennvorgang kann auf den Trennprinzipien der Adsorption, Verteilung, Größenausschluss, Affinität, Ionenaustausch oder -paarverteilung beruhen.

Neben den Trennprinzipien geht es immer auch um Verteilungsvorgänge, deren Grundlage – mathematisch gesehen – im Nernst´schen Verteilungsgesetz dargestellt sind:

$$K = \frac{C_1}{C_2}$$

Dabei ist K eine temperaturabhängige Konstante, auch Nernst´scher Verteilungskoeffizient genannt.

Die Einteilung der chromatografischen Methoden erfolgt entsprechend der dabei genutzten mobilen Phase. Die kann sowohl flüssig als auch gasförmig sein. Je nach dem Aggregatzustand der mobilen Phase spricht man deshalb von

- Flüssigkeitschromatografie,
- Dünnschichtchromatografie,
- Gaschromatografie.

Flüssigkeitschromatografie

Bei der Flüssigkeitschromatografie in Säulen ist die stationäre Phase ein festes Material oder eine mit einem Flüssigkeitsfilm benetzte Säule.

Die einzelnen Anteile eines sich auftrennenden Stoffgemischs benötigen unterschiedliche Zeiten für das Durchlaufen der Säule. Ein mathematisches Kriterium ist also die Auswertung der Verweilzeiten.

Die Auswertung erfolgt mithilfe eines Chromatogramms. Ist die Aufteilung mit bloßem Auge nicht mehr sichtbar, benötigt man eine elektrische Anzeige; dieses Bauteil ist der sogenannte Detektor. Dabei wird eine elektrische Größe (z. B. die Stromstärke) in ein Signal umgewandelt und mit einem Schreiber in Abhängigkeit von der Zeit aufgetragen.

Die Stärke der Signale hängt von der Konzentration des zu bestimmenden Analyten ab. Im Chromatogramm sind die einzelnen Analyten durch Peaks erkennbar. Eine Aussage zur Qualität eines Stoffgemischs lässt sich aus der Anzahl der Peaks und deren zeitliche Folge im Chromatogramm machen, die Konzentration von einzelnen Analyten im Stoffgemisch lässt sich aus der Größe der Peaks quantitativ ermitteln.

Um eine Identifizierung vornehmen zu können, müssen immer Referenz- oder Vergleichssubstanzen mit aufgetragen werden. Dennoch ist eine solche Identifizierung wenig aussagekräftig, weil ein Chromatogramm meist sehr viele Peaks enthält, die sich teilweise auch überlagern. Die heutige Chromatografie wird deshalb vorrangig zur quantitativen Bestimmung herangezogen.

Ein Vergleich bzw. eine Kalibrierung mit Standardsubstanzen wird in der Chromatografie auch Relativmethode genannt. Dabei verwendet man externe (äußere) und interne Standards. In diesem Kapitel findet man die Übungsaufgaben zur Berechnung mit externen Standards; auf die Berechnungen mit internen Standards wird im Kapitel 15 eingegangen.

Bei der Kalibrierung mit externen Standards wird eine Reihe von Kalibrierlösungen hergestellt, die annähernd die gleiche Konzentration besitzen wie die der zu quantifizierende Analyt. Man setzt die Fläche des Standardpeaks mit der Fläche des Analytpeaks ins Verhältnis und erhält die gesuchte Analytkonzentration.

Dünnschichtchromatografie

Bei der Dünnschichtchromatografie wird auf eine Glas- oder Kunststoffplatte eine dünne feste Schicht als stationäre Phase aufgebracht. Das Lösemittel muss eine an der stationären Phase gebundene Stoffgemischkomponente herauslösen können. Qualitative Auswertungen werden zur Stoffidentifizierung vorgenommen und heute vornehmlich bei Reinheitskontrollen bzw. zur Kontrolle von Syntheseverläufen angewendet.

Dazu werden wieder Vergleichs- oder Standardsubstanzen aufgetragen und über die R_f-Werte charakterisiert. Der R_f-Wert errechnet sich aus dem Quotienten der Fließstrecke des Analyten zur Fließstrecke des Lösemittels. Er ist immer kleiner als 1 und sagt aus, wie beweglich eine Substanz bei einer definierten stationären und einer mobilen Phase ist. Aus einem Vergleich der R_f-Werte kann man die Analyten identifizieren.

Gaschromatografie

Die Gaschromatografie ist eine säulenchromatografische Trennmethode, bei der der Stofftransport in der Gasphase erfolgt. Dabei ist die mobile Phase immer ein Gas, die stationäre kann sowohl ein Festkörper als auch eine Flüssigkeit sein.

$$R_f\text{-Wert} = \frac{\text{Laufstrecke Substanz}}{\text{Laufstrecke Fließmittel}}$$

$$\beta(\text{Analyt, Probe}) = \frac{\beta(\text{Analyt, Standard}) \cdot \text{Counts(Probe)}}{\text{Counts(Standard)}}$$

Beispiele

B 8

Der R_f-Wert eines Lebensmittelfarbstoffs soll mittels Dünnschichtchromatografie bestimmt werden. Bei der Auswertung der DC-Platte werden eine Fließmittelstrecke von s_1 = 8,63 cm und eine Substanzstrecke von s_2 = 4,49 cm festgestellt.
Welchen R_f-Wert hat der Lebensmittelfarbstoff?

Gegeben:
Laufstrecke Substanz = s_2 = 4,49 cm
Laufstrecke Laufmittel = s_1 = 8,63 cm

Gesucht: R_f-Wert

Berechnung:
$$R_f = \frac{\text{Laufstrecke Substanz}}{\text{Laufstrecke Fließmittel}} = \frac{4{,}49\ \text{cm}}{8{,}63\ \text{cm}} = 0{,}520$$

B 9

Ein Analyt wird gaschromatografisch quantifiziert. Dazu werden folgende Substanzmengen in einen Gaschromatografen injiziert:
V(Probe) = 7,50 µL
V(Standard) = 5,00 µL mit β(Analyt) = 4,25 µg/mL
Bei der Messung werden folgende Werte ermittelt:
Probe: A_1 = 1737 Counts
Standard: A_2 = 2412 Counts
Wie groß in mg/L ist die Massenkonzentration β(Analyt) der injizierten Probe?

Gegeben:
V(Probe) = 7,50 µL
V(Standard) = 5,00 µL
β(Analyt, Standard) = 4,25 µg/mL
Messwert(Probe) A_1 = 1737 Counts
Messwert(Standard) A_2 = 2412 Counts

Gesucht: β(Analyt, Probe)

Berechnung:
$$\beta(\text{Analyt, Probe}) = \frac{V(\text{Standard}) \cdot \beta(\text{Analyt, Standard}) \cdot A_1}{A_2 \cdot V(\text{Probe})}$$

$$\beta(\text{Analyt, Probe}) = \frac{7{,}50 \cdot 10^{-3}\ \text{mL} \cdot 4{,}25\ \mu\text{g/mL} \cdot 1737\ \text{cts}}{2412\ \text{cts} \cdot 5{,}00 \cdot 10^{-3}\ \text{mL}}$$

$$\beta(\text{Analyt, Probe}) = 4{,}59\ \mu\text{g/mL} = 4{,}59\ \text{mg/L}$$

Beispiele

B 10

Von einer Probensubstanz werden m = 50,0 mg gelöst und auf V = 500 mL aufgefüllt. Bei der Quantifizierung nach der Methode „externer Standard" werden die Probelösung und zwei Kalibrierlösungen unter gleichen Bedingungen chromatografiert.

	Messvolumen	Masse Analyt	Peakfläche
Kalibrierlösung 1	V = 35,0 mL	m_1 = 2,10 mg	A_1 = 25120 cts
Kalibrierlösung 2	V = 35,0 mL	m_2 = 4,80 mg	A_2 = 43480 cts
Probe	V = 35,0 mL	m_{Pr} = ?	A_{Pr} = 36126 cts

Wie groß ist der Massenanteil w(Analyt) in % der Probensubstanz?

Gegeben: siehe Tabelle

Gesucht: w(Analyt)

Berechnung Differenz Masse Analyt der Kalibrierlösungen 2 und 1:

$$\Delta m = 4{,}80\ \text{mg} - 2{,}10\ \text{mg} = 2{,}70\ \text{mg}$$

Berechnung Differenz Counts der Peakflächen Kalibrierlösungen 2 und 1:

$$\Delta\text{cts} = 43480\ \text{cts} - 25120\ \text{cts} = 18360\ \text{cts}$$

Berechnung Differenz Counts der Peakflächen Probe und Kalibierlösung 1:

$$\Delta\text{cts} = 36126\ \text{cts} - 25120\ \text{cts} = 11006\ \text{cts}$$

Berechnung m(Analyt) in 35,0 mL:

$$m(\text{Analyt}_{35}) = 2{,}10\ \text{mg} + \frac{\Delta m \cdot \Delta\text{cts(Probe-Kl 1)}}{\Delta\text{cts(Kl 2-Kl 1)}}$$

$$m(\text{Analyt}_{35}) = 2{,}10\ \text{mg} + \frac{2{,}70\ \text{mg} \cdot 11006\ \text{cts}}{18360\ \text{cts}} = 3{,}72\ \text{mg}$$

Berechnung $m(\text{Analyt}_{\text{Probe}})$:

$$m(\text{Analyt}_{\text{Probe}}) = \frac{m(\text{Analyt}_{35}) \cdot V(\text{Gesamt})}{V(\text{Messvolumen})}$$

$$m(\text{Analyt}_{\text{Probe}}) = \frac{3{,}72\ \text{mg} \cdot 500\ \text{mL}}{35{,}0\ \text{mL}} = 53{,}1\ \text{mg}$$

Berechnung $w(\text{Analyt}_{\text{Probe}})$:

$$w(\text{Analyt}_{\text{Probe}}) = \frac{m(\text{Analyt}_{\text{Probe}}) \cdot 100\ \%}{m(\text{Probe})} = \frac{53{,}1\ \text{mg} \cdot 100\ \%}{50{,}0\ \text{mg}} = 106{,}3\ \%$$

Übungsaufgaben

Ü 26 Der R_f-Wert von Methylrot soll mittels Dünnschichtchromatografie bestimmt werden. Als Fließmittel wird ein Gemisch aus Ethanol, w(Ethanol) = 99,0 %, und Triethylamin, w(Triethylamin) = 1,00 %, eingesetzt. Bei der Auswertung der DC-Platte werden eine Fließmittelfront von s_1 = 6,83 cm und eine Laufstrecke für Methylrot von s_2 = 3,36 cm festgestellt.

Berechnen Sie den R_f-Wert von Methylrot.

Ü 27 Es wird ein Gemisch aus drei Aminosäuren mittels Dünnschichtchromatografie getrennt. Bei der Auswertung der DC-Platte werden folgende Werte ermittelt:

Fließmittelfront:	s_1 = 10,0 cm
Laufstrecke Alanin:	s_2 = 2,65 cm
Laufstrecke Cystein:	s_3 = 3,10 cm
Laufstrecke Tyrosin:	s_4 = 4,75 cm

Berechnen Sie die R_f-Werte für die drei Aminosäuren.

Ü 28 Drei Farbstoffe werden dünnschichtchromatografisch getrennt. Bei der Auswertung der DC-Platte werden folgende Werte ermittelt:

Fließmittelfront:	s_1 = 12,5 cm
Laufstrecke Methylorange:	s_2 = 2,50 cm
Laufstrecke Malachitgrün:	s_3 = 6,25 cm
Laufstrecke Methylviolett:	s_4 = 10,0 cm

Berechnen Sie die R_f-Werte für die drei Farbstoffe.

Ü 29 Zur quantitativen Bestimmung eines Analyten werden folgende Substanzmengen in einen Gaschromatografen injiziert:

V(Probe)	=	4,00 µL		
V(Standard)	=	6,00 µL mit β(Analyt)	=	2,75 µg/mL

Folgende Werte werden bei der Messung ermittelt:

Probe: A_{Pr}	=	3120 Counts
Standard: A_{Std}	=	4136 Counts

Berechnen Sie in mg/L die Massenkonzentration β(Analyt) der Probe.

Ü 30 Folgende Substanzmengen werden zur Quantifizierung eines Analyten in einen Gaschromatografen injiziert:

V(Probe)	=	12,5 µL		
V(Standard)	=	10,0 µL mit β(Analyt)	=	1,25 µg/mL

Folgende Werte werden bei der Messung ermittelt:

Probe: A_{Pr}	=	1350 Counts
Standard: A_{Std}	=	1800 Counts

Berechnen Sie in mg/L die Massenkonzentration β(Analyt) der Probe.

Übungsaufgaben

Ü 31 Bei einer Quantifizierung mit einem externen Standard werden m = 250 mg Probensubstanz gelöst und auf V = 200 mL aufgefüllt. Die Probelösung wird zusammen mit zwei Kalibrierlösungen unter gleichen Bedingungen chromatografiert.

	Messvolumen	Masse Analyt	Peakfläche
Kalibrierlösung 1	V_1 = 50,0 mL	m_1 = 1,60 mg	A_1 = 18450 Counts
Kalibrierlösung 2	V_2 = 50,0 mL	m_2 = 5,20 mg	A_2 = 46080 Counts
Probe	V_{Pr} = 50,0 mL	m_{Pr} = ?	A_{Pr} = 26784 Counts

Berechnen Sie den Massenanteil w(Analyt) in % der Probensubstanz.

Ü 32 Von einer Probensubstanz werden m = 125 mg gelöst und auf V = 25,0 mL aufgefüllt. Bei der Quantifizierung nach der Methode „externer Standard" werden die Probelösung und zwei Kalibrierlösungen unter gleichen Bedingungen chromatografiert.

	Messvolumen	Masse Analyt	Peakfläche
Kalibrierlösung 1	V_1 = 2,00 mL	m_1 = 465 µg	A_1 = 3732 Counts
Kalibrierlösung 2	V_2 = 2,00 mL	m_2 = 972 µg	A_2 = 7248 Counts
Probe	V_{Pr} = 2,00 mL	m_{Pr} = ?	A_{Pr} = 5362 Counts

Berechnen Sie den Massenanteil w(Analyt) in % der Probensubstanz.

Ü 33 Zwei Proben werden mit einem externen Standard quantifiziert. Von den beiden Proben werden jeweils m = 400 mg eingewogen, gelöst und auf ein Volumen V = 500 mL aufgefüllt. Die Probelösungen und die drei Kalibrierlösungen werden unter identischen Bedingungen chromatografiert.

	Messvolumen V	Masse m Analyt	Peakfläche A
Kalibrierlösung 1	20,0 mL	2,50 mg	21320 Counts
Kalibrierlösung 2	20,0 mL	5,70 mg	44160 Counts
Kalibrierlösung 3	20,0 mL	8,40 mg	59820 Counts
Probe 1	20,0 mL	?	31475 Counts
Probe 2	20,0 mL	?	50353 Counts

Berechnen Sie den Massenanteil w(Analyt) in % der beiden Probelösungen.

10.3 Elektrochemie (Elektroanalytik)

Die Elektroanalytik ist eine der ältesten Methoden innerhalb der instrumentellen Analytik und kann in elektrochemische Verfahren ohne Stromfluss und in elektrochemische Verfahren mit Stromfluss unterschieden werden.

Innerhalb dieses Kapitels werden die Verfahren

- Elektrogravimetrie
- Konduktometrie
- Potenziometrie

in Bezug auf die Auswertung und Berechnung von Analysen näher betrachtet.

Die Elektrogravimetrie und die Konduktometrie sind elektrochemische Verfahren mit Stromfluss. Dabei findet bei der Elektrogravimetrie ein 100%iger Stoffumsatz an der Elektrode statt. Bei der Konduktometrie hingegen ist der Stoffumsatz an der Elektrode vernachlässigbar. Die Potenziometrie ist ein elektrochemisches Verfahren ohne Stromfluss.

Die Elektrogravimetrie ist ein spezielles Verfahren der quantitativen Analytik und basiert auf den Grundlagen einer Elektrolyse. Sie setzt voraus, dass ein Analyt zu 100 % an der Platinelektrode abgeschieden werden kann. Dazu muss er an der Elektrode haften. Nach der Elektrolyse wird die Elektrode abgespült und getrocknet, anschließend wird die abgeschiedene Masse durch Differenzwägung ermittelt.

Der prinzipielle Aufbau einer Elektrogravimetrieapparatur besteht aus einer Anode und einer Kathode, die mit einem Multimeter verbunden sind. Oftmals wird noch eine Heizplatte benötigt. Die Anode ist meist ein spiralförmiger Platindraht, die Kathode ein rundes Platinnetz. An der Kathode scheidet sich der zu bestimmende Analyt ab.

Die Konduktometrie nutzt die Messung der elektrischen Leitfähigkeit κ zur Konzentrationsbestimmung eines dissoziierten Analyten. Die elektrische Leitfähigkeit κ bezeichnet die Fähigkeit eines Stoffs, den elektrischen Strom zu leiten. Die spezifische Leitfähigkeit eines Stoffs wird als Kehrwert des spezifischen Widerstands verstanden: $\kappa = \frac{1}{\rho}$.

Die Stoffmengenkonzentration c und die spezifische Leitfähigkeit κ eines Stoffs sind jedoch nur in einem begrenzten Bereich proportional. Unter Betrachtung der molaren Leitfähigkeit kann der Einfluss der Stoffmengenkonzentration berücksichtigt werden: $\Lambda(\mathrm{X}) = \frac{\kappa(\mathrm{X})}{c(\mathrm{X})}$.

Mit der Konduktometrie können sehr gering konzentrierte Lösungen und trübe Lösungen quantifiziert werden. Dabei wird nach jedem Zusatz eines definierten Volumens an Maßlösung der Ohmsche Widerstand der Lösung oder der Kehrwert dessen, der Leitwert G der Lösung, gemessen. Für diese Messung ist Wechselstrom erforderlich.

Als weiterer Parameter in der Konduktometrie kann die Zellkonstante K betrachtet werden. K wird für einen gleichförmig stromdurchflossenen, zylindrischen Leiter als $K = \frac{l}{A}$ definiert, wobei l die Länge und A der Querschnittsfläche des Leiters sind. Mit der Zellkonstante K kann der Widerstand eines beliebigen Leiters in Beziehung zu seinem spezifischen Widerstand gebracht werden: $R = \rho \cdot K$.

Die Auswertung erfolgt grafisch. Aus dem grafisch ermittelten Äquivalenzpunkt lässt sich die Konzentration eines Analyten berechnen.

Die Potenziometrie beinhaltet sowohl die pH-Wert-Messung, die potenziometrische Titration, als auch die Titration mit ionenselektiven Membranelektroden. Dieses Verfahren zeichnet sich auch durch einen sehr geringen apparativen Aufbau aus. Man benötigt lediglich eine Mess- und eine Bezugselektrode sowie ein Spannungsmessgerät mit einem sehr hohen Eingangswiderstand. Die Bezugselektrode, auch als Referenzelektrode bezeichnet, hat immer ein konstantes Potenzial E. Es sind immer nicht polarisierbare Elektroden. Gängige Bezugselektrode ist heute die Silber/Silberchloridelektrode.

Die Indikator- oder Messelektroden sind polarisierbare Elektroden. Man unterscheidet dabei Redoxelektroden und ionenselektive Elektroden.

Zur pH-Wert-Messung verwendet man heute Einstabmessketten. Bei einer Einstabmesskette sind Mess- und Bezugselektrode in einer Glasmembrankugel vereint.

Bei der potenziometrischen Titration wird die Veränderung der elektromotorischen Kraft während einer Titration als Messwert aufgenommen. Aus der grafischen Darstellung wird anschließend der

Äquivalenzpunkt ermittelt. Die häufigste Methode ist dabei, die 1. Ableitung der Titrationskurve als Diagramm darzustellen. Das Maximum gibt dann den Äquivalenzpunkt an. Man trägt das Volumen der titrierten Lösung in Milliliter auf der x-Achse gegen das gemessene Potenzial *E* in Millivolt auf der y-Achse auf. Mit dem bis zum Äquivalenzpunkt verbrauchten Volumen an Maßlösung kann man anschließend die Stoffmengenkonzentration des zu quantifizierenden Analyten berechnen.

$$U = R \cdot I$$

$$E = U \cdot I$$

$$R = \frac{\rho \cdot l}{A}$$

$$R_{\text{ges}} = R_1 + R_2 + ... + R_n$$

$$\frac{1}{R_{\text{ges}}} = \frac{1}{R_1} + \frac{1}{R_2} + ... + \frac{1}{R_n}$$

$$G = \frac{1}{R}$$

$$K = \frac{1}{\rho}$$

$$K = \frac{l}{R \cdot A}$$

$$K = \frac{l}{A}$$

$$\Lambda(\text{X}) = \frac{K(\text{X})}{c(\text{X})}$$

$$E(\text{Me/Me}^{z+}) = E_0(\text{Me/Me}^{z+}) + \frac{0{,}059\ \text{V}}{z} \cdot \lg(c(\text{Me}^{z+}))$$

$$E(\text{Galvanisches Element}) = E(\text{Halbzelle}_1) - E(\text{Halbzelle}_2)$$

$$Q = \frac{m}{\ddot{A}_e}$$

$$Q = I \cdot t$$

$$\ddot{A}_e(\text{X}^{z+}) = \frac{M(\text{X})}{z \cdot F}$$

$$m(\text{X}) = \ddot{A}_e(\text{X}^{z+}) \cdot I \cdot t$$

$$m(\text{X}) = \ddot{A}_e(\text{X}^{z+}) \cdot I \cdot t \cdot \eta$$

Beispiele

B 11

Eine Heizplatte in einem Labor hat einen Widerstand von R = 620 Ω und wird mit einer Spannung von U = 220 V betrieben.
Wie groß ist die Stromstärke I in mA, die im Stromkreis fließt?

Gegeben: $U = 220\ \text{V}$, $R = 620\ \Omega$

Gesucht: I

Berechnung:

$$I = \frac{U}{R} = \frac{220\ \text{V}}{620\ \Omega} = 0{,}355\ \text{A} = 355\ \text{mA}$$

B 12

Ein Trockenschrank nimmt bei einer Stromstärke I = 18,2 A die Leistung P = 3822 W auf.
Wie groß ist die Spannung U in V, mit der der Trockenschrank betrieben wird?

Gegeben: $P = 3822\ \text{W}$, $I = 18{,}2\ \text{A}$

Gesucht: U

Berechnung U:

$$U = \frac{P}{I} = \frac{3822\ \text{W}}{18{,}2\ \text{A}} = 210\ \text{V}$$

B 13

Drei Widerstände R_1 = 12,5 Ω, R_2 = 17,4 Ω und R_3 = 19,8 Ω sind in Reihe geschaltet und an eine Spannung U = 220 V angeschlossen.
Wie groß ist die Stromstärke I in A, die in dem Stromkreis fließt?

Gegeben: $U = 220\ \text{V}$, $R_1 = 12{,}5\ \Omega$, $R_2 = 17{,}4\ \Omega$, $R_3 = 19{,}8\ \Omega$

Gesucht: I

Berechnung R_{ges}:

$$R_{ges} = R_1 + R_2 + R_3 = 12{,}5\ \Omega + 17{,}4\ \Omega + 19{,}8\ \Omega = 49{,}7\ \Omega$$

Berechnung I:

$$I = \frac{U}{R} = \frac{220\ \text{V}}{49{,}7\ \Omega} = 4{,}43\ \text{A}$$

B 14

In einem Labor sind an eine Steckdosenleiste folgende Geräte in Parallelschaltung angeschlossen und in Betrieb:
1 Trockenschrank, Innenwiderstand: R_1 = 250 Ω
1 Waage, Innenwiderstand: R_2 = 100 Ω
1 Muffelofen, Innenwiderstand: R_3 = 500 Ω
Wie groß ist in Ω der Gesamtwiderstand R_{ges} der drei Geräte?

Gegeben: $R_1 = 250\ \Omega$, $R_2 = 100\ \Omega$, $R_3 = 500\ \Omega$

Gesucht: R_{ges}

Berechnung:

$$\frac{1}{R_{ges}} = \frac{1}{R_1} + \frac{1}{R_2} + \frac{1}{R_3} = \frac{1}{250\ \Omega} + \frac{1}{100\ \Omega} + \frac{1}{500\ \Omega} = 0{,}0160\ \Omega^{-1}$$

$$R_{ges} = \frac{1}{0{,}0160\ \Omega^{-1}} = 62{,}5\ \Omega$$

Beispiele

B 15

Der Widerstand eines Chromnickeldrahts mit der Länge l = 10,80 m und dem Durchmesser d = 0,4020 mm beträgt R = 87,40 Ω.
Wie groß ist in Ω · mm²/m der spezifische Widerstand ρ des verwendeten Werkstoffs?

Gegeben:
R = 87,40 Ω
l = 10,80 m
d = 0,4020 mm

Gesucht: ρ(Werkstoff)

Berechnung A:
$$A = \pi \cdot r^2 = \pi \cdot (0{,}2010\ \text{mm})^2 = 0{,}1269\ \text{mm}^2$$

Berechnung ρ:
$$\rho = \frac{R \cdot A}{l} = \frac{87{,}40\ \Omega \cdot 0{,}1269\ \text{mm}^2}{10{,}80\ \text{m}} = 1{,}027\ \Omega \cdot \text{mm}^2/\text{m}$$

B 16

Der Widerstand einer Kupferleitung beträgt R = 1,65 Ω.
Wie groß ist in mS der Leitwert G der Leitung?

Gegeben: R = 1,65 Ω

Gesucht: G

Berechnung:
$$G = \frac{1}{R} = \frac{1}{1{,}65\ \Omega} = 0{,}606\ \text{S} \cdot 1000 = 606\ \text{mS}$$

B 17

Eine Natriumsulfatlösung hat den spezifischen Widerstand ρ = 14,1 Ω · cm. Wie groß ist in mS/cm die Elektrolytleitfähigkeit κ der Salzlösung?

Gegeben: ρ = 14,1 Ω · cm

Gesucht: $\kappa(Na_2SO_4)$

Berechnung:
$$\kappa = \frac{1}{\rho} = \frac{1}{14{,}1\ \Omega \cdot \text{cm}} = 0{,}0709\ \text{S/cm} = 70{,}9\ \text{mS/cm}$$

B 18

Bei einer Kaliumchloridlösung, c(KCl) = 100 mmol/L, wird eine Elektrolytleitfähigkeit κ = 10,5 mS/cm gemessen. Wie groß ist in S · cm²/mol die molare Leitfähigkeit Λ der Kaliumchloridlösung?

Gegeben:
c(KCl) = 100 mmol/L
κ = 10,5 mS/cm

Gesucht: Λ(KCl)

Berechnung:
$$\Lambda = \frac{\kappa(\text{KCl})}{c(\text{KCl})} = \frac{10{,}5\ \text{mS/cm}}{100\ \text{mmol/L}} = \frac{0{,}0105\ \text{S/cm}}{0{,}000100\ \text{mol/cm}^3} = 105\ \text{S} \cdot \text{cm}^2/\text{mol}$$

B 19

Wie groß ist in V das Potenzial E eines galvanischen Elements, das aus einer Cu/Cu^{2+}-Halbzelle mit $c(Cu^{2+})$ = 1,25 mol/L und einer Zn/Zn^{2+}-Halbzelle mit $c(Zn^{2+})$ = 0,375 mol/L besteht?
$E_0(Cu/Cu^{2+})$ = 0,337 V, $E_0(Zn/Zn^{2+})$ = -0,763 V

Beispiele

B 19

Gegeben:

$c(Cu^{2+}) = 1{,}25\ \text{mol/L}$
$c(Zn^{2+}) = 0{,}375\ \text{mol/L}$
$E_0(Cu/Cu^{2+}) = 0{,}337\ \text{V}$
$E_0(Zn/Zn^{2+}) = -0{,}763\ \text{V}$

Gesucht: E(Halbzelle)

Berechnung E(Halbzelle$_1$):

$$E(Cu/Cu^{2+}) = E_0(Cu/Cu^{2+}) + \frac{0{,}059\ \text{V}}{z} \cdot \lg(c(Cu^{2+}))$$

$$E(Cu/Cu^{2+}) = 0{,}337\ \text{V} + \frac{0{,}059\ \text{V}}{2} \cdot \lg 1{,}25 = 0{,}3399\ \text{V}$$

Berechnung E(Halbzelle$_2$):

$$E(Zn/Zn^{2+}) = E_0(Zn/Zn^{2+}) + \frac{0{,}059\ \text{V}}{z} \cdot \lg(c(Zn^{2+}))$$

$$E(Zn/Zn^{2+}) = -0{,}763\ \text{V} + \frac{0{,}059\ \text{V}}{2} \cdot \lg 0{,}375 = -0{,}7756\ \text{V}$$

Berechnung E(Galvanisches Element):

E(Galvanisches Element) = E(Halbzelle$_1$) – E(Halbzelle$_2$)
E(Galvanisches Element) = 0,3399 V – (-0,7756 V) = 1,12 V

B 20

Aus einer Zinn(II)-salz-Lösung wird elektrolytisch die Masse m = 11,25 g Zinn abgeschieden.
Wie groß ist die dazu erforderliche Ladungsmenge Q in A · h?
$\ddot{A}_e(Sn^{2+}) = 0{,}2523\ \text{mg/(A · s)}$, $M(Sn) = 118{,}71\ \text{g/mol}$, $F = 96485\ \text{A · s/mol}$

Gegeben:

$m(Sn) = 11{,}25\ \text{g} = 11\,250\ \text{mg}$
$\ddot{A}_e(Sn^{2+}) = 0{,}2523\ \text{mg/(A · s)}$

Gesucht: Q

Berechnung Q:

$$Q = \frac{m}{\ddot{A}_e} = \frac{11\,250\ \text{mg}}{0{,}2523\ \text{mg/(A · s)}} = 44\,589{,}774\ \text{A · s}$$

Umrechnung auf A · h:

$$Q = \frac{Q}{s/h} = \frac{44\,589{,}774\ \text{A · s}}{3600\ \text{s/h}} = 12{,}39\ \text{A · h}$$

B 21

Welche Masse m(Mangan) in g wird aus einer Mangan(II)-salz-Lösung abgeschieden, wenn ein Strom von I = 16,5 A für eine Dauer von t = 120 min fließt und die Stromausbeute η = 88,2 % beträgt?
$M(Mn) = 54{,}938\ \text{g/mol}$, $F = 96485\ \text{A · s/mol}$

Gegeben:

$I = 16{,}5\ \text{A}$
$t = 120\ \text{min}$
$\eta = 88{,}2\ \%$
$M(Mn) = 54{,}938\ \text{g/mol}$
$F = 96\,485\ \text{A · s/mol}$

Gesucht: $m(Mn)$

Beispiele

B 21	Berechnung $\ddot{A}_e(Mn^{2+})$:	$\ddot{A}_e(Mn^{2+}) = \frac{M(Mn)}{z \cdot F} = \frac{54{,}938\ g/mol}{2 \cdot 96485\ A \cdot s/mol}$ $\ddot{A}_e(Mn^{2+}) = 2{,}847 \cdot 10^{-4}\ g/(A \cdot s) = 0{,}2847\ mg/(A \cdot s)$
	Berechnung m(Mn) bei η = 100 %:	$m(Mn) = \ddot{A}_e(Mn^{2+}) \cdot I \cdot t$ $m(Mn) = 0{,}2847\ mg/(A \cdot s) \cdot 16{,}5\ A \cdot 120\ min \cdot 60\ s/min$ $m(Mn) = 33\,822{,}36\ mg = 33{,}82236\ g$
	Berechnung m(Mn) bei η = 88,2 %:	$m(Mn)_{88,2} = m(Mn)_{100} \cdot \eta = 33{,}82236\ g \cdot 0{,}882 = 29{,}8\ g$
B 22		**Aus einer Kaliumchloridlösung werden V = 72,6 mL trockenes Chlor, gemessen bei der Temperatur ϑ = 24,85 °C und dem Druck p_{abs} = 996 mbar, bei einer Stromstärke I = 4,85 A elektrolytisch abgeschieden. Wie viel Minuten muss die Elektrolyse betrieben werden, wenn die Stromausbeute η = 92,1 % beträgt? $M(Cl_2)$ = 70,906 g/mol, F = 96485 A · s/mol, R = 0,08314 L · bar/(mol · K)**
	Gegeben:	V(trockenes Chlor) = 72,6 mL = 0,0726 L ϑ = 24,85 °C ⇨ T = 298 K p = 996 mbar = 0,996 bar I = 4,85 A η = 92,1 % $M(Cl_2)$ = 70,906 g/mol F = 96485 A · s/mol R = 0,08314 L · bar/(mol · K)
	Gesucht:	t
	Berechnung $m(Cl_2)$:	$m(Cl_2) = \frac{p \cdot V \cdot M(Cl_2)}{R \cdot T} = \frac{0{,}996\ bar \cdot 0{,}0726\ L \cdot 70{,}906\ g/mol}{0{,}08314\ L \cdot bar/(mol \cdot K) \cdot 298\ K}$ $m(Cl_2) = 0{,}207\ g$
	Berechnung $\ddot{A}_e(Cl_2)$:	$\ddot{A}_e(Cl_2) = \frac{M(Cl_2)}{z \cdot F} = \frac{70{,}906\ g/mol}{2 \cdot 96485\ A \cdot s/mol}$ $\ddot{A}_e(Cl_2) = 3{,}67446 \cdot 10^{-4}\ g/(A \cdot s) = 0{,}367446\ mg/(A \cdot s)$
	Berechnung t:	$t = \frac{m(Cl_2)}{\ddot{A}_e(Cl_2) \cdot I \cdot \eta} = \frac{0{,}207\ g}{3{,}67446 \cdot 10^{-4}\ g/(A \cdot s) \cdot 4{,}85\ A \cdot 0{,}921}$ $t = 126{,}1\ s = \frac{126{,}1\ s}{60\ s/min} = 2{,}10\ min$
B 23		**Zwei Elektrolysebäder werden in Reihe geschaltet. Aus dem ersten Elektrolysebad scheidet ein hindurchgeleiteter Strom m_1 = 7,120 g Cadmium aus einer Cadmium(II)-salz-Lösung ab. Aus dem zweiten Elektrolysebad werden gleichzeitig m_2 = 1,1394 g eines unbekannten dreiwertigen Metalls abgeschieden. Welche molare Masse M in g/mol hat das unbekannte Metall? M(Cd) = 112,4 g/mol**

Beispiele

B 23

Gegeben:

$m(Cd) = m_1 = 7{,}120\ g$

$m(Me^{3+}) = m_2 = 1{,}1394\ g$

$M(Cd) = 112{,}4\ g/mol$

Gesucht: $M(Metall^{3+})$

Berechnung:

$$\frac{M(Cd)}{z(Cd^{2+}) \cdot m(Cd)} = \frac{M(Metall^{3+})}{z(Metall^{3+}) \cdot m(Metall^{3+})}$$

$$M(Metall^{3+}) = \frac{M(Cd) \cdot z(Metall^{3+}) \cdot m(Metall^{3+})}{m(Cd) \cdot z(Cd^{2+})}$$

$$M(Metall^{3+}) = \frac{112{,}4\ g/mol \cdot 3 \cdot 1{,}1394\ g}{7{,}120\ g \cdot 2} = 26{,}98\ g/mol$$

B 24

Aus *m* = 720 g einer Kupfersulfatlösung, $w(CuSO_4)$ = 11,2 %, wird elektrolytisch Kupfer abgeschieden. Von der Elektrolyse sind folgende Parameter bekannt: Elektrolysendauer *t* = 105 min, Stromstärke *I* = 6,12 A, Stromausbeute η = 94,6 %.
Wie viel Gramm Kupfersulfat enthält die Lösung nach dem Abschalten der Elektrolyse?
$M(Cu) = 63{,}546\ g/mol$, $M(CuSO_4) = 159{,}61\ g/mol$,
$\ddot{A}_e(Cu^{2+}) = 1{,}1855\ g/(A \cdot h)$

Gegeben:

$m(CuSO_4)$ mit $w = 11{,}2\ \% = 720\ g$

$t = 105\ min = 1{,}75\ h$

$I = 6{,}12\ A$

$\eta = 94{,}6\ \% = 0{,}946$

$\ddot{A}_e(Cu^{2+}) = 1{,}1855\ g/(A \cdot h)$

$M(Cu) = 63{,}546\ g/mol$

$M(CuSO_4) = 159{,}61\ g/mol$

Gesucht: $m(CuSO_4)$ nach der Elektrolyse

Berechnung $m(Cu)$:

$m(Cu) = \ddot{A}_e(Cu^{2+}) \cdot I \cdot t \cdot \eta$

$m(Cu) = 1{,}1855\ g/(A \cdot h) \cdot 6{,}12\ A \cdot 1{,}75\ h \cdot 0{,}946$

$m(Cu) = 12{,}01\ g$

Umrechnung in $m(CuSO_4)$:

$$m(CuSO_4) = \frac{m(Cu) \cdot M(CuSO_4)}{M(Cu)}$$

$$m(CuSO_4) = \frac{12{,}01\ g \cdot 159{,}61\ g/mol}{63{,}546\ g/mol} = 30{,}17\ g$$

Berechnung $m(CuSO_4)$ in der Lösung:

$m(CuSO_4) = m(Lösung) \cdot w(CuSO_4)$

$m(CuSO_4) = 720\ g \cdot 0{,}112 = 80{,}64\ g$

Berechnung $m(CuSO_4)$ nach der Elektrolyse:

$m(CuSO_4) = m(CuSO_4)_{vor} - m(CuSO_4)_{abgeschieden}$

$m(CuSO_4) = 80{,}64\ g - 30{,}17\ g = 50{,}5\ g$

Übungsaufgaben

Ü 34 Eine Stromstärke von I = 50,0 mA, die durch den menschlichen Körper fließt, kann bereits tödlich wirken.

Berechnen Sie die Spannung U in V, die diesen Strom zum Fließen bringen würde, wenn der Gesamtwiderstand des menschlichen Körpers R = 1420 Ω beträgt.

Ü 35 Ein elektrischer Verbraucher hat einen Widerstand R = 621 Ω. Er wird an einer Spannung U = 210 V betrieben.

Berechnen Sie die Stromstärke I in mA.

Ü 36 In einem Labor wird eine Heizplatte mit einer Spannung U = 220 V betrieben. Dabei fließt ein Strom von I = 4,24 A.

Berechnen Sie den Widerstand R der Heizplatte in Ω.

Ü 37 Der Motor eines Rührwerks nimmt bei der Spannung U = 250 V die Leistung P = 2,80 kW auf.

Berechnen Sie die Stromstärke I in A.

Ü 38 In einem Labor sind folgende Geräte in Betrieb:

3 Geräte zu je	P = 3200 W
1 Gerät zu	P = 1500 W
4 Geräte zu je	P = 500 W
6 Geräte zu je	P = 75,0 W

Zur Absicherung des Stromkreises stehen Sicherungen von 10,0 A, 16,0 A, 25,0 A, 50,0 A und 63,0 A zur Verfügung.

Berechnen Sie die Stromstärke I in A und geben Sie in A die Stromstärke I_1 der Sicherung an, die zur Absicherung des Labors mindestens erforderlich ist, wenn die Netzspannung U = 220 V beträgt.

Ü 39 In einem Stromkreis sind die Widerstände R_1 und R_2 bei der Spannung U = 210 V in Reihe geschaltet. Die Stromstärke I beträgt 1,93 A und der Widerstand R_1 hat einen Wert von 45,0 Ω.

Berechnen Sie den Widerstand R_2 in Ω.

Ü 40 Die Widerstände R_1 = 25,2 Ω, R_2 = 42,8 Ω und R_3 = 38,5 Ω sind in einem Stromkreis in Reihe geschaltet.

Berechnen Sie die Stromstärke I in A, die bei einer Gesamtspannung U = 180 V in dem Stromkreis fließt.

Ü 41 In einem Stromkreis sind zwei Widerstände R_1 = 40,0 Ω und R_2 = 10,0 Ω parallel geschaltet.

a) Berechnen Sie in Ω den Gesamtwiderstand R_{ges} der Schaltung.
b) Berechnen Sie die Gesamtstromstärke I_{ges} in A, die in dem Stromkreis fließt, wenn die Gesamtspannung U_{ges} = 220 V beträgt.

Übungsaufgaben

Ü 42 In einem Labor ist eine Steckdosenleiste über eine 25,0-A-Sicherung an das 220-V-Netz angeschlossen. An dieser Leiste sind folgende Geräte in Parallelschaltung angeschlossen und in Betrieb:

1 Trockenschrank, Innenwiderstand	$R_1 = 180\ \Omega$
1 Rührwerk, Innenwiderstand	$R_2 = 370\ \Omega$
1 Rührwerk, Innenwiderstand	$R_3 = 320\ \Omega$
1 Muffelofen, Innenwiderstand	$R_4 = 850\ \Omega$

a) Berechnen Sie in Ω den Gesamtwiderstand R_{ges} der vier Geräte.
b) Berechnen Sie den Gesamtstrom I_{ges} in A, der über die Sicherung fließt.

Ü 43 Berechnen Sie die Gesamtstromstärke I_{ges} in A, die durch die skizzierte Schaltung fließt, wenn $R_1 = 15{,}2\ \Omega$, $R_2 = 10{,}0\ \Omega$ und $R_3 = 22{,}5\ \Omega$ und die Spannung $U = 220$ V betragen.

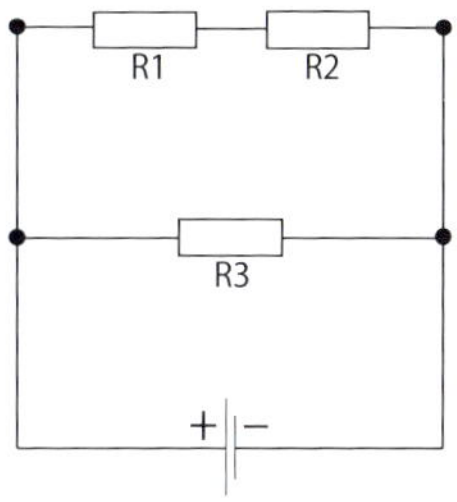

Ü 44 Der Widerstand eines Drahts mit der Länge $l = 2{,}85$ m und dem Durchmesser $d = 1{,}53$ mm beträgt $R = 1{,}24\ \Omega$.

Berechnen Sie den spezifischen Widerstand ρ des verwendeten Werkstoffs in $\Omega \cdot mm^2/m$.

Ü 45 Die Spule eines Relais besteht aus $l = 50{,}0$ m Kupferdraht mit dem Durchmesser $d = 0{,}248$ mm.

Berechnen Sie den Widerstand R der Spule in Ω.
ρ(Kupfer) = $0{,}0175\ \Omega \cdot mm^2/m$

Ü 46 Bei einem Aluminiumdraht mit einer Länge $l = 275$ m wird ein Widerstand $R = 10{,}4\ \Omega$ gemessen.

Berechnen Sie den Durchmesser d des Aluminiumdrahts in mm.
ρ(Aluminium) = $0{,}0287\ \Omega \cdot mm^2/m$

Ü 47 Ein Kupferdraht in einer Spule mit der Länge $l = 748$ m soll durch einen Aluminiumdraht mit identischem Durchmesser ersetzt werden.

Berechnen Sie die Länge l in m, die der Aluminiumdraht haben muss, wenn der Widerstand konstant gehalten werden soll.
ρ(Kupfer) = $0{,}0175\ \Omega \cdot mm^2/m$, ρ(Aluminium) = $0{,}0287\ \Omega \cdot mm^2/m$

Ü 48 Ein Heizdraht aus Konstantan hat die Länge $l = 175$ m und den Querschnitt $A = 1{,}15\ mm^2$.

Berechnen Sie die Stromstärke I in A, die bei der Spannung $U = 220$ V fließt.
ρ(Konstantan) = $0{,}491\ \Omega \cdot mm^2/m$

Ü 49 Berechnen Sie in S den Leitwert G einer Kupferleitung, deren Widerstand $R = 0{,}346\ \Omega$ beträgt.

Übungsaufgaben

Ü 50 Bei einem Aluminiumdraht wird ein Widerstand $R = 32{,}7\ \Omega$ gemessen.

Berechnen Sie den Leitwert G des Aluminiumdrahts in mS.

Ü 51 Eine Elektrolytlösung hat den spezifischen Widerstand $\rho = 2{,}45\ \Omega \cdot \text{cm}$.

Berechnen Sie in S/cm die Elektrolytleitfähigkeit κ der Lösung.

Ü 52 Der spezifische Widerstand einer Elektrolytlösung beträgt $\rho = 40{,}2\ \Omega \cdot \text{cm}$.

Berechnen Sie die Elektrolytleitfähigkeit κ dieser Lösung in S/cm.

Ü 53 Bei einer Elektrolytlösung wird ein Widerstand von $R = 4{,}80\ \Omega$ gemessen. Die Messzelle hat eine Elektrodenfläche von $A = 2{,}56\ \text{cm}^2$. Der Elektrodenabstand beträgt $l = 12{,}4$ cm.

Berechnen Sie die Elektrolytleitfähigkeit κ der Lösung in S/cm.

Ü 54 Die Elektrolytleitfähigkeit einer wässrigen Natriumsulfatlösung, $c(Na_2SO_4) = 0{,}768$ mol/L, beträgt $\kappa = 68{,}2$ mS/cm.

Berechnen Sie in $\text{S} \cdot \text{cm}^2/\text{mol}$ die molare Leitfähigkeit Λ der Natriumsulfatlösung.

Ü 55 Bei einer Kaliumnitratlösung, $c(KNO_3) = 1{,}00$ mol/L, wird eine Elektrolytleitfähigkeit $\kappa = 92{,}5$ mS/cm gemessen.

Berechnen Sie die molare Leitfähigkeit Λ der Kaliumnitratlösung in $\text{S} \cdot \text{cm}^2/\text{mol}$.

Ü 56 Zur Bestimmung der Zellenkonstante K wird eine Leitfähigkeitsmesszelle mit einer wässrigen Kaliumchloridlösung gefüllt. Bei einer Temperatur von $\vartheta = 20$ °C werden ein Widerstand $R = 89{,}79\ \Omega$ und eine Elektrolytleitfähigkeit $\kappa = 0{,}01185$ S/cm ermittelt.

Berechnen Sie die Zellenkonstante K der Leitfähigkeitsmesszelle in cm^{-1}.

Ü 57 Der Widerstand einer Elektrolytlösung in einer Leitfähigkeitsmesszelle beträgt bei einer Temperatur von $\vartheta = 20$ °C $R = 1{,}75\ \Omega$. Die Zellenkonstante K hat einen Wert von $1{,}00\ \text{cm}^{-1}$.

a) Berechnen Sie die Elektrolytleitfähigkeit κ der Lösung in S/cm.
b) Berechnen Sie den spezifischen Widerstand ρ der Elektrolytlösung in $\Omega \cdot \text{cm}$.

Ü 58 Von einer Wasserprobe wird bei der Temperatur $\vartheta = 20{,}0$ °C die Elektrolytleitfähigkeit $\kappa = 728$ µS/cm gemessen. Eine Standardprobe mit $\beta(KCl) = 500$ mg/L ergibt bei der Messung unter identischen Bedingungen eine Elektrolytleitfähigkeit $\kappa = 940$ µS/cm.

Berechnen Sie die Massenkonzentration $\beta(KCl)$ in der Wasserprobe in mg/L.

Ü 59 Eine Halbzelle besteht aus einer Silberelektrode in einer Silbersalzlösung mit $c(Ag^+) = 0{,}250$ mol/L. Gemäß Festlegung beträgt bei $c(H^+) = 1{,}00$ mol/L das Potenzial der Normalwasserstoffelektrode $E_0(H_2/2\ H^+) = 0{,}000$ V.

Berechnen Sie das Potenzial E der Halbzelle in V.
$E_0(Ag/Ag^+) = 0{,}799$ V

Übungsaufgaben

Ü 60 Eine Zinkelektrode taucht in eine Zinksalzlösung, $c(Zn^{2+}) = 0{,}525$ mol/L, ein.

Berechnen Sie in V das Potenzial E der Halbzelle unter Berücksichtigung der Festlegungen für die Normalwasserstoffelektrode.
$E_0(Zn/Zn^{2+}) = -0{,}761$ V

Ü 61 Berechnen Sie in V das Potenzial E einer Al/Al^{3+}-Halbzelle mit einer Stoffmengenkonzentration an Aluminium-Ionen von $c = 142$ mmol/L.
$E_0(Al/Al^{3+}) = -1{,}662$ V

Ü 62 Berechnen Sie in V das Potenzial E eines galvanischen Elements, das aus einer Cu/Cu^{2+}-Halbzelle mit $c(Cu^{2+}) = 0{,}275$ mol/L und einer Ni/Ni^{2+}-Halbzelle mit $c(Ni^{2+}) = 0{,}425$ mol/L besteht.
$E_0(Cu/Cu^{2+}) = 0{,}337$ V, $E_0(Ni/Ni^{2+}) = -0{,}250$ V

Ü 63 Ein galvanisches Element besteht aus einer Pb/Pb^{2+}-Halbzelle, $c(Pb^{2+}) = 0{,}125$ mol/L, und einer Fe/Fe^{2+}-Halbzelle, $c(Fe^{2+}) = 0{,}600$ mol/L.

Berechnen Sie das Potenzial E des galvanischen Elements in V.
$E_0(Pb/Pb^{2+}) = -0{,}126$ V, $E_0(Fe/Fe^{2+}) = -0{,}441$ V

Ü 64 Bei einer Schmelzflusselektrolyse werden aus einer Kaliumchloridschmelze $m = 1{,}25$ kg Kalium gewonnen.

Berechnen Sie die zur Abscheidung des Kaliums erforderliche Ladungsmenge Q in A · h.
$\ddot{A}_e(K) = 1{,}4587$ g/(A · h), $M(K) = 39{,}0983$ g/mol, $F = 96485$ A · s/mol

Ü 65 Aus einer Silbernitratlösung werden $m = 12{,}8$ g Silber abgeschieden.

Berechnen Sie die zur Abscheidung des Silbers erforderliche Ladungsmenge Q in A · h.
$\ddot{A}_e(Ag) = 4{,}0242$ g/(A · h), $M(Ag) = 107{,}868$ g/mol, $F = 96485$ A · s/mol

Ü 66 Ein Metallkörper soll mit $m = 32{,}8$ g Chrom überzogen werden.

Berechnen Sie in A · h die notwendige Ladungsmenge Q, wenn in dem Elektrolysebad Cr^{3+}-Ionen vorliegen.
$\ddot{A}_e(Cr^{3+}) = 0{,}1796$ mg/(A · s), $M(Cr) = 51{,}996$ g/mol, $F = 96485$ A · s/mol

Ü 67 Berechnen Sie in A, wie groß die Stromstärke I bei einer 100%igen Stromausbeute sein muss, damit aus einer Zink(II)-sulfat-Lösung stündlich die Masse $m = 32{,}6$ g Zink abgeschieden wird.
$\ddot{A}_e(Zn^{2+}) = 1{,}2202$ g/(A · h), $M(Zn) = 65{,}39$ g/mol, $F = 96485$ A · s/mol

Ü 68 Aus einer Aluminium(III)-nitrat-Lösung wird in einer Zeit $t = 30{,}0$ min die Masse $m = 2{,}75$ g Aluminium abgeschieden.

Berechnen Sie in A, wie groß die Stromstärke I bei einer 100%igen Stromausbeute dazu sein muss.
$\ddot{A}_e(Al^{3+}) = 0{,}09319$ g/(A · h), $M(Al) = 26{,}9815$ g/mol, $F = 96485$ A · s/mol

Ü 69 Berechnen Sie in g, welche Masse m(Kupfer) aus einer Kupfer(II)-salz-Lösung abgeschieden wird, wenn für eine Dauer von $t = 20{,}5$ min ein Strom von $I = 18{,}4$ A fließt.
$M(Cu) = 63{,}546$ g/mol, $F = 96485$ A · s/mol

Übungsaufgaben

Ü 70 Bei der Elektrolyse einer Silbersalzlösung beträgt die Stromausbeute η = 91,8 %.

Berechnen Sie die Masse m(Silber) in g, die durch die Ladungsmenge Q = 5,00 A · h abgeschieden wird.
M(Ag) = 107,868 g/mol, F = 96485 A · s/mol

Ü 71 Berechnen Sie, wie viel Liter Wasserstoff im Normzustand bei der elektrolytischen Zersetzung einer Salzsäurelösung entstehen, wenn für eine Dauer von t = 75,2 min ein Strom von I = 15,0 A fließt.
$V_{mn}(H_2)$ = 22,4 L/mol

Ü 72 Aus einer wässrigen Lösung werden V = 37,5 L Sauerstoff im Normzustand abgeschieden.

Berechnen Sie die Zeit t in h, die die Elektrolyse bei einer Stromstärke I = 25,0 A und einer Stromausbeute η = 82,5 % dazu betrieben werden muss.
$V_{mn}(O_2)$ = 22,4 L/mol

Ü 73 Berechnen Sie, welche Zeit t in h die Elektrolyse einer Natriumchloridlösung betrieben werden muss, wenn bei einer Stromstärke I = 2500 A ein Volumen V = 15,00 m^3 Chlorgas im Normzustand entstehen soll.
$V_{mn}(Cl_2)$ = 22,4 L/mol

Ü 74 Durch einen Hofmann'schen Wasserzersetzungsapparat fließt t = 25,0 min lang ein Strom I = 1,32 A. Die Stromausbeute beträgt η = 96,2 %.

Berechnen Sie in mL das Volumen V an Knallgas im Normzustand, das dabei entsteht.
V_{mn}(Knallgas) = 22,4 L/mol

Ü 75 Bei der Schmelzflusselektrolyse von Natriumchlorid wird mit einer Spannung U = 12,2 V gearbeitet. Die Stromausbeute beträgt η = 75,0 %.

Berechnen Sie, wie viel Kilogramm Natrium mit einer elektrischen Arbeit W = 120 kWh gewonnen werden.
M(Na) = 22,9898 g/mol

Ü 76 Eine Eisen(III)-salz-Lösung wird mit einer Spannung U = 110 V elektrolysiert. Die Stromausbeute beträgt η = 82,0 %.

Berechnen Sie die Masse m an Eisen in g, die mit einer elektrischen Arbeit von W = 52,5 kWh gewonnen werden kann.
M(Fe) = 55,845 g/mol

Ü 77 In t = 100 min werden aus einer Aluminium(III)-salz-Lösung m = 6,05 g Aluminium abgeschieden.

Berechnen Sie die Stromausbeute η der Anlage in %, wenn die Stromstärke bei der Elektrolyse I = 11,2 A beträgt.
M(Al) = 26,9815 g/mol

Ü 78 Eine Kaliumsalzlösung wird t = 3,25 h lang mit einer Stromstärke I = 8,50 A elektrolysiert.

Berechnen Sie die Stromausbeute η der Anlage in %, wenn bei der Elektrolyse m = 38,6 g Kalium abgeschieden werden.
M(K) = 39,0983 g/mol

Übungsaufgaben

Ü 79 Das Volumen $V = 27{,}80$ L trockenes Chlor, gemessen bei der Temperatur $\vartheta = 20{,}35$ °C und dem Druck $p_{abs} = 1012$ mbar, soll aus einer Natriumchloridlösung bei einer Stromstärke $I = 11{,}82$ A hergestellt werden.

Berechnen Sie, welche Zeit t in h die Elektrolyse betrieben werden muss, wenn die Stromausbeute $\eta = 82{,}25$ % beträgt.
$V_{mn}(Cl_2) = 22{,}4$ L/mol, $R = 0{,}08314$ L · bar/(mol · K)

Ü 80 Berechnen Sie, wie lange (t in min) eine wässrige Schwefelsäure bei einer Stromstärke $I = 2{,}78$ A und einer Stromausbeute $\eta = 87{,}5$ % elektrolysiert werden muss, damit bei einer Temperatur $T = 302$ K und einem Druck $p_{abs} = 1032$ mbar $V = 150$ mL trockener Sauerstoff entstehen.
$V_{mn}(O_2) = 22{,}40$ L/mol, $R = 0{,}08314$ L · bar/(mol · K)

Ü 81 Es werden zwei Elektrolysebäder in Reihe geschaltet. Aus dem ersten Elektrolysebad scheidet ein hindurchgeleiteter Strom $m_1 = 374{,}20$ mg Nickel aus einer Nickel(II)-salz-Lösung ab. Aus dem zweiten Elektrolysebad werden gleichzeitig $m_2 = 416{,}90$ mg eines unbekannten zweiwertigen Metalls abgeschieden.

Berechnen Sie in g/mol die molare Masse M des unbekannten Metalls.
$M(Ni) = 58{,}693$ g/mol

Ü 82 Zwei Elektrolysebäder werden hintereinander geschaltet. Aus Bad Nr. 1 scheidet ein hindurchgeleiteter Strom $m_1 = 412{,}59$ mg Silber aus einer Silbernitratlösung ab. Aus Bad Nr. 2 werden gleichzeitig $m_2 = 121{,}53$ mg eines unbekannten zweiwertigen Metalls abgeschieden.

Berechnen Sie in g/mol die molare Masse M des unbekannten Metalls.
$M(Ag) = 107{,}868$ g/mol

Ü 83 Durch $m_1 = 752$ g einer Nickelsulfatlösung, $w(NiSO_4) = 12{,}6$ %, fließt $t = 135$ min lang ein Strom von $I = 4{,}18$ A.

Berechnen Sie die Masse m(Nickelsulfat) in g, die die Lösung nach dem Abschalten des Stroms noch enthält.
$M(Ni) = 58{,}693$ g/mol, $M(NiSO_4) = 154{,}75$ g/mol

Ü 84 Aus $m_1 = 200$ g einer Cobaltsulfatlösung, $w(CoSO_4) = 6{,}78$ %, wird durch eine Elektrolyse Cobalt abgeschieden. Folgende Parameter der Elektrolyse sind bekannt: Dauer der Elektrolyse $t = 21{,}5$ min, Stromstärke $I = 3{,}75$ A und Stromausbeute $\eta = 98{,}2$ %.

Berechnen Sie die Masse m(Cobaltsulfat) in g, die nach dem Abschalten der Elektrolyse in der Lösung noch enthalten ist.
$M(Co) = 58{,}9332$ g/mol, $M(CoSO_4) = 154{,}99$ g/mol

Ü 85 Die Masse $m_1 = 830$ g einer Bleinitratlösung, $w(Pb(NO_3) = 12{,}4$ %, wird $t = 1{,}75$ h mit der Stromstärke $I = 6{,}75$ A elektrolysiert. Die Stromausbeute bei der Elektrolyse beträgt $\eta = 81{,}4$ %.

Berechnen Sie die Masse m(Bleinitrat) in g, die nach dem Abschalten des Stroms in der Lösung noch enthalten ist.
$M(Pb) = 207{,}2$ g/mol, $M(Pb(NO_3)_2) = 331{,}2$ g/mol, $\ddot{A}_e(Pb) = 3{,}8655$ g/(A · h)

10.4 Auswerten von Messwertreihen

Betrachtet man Messwertreihen von gleichen Analysen, so weichen diese oftmals voneinander ab. Diese Abweichungen sind meist durch Methoden- oder Gerätefehler begründet. Um möglichst viele solcher Fehler auszuschließen, werden in der Regel mehrere Messwertreihen an einem Ort oder mit einem Gerät aufgenommen und dann mithilfe von statistischen Größen ausgewertet:

Im Kapitel 19 werden dazu ausführliche Betrachtungen durchgeführt, hier geht es um drei statistische Größen:

- Mittelwert
- Standardabweichung
- Variationskoeffizient

Der Mittelwert $\bar{x}$, auch arithmetisches Mittel genannt, ist der Wert, der sich aus der Summe der Einzelwerte einer Messwertreihe, dividiert durch die Gesamtzahl der Werte, ergibt.

Die Standardabweichung s_X ist ein Streumaß und beschreibt die Streuung der Einzelwerte um den Mittelwert.

Der Variationskoeffizient *VK*, auch als relative Standardabweichung bezeichnet, ist ein Streumaß, welches den Anteil der Standardabweichung vom Mittelwert angibt. Er ist eine dimensionslose Zahl und wird aus dem Quotienten von Standardabweichung und Mittelwert ermittelt. Ein hoher Variationskoeffizient bedeutet immer eine große Streuung der Messwerte.

$$\bar{x} = \frac{\sum x_i}{n}$$

$$s_X = \sqrt{\frac{\sum x_i^2 - \frac{(\sum x_i)^2}{n}}{n-1}}$$

$$VK = s_r = \frac{s_X \cdot 100\ \%}{\bar{x}}$$

Beispiele

B 25

Bei der fotometrischen Quantifizierung von Eisen in einem Abwasser werden bei einer Mehrfachbestimmung folgende Einzelergebnisse ermittelt: β_1 = 243,8 µg/L, β_2 = 244,6 µg/L, β_3 = 243,7 µg/L, β_4 = 244,3 µg/L. Wie groß ist der Mittelwert $\bar{x}$ bei dieser fotometrischen Eisenbestimmung?

Gegeben:	β_1 = 243,8 µg/L, β_2 = 244,6 µg/L, β_3 = 243,7 µg/L, β_4 = 244,3 µg/L n = 4
Gesucht:	$\bar{x}$
Berechnung $\sum x_i$:	$\sum x_i$ = 243,8 µg/L + 244,6 µg/L + 243,7 µg/L + 244,3 µg/L = 976,4 µg/L
Berechnung $\bar{x}$:	$\bar{x} = \frac{\sum x_i}{n} = \frac{976{,}4\ \mu g/L}{4} = 244{,}1\ \mu g/L$

Beispiele

B 26

Von einem Abwasser werden folgende pH-Werte gemessen: $pH_1 = 4{,}92$, $pH_2 = 4{,}94$, $pH_3 = 4{,}90$, $pH_4 = 4{,}88$, $pH_5 = 4{,}91$ und $pH_6 = 4{,}85$. Wie groß ist die Standardabweichung s_X dieser Messreihe?

Gegeben: $pH_1 = 4{,}92$, $pH_2 = 4{,}94$, $pH_3 = 4{,}90$, $pH_4 = 4{,}88$, $pH_5 = 4{,}91$, $pH_6 = 4{,}85$
$n = 6$

Gesucht: s_X

Berechnung $\sum x_i$:

$$\sum x_i = 4{,}92 + 4{,}94 + 4{,}90 + 4{,}88 + 4{,}91 + 4{,}85 = 29{,}4$$

Berechnung $(\sum x_i)^2$:

$$(\sum x_i)^2 = 29{,}4^2 = 864{,}36$$

Berechnung $\sum x_i^2$:

$$\sum x_i^2 = 4{,}92^2 + 4{,}94^2 + 4{,}90^2 + 4{,}88^2 + 4{,}91^2 + 4{,}85^2 = 144{,}065$$

Berechnung s_X:

$$s_X = \sqrt{\frac{\sum x_i^2 - \frac{(\sum x_i)^2}{n}}{n-1}} = \sqrt{\frac{144{,}065 - \frac{864{,}36}{6}}{5}} = 0{,}0316$$

B 27

Durch eine Fünffachmessung wird die Temperatur einer Flüssigkeit bestimmt. Folgende Temperaturen werden dabei festgestellt: $\vartheta_1 = 24{,}5\ °C$, $\vartheta_2 = 24{,}2\ °C$, $\vartheta_3 = 24{,}1\ °C$, $\vartheta_4 = 24{,}6\ °C$ und $\vartheta_5 = 24{,}4\ °C$. Wie groß ist in % die relative Standardabweichung s_r für diese Messreihe?

Gegeben: $\vartheta_1 = 24{,}5\ °C$, $\vartheta_2 = 24{,}2\ °C$, $\vartheta_3 = 24{,}1\ °C$, $\vartheta_4 = 24{,}6\ °C$, $\vartheta_5 = 24{,}4\ °C$
$n = 5$

Gesucht: s_r

Berechnung $\sum x_i$:

$$\sum x_i = 24{,}5\ °C + 24{,}2\ °C + 24{,}1\ °C + 24{,}6\ °C + 24{,}4\ °C = 121{,}8\ °C$$

Berechnung $(\sum x_i)^2$:

$$(\sum x_i)^2 = (121{,}8\ °C)^2 = 14835{,}24\ °C^2$$

Berechnung $\sum x_i^2$:

$$\sum x_i^2 = (24{,}5\ °C)^2 + (24{,}2\ °C)^2 + (24{,}1\ °C)^2 + (24{,}6\ °C)^2 + (24{,}4\ °C)^2$$
$$\sum x_i^2 = 2967{,}22\ °C^2$$

Berechnung s_X:

$$s_X = \sqrt{\frac{\sum x_i^2 - \frac{(\sum x_i)^2}{n}}{n-1}}$$

$$s_X = \sqrt{\frac{2967{,}22\ °C^2 - \frac{14835{,}24\ °C^2}{5}}{4}} = 0{,}20736\ °C$$

Berechnung $\bar{x}$:

$$\bar{x} = \frac{\sum x_i}{n} = \frac{121{,}8\ °C}{5} = 24{,}36\ °C$$

Berechnung s_r:

$$s_r = \frac{s_X \cdot 100\ \%}{\bar{x}} = \frac{0{,}20736\ °C \cdot 100\ \%}{24{,}36\ °C} = 0{,}851\ \%$$

Übungsaufgaben

Ü 86 Bei einer Produktkontrolle wird die Titration als Sechsfachbestimmung durchgeführt. Für die einzelnen Bestimmungen werden V_1 = 19,85 mL, V_2 = 19,92 mL, V_3 = 19,88 mL, V_4 = 19,81 mL, V_5 = 19,89 mL und V_6 = 19,87 mL der Maßlösung verbraucht.

Berechnen Sie den Mittelwert $\bar{x}$ für den Verbrauch an Maßlösung.

Ü 87 Für die Bestimmung der Trockenmasse werden jeweils m = 10,00 g einer Grasprobe in vier verschiedene Trockenschalen eingewogen. Nach dem Trocknen der Proben bei ϑ = 65 °C bis zur Massenkonstanz werden folgende Auswaagen ermittelt:

Trockenschale 1: m_1 = 2,382 g
Trockenschale 2: m_2 = 2,325 g
Trockenschale 3: m_3 = 2,347 g
Trockenschale 4: m_4 = 2,414 g

Berechnen Sie den Mittelwert $\bar{x}$ der ermittelten Auswaagen für die Bestimmung der Trockenmasse dieser Grasprobe.

Ü 88 Durch Titration mit Schwefelsäure wird der Gehalt an Natronlauge in einer Lösung bestimmt. Bei der Titration werden folgende Volumina an Maßlösung verbraucht: V_1 = 21,80 mL, V_2 = 22,05 mL, V_3 = 21,92 mL, V_4 = 21,85 mL, V_5 = 21,96 mL, V_6 = 21,88 mL und V_7 = 21,84 mL.

Berechnen Sie die Standardabweichung s_x für diese Bestimmung.

Ü 89 Bei der Fünffachbestimmung eines Analyten werden folgende Massenkonzentrationen β(Analyt) festgestellt: β_1 = 36,2 mg/L, β_2 = 36,7 mg/L, β_3 = 37,1 mg/L, β_4 = 36,9 mg/L, β_5 = 36,4 mg/L.

Berechnen Sie die Standardabweichung s_x dieser Bestimmung.

Ü 90 Berechnen Sie die Standardabweichung s_x einer chromatografischen Analyse für folgende Messreihe: A_1 = 14287 cts, A_2 = 14308 cts, A_3 = 14328 cts, A_4 = 14295 cts, A_5 = 14316 cts und A_6 = 14321 cts.

Ü 91 Bei der gravimetrischen Quantifizierung eines Analyten wurden von einer Probe durch Mehrfachbestimmung folgende Einzelergebnisse ermittelt: m_1 = 127,2 mg, m_2 = 126,5 mg, m_3 = 127,6 mg, m_4 = 126,8 mg, m_5 = 127,1 mg, m_6 = 126,3 mg, m_7 = 127,0 mg, m_8 = 126,8 mg.

Berechnen Sie die Standardabweichung s_x für die gravimetrische Bestimmung.

Ü 92 Bei der Kalibrierung einer Methodenvorschrift werden 25 Messungen durchgeführt. Dabei beträgt der Mittelwert $\bar{x}$ = 17,4 mg und die Standardabweichung s_x = 0,176 mg.

Berechnen Sie den Variationskoeffizienten *VK* der Methodenvorschrift in %.

Ü 93 Bei der chromatografischen Bestimmung von w(Methylbenzol) in einem Lösemittelgemisch werden folgende Massenanteile ermittelt: w_1 = 28,7 %, w_2 = 28,4 %, w_3 = 28,1 %, w_4 = 28,6 % und w_5 = 28,3 %. Die Standardabweichung beträgt s_x = 0,239 %.

Berechnen Sie den Variationskoeffizienten *VK* der chromatografischen Bestimmung in %.

Übungsaufgaben

Ü 94 Um ein Verfahren zur Viskositätsbestimmung zu kalibrieren, werden die Fallzeiten einer Kugel in einem Höppler-Kugelfall-Viskosimeter zwölfmal gemessen.

Fallzeiten					
t_1 = 51,3 s	t_3 = 50,2 s	t_5 = 51,4 s	t_7 = 50,6 s	t_9 = 51,0 s	t_{11} = 50,7 s
t_2 = 51,8 s	t_4 = 50,9 s	t_6 = 51,3 s	t_8 = 50,5 s	t_{10} = 51,4 s	t_{12} = 51,6 s

Berechnen Sie die relative Standardabweichung s_r für diese Kalibrierung in %.

Ü 95 Zur Kalibrierung einer 500,0-µL-Pipette werden 8 Pipetettierungen durchgeführt. Die dabei abgemessenen Wasservolumina ergeben bei der Auswaage folgende Werte:

Auswaagen			
m_1 = 500,3 mg	m_3 = 499,6 mg	m_5 = 498,8 mg	m_7 = 501,0 mg
m_2 = 497,9 mg	m_4 = 501,3 mg	m_6 = 500,9 mg	m_8 = 502,1 mg

Berechnen Sie den Variationskoeffizienten *VK* der Kalibrierung in %.

11 Gemischte Aufgaben

In diesem Kapitel sind weitere Aufgaben zu den Themen der Kapitel 1 bis 10 in Form von Tests zusammengestellt. Allerdings sind die Aufgaben thematisch unsortiert, und die Theorie aus den vorangegangenen Kapiteln wird vorausgesetzt. Dies führt zu einem intensiven Lernprozess und zur Kontrolle des bis hierher erworbenen Wissens.

Jeweils 10 Aufgaben sind zu einem Test zusammengestellt. Dabei werden

- im Test 1 und 2 die Inhalte der Abschlussprüfung zum Chemielaboranten Teil 1 und
- im Test 3 und 4 die Inhalte der Abschlussprüfung zum Chemielaboranten Teil 2

geprüft.

Die vier Tests sind im Schwierigkeitsgrad und Umfang ähnlich. Somit kann – neben dem fachlichen Kenntnisstand – durch eine zeitliche Kontrolle festgestellt werden, welche Aufgabentypen Schwierigkeiten bereiten und intensiver geübt werden müssen.

Test 1

T 1 In einer Stoffportion Eisen(III)-sulfat ist die Stoffmenge n(Schwefel) = 0,276 mol enthalten.

Berechnen Sie in g die Massen m an Schwefel und Eisen in der vorliegenden Stoffportion.
$M(Fe_2(SO_4)_3)$ = 399,87 g/mol, M(Fe) = 55,845 g/mol, M(S) = 32,065 g/mol

T 2 Weil Brom eine sehr aggressive Flüssigkeit ist, wird es nicht abgewogen, sondern abgemessen. Bei ϑ = 20,2 °C hat Brom die Dichte ρ = 3,14 g/mL.

Berechnen Sie in mL das Volumen V, das abgemessen werden muss, wenn m = 108 g Brom benötigt werden.

T 3 In m_1 = 32,5 g Benzol werden m_2 = 2,76 g 2-Aminoanthrachinon gelöst. Die kryoskopische Konstante von Benzol beträgt K_m = 5,100 K · kg/mol.

Berechnen Sie in K die Temperaturdifferenz ΔT zwischen dem Erstarrungspunkt der Lösung und dem des reinen Benzols.
$M(C_{14}H_9O_2N)$ = 223,24 g/mol

T 4 In m_1 = 438 g einer Kaliumnitratlösung, $w(KNO_3)$ = 14,5 %, werden noch m_2 = 74,8 g KNO_3 gelöst.

Berechnen Sie den Massenanteil $w_L(KNO_3)$ in % der hergestellten Lösung.

T 5 Zur Herstellung einer Salzsäure, w_L(HCl) = 14,8 %, werden m_1 = 42,5 g Salzsäure, w_1(HCl) = 36,5 %, mit einer Salzsäure mit w_2(HCl) = 2,44 % gemischt.

Berechnen Sie in g die Masse m_2 an Salzsäure, w_2(HCl) = 2,44 %, die dazu benötigt wird.

Test 1

T 6 Durch die Reaktion mit Salpetersäure wird Kupfer zu Kupfer(II)-nitrat, Stickstoff(II)-oxid und Wasser umgesetzt.
$3\ Cu + 8\ HNO_3 \longrightarrow 3\ Cu(NO_3)_2 + 2\ NO + 4\ H_2O$

Berechnen Sie die Masse m(Kupfer(II)-nitrat) in kg, die entsteht, wenn m_1 = 560 g Kupfer umgesetzt werden und bei der Reaktion eine theoretische Ausbeute von η = 93,1 % erreicht wird.
$M(Cu)$ = 63,55 g/mol, $M(Cu(NO_3)_2)$ = 187,6 g/mol

T 7 Aus m_1 = 462,5 g Calciumchlorid entstehen durch Umsetzung mit Natriumcarbonat m_2 = 408,3 g Calciumcarbonat.

Berechnen Sie die Ausbeute η(Calciumcarbonat) in %, bezogen auf die eingesetzte Masse an Calciumchlorid.
$CaCl_2 + Na_2CO_3 \longrightarrow CaCO_3 + 2\ NaCl$
$M(CaCl_2)$ = 110,99 g/mol, $M(CaCO_3)$ = 100,09 g/mol

T 8 Berechnen Sie die Stoffmenge n an Ethanol, die benötigt wird, um aus n_1 = 4,11 mol Ethansäure n_2 = 1,92 mol Ethansäureethylester im Gleichgewichtszustand zu erhalten.
K_c = 4,00.
$CH_3COOH + C_2H_5OH \leftrightarrows CH_3COOC_2H_5 + H_2O$

T 9 Es werden V_1 = 390 mL Salzsäure, pH_1 = 1,76, und V_2 = 645 mL Natronlauge, pH_2 = 11,7, miteinander gemischt.

Berechnen Sie den pH-Wert der Mischung.

T 10 Vervollständigen Sie folgende Reaktionsgleichung:
$Ba(OH)_2 + CO_2 \longrightarrow$ _____ + _ _____

Test 2

T 11 In der Natur kommen das Bor-Isotop ^{10}B mit einer Häufigkeit von w_1 = 19,9 % und das B-Isotop ^{11}B mit einer Häufigkeit von w_2 = 80,1 % vor.

Berechnen Sie die mittlere molare Masse von Bor.
$M(^{10}B)$ = 10,0129 g/mol, $M(^{11}B)$ = 11,00931 g/mol

T 12 Zur Bestimmung der Dichte ρ einer unbekannten Flüssigkeit mit einem Pyknometer werden bei ϑ = 20 °C durch Wägung folgende Ergebnisse ermittelt:

Pyknometer leer:	m_1 = 27,652 g
Pyknometer gefüllt mit Wasser:	m_2 = 52,542 g
Pyknometer gefüllt mit der unbekannten Flüssigkeit:	m_3 = 54,145 g
Dichte des Wassers bei ϑ = 20 °C:	ρ_{20} = 0,99823 g/mL

Berechnen Sie die Dichte ρ_{20} der unbekannten Flüssigkeit in g/mL.

T 13 Berechnen Sie aus den folgenden für 1,2-Dimethybenzol ermittelten Werten die Molekularrefraktion R_D für diese organische Verbindung bei ϑ = 20 °C.

Dichte bei ϑ = 20 °C	**Brechzahl** bei ϑ = 20 °C	**Molare Masse**
ρ = 0,8812 g/mL	n = 1,505	M = 106,18 g/mol

Test 2

T 14 Berechnen Sie in L das Volumen *V* eines Benzol/Toluol-Gemischs, Massenkonzentration $\beta(C_6H_6) = 36{,}1$ g/L, das man aus $V_1 = 10{,}8$ L Benzol, $\rho(C_6H_6) = 0{,}879$ g/mL, herstellen kann.

T 15 Berechnen Sie in g, welche Masse *m* Wasser aus $m_1 = 136$ g Farbstoffstofflösung, *w*(Farbstoff) = 12,8 %, abgedampft werden muss, damit eine Farbstoffpaste, $w(H_2O) = 62{,}4$ %, entsteht.

T 16 Berechnen Sie in g, welche Masse *m* Salzsäure, *w*(HCl) = 25,0 %, zur vollständigen Umsetzung von $m_1 = 132$ g einer Natriumcarbonatlösung, $w(Na_2CO_3) = 12{,}7$ %, benötigt wird.
$Na_2CO_3 + 2\ HCl \longrightarrow 2\ NaCl + CO_2 + H_2O$
$M(Na_2CO_3) = 106$ g/mol, $M(HCl) = 36{,}5$ g/mol

T 17 $V = 125$ mL einer Bariumchloridlösung werden mit verdünnter Schwefelsäure im Überschuss versetzt, wobei $m = 643{,}1$ mg Bariumsulfat ausfallen.

Berechnen Sie in g/L die Massenkonzentration $\beta(BaCl_2)$ der eingesetzten Bariumchloridlösung.
$BaCl_2 + H_2SO_4 \longrightarrow BaSO_4 + 2\ HCl$
$M(BaCl_2) = 208{,}233$ g/mol, $M(BaSO_4) = 233{,}39$ g/mol

T 18 Bei der Umsetzung von $m_1 = 194$ g Natronlauge, *w*(NaOH) = 23,8 %, mit Salpetersäure im Überschuss entstehen $m_2 = 79{,}5$ g Natriumnitrat.

Berechnen Sie die Ausbeute η(Natriumnitrat) in %, bezogen auf die eingesetzte Natronlauge.
$NaOH + HNO_3 \longrightarrow NaNO_3 + H_2O$
$M(NaOH) = 40{,}0$ g/mol, $M(NaNO_3) = 84{,}995$ g/mol

T 19 Berechnen Sie in L, welches Volumen *V* trockenes Kohlenstoffstoffdioxid im Normzustand bei der Umsetzung von Calciumcarbonat mit $V_1 = 250$ mL Salzsäure, *c*(HCl) = 1,00 mol/L, entsteht.
$CaCO_3 + 2\ HCl \longrightarrow CaCl_2 + CO_2 + H_2O$
$V_{mn}(CO_2) = 22{,}4$ L/mol

T 20 Berechnen Sie den pH-Wert einer vollständig dissoziierten wässrigen Calciumhydroxidlösung mit der Stoffmengenkonzentration $c(Ca(OH)_2) = 10{,}0$ mmol/L.

Test 3

T 21 Aus $m_1 = 68{,}4$ g Salpetersäure, $w(HNO_3) = 7{,}51$ %, wird durch Eindampfen eine Salpetersäure, $w_L(HNO_3) = 29{,}2$ %, hergestellt.

Berechnen Sie in g die Masse *m*(Wasser), die aus der Salpetersäure, $w(HNO_3) = 7{,}51$ %, abgedampft werden muss.

T 22 Für die Gleichgewichtsreaktion des Typs
$2\ A \leftrightarrows B + 2\ C$
beträgt die Gleichgewichtskonstante $K_c = 8{,}25 \cdot 10^{-4}$ mol/L. Im Gleichgewichtszustand betragen die Stoffmengenkonzentrationen *c*(A) = 0,638 mol/L und *c*(B) = 0,245 mol/L.

Berechnen Sie in mmol/L die Stoffmengenkonzentration *c*(C) im Gleichgewichtszustand.

Test 3

T 23 $V = 5{,}75$ L eines hydrogensulfidhaltigen Abgases im Normzustand werden durch eine Quecksilber(II)-chlorid-Lösung geleitet. Die Auswaage an ausgefälltem Quecksilber(II)-sulfid beträgt $m = 0{,}741$ g.

Berechnen Sie den Volumenanteil $\varphi(H_2S)$ in % des Abgases.
$M(HgS) = 232{,}65$ g/mol, $M(H_2S) = 34{,}081$ g/mol, $V_{mn}(H_2S) = 22{,}4$ L/mol

T 24 Zur Bestimmung des Kupfer-Gehalts eines Abwassers wird das Volumen $V_1 = 750$ mL des Abwassers auf $V_2 = 35{,}0$ mL eingeengt und das Kupfer als Kupferanthranilat gefällt. Die Auswaage beträgt $m = 310$ mg Kupferanthranilat.

Berechnen Sie in mg/L die Massenkonzentration $\beta(Cu)$ des Abwassers.
$M(Cu) = 63{,}546$ g/mol, $M(Cu(C_7H_6O_2N)_2) = 335{,}802$ g/mol

T 25 $V = 20{,}0$ mL einer Fe^{2+}-haltigen Lösung verbrauchen bei der Titration $V_1 = 27{,}4$ mL Kaliumpermanganatmaßlösung, $\tilde{c}(\frac{1}{5} KMnO_4) = 0{,}100$ mol/L, $t = 0{,}974$.

Berechnen Sie in g/L die Massenkonzentration $\beta(Fe^{2+})$ der eisenhaltigen Lösung.
$5\ Fe^{2+} + MnO_4^- + 10\ H^+ \longrightarrow 5\ Fe^{3+} + Mn^{2+} + 5\ H_2O$
$M(Fe) = 55{,}847$ g/mol

T 26 Die Masse $m = 434{,}9$ mg einer kristallwasserhaltigen zweiprotonigen Säure verbraucht zur vollständigen Neutralisation $V = 27{,}6$ mL Natronlauge, $c(\frac{1}{1} NaOH) = 0{,}25$ mol/L.

Berechnen Sie die Stoffmenge n Kristallwasser, die in $n = 1$ mol der kristallinen Säure gebunden ist.
$2\ H^+ + 2\ NaOH \longrightarrow 2\ Na^+ + 2\ H_2O$
M(kristallwasserfreie Säure) $= 90{,}035$ g/mol, $M(H_2O) = 18{,}015$ g/mol

T 27 Die Masse $m = 3{,}62$ g einer salzsauren Kaliumchloridlösung wird auf das Volumen $V = 250$ mL verdünnt. $V_1 = 35{,}0$ mL der verdünnten Lösung verbrauchen bei der Neutralisationstitration $V_2 = 24{,}1$ mL Natronlauge, $c(\frac{1}{1} NaOH) = 0{,}125$ mol/L. $V_3 = 20{,}0$ mL der verdünnten Lösung verbrauchen bei der Fällungstitration $V_4 = 21{,}7$ mL Silbernitratlösung, $c(\frac{1}{1} AgNO_3) = 0{,}125$ mol/L.

Berechnen Sie den Massenanteil $w(KCl)$ in % der eingesetzten Kaliumchloridlösung.
$HCl + NaOH \longrightarrow NaCl + H_2O$
$Cl^- + AgNO_3 \longrightarrow AgCl + NO_3^-$
$M(KCl) = 74{,}551$ g/mol

T 28 Bei der fotometrischen Quantifizierung eines Analyten liegen folgende Werte vor:

Schichtdicke der Küvette:	$d =$	2,00 mm
Extinktion:	$E =$	0,381
Molarer Extinktionskoeffizient:	$\varepsilon =$	9429 L/(mol · cm)

Berechnen Sie in mmol/L die Stoffmengenkonzentration c(Analyt) der Lösung.

T 29 Die Masse $m = 10{,}2$ mg Bleisulfat ist in $V = 250$ mL einer gesättigten Bleisulfatlösung enthalten.

Berechnen Sie das Löslichkeitsprodukt des Bleisulfats.
$M(PbSO_4) = 303{,}3$ g/mol

Test 3

T 30 Folgende Substanzmengen werden zur Quantifizierung eines Analyten in einen Gaschromatografen injiziert:
V(Probe) = 8,25 µL
V(Standard) = 2,50 µL mit β(Analyt) = 2,00 µg/mL
Bei der Messung werden folgende Peakflächen ermittelt:
Probe: A_1 = 2852 cts
Standard: A_2 = 3686 cts

Berechnen Sie in mg/L die Massenkonzentration β(Analyt) der Probe.

Test 4

T 31 Die Masse m_1 = 121 g Natriumsulfat-10-hydrat wird in Wasser gelöst.

Berechnen Sie in g die Masse m(Wasser), die zugegeben werden muss, damit eine Natriumsulfatlösung mit dem Massenanteil $w(Na_2SO_4)$ = 10,8 % entsteht.
$M(Na_2SO_4)$ = 142 g/mol, $M(H_2O)$ = 18,0 g/mol

T 32 Berechnen Sie den pH-Wert der wässrigen Lösung einer einprotonigen Säure mit der Stoffmengenkonzentration c(Säure) = 0,125 mol/L und dem Dissoziationsgrad α = 1,63 %.

T 33 Zur gravimetrischen Bestimmung des Phosphor-Gehalts werden m = 3,20 g eines phosphorhaltigen Düngers gelöst und auf V = 250 mL verdünnt. V_1 = 15,0 mL dieser Lösung ergeben nach der Fällung und dem Glühen eine Auswaage von m_1 = 214,6 mg $Mg_2P_2O_7$.

Berechnen Sie den Massenanteil w(P) in % des Düngers.
$M(Mg_2P_2O_7)$ = 222,55 g/mol, M(P) = 30,97 g/mol

T 34 Berechnen Sie in g, welche Masse m(Kupfer) aus einer Kupfer(II)-salz-Lösung abgeschieden wird, wenn für eine Dauer von t = 32,4 min ein Strom von I = 1,84 A fließt. Die Stromausbeute bei dieser Elektrolyse beträgt η = 92,6 %.
M(Cu) = 63,546 g/mol, F = 96485 A · s

T 35 Bei der komplexometrischen Mangan-Bestimmung werden V = 20,0 mL Probelösung auf V_1 = 500 mL aufgefüllt. V_2 = 30,0 mL der verdünnten Lösung verbrauchen bei der Titration V_3 = 22,3 mL EDTA-Maßlösung, $c(\frac{1}{1}$ EDTA) = 0,02 mol/L.

Berechnen Sie in g/L die Massenkonzentration β(Mn) der Ausgangslösung.
$Mn^{2+} + EDTA \longrightarrow [MnEDTA]^{2+}$
M(Mn) = 54,938 g/mol

T 36 Zur Bestimmung der Verseifungszahl werden m = 1,34 g eines Fettes mit V = 35,0 mL ethanolischer Kalilauge gekocht. Zur Rücktitration der überschüssigen Kalilauge werden V_1 = 20,2 mL Salzsäuremaßlösung, $\tilde{c}(\frac{1}{1}$ HCl) = 0,25 mol/L, t = 0,986, verbraucht. Ein Blindversuch mit V_2 = 35,0 mL der Kalilauge ergibt einen Verbrauch von V_3 = 35,2 mL der Salzsäuremaßlösung.

Berechnen Sie die Verseifungszahl (mg KOH/g Fett) für das untersuchte Fett.
$KOH + HCl \longrightarrow KCl + H_2O$
M(KOH) = 56,106 g/mol

Test 4

T 37 Die spektroskopische Quantifizierung von Salicylsäure in einer wässrigen Lösung erfolgt mit Eisen(III)-nitrat-Lösung bei der Wellenlänge λ = 528 nm. Die Messung erfolgt in Küvetten mit d = 10,0 mm. Der molare Extinktionskoeffizient hat den Wert ε = 1650 L/(mol · cm).

Berechnen Sie in mg/L die Massenkonzentration β(Salicylsäure) der Lösung, wenn die Messung die Extinktion E = 0,376 ergibt.
M(Salicylsäure) = 138,2 g/mol

T 38 Bei ϑ = 10 °C beträgt das Löslichkeitsprodukt von Calciumsulfat $K_L(CaSO_4) = 6{,}10 \cdot 10^{-5}$ mol²/L².

Berechnen Sie in g die Masse m(Calciumsulfat), die bei dieser Temperatur in V = 250 mL gesättigter Lösung enthalten ist.
$M(CaSO_4)$ = 136,14 g/mol

T 39 Mit einem Biegeschwinger wird von einem organischen Lösemittel durch Mehrfachbestimmung die Dichte ρ ermittelt. Folgende Messwerte werden notiert: ρ_1 = 0,8907 g/mL, ρ_2 = 0,8924 g/mL, ρ_3 = 0,8919 g/mL, ρ_4 = 0,8916 g/mL, ρ_5 = 0,8915 g/mL.

Berechnen Sie für die Dichtebestimmung die relative Standardabweichung s_r in %.

T 40 Bei der Elementaranalyse einer organischen Verbindung, die Kohlenstoff, Wasserstoff und Stickstoff enthält, werden m_1 = 0,316 g vollständig verbrannt. Dabei entstehen m_2 = 0,706 g Kohlenstoffdioxid und m_3 = 0,433 g Wasser.

Geben Sie an, welche empirische Formel die Verbindung hat.
M(C) = 12,01 g/mol, M(H) = 1,008 g/mol, M(N) = 14,01 g/mol
$M(CO_2)$ = 44,01 g/mol, $M(H_2O)$ = 18,02 g/mol

12 Präparative Chemie

Die präparative Chemie ist ein Teilgebiet der Chemie, das sich mit der Synthese von chemischen Verbindungen beschäftigt. Somit ist die präparative Chemie stets mit anderen Teilgebieten der Chemie eng verwoben, da beispielsweise auch in den Teilgebieten anorganische Chemie oder organische Chemie Stoffe synthetisiert werden. Die in diesem Kapitel gestellten Aufgaben könnten daher auch ohne Weiteres anderen Teilgebieten der Chemie zugeordnet werden.

Grundlage der präparativen Chemie ist die Kenntnis über den definierten Ablauf von Reaktionen. Dieser wird im Allgemeinen über die Reaktionsgleichung abgebildet, die stets von einem Stoffumsatz von 100 % ausgeht. Wenn aus der Praxis bekannt ist, dass Stoffe nicht vollständig umgesetzt werden, ist in der Berechnung die sogenannte Ausbeute zu berücksichtigen.

Liegen die Edukte nicht in reiner Form vor, muss der Massen-, Stoffmengen- oder Volumenanteil des reinen Stoffes in die Berechnung einbezogen werden.

Bei Flüssigkeiten kann es erforderlich sein, Massen in Volumen oder umgekehrt umzurechnen. Hierfür muss die Dichte der Flüssigkeit bekannt sein. Sind Gase an der Reaktion beteiligt oder werden sie synthetisiert, können die meisten Berechnungen über die allgemeine Gasgleichung – $p \cdot V = n \cdot R \cdot T$ – bzw. über ihre Ableitungen durchgeführt werden.

$$m(\text{Produkt}) = \frac{m(\text{Edukt}) \cdot M(\text{Produkt}) \cdot h}{M(\text{Edukt})}$$

$$\eta \text{ in } \%(\text{X}) = \frac{m_{\text{exp}}(\text{X})}{m_{\text{stöch}}(\text{X})} \cdot 100\ \%$$

$$n = \frac{m}{M}$$

$$p \cdot V = n \cdot R \cdot T$$

$$K_c = \frac{c(\text{C}) \cdot c(\text{D})}{c(\text{A}) \cdot c(\text{B})}$$

Beispiele

B 1

Die Masse m = 48,0 g Acetanilid, $w(C_8H_9NO)$ = 85,0 %, wird durch Nitrierung zu 4-Nitroacetanilid umgesetzt. Wie viel Gramm 4-Nitroacetanilid entstehen, wenn die Ausbeute bei dieser Reaktion η = 66,4 % beträgt?
$M(C_8H_9NO)$ = 135,17 g/mol, $M(C_8H_8N_2O_3)$ = 180,16 g/mol

Gegeben:
$m(C_8H_9NO)$ = 48,0 g, w = 85,0 %
η = 66,4 %
$M(C_8H_9NO)$ = 135,17 g/mol
$M(C_8H_8N_2O_3)$ = 180,16 g/mol

Gesucht:
$m(C_8H_8N_2O_3)$

Beispiele

B 1

Berechnung $m_{100}(C_8H_9NO)$:

$$m_{100}(C_8H_9NO) = m_{85,0}(C_8H_9NO) \cdot w = 48{,}0\ \text{g} \cdot 0{,}850 = 40{,}8\ \text{g}$$

Berechnung $m(C_8H_8N_2O_3)$:

$$m(C_8H_8N_2O_3) = \frac{m(C_8H_9NO) \cdot M(C_8H_8N_2O_3) \cdot h}{M(C_8H_9NO)}$$

$$m(C_8H_8N_2O_3) = \frac{40{,}8\ \text{g} \cdot 180{,}16\ \text{g/mol} \cdot 0{,}664}{135{,}17\ \text{g/mol}} = 36{,}1\ \text{g}$$

B 2

Benzoesäure, $w(C_6H_5COOH)$ = 81,8 % wird mit Ethanol zu Ethylbenzoat umgesetzt. Welche Masse m(Benzoesäure), $w(C_6H_5COOH)$ = 81,8 %, in g ist zur Herstellung von m = 32,4 g Ethylbenzoat erforderlich, wenn die Ausbeute bei der Reaktion η = 83,7 % beträgt?
$M(C_6H_5COOH)$ = 122,12 g/mol, $M(C_6H_5COOC_2H_5)$ = 150,18 g/mol

Gegeben:

$w(C_6H_5COOH)$ = 81,8 %
$m(C_6H_5COOC_2H_5)$ = 32,4 g
$\eta(C_6H_5COOC_2H_5)$ = 83,7 %
$M(C_6H_5COOH)$ = 122,12 g/mol
$M(C_6H_5COOC_2H_5)$ = 150,18 g/mol

Gesucht: $m(C_6H_5COOH)$ mit w = 81,8 %

Berechnung $m(C_6H_5COOH)$:

$$m(C_6H_5COOH) = \frac{m(C_6H_5COOC_2H_5) \cdot M(C_6H_5COOH)}{M(C_6H_5COOC_2H_5)}$$

$$m(C_6H_5COOH) = \frac{32{,}4\ \text{g} \cdot 122{,}12\ \text{g/mol}}{150{,}18\ \text{g/mol}} = 26{,}35\ \text{g}$$

Berechnung $m(C_6H_5COOH)$ mit Berücksichtigung der Reinheit:

$$m(C_6H_5COOH) = \frac{m(C_6H_5COOH) \cdot 100\ \%}{w(C_6H_5COOH)} = \frac{26{,}35\ \text{g} \cdot 100\ \%}{81{,}8\ \%}$$

$$m(C_6H_5COOH) = 32{,}21\ \text{g}$$

Berechnung $m(C_6H_5COOH)$ mit Berücksichtigung der Ausbeute:

$$m(C_6H_5COOH) = \frac{m(C_6H_5COOH) \cdot 100\ \%}{h(C_6H_5COOC_2H_5)} = \frac{32{,}21\ \text{g} \cdot 100\ \%}{83{,}7\ \%}$$

$$m(C_6H_5COOH) = 38{,}5\ \text{g}$$

B 3

Bei der Diazotierung von m_1 = 50,0 g Aminobenzol, $w(C_6H_5NH_2)$ = 94,6 %, mit Natriumnitrit und salpetriger Säure erhält man m_2 = 42,4 g Benzoldiazoniumchlorid.
Wie groß ist bei dieser Reaktion die Ausbeute η an Benzoldiazonium chlorid in %?
$M(C_6H_5NH_2)$ = 93,127 g/mol, $M(C_6H_5N_2Cl)$ = 140,57 g/mol

Gegeben:

$m(C_6H_5NH_2) = m_1$ = 50,0 g, w = 94,6 %
$m(C_6H_5N_2Cl) = m_2$ = 42,4 g
$M(C_6H_5NH_2)$ = 93,127 g/mol
$M(C_6H_5N_2Cl)$ = 140,57 g/mol

Beispiele

B 3

Gesucht: $\eta(C_6H_5N_2Cl)$

Berechnung $m_{100}(C_6H_5NH_2)$:

$$m_{100}(C_6H_5NH_2) = m_{94,6}(C_6H_5NH_2) \cdot w = 50{,}0\ g \cdot 0{,}946 = 47{,}3\ g$$

Berechnung $m_{stöch}(C_6H_5N_2Cl)$:

$$m_{stöch}(C_6H_5N_2Cl) = \frac{m(C_6H_5NH_2) \cdot M(C_6H_5N_2Cl)}{M(C_6H_5NH_2)}$$

$$m_{stöch}(C_6H_5N_2Cl) = \frac{47{,}3\ g \cdot 140{,}57\ g/mol}{93{,}127\ g/mol} = 71{,}4\ g$$

Berechnung $\eta(C_6H_5N_2Cl)$:

$$\eta\,(C_6H_5N_2\,Cl) = \frac{m_{exp}(C_6H_5N_2\,Cl) \cdot 100\,\%}{m_{stöch}(C_6H_5N_2\,Cl)} = \frac{42{,}4\ g \cdot 100\,\%}{71{,}4\ g} = 59{,}4\,\%$$

B 4

1-Chlorpropan wird durch Addition von Chlorwasserstoff an Propen hergestellt. Die Ausbeute bei dieser Hydrochlorierung beträgt η = 61,2 %. Wie viel Liter Chlorwasserstoff mit der Temperatur ϑ = 20,7 °C und dem Druck p_{abs} = 1023 mbar werden benötigt, um m = 38,4 g 1-Chlorpropan herzustellen, wenn bei der Reaktion mit einem Überschuss an Chlorwasserstoff von φ = 21,6 % gearbeitet wird?
$M(C_3H_7Cl)$ = 78,54 g/mol, $M(HCl)$ = 36,46 g/mol, R = 0,08314 L · bar · mol^{-1} · K^{-1}

Gegeben:

$m(C_3H_7Cl)$	=	38,4 g		
$\eta(C_3H_7Cl)$	=	61,2 %		
Überschuss(HCl)	=	21,6 %		
ϑ(HCl)	=	20,7 °C ≙ T	=	293,85 K
p_{abs}	=	1023 mbar	=	1,023 bar
$M(C_3H_7Cl)$	=	78,54 g/mol		
M(HCl)	=	36,46 g/mol		
R	=	0,08314 L · bar · mol^{-1} · K^{-1}		

Gesucht: V(HCl)

Berechnung $n(C_3H_7Cl)$:

$$n(C_3H_7Cl) = \frac{m(C_3H_7Cl)}{M(C_3H_7Cl)} = \frac{38{,}4\ g}{78{,}54\ g/mol} = 0{,}4889\ mol$$

Berechnung n(HCl):

1,000 mol C_3H_7Cl ≙ 1,000 mol HCl
0,4889 mol C_3H_7Cl ≙ 0,4889 mol HCl

Berechnung n mit Überschuss:

$n_{Überschuss}$(HCl) = n(HCl) · Überschuss(HCl) = 0,4889 mol · 1,216
$n_{Überschuss}$(HCl) = 0,5945 mol

Berechnung n(HCl) mit Berücksichtigung der Ausbeute:

$$n(HCl) = \frac{n_{Überschuss}(HCl) \cdot 100\,\%}{\eta} = \frac{0{,}5945\ mol \cdot 100\,\%}{61{,}2\,\%}$$

n(HCl) = 0,9714 mol

Berechnung V(HCl)

$$V(HCl) = \frac{n(HCl) \cdot R \cdot T}{p}$$

$$V(HCl) = \frac{0{,}9714\ mol \cdot 0{,}08314\ L \cdot bar \cdot 293{,}85\ K}{1{,}023\ bar \cdot mol \cdot K} = 23{,}2\ L$$

Beispiele

B 5

Wie viel Liter Wasserstoff im Normzustand werden für die Hydrierung von m = 40,0 g eines Kohlenwasserstoffgemischs, w(Hex-1-en) = 42,8 % und w(Pent-1-in) = 57,2 %, benötigt?
$M(C_6H_{12})$ = 84,159 g/mol, $M(C_5H_{10})$ = 70,134 g/mol, $V_{mn}(H_2)$ = 22,4 L/mol

Gegeben:

m(Kohlenwasserstoffgemisch) = 40,0 g
w(Hex-1- en) = 42,8 % = 0,428
w(Pent-1-in) = 57,2 % = 0,572
$M(C_6H_{12})$ = 84,159 g/mol
$M(C_5H_{10})$ = 70,134 g/mol
$V_{mn}(H_2)$ = 22,4 L/mol

Gesucht: $V(H_2)$

Berechnung $m(C_6H_{12})$:

$$m(C_6H_{12}) = m(\text{Gemisch}) \cdot w(C_6H_{12}) = 40{,}0\ \text{g} \cdot 0{,}428 = 17{,}12\ \text{g}$$

Berechnung $n(C_6H_{12})$:

$$n(C_6H_{12}) = \frac{m(C_6H_{12})}{M(C_6H_{12})} = \frac{17{,}12\ \text{g}}{84{,}159\ \text{g/mol}} = 0{,}2034\ \text{mol}$$

Berechnung $m(C_5H_{10})$:

$$m(C_5H_{10}) = m(\text{Gemisch}) \cdot w(C_5H_{10}) = 40{,}0\ \text{g} \cdot 0{,}572 = 22{,}88\ \text{g}$$

Berechnung $n(C_5H_{10})$:

$$n(C_5H_{10}) = \frac{m(C_5H_{10})}{M(C_5H_{10})} = \frac{22{,}88\ \text{g}}{70{,}134\ \text{g/mol}} = 0{,}3262\ \text{mol}$$

Berechnung n(Doppelbindungen):

n(Doppelbindungen) = $n(C_6H_{12}) + n(C_5H_{10})$
n(Doppelbindungen) = 0,2034 mol + 0,3262 mol = 0,5296 mol

Berechnung $n(H_2)$:

1,000 mol Doppelbindungen ≙ 1,000 mol H_2
0,5296 mol Doppelbindungen ≙ 0,5296 mol H_2

Berechnung $V(H_2)$:

$$V(H_2) = V_{mn}(H_2) \cdot n(H_2) = 22{,}4\ \text{L/mol} \cdot 0{,}5296\ \text{mol} = 11{,}9\ \text{L}$$

B 6

Die Masse m = 270,0 g einer Ethansäurelösung, $w(CH_3COOH)$ = 66,67 %, soll so mit Ethanol umgesetzt werden, dass zwei Drittel der eingesetzten Säurestoffmenge verestert werden.
Welche Stoffmenge n an Ethanol in mol ist einzusetzen?
$M(CH_3COOH)$ = 60,0 g/mol, $M(H_2O)$ = 18,0 g/mol, K_c = 4,00

Gegeben:

$m(CH_3COOH)$ = 270,0 g, w = 66,67 %
w(Umsatz im Gleichgewicht) = 66,67 %
$M(CH_3COOH)$ = 60,0 g/mol
$M(H_2O)$ = 18,0 g/mol
K_c = 4,00

Gesucht: $n_0(C_2H_5OH)$

Berechnung m_0(Säure):

$$m_0(CH_3COOH) = m(CH_3COOH) \cdot w = 270{,}0\ \text{g} \cdot 0{,}6667 = 180{,}0\ \text{g}$$

Beispiele

B 6

Berechnung n_0(Säure):

$$n_0(\text{Säure}) = \frac{m_0(\text{Säure})}{M(\text{Säure})} = \frac{180{,}0\ \text{g}}{60{,}0\ \text{g/mol}} = 3{,}00\ \text{mol}$$

Berechnung n_z(Säure):

$$n_z(\text{Säure}) = n_0(\text{Säure}) \cdot 0{,}6667 = 3{,}00\ \text{mol} \cdot 0{,}6667 = 2{,}00\ \text{mol}$$

Berechnung n(Säure):

$$n(\text{Säure}) = n_0(\text{Säure}) - n_z(\text{Säure}) = 3{,}00\ \text{mol} - 2{,}00\ \text{mol} = 1{,}00\ \text{mol}$$

Berechnung n(Ester):

$$n(\text{Ester}) = n_0(\text{Ester}) + n_z(\text{Ester}) = 0{,}00\ \text{mol} + 2{,}00\ \text{mol} = 2{,}00\ \text{mol}$$

Berechnung n(Wasser):

$$n(\text{Wasser}) = n_0(\text{Wasser}) + n_z(\text{Wasser}) = 0{,}00\ \text{mol} + 2{,}00\ \text{mol} = 2{,}00\ \text{mol}$$

Berechnung n(Alkohol):

$$n(\text{Alkohol}) = \frac{n(\text{Ester}) \cdot n(\text{Wasser})}{n(\text{Säure}) \cdot K_c}$$

$$n(\text{Alkohol}) = \frac{2{,}00\ \text{mol} \cdot 2{,}00\ \text{mol}}{1{,}00\ \text{mol} \cdot 4{,}00} = 1{,}00\ \text{mol}$$

Berechnung n_0(Alkohol):

$$n_0(\text{Alkohol}) = n(\text{Alk.}) + n_z(\text{Alk.}) = 1{,}00\ \text{mol} + 2{,}00\ \text{mol} = 3{,}00\ \text{mol}$$

B 7

Eine organische Verbindung enthält Kohlenstoff, Wasserstoff, Sauerstoff und Chlor. Von dieser Verbindung werden m_1 = 0,746 g vollständig verbrannt. Dabei entstehen m_2 = 1,64 g Kohlenstoffdioxid und m_3 = 0,239 g Wasser. In der Verbindung wird ein Massenanteil Chlor von w(Cl) = 25,1 % festgestellt.
Welche Molekülformel hat diese Verbindung?
M(C) = 12,01 g/mol, M(H) = 1,008 g/mol, M(O) = 16,00 g/mol, M(Cl) = 35,45 g/mol, $M(CO_2)$ = 44,01 g/mol, $M(H_2O)$ = 18,02 g/mol, M(Verbindung) = 140,56 g/mol

Gegeben:

m(Verbindung) = m_1 = 0,746 g
$m(CO_2)$ = m_2 = 1,64 g
$m(H_2O)$ = m_3 = 0,239 g
w(Cl) = 25,1 %
M(C) = 12,01 g/mol
M(H) = 1,008 g/mol
M(O) = 16,00 g/mol
M(Cl) = 35,45 g/mol
$M(CO_2)$ = 44,01 g/mol
$M(H_2O)$ = 18,02 g/mol
M(Verbindung) = 140,56 g/mol

Gesucht: Molekülformel(Verbindung)

Berechnung w(C):

$$w(\text{C}) = \frac{1{,}64\ \text{g} \cdot 12{,}01\ \text{g/mol}}{44{,}01\ \text{g/mol} \cdot 0{,}746\ \text{g}} = 0{,}5999$$

Beispiele

B 7	Berechnung w(H und O):	$w(H) = \frac{0{,}239\ g \cdot 2 \cdot 1{,}008\ g/mol}{18{,}02\ g/mol \cdot 0{,}746\ g} = 0{,}03584$ $w(O) = 1{,}000 - 0{,}5999 - 0{,}03584 - 0{,}2510 = 0{,}1133$
	Berechnung Stoffmengen:	$n(C) = \frac{59{,}99\ g}{12{,}01\ g/mol} = 4{,}995\ mol$ $n(H) = \frac{3{,}584\ g}{1{,}008\ g/mol} = 3{,}556\ mol$ $n(O) = \frac{11{,}33\ g}{16{,}00\ g/mol} = 0{,}7081\ mol$ $n(Cl) = \frac{25{,}10\ g}{35{,}45\ g/mol} = 0{,}7080\ mol$
	Berechnung Stoffmengenverhältnisse:	C ⇨ 4,995 mol/ 0,7080 mol = 7,055 H ⇨ 3,556 mol/ 0,7080 mol = 5,023 O ⇨ 0,7081 mol/ 0,7080 mol = 1,000 Cl ⇨ 0,7080 mol/ 0,7080 mol = 1,000 $n(C) : n(H) : n(O) : n(Cl) \approx 7 : 5 : 1 : 1$
	Empirische Formel der Verbindung:	$(C_7H_5OCl)_n$
	Berechnung M(Verbindung):	M(Verbindung) = $7 \cdot M(C) + 5 \cdot M(H) + M(O) + M(Cl)$ $= 7 \cdot 12{,}01\ g/mol + 5 \cdot 1{,}008\ g/mol + 16{,}00\ g/mol + 35{,}45\ g/mol$ M(Verbindung) = 140,56 g/mol
	Molekülformel Verbindung:	C_7H_5OCl

Übungsaufgaben

Ü 1	Ethanal reagiert in der Hitze mit Kalilauge zu Ethanol und Kaliumethanoat. Die Ausbeute bei dieser Reaktion beträgt für beide Produkte jeweils η = 62,8 %. Berechnen Sie die Masse m(Kaliumethanoat) in g, die entsteht, wenn m_1 = 80,0 g Ethanal eingesetzt werden. $M(C_2H_4O)$ = 44,05 g/mol, $M(C_2H_3O_2K)$ = 98,15 g/mol
Ü 2	Berechnen Sie, wie viel Gramm Phenylmethansäure durch Oxidation von m_1 = 62,8 g Phenylmethanol, w(Verunreinigung) = 10,8 %, entstehen, wenn η = 63,7 % der theoretischen Ausbeute erreicht werden. $M(C_6H_5CH_2OH)$ = 108,14 g/mol, $M(C_6H_5COOH)$ = 122,12 g/mol

Übungsaufgaben

Ü 3 Salicylsäure, $w(C_7H_6O_3)$ = 88,2 %, reagiert mit Ethansäure und Ethansäureanhydrid zu Acetylsalicylsäure ($C_9H_8O_4$). Die Ausbeute bei dieser Reaktion beträgt $\eta(C_9H_8O_4)$ = 64,2 %.

Berechnen Sie, wie viel Gramm Acetylsalicylsäure ($C_9H_8O_4$) entstehen, wenn m_1 = 94,2 g Salicylsäure, $w(C_7H_6O_3)$ = 88,2 %, umgesetzt werden.
$M(C_7H_6O_3)$ = 138,12 g/mol, $M(C_9H_8O_4)$ = 180,16 g/mol

Ü 4 Technisch wird Methanal durch katalytische Dehydrierung von Methanol hergestellt.

Berechnen Sie, wie viel Gramm Methanol benötigt werden, um m_1 = 250 g Methanal herzustellen, wenn die Ausbeute bei der Dehydrierung η = 71,1 % beträgt.
$M(H_3COH)$ = 32,042 g/mol, $M(H_2CO)$ = 30,026 g/mol

Ü 5 Phenol, $w(C_6H_5OH)$ = 75,8 %, reagiert mit Kalilauge zu Kaliumphenolat.

Berechnen Sie die Masse m Phenol in g, $w(C_6H_5OH)$ = 75,8 %, die zur Herstellung von m_1 = 87,4 g Kaliumphenolat benötigt wird, wenn die Ausbeute bei der Reaktion η = 79,6 % beträgt.
$M(C_6H_5OH)$ = 94,111 g/mol, $M(C_6H_5OK)$ = 132,20 g/mol

Ü 6 Chlorbenzol wird mit Salpetersäure zu 4-Nitrochlorbenzol umgesetzt.

Berechnen Sie die Masse m Chlorbenzol in kg, die benötigt wird, um m_1 = 124,0 kg 4-Nitrochlorbenzol herzustellen, wenn die Ausbeute bei der Nitrierung η = 62,30 % beträgt.
$M(C_6H_5Cl)$ = 112,56 g/mol, $M(ClC_6H_4NO_2)$ = 157,55 g/mol

Ü 7 Für eine Synthese werden m_1 = 100,0 g Aminobenzol benötigt.

Berechnen Sie, wie viel Gramm Nitrobenzol, $w(C_6H_5NO_2)$ = 89,25 %, reduziert werden müssen, wenn die Ausbeute bei der Reaktion η = 70,60 % beträgt.
$M(C_6H_5NO_2)$ = 123,1 g/mol, $M(C_6H_5NH_2)$ = 93,13 g/mol

Ü 8 Benzoesäure wird durch Oxidation von Benzaldehyd hergestellt.

Berechnen Sie, wie viel Milliliter Benzaldehyd, $\rho(C_6H_5CHO)$ = 1,050 g/mL, zur Herstellung von m = 82,4 g Benzoesäure benötigt werden.
$M(C_6H_5CHO)$ = 106,12 g/mol, $M(C_6H_5COOH)$ = 122,12 g/mol

Ü 9 Aus Ethansäurechlorid und Natriumethanoat wird Ethansäureanhydrid hergestellt.

Berechnen Sie, wie viel Liter Ethansäurechlorid, $\rho(CH_3COCl)$ = 1,104 g/mL, zur Herstellung von m = 975 g Ethansäureanhydrid benötigt werden, wenn mit einer Ausbeute von η = 76,9 % zu rechnen ist.
$M(CH_3COCl)$ = 78,498 g/mol, $M(C_4H_6O_3)$ = 102,94 g/mol

Ü 10 2,2-Dimethylbutan wird mit Brom zu 1-Brom-2,2-dimethylbutan und Bromwasserstoff umgesetzt.

Berechnen Sie, wie viel Milliliter Brom, ρ(Brom) = 3,12 g/mL, notwendig sind, um m = 64,2 g 2,2-Dimethylbutan umzusetzen, wenn nur φ = 78,9 % des eingesetzten Broms bei der Reaktion genutzt werden können.
$M(Br)$ = 79,904 g/mol, $M(C_6H_{14})$ = 86,175 g/mol

Übungsaufgaben

Ü 11 Ethen reagiert mit Brom zu 1,2-Dibromethan. Die Ausbeute bei dieser Reaktion liegt bei $\eta = 74{,}2\ \%$.

Berechnen Sie, wie viel Milliliter Brom, $\rho(\text{Brom}) = 3{,}12\ \text{g/mL}$, notwendig sind, um $m = 92{,}8\ \text{g}$ 1,2-Dibromethan herzustellen.
$M(\text{Br}) = 79{,}904\ \text{g/mol}$, $M(C_2H_4Br_2) = 187{,}86\ \text{g/mol}$

Ü 12 Bei der Umsetzung von $m_1 = 32{,}6\ \text{g}$ Pentan-1-ol entstehen $m_2 = 37{,}8\ \text{g}$ 1-Brompentan.

Berechnen Sie die Ausbeute η an 1-Brompentan in %.
$M(C_5H_{11}OH) = 88{,}15\ \text{g/mol}$, $M(C_5H_{11}Br) = 151{,}0\ \text{g/mol}$

Ü 13 Bei der Reduktion von $m_1 = 173{,}2\ \text{g}$ Diphenylketon, $w(C_{13}H_{10}O) = 92{,}80\ \%$, mit Natriumborhydrid erhält man $m_2 = 134{,}5\ \text{g}$ Diphenylmethanol.

Berechnen Sie in % die Ausbeute η an Diphenylmethanol bei dieser Reaktion.
$M(C_{13}H_{10}O) = 182{,}2\ \text{g/mol}$, $M(C_{13}H_{12}O) = 184{,}2\ \text{g/mol}$

Ü 14 Die Masse $m = 52{,}5\ \text{g}$ Phosphortrichlorid wird mit Wasser umgesetzt. Bei der Temperatur $T = 298{,}4\ \text{K}$ und dem Druck $p_{abs} = 1036\ \text{mbar}$ werden $V = 20{,}6\ \text{L}$ trockenes Chlorwasserstoffgas aufgefangen. $PCl_3 + 3\ H_2O \longrightarrow H_3PO_4 + 3\ HCl$

Berechnen Sie die prozentuale Ausbeute der Reaktion.
$M(PCl_3) = 137{,}35\ \text{g/mol}$, $M(HCl) = 36{,}461\ \text{g/mol}$, $V_{mn} = 22{,}4\ \text{L/mol}$,
$R = 0{,}08314\ \text{L} \cdot \text{bar} \cdot \text{mol}^{-1} \cdot \text{K}^{-1}$

Ü 15 Nitrobenzol wird mit Wasserstoff zu Aminobenzol reduziert.

Berechnen Sie, wie viel Liter Wasserstoff im Normzustand zur Herstellung von $m = 80{,}0\ \text{g}$ Aminobenzol benötigt werden, wenn mit einem Wasserstoffüberschuss von $\varphi = 32{,}5\ \%$ gearbeitet wird.
$M(C_6H_5NO_2) = 123{,}1\ \text{g/mol}$, $M(C_6H_5NH_2 = 93{,}13\ \text{g/mol}$, $M(H_2) = 2{,}016\ \text{g/mol}$,
$V_{mn} = 22{,}4\ \text{L/mol}$

Ü 16 Durch Hydrobromierung von But-1-en wird 2-Brombutan hergestellt.

Berechnen Sie, wie viel Liter Bromwasserstoff mit der Temperatur $\vartheta = 19{,}85\ °\text{C}$ und dem Druck $p_{abs} = 1{,}024\ \text{bar}$ einzuleiten sind, um $m = 125\ \text{g}$ 2-Brombutan herzustellen, wenn mit einem Überschuss an Bromwasserstoff von $\varphi = 27{,}5\ \%$ gearbeitet wird und die Ausbeute am Produkt $\eta = 62{,}9\ \%$ beträgt.
$M(C_4H_9Br) = 137{,}02\ \text{g/mol}$, $M(HBr) = 80{,}91\ \text{g/mol}$, $V_{mn} = 22{,}4\ \text{L/mol}$,
$R = 0{,}08314\ \text{L} \cdot \text{bar} \cdot \text{mol}^{-1} \cdot \text{K}^{-1}$

Ü 17 Durch Addition von Chlor an Propen wird 1,2-Dichlorpropan hergestellt. Die Ausbeute bei der Chlorierung beträgt $\eta = 57{,}3\ \%$.

Berechnen Sie, wie viel Liter Chlor, $T = 293\ \text{K}$, $p = 1012\ \text{mbar}$, einzuleiten sind, um $m = 14{,}6\ \text{g}$ 1,2-Dichlorpropan herzustellen, wenn bei der Reaktion ein Überschuss an Chlor von $\varphi = 28{,}4\ \%$ erforderlich ist.
$M(C_3H_6Cl_2) = 112{,}99\ \text{g/mol}$, $M(Cl_2) = 70{,}906\ \text{g/mol}$, $V_{mn} = 22{,}4\ \text{L/mol}$,
$R = 0{,}08314\ \text{L} \cdot \text{bar} \cdot \text{mol}^{-1} \cdot \text{K}^{-1}$

Übungsaufgaben

Ü 18 Die Masse $m = 63{,}5$ g Monobrompent-2-en (C_5H_9Br) wird zu Monobrompropan ($C_5H_{11}Br$) hydriert.

Berechnen Sie, wie viel Liter Wasserstoff mit der Temperatur $\vartheta = 20{,}8$ °C und dem Druck $p = 992$ mbar einzuleiten sind, wenn mit einem Überschuss an Wasserstoff von $\varphi = 12{,}4$ % gearbeitet wird.
$M(C_5H_9Br) = 149{,}03$ g/mol, $M(H_2) = 2{,}016$ g/mol, $V_{mn} = 22{,}4$ L/mol,
$R = 0{,}08314 \text{ L} \cdot \text{bar} \cdot \text{mol}^{-1} \cdot \text{K}^{-1}$

Ü 19 Berechnen Sie, wie viel Liter Wasserstoff im Normzustand für die Hydrierung von $m = 125{,}0$ g eines Alkengemischs, w(Pent-1-en) = 62,5 % und w(Hept-1-en) = 37,5 %, benötigt werden, wenn mit einem Wasserstoffüberschuss von $\varphi = 15{,}0$ % gearbeitet werden soll.
$M(C_5H_{10}) = 70{,}133$ g/mol, $M(C_7H_{14}) = 98{,}186$ g/mol, $V_{mn}(H_2) = 22{,}4$ L/mol

Ü 20 Die Masse $m = 225$ g eines Kohlenwasserstoffgemischs aus w(2-Methylbuta-1,3-dien) = 32,8 % und w(But-2-in) = 67,2 % wird mit Wasserstoffgas hydriert. Bei der Hydrierung wird mit einem Wasserstoffüberschuss von $\varphi = 18{,}6$ % gearbeitet.

Berechnen Sie, wie viel Liter Wasserstoff mit der Temperatur $\vartheta = 19{,}4$ °C und dem Druck $p = 1025$ mbar für die Hydrierung benötigt werden.
$M(C_5H_8) = 68{,}117$ g/mol, $M(C_4H_6) = 54{,}090$ g/mol, $V_{mn}(H_2) = 22{,}4$ L/mol,
$R = 0{,}08314 \text{ L} \cdot \text{bar} \cdot \text{mol}^{-1} \cdot \text{K}^{-1}$

Ü 21 Bei einer Gleichgewichtsreaktion des Typs A + B $\leftrightarrows$ C + D beträgt die Gleichgewichtskonstante $K_c = 0{,}490$. Von den Stoffen A und B wird jeweils eine Stoffmenge von $n = 1{,}50$ mol eingesetzt.

Berechnen Sie in mol die Stoffmenge n der Verbindung D, die im Gleichgewichtszustand vorliegt.

Ü 22 Die Gleichgewichtskonstante einer Gleichgewichtsreaktion des Typs A + 3 B $\leftrightarrows$ 2 C beträgt $K_c = 14{,}8$ L²/mol². Folgende Stoffmengenkonzentrationen der Edukte dieser Reaktion liegen im Gleichgewichtszustand vor: c(A) = 1,10 mol/L und c(B) = 2,40 mol/L.

Berechnen Sie in mol/L die Stoffmengenkonzentration c der Verbindung C, die im Gleichgewichtszustand vorliegt.

Ü 23 Die Masse $m = 450$ g einer Ethansäurelösung, $w(CH_3COOH) = 80{,}0$ %, soll so mit Ethanol umgesetzt werden, dass die Hälfte der eingesetzten Säurestoffmenge verestert wird.

Berechnen Sie in mol, welche Stoffmenge n(Ethanol) einzusetzen ist.
$M(CH_3COOH) = 60{,}0$ g/mol, $M(H_2O) = 18{,}0$ g/mol, $K_c = 4{,}00$

Ü 24 Bei Reaktionsbeginn liegen $m_0 = 440{,}5$ g Ethansäureethylester vor. Der Ester soll so hydrolysiert werden, dass im Gleichgewichtszustand $w = 60{,}0$ % des eingesetzten Esters umgesetzt worden sind.

Berechnen Sie in mol die Stoffmenge n(Wasser), die dafür benötigt wird.
$CH_3COOC_2H_5 + H_2O \leftrightarrows CH_3COOH + C_2H_5OH$
$M(CH_3COOC_2H_5) = 88{,}1$ g/mol, $K_c = 0{,}250$

Übungsaufgaben

Ü 25 Eine organische Verbindung enthält w_1 = 64,81 % Kohlenstoff, w_2 = 13,60 % Wasserstoff und w_3 = 21,59 % Sauerstoff. Die Masse m = 83,42 mg der Substanz wird verdampft, dabei entsteht bei der Temperatur ϑ = 23,80 °C und dem Druck p = 1028 mbar ein Volumen an Dampf von V = 27,03 mL.

Berechnen Sie die Summenformel dieser Verbindung.
M(C) = 12,01 g/mol, M(H) = 1,008 g/mol, M(O) = 16,00 g/mol, V_{mn} = 22,4 L/mol,
$R = 0{,}08314 \text{ L} \cdot \text{bar} \cdot \text{mol}^{-1} \cdot \text{K}^{-1}$

Ü 26 Eine organische Verbindung besteht aus den Elementen Kohlenstoff, Wasserstoff und Stickstoff. Bei der Elementaranalyse wird ein Gehalt von w(C) = 73,9 % und w(H) = 6,20 % festgestellt.

Geben Sie die empirische Formel der Verbindung an.
M(C) = 12,011 g/mol, M(H) = 1,0079 g/mol, M(N) = 14,0067 g/mol,
M(Verbindung) = 211,262 g/mol

Ü 27 Eine organische Verbindung enthält Kohlenstoff, Wasserstoff, Sauerstoff und Schwefel. Von dieser Verbindung werden m_1 = 0,9180 g vollständig verbrannt. Dabei entstehen m_2 = 1,531 g Kohlenstoffdioxid und m_3 = 0,3136 g Wasser. In der Verbindung wird ein Massenanteil Schwefel von w(S) = 20,28 % festgestellt.

Geben Sie die empirische Formel dieser Verbindung an.
M(C) = 12,01 g/mol, M(H) = 1,008 g/mol, M(O) = 16,00 g/mol, M(S) = 32,07 g/mol,
$M(CO_2)$ = 44,01 g/mol, $M(H_2O)$ = 18,02 g/mol

Ü 28 Von einer Verbindung, ρ(Verbindung) = 0,730 g/mL, die Kohlenstoff, Wasserstoff und Stickstoff enthält, werden V = 0,824 mL vollständig verbrannt. Dabei entstehen m_1 = 1,57 g Kohlenstoffdioxid und m_2 = 0,803 g Wasser.

Geben Sie die empirische Formel dieser Verbindung an.
M(C) = 12,01 g/mol, M(H) = 1,008 g/mol, M(N) = 14,01 g/mol,
$M(CO_2)$ = 44,01 g/mol, $M(H_2O)$ = 18,02 g/mol

Ü 29 4-Bromtoluol wird mit Kaliumdichromat bei Anwesenheit von Schwefelsäure zu 4-Brombenzoesäure oxidiert. Vervollständigen Sie die Reaktionsgleichung:

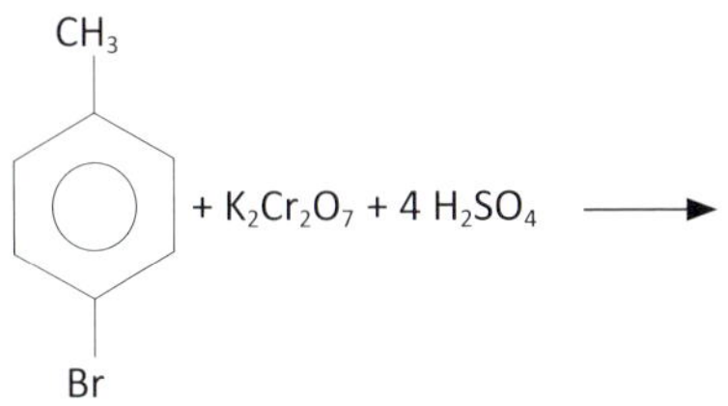

Ü 30 Formulieren Sie die Reaktionsgleichung für die Oxidation von Diphenylmethanol mit Kaliumpermanganat im schwefelsauren Medium.

13 Verfahrenstechnische Arbeiten

Die Verfahrenstechnik beschäftigt sich mit der Entwicklung und Realisierung von Prozessen, in denen Produkte aus Rohstoffen (Edukte) gefertigt werden. In der chemischen Verfahrenstechnik werden insbesondere der Übergang vom Labormaßstab zum Technikumsmaßstab untersucht und Laborergebnisse in Produktionsprozesse umgesetzt. Dies schließt auch die Planung, den Bau und die Optimierung von Apparaten und Anlagen ein, die die großtechnischen Prozesse umsetzen.

Die Fertigung von Produkten im Sinne der Verfahrenstechnik erfolgt in der Regel in den Stufen

- Gewinnung von Rohstoffen,
- Produktion von Zwischenprodukten,
- Produktion von Endprodukten.

Grundsätzlich unterscheidet man die Verfahren der Stoffumwandlung von denen der Stoffaufbereitung:

- Die Stoffumwandlung basiert auf chemischen sowie chemisch-physikalischen Prozessen und kann analytisch, synthetisch oder kombiniert als analytisch-synthetische Stoffumwandlung verlaufen.
- Die Prozesse der Stoffaufbereitung basieren auf physikalischen Abläufen und umfassen die Trennung, das Mischen und die „Strukturierung" von Stoffen (z.B. Zerkleinern).

Dieses Kapitel beschäftigt sich mit der Teildisziplin der chemischen Verfahrenstechnik und beschränkt sich auf die grundlegenden mathematischen Größen:

- Q ist die Wärmemenge, die ein Körper enthält. Sie ist eine Energieform und hat daher die Einheit J [Joule].
- c ist die spezifische Wärmekapazität mit der Einheit J/(kg · K). Sie ist eine Materialkonstante und bezeichnet die auf die Masse bezogene Energiemenge, die benötigt wird, um 1 kg eines Stoffes um 1 K zu erwärmen.
- q ist die spezifische Schmelzwärme bzw. -energie. Sie bezeichnet die auf die Masse bezogene Energiemenge, die benötigt wird, um einen Stoff vom festen in den flüssigen Aggregatzustand zu überführen. Ihre Einheit ist J/kg. Die auf die Stoffmenge bezogene Energiemenge, die benötigt wird, um einen Stoff vom festen in den flüssigen Aggregatzustand zu überführen, wird als molare Schmelzwärme bzw. -energie bezeichnet. Sie hat die Einheit J/mol.
- r ist die spezifische Verdampfungswärme bzw. -energie. Sie bezeichnet die auf die Masse bezogene Energiemenge, die benötigt wird, um einen Stoff vom flüssigen in den gasförmigen Aggregatzustand zu überführen. Ihre Einheit ist J/kg. Die auf die Stoffmenge bezogene Energiemenge, die benötigt wird, um einen Stoff vom flüssigen in den gasförmigen Aggregatzustand zu überführen, wird als molare Schmelzwärme bzw. -energie bezeichnet und hat die Einheit J/mol.
- ΔT ist die Temperaturdifferenz in Kelvin. Sie wird aus den Zahlenwerten T_1 und T_2 gebildet. Sind die Temperaturen in °C angegeben, wird die Temperaturdifferenz mit $\Delta\vartheta$ bezeichnet.
- Der Volumenstrom $\dot{V}$ ist definiert als das Volumen V eines Mediums, das sich innerhalb der Zeit t durch einen Querschnitt bewegt ($\dot{V}$ = V/t). Mit den Teilgleichungen $V = A \cdot s$ und $s = v \cdot t$ kann der Volumenstrom $\dot{V}$ auch als Fläche mal Geschwindigkeit beschrieben werden: $\dot{V} = A \cdot v$. Mit dieser Formel lässt sich bei bekannter Querschnittsfläche (beispielsweise in einem Rohr) und der Fließgeschwindigkeit v des Mediums der Volumenstrom errechnen. Die Einheit des Volumenstroms ist m^3/h.

$$F = m \cdot g$$

$$W = F \cdot h$$

$$P = \frac{W}{t} = \frac{F \cdot h}{t} = \frac{m \cdot g \cdot h}{t}$$

$$Q = m \cdot q$$

$$Q = m \cdot r$$

$$Q = m \cdot c \cdot \Delta T$$

$$\Delta T = \Delta\vartheta = \vartheta_2 - \vartheta_1$$

$$V = A \cdot s$$

$$s = v \cdot t$$

$$V = A \cdot v \cdot t$$

$$A_1 \cdot v_1 = A_2 \cdot v_2$$

$$\dot{V} = \frac{V}{t}$$

$$\dot{V} = A \cdot v$$

$$\dot{V} = \frac{P}{\rho \cdot g \cdot h}$$

Beispiele

B 1		**Ein Eiswürfel mit der Temperatur ϑ = 0,0 °C und der Masse *m* = 80,0 g wird in ein Glas mit Wasser gegeben. Welche Wärmemenge *Q* in kJ entzieht der Eiswürfel dem Wasser, um zu schmelzen? *q*(Wasser) = 335 kJ/kg**
	Gegeben:	q = 335 kJ/kg m = 80,0 g = 0,0800 kg
	Gesucht:	Q
	Berechnung:	$Q = m \cdot q$ = 0,0800 kg · 335 kJ/kg = 26,8 kJ
B 2		**Welche Masse *m*(Wasser) in kg mit der Temperatur ϑ = 100 °C kann man mit der Wärmemenge *Q* = 4,750 MJ verdampfen? *r*(Wasser) = 2260 kJ/kg**
	Gegeben:	Q = 4,750 MJ = 4750 kJ r = 2260 kJ/kg
	Gesucht:	m

Beispiele

B 2

Berechnung: $m = \frac{Q}{r} = \frac{4750\ \text{kJ} \cdot \text{kg}}{2260\ \text{kJ}} = 2{,}102\ \text{kg}$

B 3

Welche Wärmemenge Q in kJ muss der Masse m = 12,80 kg Wasser zugeführt werden, um es von der Temperatur ϑ_1 = 16,30 °C auf die Temperatur ϑ_2 = 27,60 °C zu erwärmen?
c(Wasser) = 4,187 kJ/(kg · K)

Gegeben:
m = 12,80 kg
ϑ_1 = 16,30 °C
ϑ_2 = 27,60 °C
c = 4,187 kJ/(kg · K)

Gesucht: Q

Berechnung ΔT ($\Delta\vartheta$): $\Delta T = \Delta\vartheta$ = 27,60 °C – 16,30 °C = 11,30 °C (K)

Berechnung Q: $Q = m \cdot c \cdot \Delta T$ = 12,80 kg · 4,187 kJ/(kg · K) · 11,30 K = 605,6 kJ

B 4

Welche Masse m(Eis) in g mit der Temperatur ϑ_1 = 0,00 °C muss zu der Masse m(Wasser) = 865 g mit der Temperatur ϑ_2 = 78,2 °C gegeben werden, damit die Temperatur der Mischung ϑ_3 = 13,6 °C beträgt?
c(Wasser) = 4,187 kJ/(kg · K), q(Eis) = 335 kJ/kg

Gegeben:
m(Wasser) = 865 g = 0,865 kg
ϑ(Wasser) = ϑ_2 = 78,2 °C
ϑ(Mischung) = ϑ_3 = 13,6 °C
ϑ(Eis) = ϑ_1 = 0,00 °C
c = 4,187 kJ/(kg · K)
q(Eis) = 335 kJ/kg

Gesucht: m(Eis)

Berechnung ΔT ($\Delta\vartheta$):
$\Delta T_1 = \Delta\vartheta_1 = \vartheta(\text{Wasser}) - \vartheta(\text{Mischung})$ = 78,2 °C – 13,6 °C = 64,6 °C (K)
$\Delta T_2 = \Delta\vartheta_2 = \vartheta(\text{Mischung}) - \vartheta(\text{Eis})$ = 13,6 °C – 0,00 °C = 13,6 °C (K)

Berechnung m(Eis):
$Q_{auf} = Q_{ab}$
$m(\text{Eis}) \cdot q + m(\text{Eis}) \cdot c \cdot \Delta T_2 = m(\text{Wasser}) \cdot c \cdot \Delta T_1$

$$m(\text{Eis}) = \frac{m(\text{Wasser}) \cdot c \cdot \Delta T_1}{q + c \cdot \Delta T_2} = \frac{0{,}865\ \text{kg} \cdot 4{,}187\ \text{kJ/(kg} \cdot \text{K)} \cdot 64{,}6\ \text{K}}{335\ \text{kJ/kg} + 4{,}187\ \text{kJ/(kg} \cdot \text{K)} \cdot 13{,}6\ \text{K}}$$

m(Eis) = 0,597 kg · 1000 g/kg = 597 g

B 5

Durch eine Rohrleitung mit dem Durchmesser d = 50,0 mm strömt ein Gas mit der Strömungsgeschwindigkeit v = 2,15 m/s.
Wie groß ist in m³/h der Volumenstrom $\dot{V}$ an Gas in der Rohrleitung?

Gegeben:
d = 50,0 mm
v = 2,15 m/s

Beispiele

B 5

Gesucht:	$\dot{V}$
Berechnung A:	$A = \pi \cdot \left(\frac{d}{2}\right)^2$ $A = \pi \cdot \left(\frac{50{,}0\ \text{mm}}{2}\right)^2 = 1963{,}5\ \text{mm}^2 = 1{,}9635 \cdot 10^{-3}\ \text{m}^2$
Berechnung $\dot{V}$:	$\dot{V} = A \cdot v = 1{,}9635 \cdot 10^{-3}\ \text{m}^2 \cdot 2{,}15\ \text{m/s} \cdot 3600\ \text{s/h} = 15{,}2\ \text{m}^3/\text{h}$

B 6

Ein kugelförmiger Großraumtank mit dem Radius $r = 1{,}06$ m ist zu $\varphi = 75{,}0$ % mit Benzol gefüllt. Das gesamte Benzol wird über eine Rohrleitung mit dem Durchmesser $d = 5{,}28$ cm abgelassen, wobei die Strömungsgeschwindigkeit $v = 1{,}625$ m/s beträgt.
Welche Zeit t in min ist zur Entnahme des Benzols nötig?

Gegeben:	r(Kugel) = 1,06 m φ(Füllstand) = 75,0 % = 0,750 d(Rohrleitung) = 5,28 cm v = 1,625 m/s
Gesucht:	t
Berechnung V(Kugel):	$V_{\text{Kugel}} = \frac{4 \cdot \pi \cdot r^3}{3} = \frac{4 \cdot \pi \cdot (1{,}06\ \text{m})^3}{3} = 4{,}989\ \text{m}^3$
Berechnung V(Benzol):	$V_{\text{Benzol}} = V_{\text{Kugel}} \cdot \varphi_{\text{Füllstand}} = 4{,}989\ \text{m}^3 \cdot 0{,}750 = 3{,}7418\ \text{m}^3$
Berechnung A(Rohrleitung):	$A = \pi \cdot \left(\frac{d}{2}\right)^2 = \pi \cdot \left(\frac{5{,}28\ \text{cm}}{2}\right)^2 = 21{,}896\ \text{cm}^2 = 12{,}2896 \cdot 10^{-3}\ \text{m}^2$
Berechnung t:	$t = \frac{V}{A \cdot v} = \frac{3{,}7418\ \text{m}^3}{2{,}1896 \cdot 10^{-3}\ \text{m}^2 \cdot 1{,}625\ \text{m/s}} = 1051{,}6\ \text{s}$ $t = \frac{1051{,}6\ \text{s}}{60{,}0\ \text{s/min}} = 17{,}5\ \text{min}$

B 7

Eine Flüssigkeitsleitung hat den Innendurchmesser $d = 31{,}2$ mm.
Innerhalb von $t = 3{,}25$ h werden $V = 4500$ L Wasser gefördert.
Wie groß ist in m/s die Strömungsgeschwindigkeit v in der Leitung?

Gegeben:	d = 31,2 mm t = 3,25 h = 11700 s V = 4500 L = 4,500 m³
Gesucht:	v
Berechnung A:	$A = \pi \cdot \left(\frac{d}{2}\right)^2 = \pi \cdot \left(\frac{31{,}2\ \text{mm}}{2}\right) = 764{,}54\ \text{mm}^2 = 7{,}6454 \cdot 10^{-4}\ \text{m}^2$

Beispiele

B 7	Berechnung v:	$v = \frac{V}{A \cdot t} = \frac{4{,}500\ \text{m}^3}{7{,}6454 \cdot 10^{-4}\ \text{m}^2 \cdot 11700\ \text{s}} = 0{,}503\ \text{m/s}$
B 8		**Durch eine Rohrleitung mit dem Durchmesser d_1 = 22,8 mm strömt eine Flüssigkeit mit der Strömungsgeschwindigkeit v_1 = 1,94 m/s. Der Durchmesser der Rohrleitung wird im weiteren Rohrleitungsverlauf erweitert, dadurch verringert sich die Strömungsgeschwindigkeit auf v_2 = 1,36 m/s. Wie groß ist in mm der Durchmesser d_2, den das Rohr nach der Erweiterung hat?**
	Gegeben:	$d_1 = 22{,}8\ \text{mm} \Rightarrow r_1 = 11{,}4\ \text{mm}$ $v_1 = 1{,}94\ \text{m/s}$ $v_2 = 1{,}36\ \text{m/s}$
	Gesucht:	d_2
	Berechnung:	$A_1 \cdot v_1 = A_2 \cdot v_2$ $\pi \cdot r_1^2 \cdot v_1 = \pi \cdot r_2^2 \cdot v_2$ $r_2 = \sqrt{\frac{\pi \cdot r_1^2 \cdot v_1}{\pi \cdot v_2}} = \sqrt{\frac{(11{,}4\ \text{mm})^2 \cdot 1{,}94\ \text{m/s}}{1{,}36\ \text{m/s}}} = 13{,}6\ \text{mm}$ $d_2 = 2 \cdot r_2 = 2 \cdot 13{,}6\ \text{mm} = 27{,}2\ \text{mm}$
B 9		**Wie groß ist in W die Leistung P, die eine Pumpe abgeben muss, wenn sie in der Zeit t = 1,75 min eine Masse von m = 12,8 kg eines Produkts über eine Höhendifferenz von Δh = 4,85 m fördert?** **g = 9,81 m/s²**
	Gegeben:	$t = 1{,}75\ \text{min} = 105\ \text{s}$ $m = 12{,}8\ \text{kg}$ $\Delta h = 4{,}85\ \text{m}$ $g = 9{,}81\ \text{m/s}$
	Gesucht:	P
	Berechnung:	$P = \frac{m \cdot g \cdot h}{t} = \frac{12{,}8\ \text{kg} \cdot 9{,}81\ \text{m/s}^2 \cdot 4{,}85\ \text{m}}{105\ \text{s}}$ $= 5{,}80\ \text{kg} \cdot \text{m}^2/\text{s}^3$ $\quad 1\ \text{kg} \cdot \text{m}^2/\text{s}^3 = 1\ \text{W}$ $P = 5{,}80\ \text{W}$
B 10		**Ein Heizbad erwärmt pro Minute V = 10,8 L Wasser mit der Temperatur ϑ_1 = 13,5 °C auf die Temperatur ϑ_2 = 33,7 °C.** **Welche Leistung P in kW erbringt das Heizbad?** **ρ(Wasser) = 1,00 g/mL, c(Wasser) = 4,19 kJ/(kg · K)**
	Gegeben:	$t = 1{,}00\ \text{min} = 60{,}0\ \text{s}$ $V = 10{,}8\ \text{L}$ $\vartheta_1 = 13{,}5\ °\text{C}$ $\vartheta_2 = 33{,}7\ °\text{C}$ $\rho(H_2O) = 1{,}00\ \text{g/mL} = 1{,}00\ \text{kg/L}$ $c(H_2O) = 4{,}19\ \text{kJ/(kg} \cdot \text{K)}$

Beispiele

B 10		
	Gesucht:	P
	Berechnung m:	$m = V \cdot \rho = 10{,}8\ \text{L} \cdot 1{,}00\ \text{kg/L} = 10{,}8\ \text{kg}$
	Berechnung ΔT:	$\Delta T = \Delta\vartheta = \vartheta_2 - \vartheta_1 = 33{,}7\ °\text{C} - 13{,}5\ °\text{C} = 20{,}2\ °\text{C (K)}$
	Berechnung Q:	$Q = m \cdot c \cdot \Delta T = 10{,}8\ \text{kg} \cdot 4{,}19\ \text{kJ/(kg} \cdot \text{K)} \cdot 20{,}2\ \text{K} = 914\ \text{kJ}$
	Berechnung P:	$P = \frac{Q}{t} = \frac{914\ \text{kJ}}{60{,}0\ \text{s}} = 15{,}2 \frac{\text{kJ}}{\text{s}} = 15{,}2 \frac{\text{kWs}}{\text{s}} = 15{,}2\ \text{kW}$

Übungsaufgaben

Ü 1 Ein Eiswürfel mit der Temperatur $\vartheta = 0{,}00\ °\text{C}$ und der Masse $m = 24{,}0$ g wird in ein Glas mit Fruchtsaft gegeben.

Berechnen Sie in kJ die Wärmemenge Q, die benötigt wird, um den Eiswürfel zu schmelzen.
$q(\text{Eis}) = 335$ kJ/kg

Ü 2 Die Masse $m = 460$ g Blei wird vom flüssigen in den festen Aggregatzustand überführt.

Berechnen Sie in kJ die Wärmemenge Q, die dabei freigesetzt wird.
$q(\text{Blei}) = 25{,}0$ kJ/kg

Ü 3 4 L Wasser mit der Masse $m = 4{,}00$ kg und der Temperatur $\vartheta = 100\ °\text{C}$ werden bei Normdruck verdampft.

Berechnen Sie in MJ, welche Wärmemenge Q dazu benötigt wird.
$r(\text{Wasser}) = 2260$ kJ/kg

Ü 4 Berechnen Sie in kJ/(kg · K), welche spezifische Wärmekapazität c ein Metall hat, wenn ein Körper aus diesem Material mit der Masse $m = 250$ g durch Zufuhr einer Wärmemenge $Q = 12{,}59$ kJ von $\vartheta_1 = 24{,}2\ °\text{C}$ auf $\vartheta_2 = 80{,}4\ °\text{C}$ erwärmt wird.

Ü 5 In einer Kesselanlage wird der Masse $m = 750$ kg Wasser mit einer Temperatur von $\vartheta_1 = 10{,}5\ °\text{C}$ die Wärmemenge $Q = 120$ MJ zugeführt.

Berechnen Sie in °C die Temperatur ϑ_2, auf die das Wasser dadurch erwärmt wird.
$c(\text{Wasser}) = 4{,}187$ kJ/(kg · K)

Ü 6 Eine Masse $m_1 = 850$ kg Kühlwasser mit der Temperatur $\vartheta_1 = 4{,}75\ °\text{C}$ kühlt im Gegenstrom die Masse $m_2 = 325$ kg Ethanol mit der Temperatur $\vartheta_2 = 48{,}5\ °\text{C}$ auf $\vartheta_3 = 20{,}8\ °\text{C}$ ab.

Berechnen Sie in °C die Temperatur ϑ, auf die das Kühlwasser dabei ansteigt.
$c(\text{Wasser}) = 4{,}187$ kJ/(kg · K), $c(\text{Ethanol}) = 2{,}428$ kJ/(kg · K)

Übungsaufgaben

Ü 7 Berechnen Sie in kJ, welche Wärmemenge Q der Masse m = 11,2 kg Wasser entzogen werden muss, um es von ϑ_1 = 34,6 °C auf ϑ_2 = 20,5 °C abzukühlen.
c(Wasser) = 4,187 kJ/(kg · K)

Ü 8 Berechnen Sie in kJ, welche Wärmemenge Q der Masse m = 5,25 kg Wasser zugeführt werden muss, um es von ϑ_1 = 25,1 °C auf ϑ_2 = 38,7 °C zu erwärmen.
c(Wasser) = 4,187 kJ/(kg · K)

Ü 9 Für die Käseherstellung ist die Masse m = 4050 kg Milch, die mit der Temperatur ϑ_1 = 9,25 °C vorgestapelt wird, auf die Temperatur ϑ_2 = 32,5 °C anzuwärmen.

Berechnen Sie in MJ die Wärmemenge Q, die für das Anwärmen benötigt wird.
c(Milch) = 3,93 kJ/(kg · K)

Ü 10 Ein kugelförmiger Milchtank mit dem Radius r = 0,825 m ist zu φ = 75,0 % mit Milch gefüllt. Diese Milchmenge wird von ϑ_1 = 28,4 °C auf ϑ_2 = 12,0 °C heruntergekühlt.

Berechnen Sie in MJ, welche Wärmemenge Q der Milch entzogen werden muss.
c(Milch) = 3,930 kJ/(kg · K), ρ(Milch) = 1,030 g/cm^3

Ü 11 Ein zylinderförmiger Wassertank mit der Höhe h = 5,24 m und dem Durchmesser d = 2,45 m ist zu φ = 82,5 % mit Wasser gefüllt. Diese Wassermenge wird von ϑ_1 = 18,2 °C auf ϑ_2 = 29,8 °C erwärmt.

Berechnen Sie in MJ, welche Wärmemenge Q dem Wasser zugeführt werden muss.
c(Wasser) = 4,187 kJ/(kg · K), ρ(Wasser) = 0,9985 kg/dm^3

Ü 12 Die Masse m = 500 g Eis mit der Temperatur ϑ_1 = -14,8 °C wird zu Wasserdampf mit der Temperatur ϑ_2 = 115 °C umgesetzt.

Berechnen Sie in MJ, welche Wärmemenge Q dem Eis zugeführt werden muss.
c(Wasser) = 4,187 kJ/(kg · K), c(Eis) = 2,09 kJ/(kg · K), c(Wasserdampf) = 2,02 kJ/(kg · K), q(Wasser) = 335 kJ/kg, r(Wasser) = 2260 kJ/kg

Ü 13 Die Masse m = 250 g Wasserdampf mit der Temperatur ϑ = 120 °C wird zu Eis mit der Temperatur ϑ = -10 °C umgesetzt.

Berechnen Sie in kJ die Wärmemenge Q, die dem Wasserdampf dabei entzogen werden muss.
c(Wasser) = 4,187 kJ/(kg · K), c(Eis) = 2,09 kJ/(kg · K), c(Wasserdampf) = 2,02 kJ/(kg · K), q(Wasser) = 335 kJ/kg, r(Wasser) = 2260 kJ/kg

Ü 14 Mit Eis mit der Temperatur ϑ_1 = 0,00 °C wird die Masse m = 1,82 kg Wasser in einem Wasserbad mit der Temperatur ϑ_2 = 31,2 °C auf die Temperatur ϑ_3 = 0,00 °C abgekühlt.

Berechnen Sie in g, welche Masse m an Eis dazu erforderlich ist.
c(Wasser) = 4,187 kJ/(kg · K), q(Eis) = 335 kJ/kg

Ü 15 Durch Zugabe von Eis mit der Temperatur ϑ_1 = 0,00 °C in ein mit Wasser gefülltes Kühlbad wird der gesamte Kühlbadinhalt auf die Temperatur ϑ_3 = 10,2 °C abgekühlt.

Berechnen Sie in g die dafür benötigte Masse m an Eis, wenn sich im Kühlbad die Masse m_1 = 825 g Wasser mit der Temperatur ϑ_2 = 22,8 °C befindet.
c(Wasser) = 4,187 kJ/(kg · K), q(Eis) = 335 kJ/kg

Übungsaufgaben

Ü 16 In t = 52,0 s wird in einer Rohrleitung das Volumen V = 78,0 L Öl gefördert.

Berechnen Sie in m^3/h den Volumenstrom $\dot{V}$ des Öls.

Ü 17 Die Rohrleitung am Eingang einer chemischen Anlage hat einen Innendurchmesser von d = 75,0 mm. Die Strömungsgeschwindigkeit des Fördermediums beträgt v = 2,25 m/s.

Berechnen Sie in m^3/h den Volumenstrom $\dot{V}$ an dieser Stelle.

Ü 18 Hexan, ρ = 659 kg/m^3, wird durch eine Pumpe mit einer Leistung von P = 1,85 kW auf eine Höhe von h = 4,75 m transportiert.

Berechnen Sie in L/s den Volumenstrom $\dot{V}$ des Hexans.

Ü 19 Berechnen Sie in L das Volumen V eines Gases, das bei einem Volumenstrom von $\dot{V}$ = 3,20 m^3/h in t = 42,8 s durch eine Rohrleitung strömt.

Ü 20 Berechnen Sie in L das Volumen V einer Flüssigkeit, das bei einem Volumenstrom von $\dot{V}$ = 1,320 L/s in der Zeit t = 36,60 min durch eine Rohrleitung gefördert wird.

Ü 21 In einer Rohrleitung herrscht ein Volumenstrom von $\dot{V}$ = 2,45 m^3/h.

Berechnen Sie in min die Zeit t, in der V = 315 L durch diese Rohrleitung fließen.

Ü 22 Aus einem Milchtank wird über ein Rohrsystem mit dem Durchmesser d = 8,50 cm ein Volumen von V = 30000 L Milch entnommen.

Berechnen Sie in min, welche Zeit t für die Entnahme einkalkuliert werden muss, wenn die Strömungsgeschwindigkeit nicht höher als v = 1,50 m/s sein darf.

Ü 23 Ein quaderförmiger Großraumtank mit den Abmessungen 4,50 m x 5,25 m x 3,50 m ist zu φ = 85,0 % mit Öl gefüllt. Das gesamte Öl wird über eine Rohrleitung mit dem Durchmesser d = 6,25 cm abgelassen, wobei die Strömungsgeschwindigkeit v = 1,75 m/s beträgt.

Berechnen Sie in min die Zeit t, die zur Entnahme des Öls erforderlich ist.

Ü 24 Durch eine Rohrleitung mit dem Querschnitt A = 12,5 cm^2 strömt eine Flüssigkeit mit einem Volumenstrom von $\dot{V}$ = 1,74 m^3/h.

Berechnen Sie in m/s die Strömungsgeschwindigkeit v der Flüssigkeit.

Ü 25 Durch ein Rohrleitungssystem mit dem Innendurchmesser d = 8,75 cm fließt Stickstoff mit einem Volumenstrom von $\dot{V}$ = 25,4 m^3/h.

Berechnen Sie in m/s die Strömungsgeschwindigkeit v, mit der der Stickstoff durch das Leitungssystem fließt.

Ü 26 Hexan strömt mit der Strömungsgeschwindigkeit v_1 = 0,375 m/s durch ein Rohrsystem mit dem Durchmesser d_1 = 35,0 mm.

Berechnen Sie in m/s die Strömungsgeschwindigkeit v, wenn der Rohrdurchmesser auf d = 45,0 mm vergrößert wird.

Übungsaufgaben

Ü 27 In der Zeit $t = 48{,}0$ s fließt durch eine Rohrleitung mit dem Durchmesser $d = 6{,}24$ cm ein Flüssigkeitsvolumen von $V = 48{,}5$ L.

Berechnen Sie
a) in dm^3/s den Volumenstrom $\dot{V}$ und
b) in m/s die Strömungsgeschwindigkeit v
der Flüssigkeit in der Rohrleitung.

Ü 28 Aus dem geöffneten Ventil einer Wasserleitung mit dem Durchmesser $d = 22{,}4$ mm fließt in der Zeit $t = 12{,}8$ s ein Volumen von $V = 1{,}20$ L.

Berechnen Sie
a) in cm^3/s den Volumenstrom $\dot{V}$ und
b) in m/s die Strömungsgeschwindigkeit v
des Wassers in der Wasserleitung.

Ü 29 Eine Flüssigkeit strömt mit der Strömungsgeschwindigkeit $v_1 = 0{,}185$ m/s durch ein Rohr mit dem Querschnitt $A_1 = 36{,}0\ cm^2$.

Berechnen Sie in m/s die Strömungsgeschwindigkeit v_2, mit der sich die Flüssigkeit bewegen muss, wenn sich der Rohrquerschnitt auf $A_2 = 15{,}0\ cm^2$ verjüngt.

Ü 30 Wasser strömt mit der Strömungsgeschwindigkeit $v_1 = 1{,}72$ m/s durch eine Rohrleitung mit dem Durchmesser $d_1 = 25{,}4$ mm. Im weiteren Verlauf der Rohrleitung verringert sich die Strömungsgeschwindigkeit auf $v_2 = 1{,}15$ m/s.

Berechnen Sie in mm den Durchmesser d_2, den das Rohr nun hat.

Ü 31 Eine Flüssigkeit strömt mit der Strömungsgeschwindigkeit $v_1 = 0{,}275$ m/s durch eine Rohrleitung mit dem Querschnitt $A_1 = 20{,}8\ cm^2$. Im weiteren Verlauf der Rohrleitung erhöht sich die Strömungsgeschwindigkeit auf $v_2 = 1{,}05$ m/s.

Berechnen Sie in cm^2 den Querschnitt A_2, den das Rohr dazu haben muss.

Ü 32 Der Innendurchmesser einer Kühlwasserleitung wird im letzten Teilstück von $d_1 = 9{,}00$ cm auf $d_2 = 4{,}50$ cm verkleinert. Der Volumenstrom beträgt vor der Reduzierung $\dot{V} = 24{,}0\ m^3/h$.

Berechnen Sie in m/s die Strömungsgeschwindigkeit v des Kühlwassers in der Rohrleitung nach der Reduzierung.

Ü 33 Der Innendurchmesser einer Kühlwasserleitung wird im letzten Teilstück von $d_1 = 3{,}75$ cm auf $d_2 = 6{,}25$ cm erweitert. Der Volumenstrom beträgt vor der Erweiterung $\dot{V} = 32{,}2\ m^3/h$.

Berechnen Sie in m/s die Strömungsgeschwindigkeit v des Kühlwassers in der Rohrleitung nach der Erweiterung.

Ü 34 Innerhalb von $t = 48{,}5$ s werden $m = 775$ kg Wasser von einer Pumpe in eine Höhe von $h = 2{,}25$ m gefördert.

Berechnen Sie in kW die Leistung P, die die Pumpe dabei erbringt.
$g = 9{,}81\ m/s^2$

Übungsaufgaben

Ü 35 Eine Pumpe fördert pro Minute V = 82,5 L Kühlwasser auf eine Höhe von h = 5,25 m.

Berechnen Sie in W die Ausgangsleistung P des Elektromotors der Pumpe bei einem Wirkungsgrad der Pumpe von η = 82,6 %.
ρ(Wasser) = 1,00 kg/L

Ü 36 Eine Pumpe, die eine Leistung von P = 3,48 kW aufnimmt, fördert bei einem Wirkungsgrad von η = 86,5 % die Masse m = 375 kg Benzol auf eine Höhe von h = 4,65 m.

Berechnen Sie die dafür benötigte Zeit t in s.
g = 9,81 m/s^2

Ü 37 In einem Behälter befindet sich die Masse m = 15,8 kg Methanol mit der Temperatur ϑ = 21,8 °C.

Berechnen Sie, wie viel Kilogramm Methanol verdampfen, wenn die elektrische Beheizung des Behälters mit der Leistung P = 1,54 kW für eine Zeit von t = 48,0 min eingeschaltet ist.
c(Methanol) = 2,53 kJ/(kg · K), r(Methanol) = 1100 kJ/kg, ϑ_b(Methanol) = 64,6 °C

Ü 38 Die Nennleistung von einem Anlagenteil ist mit P = 2865 W angegeben. Im Anlagenteil wird das in der Lösung enthaltene Lösemittel Ethanol von der Temperatur ϑ = 18,5 °C auf die Siedetemperatur von Ethanol ϑ_b = 78,0 °C aufgeheizt und in Ethanoldampf gleicher Temperatur überführt.

Berechnen Sie in L das Volumen V(Ethanol), ρ(Ethanol) = 0,796 kg/L, das während einer Schicht mit t = 7,25 h anfällt.
c(Ethanol) = 2,40 kJ/(kg · K), r(Ethanol) = 963 kJ/kg

Ü 39 An einem Wärmetauscher werden vom Kühlwasser stündlich W = 325 MJ abgeführt. Der Zulauf des Kühlwassers erfolgt durch eine Rohrleitung mit dem Durchmesser d = 6,50 cm und der mittleren Strömungsgeschwindigkeit v = 1,75 m/s.

Berechnen Sie in °C die Temperaturdifferenz $\Delta\vartheta$ zwischen Kühlwassereintritt und Kühlwasseraustritt.
ρ(Wasser) = 0,9982 g/mL, c(Wasser) = 4,187 kJ/(kg · K)

Ü 40 Vom Kühlwasser an einem Wärmetauscher muss stündlich die Wärmeenergie W = 25000 kJ abgeführt werden. Der Zulauf des Kühlwassers erfolgt durch eine Rohrleitung mit dem Innendurchmesser d = 38,0 mm, die mittlere Strömungsgeschwindigkeit beträgt v = 1,18 m/s.

Berechnen Sie in °C den Temperaturunterschied $\Delta\vartheta$ zwischen Kühlwassereintritt und Kühlwasseraustritt.
ρ(Wasser) = 1,00 g/mL, c(Wasser) = 4,19 kJ/(kg · K)

14 Probenahme

Jede instrumentelle Analytik ist abhängig von einer geeigneten Probenahme. Die zuvor festzulegende Probenahmestrategie befasst sich mit dem Zeitpunkt, dem Ort, der Art und der Dauer der Probenahme. Die Probenahme (inklusive Probenahmestrategie und Probenvorbereitung) ist Bestandteil einer jeden physikalischen, chemischen oder biologischen Analyse von Stoffen. Ziel einer Probenahme ist es, aus einer Gesamtmenge eine repräsentative Teilmenge zu entnehmen.

Innerhalb eines analytischen Prozesses kommt der Probenahme eine sehr große Bedeutung zu. Fehler in der Probenahme können auch mit der besten Analysentechnik nicht mehr kompensiert werden. In diesem Buch ist bereits eine Vielzahl von Analysenmethoden erläutert worden. Alle Berechnungen hierzu basieren auf einer vorangegangenen Probenahme, um den für die Analyse benötigten Anteil der Gesamtprobe bereitzustellen.

In diesem Kapitel werden die theoretischen Grundlagen mit den mathematischen zur Probenahme verknüpft, um eine Probe so vorzubereiten, dass anschließend eine sinnvolle Messung möglich ist.

Die Probenahme kann von festen, von flüssigen und von gasförmigen Stoffen erfolgen. Dem Aggregatzustand entsprechend muss dabei die Probenahmetechnik angepasst werden.

- Matrixbestandteile einer Probe können durch eine Extraktion der Probe beseitigt werden. Dabei wird entweder eine Flüssig-flüssig-Extraktion oder eine Flüssig-fest-Extraktion durchgeführt. In den zugehörigen Rechenbeispielen wird der entsprechende Verteilungskoeffizient *K* ermittelt. Das ist eine temperaturabhängige und dimensionslose Konstante. Der bei einer Extraktion zu berechnende Verteilungskoeffizient wurde bereits im Kapitel 7 ausführlich erläutert.
- **Bei festen Proben** kann durch eine Siebanalyse eine Korngrößenverteilung vorgenommen werden. Dabei werden die Massen der Bestandteile auf den einzelnen Prüfsieben ermittelt und die Korngrößenverteilung berechnet.
- **Die Probenahme von Gasen** erfolgt entweder direkt mithilfe einer Gasmaus oder absorptiv oder adsorptiv. Bei der absorptiven Probenahme werden die Verweilzeit des Gases in der Flüssigkeit sowie der Absorptionsgrad bestimmt. Die bei der adsorptiven Probenahme verwendeten Adsorptionsröhrchen sind mit einem oberflächenaktiven Material gebunden. Man lässt das Probegas mit einem festgelegten Volumenstrom und einer festgelegten Zeitdauer durch das Adsorptionsröhrchen strömen und kann anschließend aus der Masse der Probe, dem Volumenstrom und der Zeit die Massenkonzentration des Probegases berechnen.

Nach einer Probenahme ist der Aggregatzustand der Probe immer dem Aggregatzustand der Analysenmethode anzupassen.

$$K = \frac{c(\text{Extraktphase})}{c(\text{Raffinatphase})}$$

$$K = \frac{V_{\text{Lösung}} \cdot n_{\text{Extrakt}}}{V_{\text{Extraktionsmittel}} \cdot n_{\text{Rückstand}}} \qquad K = \frac{V_{\text{Lösung}} \cdot n_{\text{Extrakt}}}{V_{\text{Extraktionsmittel}} \cdot (n_{\text{Lösung}} - n_{\text{Extrakt}})}$$

$$n_z(\text{R}) = n(\text{Analyt}) \cdot \left(\frac{V(\text{R})}{K \cdot V(\text{E}) + V(\text{R})}\right)^z$$

$$m_z(\text{R}) = m(\text{Analyt}) \cdot \left(\frac{V(\text{R})}{K \cdot V(\text{E}) + V(\text{R})}\right)^z \qquad z = \frac{\lg \dfrac{m_z(\text{R})}{m_{\text{ges}}}}{\lg \dfrac{V(\text{R})}{K \cdot V(\text{E}) + V(\text{R})}}$$

$$w\,(\%) = \frac{m \cdot 100\,\%}{m_{ges}}$$

$$\dot{V} = \frac{V}{t}$$

$$E = \varepsilon \cdot c \cdot d$$

Beispiele

B 1

Das Volumen V_1 = 50,0 mL einer Lösung von Ethanol in Wasser mit c(Ethanol) = 1,19 · 10^{-2} mol/L wird mit V_2 = 20,0 mL Tetrachlormethan ausgeschüttelt. Vom Ethanol verbleiben nach der Extraktion n = 1,45 · 10^{-5} mol in der wässrigen Phase.
Wie groß ist der Verteilungskoeffizient K?

Gegeben:

V(Lösung) = V_1 = 50,0 mL = 0,0500 L
$c(C_2H_5OH)$ = 1,19 · 10^{-2} mol/L
$n(C_2H_5OH)$ nach der Extraktion = 1,45 · 10^{-5} mol

Gesucht: K

Berechnung $n(C_2H_5OH)$ vor der Extraktion:

$n(C_2H_5OH) = c(C_2H_5OH) \cdot V(\text{Lösung})$
$n(C_2H_5OH)$ = 1,19 · 10^{-2} mol/L · 0,0500 L = 5,95 · 10^{-4} mol

Berechnung $n_{Extrakt}$:

$n_{Extrakt} = n_L(C_2H_5OH) - n_{Rückstand}(C_2H_5OH)$
$n_{Extrakt}$ = 5,95 · 10^{-4} mol – 1,45 · 10^{-5} mol = 5,805 · 10^{-4} mol

Berechnung K:

$$K = \frac{V_{Lösung} \cdot n_{Extrakt}}{V_{Extraktionsmittel} \cdot (n_{Lösung} - n_{Extrakt})} = \frac{V_1 \cdot n_E}{V_2 \cdot (n_L - n_E)}$$

$$= \frac{50\text{ mL} \cdot 5{,}805 \cdot 10^{-4}\text{ mol}}{20{,}0\text{ mL} \cdot (5{,}95 \cdot 10^{-4}\text{ mol} - 5{,}805 \cdot 10^{-4}\text{ mol})} = 100$$

B 2

Bei einer Flüssig-flüssig-Extraktion werden V(R) = 125 mL des Extraktionsguts mit m(Analyt) = 50,0 mg dreimal mit jeweils V(E) = 30,0 mL Extraktionsmittel ausgeschüttelt. Der Verteilungskoeffizient des Analyten in den beiden verwendeten Lösemitteln beträgt K = 1,42.
Wie groß ist in % der Massenanteil w(Analyt), der nach dreimaliger Extraktion im Extraktionsgut verbleibt?

Gegeben:

V(Extraktionsgut) = V(R) = 125 mL
V(Extraktionsmittel) = V(E) = 30,0 mL
m(Analyt) = 50,0 mg
Anzahl Extraktionen = z = 3
K = 1,42

Beispiele

B 2

Gesucht: $w(\text{Analyt})$

Berechnung $m_z(\text{R})$: $m(\text{Rückstand})$ in Raffinatphase:

$$m_z(\text{R}) = m(\text{Analyt}) \cdot \left(\frac{V(\text{R})}{K\ \ V(\text{E}) + V(\text{R})}\right)^z$$

$$m_z(\text{R}) = 50{,}0\,\text{mg} \cdot \left(\frac{125\,\text{mL}}{1{,}42\ \ 30{,}0\,\text{mL} + 125\,\text{mL}}\right)^3 = 20{,}74\,\text{mg}$$

Berechnung $w(\text{Analyt})$ in Raffinatphase:

$$w(\text{Analyt}) = \frac{m_z(\text{R}) \cdot 100\,\%}{m(\text{Analyt})} = \frac{20{,}74\,\text{mg} \cdot 100\,\%}{50{,}0\,\text{mg}} = 41{,}5\,\%$$

B 3

Um den enthaltenen Farbstoff zu extrahieren, werden V_1 = 250 mL einer Farbstofflösung mehrfach mit jeweils V_2 = 40,0 mL eines Extraktionsmittels ausgeschüttelt.
Berechnen Sie die Anzahl z an Extraktionsvorgängen, die mindestens benötigt werden, damit w = 97,2 % des Farbstoffs aus der Lösung entfernt werden.
***K*(Farbstoff) = 1,82**

Gegeben:

$w(\text{Farbstoff})_{\text{entfernt}}$ = 97,2 %
$K(\text{Farbstoff})$ = 1,82
V_1 = 250 mL = $V(\text{R})$
V_2 = 40,0 mL = $V(\text{E})$

Gesucht: z

Berechnung $w(\text{Rückstand})$:

$$w(\text{Rückstand}) = 100\,\% - w(\text{Farbstoff})_{\text{entfernt}} = 100\,\% - 97{,}2\,\% = 2{,}80\,\%$$

Berechnung z:

$$z = \frac{\lg w(\text{Rückstand})}{\lg \dfrac{V(\text{R})}{K \cdot V(\text{E}) + V(\text{R})}} = \frac{\lg 0{,}0280}{\lg \dfrac{250\,\text{mL}}{1{,}82 \cdot 40\,\text{mL} + 250\,\text{mL}}} = 13{,}99$$

z = 13,99 ⇨ mindestens 14 Extraktionsvorgänge

B 4

Nach der Extraktion verbleiben 10,2 % des Analyten im Lösemittel zurück. Der Massenanteil an Analyt in der Probelösung beträgt *w*(Analyt) = 0,0816 %.
Berechnen Sie den durch die Extraktion verursachten absoluten Fehler in %, bezogen auf den Analytgehalt in der Probelösung.

Gegeben:

$w(\text{Analyt})$ = 0,0816 %
$w(\text{Analyt Rückstand})$ = 10,2 %

Gesucht: absoluter Fehler

Beispiele

B 4

Berechnung:

$$\text{absoluter Fehler} = \frac{w(\text{Analyt}) \cdot w(\text{Analyt Rückstand})}{100\,\%}$$

$$= \frac{0{,}0816\,\% \cdot 10{,}2\,\%}{100\,\%} = 8{,}32 \cdot 10^{-3}\,\%$$

B 5

Die Analyse einer Bodenprobe ergibt folgende Werte:
Wassergehalt $w(H_2O)$ = 12,8 %
Kupfergehalt $w(Cu)$ = 25,2 mg/1000 g
Wie groß ist der Massenanteil $w(Cu)$ in mg/1000 g, bezogen auf die Trockensubstanz?

Gegeben:
$w(H_2O)$ = 12,8 %
$w(Cu)$ = 25,2 mg/1000 g im Original (i.O.)

Gesucht: $w(Cu)$ in der Trockensubstanz (i.T.)

Berechnung:

$$w(\text{Cu})\,\text{i.T.} = \frac{w(\text{Cu})\,\text{i.O.} \cdot 100\,\%}{100\,\% - \%(\text{Wasser})} = \frac{25{,}2\,\text{mg}/1000\,\text{g} \cdot 100\,\%}{100\,\% - 12{,}8\,\%}$$

$$w(\text{Cu})\,\text{i.T.} = 28{,}9\,\text{mg}/1000\,\text{g}$$

B 6

Für einen Analyten beträgt der Sättigungsgehalt eines Adsorptionsröhrchens m = 144 mg. Für das zu untersuchende Gas wird von einer Massenkonzentration β(Analyt) = 4,50 mg/L Gas ausgegangen. Das zu untersuchende Gas wird mit einem Volumenstrom von $\dot{V}$ = 1,75 L/min durch das Adsorptionsröhrchen gepumpt.
Nach welcher Zeit t in min ist das Adsorptionsröhrchen an Analyt gesättigt?

Gegeben:
m(Analyt, Sättigungsgehalt) = 144 mg
β(Analyt) = 4,50 mg/L
$\dot{V}$ = 1,75 L/min

Gesucht: t

Berechnung V(Gas):

$$V(\text{Gas}) = \frac{m(\text{Analyt})}{\beta(\text{Analyt})} = \frac{144\,\text{mg}}{4{,}50\,\text{mg/L}} = 32{,}0\,\text{L}$$

Berechnung t:

$$t = \frac{V}{\dot{V}} = \frac{32{,}0\,\text{L}}{1{,}75\,\text{L/min}} = 18{,}3\,\text{min}$$

B 7

Zur Bestimmung des Kupfergehalts wird eine Lösung mit Ammoniak versetzt und der entstehende blaue Farbkomplex mit dem Fotometer gemessen. Der molare Extinktionskoeffizient hat den Wert ε = 436 L/(mol · cm). Die Messung erfolgt in 10,0-mm-Küvetten. Die Messung der verdünnten Lösung ergibt eine Extinktion von E = 0,436. Die unverdünnte Probe hat die Massenkonzentration β_1(Cu) = 953 mg/L. Welches Verdünnungsverhältnis liegt bei dieser Quantifizierung vor?
M(Cu) = 63,546 g/mol

Beispiele

B 7

Gegeben:	ε = 436 L/(mol · cm) d = 10,0 mm = 1,00 cm $\beta_1(Cu)$ = 953 mg/L E(verdünnte Lösung) = 0,436 $M(Cu)$ = 63,546 g/mol
Gesucht:	Verdünnungsverhältnis
Berechnung $c(Cu)$ in verd. Probe:	$c = \frac{E}{\varepsilon \cdot d} = \frac{0{,}436}{436\ L/(mol \cdot cm) \cdot 1{,}00\ cm} = 0{,}001\ mol/L$
Berechnung $\beta_2(Cu)$:	$\beta_2(Cu) = c(Cu) \cdot M(Cu) = 0{,}001\ mol/L \cdot 63{,}546\ g/mol$ $\beta_2(Cu) = 0{,}063546\ g/L = 63{,}546\ mg/L$
Berechnung Verdünnungsverhältnis:	Verdünnungsverhältnis $= \frac{\beta_1}{\beta_2} = \frac{953\ mg/L}{63{,}546\ mg/L} = 15 : 1$

Übungsaufgaben

Ü 1 Das Volumen V_1 = 40,0 mL einer wässrigen Butansäurelösung ($c = 2{,}50 \cdot 10^{-2}$ mol/L) wird mit V_2 = 12,5 mL Diethylether ausgeschüttelt. Die Stoffmenge $n = 3{,}12 \cdot 10^{-4}$ mol der Butansäure verbleibt nach der Extraktion in der wässrigen Phase.

Berechnen Sie den Verteilungskoeffizienten K.

Ü 2 V_1 = 75,0 mL einer wässrigen Metallsalzlösung mit c(Salz) = $3{,}75 \cdot 10^{-3}$ mol/L werden mit V_2 = 25,0 mL Ether ausgeschüttelt. Dabei werden 92,8 % der Metallionen extrahiert.

Berechnen Sie den Verteilungskoeffizienten K.

Ü 3 Das Volumen V_1 = 25,0 mL einer wässrigen phosphathaltigen Lösung mit der Massenkonzentration $\beta(PO_4^{3-})$ = 10,0 mg/L wird mit V_2 = 15,0 mL Methylisobutylketon ausgeschüttelt. Es werden 96,4 % des Phosphats extrahiert.

Berechnen Sie den Verteilungskoeffizienten K.

Ü 4 V_1 = 35,0 mL einer wässrigen Butansäurelösung mit der Stoffmengenkonzentration c = 175 mmol/L werden mit V_2 = 12,5 mL Diethylether ausgeschüttelt. In der wässrigen Phase verbleiben $n_1 = 6{,}25 \cdot 10^{-2}$ mmol der Butansäure.

Berechnen Sie in % den Anteil an Butansäure, der extrahiert wurde.

Ü 5 V_1 = 100 mL einer wässrigen Iodlösung mit der Stoffmengenkonzentration c = 2,50 mmol/L werden mit V_2 = 20,0 mL Tetrachlorkohlenstoff ausgeschüttelt. In der wässrigen Phase verbleibt die Stoffmenge $n_1 = 3{,}15 \cdot 10^{-3}$ mmol Iod.

Berechnen Sie in % den Anteil an Iod, der extrahiert wurde.

Übungsaufgaben

Ü 6 Zur Abtrennung von Benzoesäure aus einer wässrigen Lösung werden m_1 = 50,0 g der Probelösung mit dem Massenanteil w(Benzoesäure) = 0,325 % mit V = 100 mL Diethylether ausgeschüttelt.

Berechnen Sie in g, welche Masse m(Benzoesäure) sich nach dem Extraktionsvorgang in der organischen Phase befindet.
K(Benzoesäure) = 5,30

Ü 7 Aus V_1 = 500 mL einer Abwasserprobe wird eine zu erwartende Phosphatmenge von m = 2,50 µg durch einmalige Extraktion mit V_2 = 60,0 mL Methylisobutylketon abgetrennt.

Berechnen Sie in µg den Verlust an Phosphat, der bei einem Verteilungskoeffizienten von $K = 1{,}10 \cdot 10^{-3}$ auftritt.

Ü 8 Um einen Analyten aus einer wässrigen Probelösung abzutrennen, werden m = 20,0 g der Lösung mit w(Analyt) = 0,0750 % dreimal mit jeweils V = 40,0 mL Lösemittel ausgeschüttelt. Bei jedem Extraktionsvorgang verbleiben 21,2 % des Analyten in der wässrigen Phase.

Berechnen Sie in mg, welche Masse Analyt nach den drei Extraktionsvorgängen in der wässrigen Phase zurückbleibt.

Ü 9 Um einen Analyten aus einer wässrigen Probelösung abzutrennen, werden m = 50,0 g der Lösung mit w(Analyt) = 0,125 % viermal mit jeweils V = 30,0 mL Lösemittel ausgeschüttelt. Bei jedem Extraktionsvorgang verbleiben 12,5 % des Analyten in der wässrigen Phase.

Berechnen Sie in mg, welche Masse Analyt sich nach den vier Extraktionsvorgängen in der vereinten Lösemittelphase befindet.

Ü 10 V_1 = 100 mL einer Farbstofflösung werden mehrfach mit jeweils V_2 = 50,0 mL Essigsäureethylester versetzt, um den Farbstoff zu extrahieren.

Berechnen Sie die Anzahl z an Extraktionsvorgängen, die mindestens benötigt werden, damit 98,5 % des Farbstoffs aus der Farbstofflösung entfernt werden.
K(Farbstoff) = 2,75

Ü 11 Bei einer Flüssig-flüssig-Extraktion werden V_1 = 200 mL des Extraktionsguts fünfmal mit je V_2 = 75,0 mL Extraktionsmittel ausgeschüttelt. Der Verteilungskoeffizient des Analyten bei den beiden verwendeten Lösemitteln beträgt K(Analyt) = 3,25.

Berechnen Sie in % den Anteil an Analyt, der nach fünfmaliger Extraktion im Extraktionsgut vorliegt.

Ü 12 Zur Abtrennung eines Analyten von der Probenmatrix wird eine Probelösung mit einem organischen Lösemittel extrahiert. Nach der Extraktion verbleiben 8,75 % des Analyten im Lösemittel zurück. Der Massenanteil an Analyt in der Probelösung beträgt w(Analyt) = 0,0415 %.

Berechnen Sie den durch die Extraktion verursachten absoluten Fehler in %, bezogen auf den Analytgehalt.

Übungsaufgaben

Ü 13 Ein Kalksandstein wird gemahlen. Bei der anschließenden Siebung von m = 500,0 g der gemahlenen Kalksandsteinprobe werden folgende Werte ermittelt:

Siebmaschenweite	Rückstand
> 315 bis 400 µm	m_1 = 118,3 g
> 200 bis 315 µm	m_2 = 147,7 g
> 160 bis 200 µm	m_3 = 102,4 g
< 160 µm	m_4 = 131,6 g

Berechnen Sie in % den Massenanteil an gemahlenem Kalksandstein, dessen Teilchengröße > 200 µm ist.

Ü 14 Bei der Siebanalyse von m = 250 g einer getrockneten und zerkleinerten Bodenprobe werden folgende Werte ermittelt:

Siebmaschenweite	Rückstand
> 100 bis 160 µm	m_1 = 66,7 g
> 40 bis 100 µm	m_2 = 98,4 g
< 40 µm	m_3 = 84,9 g

Berechnen Sie in % die Massenanteile w für jeden der drei Rückstände an Bodenprobe, die auf den Siebmassenweiten verbleiben.

Ü 15 Die Masse m = 1,00 kg eines Düngemittels wird mit verschiedenen Siebmaschenweiten gesiebt. Anschließend wird in den einzelnen Siebfraktionen der Feuchtigkeitsgehalt bestimmt. Dabei werden folgende Werte erhalten:

Siebmaschenweite	Rückstand	Feuchtigkeitsgehalt
> 315 µm	m_1 = 114 g	w_1 = 2,44 %
> 160 bis 315 µm	m_2 = 365 g	w_2 = 2,86 %
< 160 µm	m_3 = 521 g	w_3 = 3,62 %

Berechnen Sie den Feuchtigkeitsgehalt w in % der Gesamtprobe.

Ü 16 Eine Getreideprobe m = 100 g wird gemahlen, mit verschiedenen Siebmaschenweiten gesiebt und von den Siebfraktionen mit den Maschenweiten < 63 µm und > 63 bis 100 µm der Feuchtigkeitsgehalt bestimmt. Der Feuchtigkeitsgehalt der Gesamtprobe beträgt w = 7,85 %. Folgende Werte werden ermittelt:

Siebmaschenweite	Rückstand	Feuchtigkeitsgehalt
> 100 µm	m_1 = 46,2 g	w_1 = ? %
> 63 bis 100 µm	m_2 = 34,6 g	w_2 = 7,02 %
< 63 µm	m_3 = 19,2 g	w_3 = 6,15 %

Berechnen Sie in % den Feuchtigkeitsgehalt w_1 des Mahlguts, dessen Teilchengröße > 100 µm ist.

Übungsaufgaben

Ü 17 Folgende Wägungen werden zur Bestimmung der Feuchtigkeit einer Auswuchsprobe durchgeführt:

m(Wägeschale leer):	m_1 = 42,75 g
m(Wägeschale + Probe):	m_2 = 53,18 g
Nach dem Trocknen bis zur Massekonstanz *m*(Wägeschale + Probe):	m_3 = 49,38 g

Berechnen Sie den Massenteil *w*(Trockensubstanz) der Probe in %.

Ü 18 Bei den Wägungen zur Bestimmung des Feuchtigkeitsgehalts einer Pigmentprobe werden folgende Auswaagen festgestellt:

Wägeschale leer:	m_1 = 195,4 g
Wägeschale mit Probe (nicht getrocknet):	m_2 = 293,6 g
Wägeschale mit Probe (zur Massekonstanz getrocknet):	m_3 = 282,4 g

Berechnen Sie den Feuchtigkeitsgehalt $w(H_2O)$ der Pigmentprobe in %.

Ü 19 Auf dem Analysenbefund für eine Bodenprobe werden folgende Werte für die Originalsubstanz angegeben:

Wassergehalt:	$w(H_2O)$	= 6,87 %
Gesamtstickstoff:	*w*(N)	= 0,615 %
Gesamtphosphor:	*w*(P)	= 0,0585 %

Berechnen Sie den Massenanteil *w*(N) und den Massenanteil *w*(P) in %, bezogen auf die Trockensubstanz.

Ü 20 Die Analyse einer Suspension ergibt folgende Ergebnisse:
Massenanteil *w*(Trockensubstanz) = 48,25 %
Massenanteil $w(Cl^-)$ = 5,826 %

Berechnen Sie den Massenanteil $w(Cl^-)$ in %, bezogen auf die Trockensubstanz.

Ü 21 Der Sättigungsgehalt eines Adsorptionsröhrchen für einen Analyten beträgt *m* = 142 mg. Von einem zu untersuchenden Gas wird eine Massenkonzentration von *β*(Analyt) = 2,50 mg/L Gas angenommen.

Berechnen Sie in min die Zeit *t*, nach der das Adsorptionsröhrchen an Analyt gesättigt ist, wenn das Probengas mit einem Volumenstrom von $\dot{V}$ = 0,825 L/min durch das Adsorptionsröhrchen gepumpt wird.

Ü 22 Bei der Probenahme eines zu untersuchenden Gases wird von einer Massenkonzentration des Analyten von *β*(Analyt) = 1,75 µg/mL Gas ausgegangen. Das Gas wird mit einem Volumenstrom von $\dot{V}$ = 1,15 L/min durch das Adsorptionsröhrchen gesaugt.

Berechnen Sie in min die Zeit *t*, nach der das Adsorptionsröhrchen an Analyt gesättigt ist, wenn der Sättigungsgehalt des Röhrchens für den Analyten *m* = 214 mg beträgt.

Ü 23 Bismut(III)-Ionen werden VIS-spektroskopisch bei der Wellenlänge *λ* = 460 nm als Tetraiodobismutat(III)-Komplex bestimmt. Der molare Extinktionskoeffizient beträgt *ε* = 6690 L/(mol · cm). Die Messung erfolgt in Küvetten mit *d* = 20,0 mm. Die Messung der verdünnten Probe ergibt eine Extinktion von *E* = 0,2465. In der unverdünnten Probe ist die Masse *m* = 154 mg Bismut enthalten.

Berechnen Sie das Verdünnungsverhältnis, das für diese Bestimmung angewendet wurde.
M(Bi) = 208,980 g/mol

Übungsaufgaben

Ü 24 Für die fotometrische Bestimmung von Benzoesäue sind folgende Angaben bekannt:

Schichtdicke	d = 1,00 cm
gesicherter Bereich der Linearität der Extinktionswerte	E = 0,150 bis E = 0,950
molarer Extinktionskoeffizient	ε = 10170 L/(mol · cm)
Wellenlänge	λ = 220 nm

Berechnen Sie das Verdünnungsverhältnis für eine Probe mit m = 312,2 mg Benzoesäure, damit der Messwert E = 0,520 beträgt.
M(Benzoesäure) = 122,121 g/mol

Ü 25 Von einer Feststoffprobe mit $w(Fe_2O_3)$ = 38,2 % wird die Masse m = 1,3566 g eingewogen und aufgeschlossen.

Berechnen Sie das erforderliche Verdünnungsverhältnis der Probe, damit bei der fotometrischen Bestimmung eine Massenkonzentration von β(Fe) = 7,25 µg/mL gemessen werden kann.
$M(Fe_2O_3)$ = 159,69 g/mol, M(Fe) = 55,85 g/mol

15 Chromatografie

In Kapitel 10.2 wurden bereits die theoretischen Grundlagen der Chromatografie näher beschrieben. Die wichtigsten Grundlagen:

- Die Trennung von Stoffgemischen erfolgt durch unterschiedlich starke Wechselwirkungen der stationären Phase mit den im zu untersuchenden Stoffgemisch enthaltenen Einzelsubstanzen, die mit der mobilen Phase an der stationären Phase vorbeigeführt werden.
- Die Wechselwirkungen beruhen auf Adsorptions-, Ionenaustausch- oder Verteilungsvorgängen.
- Grundsätzlich kann man die Dünnschicht- und Papierchromatografie von der Säulenchromatografie unterscheiden:
  - Bei der Dünnschichtchromatografie ist die stationäre Phase eine dünne, poröse Schicht aus feinkörnigem Kieselgel, die auf einer Glasplatte, Aluminium- oder Kunststofffolie aufgetragen ist. Bei der Papierchromatografie wird ein saugfähiges Papierblatt als stationäre Phase eingesetzt.
  - Bei der Säulenchromatografie finden die Trennvorgänge in einer Säule statt. Je nach Aggregatzustand der mobilen Phase unterscheidet man gaschromatografische und flüssigkeitschromatografische Verfahren.

In diesem Kapitel liegt der Schwerpunkt bei Übungsaufgaben zur Chromatografie, die in der Ausbildung der Chemielaborantin/des Chemielaboranten dem Wahlqualifikationsniveau zugeordnet werden und dementsprechend eine nähere Kenntnis der Abläufe von chromatografischen Trennungen und deren Auswertung voraussetzen.

Die Kenngrößen der Säulenchromatografie können im Allgemeinen dem Chromatogramm entnommen werden. Chromatogramme entstehen, wenn man die Signale eines Detektors über die Zeit aufträgt. Chromatogramme sind reproduzierbar, wenn die chromatografischen Bedingungen gleich bleiben. Zu diesen Bedingungen gehören z. B. die Säulenabmessungen, die Art der stationären Phase, die Art der mobilen Phase, die Fließgeschwindigkeit (bzw. der Volumenstrom) sowie Druck, Temperatur und Detektor.

Wichtige Kenngrößen der Säulenchromatografie:

- **Peakhöhe h:** Strecke zwischen Peakmaximum und Basislinie
- **Basispeakbreite w_b:** Zeitdifferenz, die sich für einen Peak aus den beiden Schnittpunkten der Wendepunkttangenten mit der Basislinie ergibt
- **Peakbreite auf halber Höhe w_h:** Zeitdifferenz, die sich aus den Zeitwerten auf halber Peakhöhe ergibt
- **Peakfläche A:** Fläche, die zwischen der Peakkurve und der Basislinie eingeschlossen wird; sie kann in Peakflächeneinheiten, den sogenannten Counts (cts), angegeben werden; bei manueller Auswertung wird die Peakfläche A als Produkt aus Peakhöhe h und Peakbreite auf halber Höhe w_h ermittelt
- **Durchflusszeit t_M:** Zeit, die die mobile Phase zum Durchfließen der Säule benötigt; da die mobile Phase in der Regel kein Detektorsignal erzeugt, setzt man zur Bestimmung von t_M Substanzen ein, die sich gegenüber der stationären Phase inert verhalten und daher zeitgleich mit der mobilen Phase aus der Säule austreten und ein Detektorsignal erzeugen; diese Substanzen werden daher auch als Durchflussmarker-Substanzen bezeichnet
- **mittlere lineare Geschwindigkeit $\bar{u}$ der mobilen Phase:** wird aus dem Quotienten von Säulenlänge L und Durchflusszeit t_M berechnet

- **Retentionszeit t_R:** charakteristisch für jeden Analyt; bezeichnet die Zeit, die der Analyt von der Injektion in die Säule bis zum vom Detektor erfassten Peaksignal benötigt
- **reduzierte Retentionszeit t_R':** Differenz aus der Retentionszeit t_R und der Durchflusszeit t_M
- **Retentionsfaktor k' (Kapazitätsfaktor k'):** Quotient aus der reduzierten Retentionszeit t_R' und der Durchflusszeit t_M; von der Säulenlänge und der Fließgeschwindigkeit der mobilen Phase abhängig; Maß dafür, um wie viel länger sich die Analytmoleküle in der stationären Phase aufhalten als in der mobilen Phase

Neben den Kennzahlen, die dem Chromatogramm direkt entnommen werden können, gibt es zudem Kennzahlen, die die Trennwirkung einer Säule charakterisieren. Unter Trennwirkung versteht man die Fähigkeit eines chromatografischen Systems, ein Analytgemisch effektiv aufzutrennen und so ein eindeutiges Chromatogramm zu liefern.

Kennzahlen für die Trennwirkung:

- **Trennfaktor bzw. Selektivitätskoeffizient α:** Quotient aus den Retentionsfaktoren k' zweier benachbarter Peaks; definitionsgemäß ist $\alpha > 1$, sodass der Retentionsfaktor der an der stationären Phase stärker zurückgehaltenen Substanz (erscheint im Chromatogramm daher „später") stets im Zähler steht; ist $\alpha = 1$, überdecken sich die beiden benachbarten Peaks
- **Auflösung R_S:** Merkmal für die Qualität einer Trennung; für zwei benachbarte Peaks (Analyt 1 und Analyt 2) berechnet sie sich aus der Zeitdifferenz der Peakmaxima $(t_{R2} - t_{R1})$ und dem Mittelwert der beiden Basispeakbreiten $[(w_{b1} + w_{b2})/2]$;
  alternativ können auch die Peakbreiten auf halber Höhe herangezogen werden; dadurch ergibt sich die Gleichung zu $R_S = \frac{1{,}177 \cdot (t_{R2} - t_{R1})}{w_{h1} + w_{h2}}$; Erfahrungswerte haben ergeben, dass zwei benachbarte Peaks erst basisliniengetrennt sind, wenn $R_S > 1{,}5$
- **Bodenhöhe H und Trennstufenzahl bzw. (theoretische) Bodenzahl N:** werden als quantitatives Maß für die Trennwirkung einer Chromatografiesäule verwendet und sind über die Säulenlänge L folgendermaßen miteinander verknüpft: $H = \frac{L}{N}$
  Die Bodenzahl N einer Chromatografiesäule wird aus der Retentionszeit t_R eines Analyten und der zugehörigen Basispeakbreite w_b bzw. der Peakbreite auf halber Höhe w_h ermittelt.
  „Boden" ist bei der Säulenchromatografie ein rein theoretischer Begriff, wobei davon ausgegangen wird, dass man eine chromatografische Säule – ähnlich einer Rektifikationskolonne – in zahlreiche eng aneinanderliegende Schichten aufteilen kann, in denen sich wiederholende Wechselwirkungen der Probe zwischen stationärer und mobiler Phase stattfinden. Je größer die Bodenzahl N und je kleiner die Bodenhöhe H, desto mehr Wechselwirkungen können stattfinden und desto größer ist demnach die Trennleistung der Säule.

Weitere mathematische Größen in der Säulenchromatografie ergeben sich, wenn man konkret einen Blick auf die Arbeitsweise der Detektoren wirft. Im Allgemeinen wird bei der quantitativen Säulenchromatografie ein Vergleich entweder der Peakhöhe oder der Peakfläche eines Analyten mit der eines Standards vorgenommen. Da die Peakflächen besser reproduzierbar sind, werden diese in den meisten Fällen herangezogen.

Unter der Annahme, dass ein Detektor für alle Substanzen eine gleiche Empfindlichkeit aufweist, ist die Masse einer Substanz direkt proportional zur Peakfläche: $m(\mathrm{X}) \sim A$. Dies kann beispielsweise auch analog auf den Massenanteil oder die Massenkonzentration einer Substanz angewendet werden: $w(\mathrm{X}) \sim \mathrm{A}$ oder $\beta(\mathrm{X}) \sim \mathrm{A}$.

In den meisten Fällen ist die Detektorenempfindlichkeit jedoch von der Art der Substanz abhängig, und es ergeben sich bei verschiedenen Substanzen bei gleicher Analytmenge unterschiedlich große Peakflächen. Um Peakflächen vergleichbar zu machen, bedient man sich des Responsefaktors R (oder Detektorenempfindlichkeit S):

$$R = \frac{A}{m(\mathrm{X})} \quad \text{bzw.} \quad R = \frac{A}{w(\mathrm{X})} \quad \text{oder} \quad R = \frac{A}{\beta(\mathrm{X})}$$

Für die Masse einer Substanz hat der Responsefaktor R folglich beispielsweise die Einheit Counts/g.

Um ein Chromatogramm quantitativ auswerten zu können, muss das säulenchromatografische System kalibriert werden, um eine verlässliche Interpretation der Werte vornehmen zu können. Grundsätzlich bedient man sich dabei vier verschiedener Methoden:

- 100-%-Methode:
  die Peakfläche einer Substanz wird in Relation zur Summe aller Peakflächen im selben Chromatogramm gesetzt
- Methode des externen Standards:
  ein separates Chromatogramm wird mit einem definierten Standard aufgenommen, um die Peakflächen in getrennten Chromatogrammen miteinander zu vergleichen
  (Diese Form der quantitativen Auswertung wird vorwiegend auf Pflichtqualifikationsniveau in der Ausbildung von Chemielaborantinnen/-laboranten gelehrt – Übungsaufgaben siehe Kapitel 10.2.)
- Methode des internen Standards:
  die Peakfläche einer Substanz wird mit derjenigen eines definierten Standards im gleichen Chromatogramm verglichen; bei der Kalibrierung des Systems spielt der Kalibrierfaktor $f_{\mathrm{i,St}}$ (bzw. Methodenfaktor f_{M}) eine Rolle:

  $$f_{\mathrm{i,St}} = \frac{m_{\text{Kal-STD}} \cdot A_{\text{ISTD}}}{m_{\text{ISTD}} \cdot A_{\text{Kal-STD}}}$$

  Über diesen Kalibrierfaktor wird der Einfluss einer unterschiedlichen Detektorenempfindlichkeit auf verschiedene Substanzen berücksichtigt.
- Standardadditionsverfahren (Aufstockmethode):
  eine in der zu untersuchenden Probe befindliche Substanz wird mit einem definierten Standard aufgestockt; aus der Relation zwischen den Peakflächen im untersuchten und im aufgestockten Chromatogramm wird für dieselbe Substanz der Gehalt in der Probe ermittelt

$$\bar{u} = \frac{L}{t_{\mathrm{M}}} \qquad H = \frac{L}{N}$$

$$k' = \frac{t_{\mathrm{R}} - t_{\mathrm{M}}}{t_{\mathrm{M}}} = \frac{t_{\mathrm{R}}'}{t_{\mathrm{M}}} \qquad t_{\mathrm{M}} = \frac{V_{\mathrm{M}}}{\dot{V}} \qquad t_{\mathrm{R}}' = t_{\mathrm{R}} - t_{\mathrm{M}}$$

$$V_{\mathrm{R}}' = V_{\mathrm{R}} - V_{\mathrm{M}} \qquad V_{\mathrm{R}} = \dot{V} \cdot t_{\mathrm{R}} \qquad \alpha = \frac{t_{\mathrm{R}}'\,(\text{Peak b})}{t_{\mathrm{R}}'\,(\text{Peak a})}$$

$$N = 16 \cdot \left(\frac{t_{\mathrm{R}}}{w_{\mathrm{b}}}\right)^2 \qquad N = 5{,}545 \cdot \left(\frac{t_{\mathrm{R}}}{w_{\mathrm{h}}}\right)^2$$

$$R_{\mathrm{s}} = \frac{2 \cdot (t_{\mathrm{R2}} - t_{\mathrm{R1}})}{w_{\mathrm{b1}} + w_{\mathrm{b2}}} \qquad R_{\mathrm{s}} = \frac{1{,}177 \cdot (t_{\mathrm{R2}} \cdot t_{\mathrm{R1}})}{w_{\mathrm{h1}} + w_{\mathrm{h2}}}$$

$$S = R = \frac{A}{\beta} \qquad S = R = \frac{A}{m}$$

$$f_M = \frac{m_{\text{Kal-STD}} \cdot A_{\text{ISTD}}}{m_{\text{ISTD}} \cdot A_{\text{Kal-STD}}}$$

$$f_M = \frac{\varphi_{\text{Kal-STD}} \cdot A_{\text{ISTD}}}{\varphi_{\text{ISTD}} \cdot A_{\text{Kal-STD}}}$$

$$w_{\text{Pr}} = \frac{f_M \cdot m_{\text{ISTD}} \cdot A_{\text{Pr}}}{A_{\text{ISTD}} \cdot m_{\text{Pr}}}$$

$$\beta_{\text{Pr}} = \frac{\beta_{\text{STD}} \cdot A_{\text{Pr}}}{A_{\text{AUFG}} - A_{\text{Pr}}}$$

Beispiele

B 1		**Von einer chromatografischen Bestimmung sind folgende Daten bekannt: Durchflusszeit t_M = 1,24 min und Länge der Säule L = 42,4 cm. Wie groß ist in cm/s die mittlere lineare Geschwindigkeit $\bar{u}$ der mobilen Phase?**
	Gegeben:	t_M = 1,24 min = 74,4 s L(Säule) = 42,4 cm
	Gesucht:	$\bar{u}$
	Berechnung:	$\bar{u} = \frac{L(\text{Säule})}{t_M} = \frac{42{,}4\ \text{cm}}{74{,}4\ \text{s}} = 0{,}570\ \text{cm/s}$
B 2		**Die Aufnahme eines Chromatogramms hat folgende Daten ergeben: $\dot{V}$ = 1,85 mL/min, V_M = 5,18 mL, t_R' = 15,2 min. Wie groß ist in Milliliter das reduzierte Retentionsvolumen V_R' der Substanz?**
	Gegeben:	$\dot{V}$ = 1,85 mL/min V_M = 5,18 mL t_R' = 15,2 min
	Gesucht:	V_R'
	Berechnung t_M:	$t_M = \frac{V_M}{\dot{V}} = \frac{5{,}18\ \text{mL}}{1{,}85\ \text{mL/min}} = 2{,}80\ \text{min}$
	Berechnung t_R:	$t_R = t_M + t_R' = 2{,}80\ \text{min} + 15{,}2\ \text{min} = 18{,}0\ \text{min}$
	Berechnung V_R:	$V_R = \dot{V} \cdot t_R = 1{,}85\ \text{mL/min} \cdot 18{,}0\ \text{min} = 33{,}3\ \text{mL}$
	Berechnung V_R':	$V_R' = V_R - V_M = 33{,}3\ \text{mL} - 5{,}18\ \text{mL} = 28{,}1\ \text{mL}$
B 3		**Bei einer chromatischen Trennung wird eine Säule mit der Länge L = 40,0 m und der Bodenzahl N = 97795 verwendet. Welche Höhe H in mm hat ein theoretischer Boden?**
	Gegeben:	N = 97795 L(Säule) = 40,0 m = 40000 mm
	Gesucht:	H
	Berechnung:	$H = \frac{L}{N} = \frac{40000\ \text{mm}}{97795} = 0{,}409\ \text{mm}$

Beispiele

B 4

Die Basispeakbreite eines Analyten beträgt w_b = 92,6 s. Die dazugehörige Retentionszeit wird mit t_R = 14,4 min ermittelt.
Wie groß ist die Peakbreite in halber Höhe w_h in s?

Gegeben:

w_b = 92,6 s
t_R = 14,4 min

Gesucht:

w_h

Berechnung N:

$$N = 16 \cdot \left(\frac{t_R}{w_b}\right)^2 = 16 \cdot \left(\frac{14{,}4\ \text{min} \cdot 60{,}0\ \text{s/min}}{92{,}6\ \text{s}}\right)^2 = 1393$$

Berechnung w_h:

$$w_h = \frac{t_R}{\sqrt{\frac{N}{5{,}545}}} = \frac{14{,}4\ \text{min} \cdot 60{,}0\ \text{s/min}}{\sqrt{\frac{1393}{5{,}545}}} = 54{,}5\ \text{s}$$

B 5

Für die Trennung von zwei Analyten werden aus einem Chromatogramm folgende Daten entnommen: Peakbreiten auf der Grundlinie w_{b1} = 3,62 s und w_{b2} = 5,95 s. Gesamtretentionszeiten: t_{R1} = 4,50 min und t_{R2} = 5,25 min.
Wie groß ist die Auflösung R_s zwischen den beiden Analytenpeaks?

Gegeben:

w_{b1} = 3,62 s
w_{b2} = 5,95 s
t_{R1} = 4,50 min = 270 s
t_{R2} = 5,25 min = 315 s

Gesucht:

R_s

Berechnung:

$$R_s = \frac{2 \cdot (t_{R2} - t_{R1})}{w_{b1} + w_{b2}} = \frac{2 \cdot (315\ \text{s} - 270\ \text{s})}{3{,}62\ \text{s} + 5{,}95\ \text{s}} = 9{,}40$$

B 6

Von einer Kalibrierlösung, β_{KI}(Analyt) = 12,5 mg/L, wird ein Volumen von V_1 = 20,0 µL injiziert. Die dafür ermittelte Peakfläche beträgt A_{KI} = 31498 cts. Von einer Feststoffprobe wird eine Masse von m(Probe) = 975 mg in einen Messkolben mit V_2 = 200 mL eingewogen, aufgelöst und bis zur Marke aufgefüllt. V_3 = 50,0 mL dieser Lösung werden in einen Messkolben mit V_4 = 250 mL pipettiert und ebenfalls bis zur Messmarke aufgefüllt. Von dieser Lösung wird ein Volumen V_5 = 15,0 µL unter gleichen Bedingungen wie die Kalibrierlösung chromatografiert. Dabei wird eine Peakfläche von A_{Pr} = 26364 cts gemessen.
Wie groß ist der Massenanteil w(Analyt) in % der Feststoffprobe?

Gegeben:

β_{KI} = 12,5 mg/L = 12,5 µg/mL = 0,0125 µg/µL
V_1 = 20,0 µL
A_{KI} = 31498 cts
m(Probe) = 975 mg
V_2 = 200 mL
V_3 = 50,0 mL

Beispiele

B 6

Gegeben:	$V_4 = 250\ mL$ $V_5 = 15{,}0\ \mu L = 0{,}0150\ mL$ $A_{Pr} = 26364\ cts$
Gesucht:	w(Analyt)
Berechnung m_{KI}(Analyt):	$m_{KI}(\text{Analyt}) = \beta_{KI}(\text{Analyt}) \cdot V_1 = 0{,}0125\ \mu g/\mu L \cdot 20{,}0\ \mu L = 0{,}250\ \mu g$
Berechnung m(Analyt):	$m(\text{Analyt}) = \frac{m_{KI} \cdot A_{Pr} \cdot V_2 \cdot V_4}{A_{KI} \cdot V_5 \cdot V_3}$ $m(\text{Analyt}) = \frac{0{,}250\ \mu g \cdot 26364\ cts \cdot 200\ mL \cdot 250\ mL}{31498\ cts \cdot 0{,}0150\ mL \cdot 50{,}0\ mL}$ $m(\text{Analyt}) = 13950\ \mu g = \frac{13950\ \mu g}{1000\ \mu g/mg} = 13{,}95\ mg$
Berechnung w(Analyt):	$w(\text{Butan-2-ol}) = \frac{A_2 \cdot 100\ \%}{A_{ges.}} = \frac{192823\ cts \cdot 100\ \%}{468695\ cts} = 41{,}1\ \%$

B 7

Folgende Peakflächen werden bei der gaschromatografischen Analyse eines Gemischs aus Methanol und Butan-2-ol ermittelt:
Methanol: $A_1 = 275872$ cts
Butan-2-ol: $A_2 = 192823$ cts
Die Detektorenempfindlichkeit *S* (Responsefaktor *R*) ist für beide Analyten gleich. Wie groß ist nach der 100-%-Methode der Massenanteil *w*(Butan-2-ol) in dem Gemisch in %?

Gegeben:	$A_1 = 275872\ cts$ $A_2 = 192823\ cts$
Gesucht:	w(Butan-2-ol)
Berechnung Gesamtfläche:	$A_{ges.} = A_1 + A_2 = 275872\ cts + 192823\ cts = 468695\ cts$
Berechnung w(Butan-2-ol):	$w(\text{Butan-2-ol}) = \frac{A_2 \cdot 100\ \%}{A_{ges.}} = \frac{192823\ cts \cdot 100\ \%}{468695\ cts} = 41{,}1\ \%$

B 8

Bei einer chromatografischen Analyse wird von einer Kalibrierlösung, *β*(Analyt) = 0,250 mg/L, eine Peakfläche von *A* = 31500 cts gemessen. Wie groß ist in cts · L/mg die Detektorenempfindlichkeit *S* (Responsefaktor *R*) für die analysierte Substanz?

Gegeben:	$\beta(\text{Analyt}) = 0{,}250\ mg/L$ $A = 31500\ cts$
Gesucht:	S (R)
Berechnung:	$S = \frac{A}{\beta(\text{Analyt})} = \frac{31500\ cts}{0{,}250\ mg/L} = 1{,}26 \cdot 10^5\ cts \cdot L/mg$

Beispiele

B 9

Bei der Zweipunktkalibrierung einer GC-Analyse werden für die Massen m_1(Analyt) = 1,00 mg und m_2(Analyt) = 2,00 mg die Peakflächen A_1 = 11700 cts und A_2 = 22255 cts ermittelt. Die Masse m_3 = 1,45 mg des reinen Analyten wird zu einer analytfreien Probenmatrix gegeben und analysiert. Die dabei ermittelte Peakfläche beträgt A_3 = 15816 cts.
Wie groß die Wiederfindungsrate *WFR* in %?

Gegeben:

m_1 = 1,00 mg
m_2 = 2,00 mg
m_3 = 1,45 mg
A_1 = 11700 cts
A_2 = 22255 cts
A_3 = 15816 cts

Gesucht: *WFR*

Berechnung $\Delta m_{2,1}$:

$$\Delta m_{2,1} = m_2 - m_1 = 2{,}00\text{ mg} - 1{,}00\text{ mg} = 1{,}00\text{ mg}$$

Berechnung $m_{\text{ermittelt}}$:

$$m_{\text{ermittelt}} = \frac{m_{2,1} \cdot (A_3 - A_1)}{(A_2 - A_1)} + m_1$$

$$= \frac{1{,}00\text{ mg} \cdot (15816\text{ cts} - 11700\text{ cts})}{22255\text{ cts} - 11700\text{ cts}} + 1{,}00\text{ mg} = 1{,}39\text{ mg}$$

Berechnung *WFR*:

$$WFR = \frac{m_{\text{ermittelt}}}{m_3} \cdot 100\,\% = \frac{1{,}39\text{ mg}}{1{,}45\text{ mg}} \cdot 100\,\% = 95{,}9\,\%$$

B 10

In einer wässrigen Lösung wird der Volumenanteil an Ethanol gaschromatografisch bestimmt. Als interner Standard wird Propan-2-ol zugesetzt. Bei der gaschromatografischen Analyse werden folgende Ergebnisse ermittelt:

Analyt	Volumenanteil	Peakfläche
Ethanol	$\varphi_{\text{Kal-STD}}$ = 2,25 %	$A_{\text{Kal-STD}}$ = 15821 cts
Propan-2-ol	φ_{ISTD} = 3,00 %	A_{ISTD} = 19725 cts

Wie groß ist der Methodenfaktor f_M (Kalibrierfaktor $f_{i,St}$) für diese Bestimmung?

Gegeben:

$\varphi_{\text{Kal-STD}}$ = 2,25 %
$A_{\text{Kal-STD}}$ = 15821 cts
φ_{ISTD} = 3,00 %
A_{ISTD} = 19725 cts

Gesucht: f_M

Berechnung:

$$f_M = \frac{\varphi_{\text{Kal-STD}} \cdot A_{\text{ISTD}}}{\varphi_{\text{ISTD}} \cdot A_{\text{Kal-STD}}} = \frac{2{,}25\,\% \cdot 19725\text{ cts}}{3{,}00\,\% \cdot 15821\text{ cts}} = 0{,}935$$

Übungsaufgaben

Ü 1 Bei einer HPLC-Säule mit der Säulenlänge $L = 120$ mm wird eine Durchflusszeit $t_M = 180$ s ermittelt.

Berechnen Sie in cm/min die mittlere lineare Geschwindigkeit $\bar{u}$ der mobilen Phase.

Ü 2 Die Durchflusszeit einer Durchflusszeitmarker-Substanz beträgt $t_M = 2{,}65$ min. Die Säulenlänge in dem GC-System beträgt $L = 22{,}9$ m.

Berechnen Sie in cm/s die mittlere lineare Geschwindigkeit $\bar{u}$ des Gases.

Ü 3 Bei der Aufnahme von einem HPLC-Chromatogramm sind folgende Messdaten ermittelt worden: $\dot{V} = 1{,}600$ mL/min, $V_M = 8{,}200$ mL.

Berechnen Sie in s die Durchflusszeit t_M.

Ü 4 Berechnen Sie anhand der folgenden Peakdaten in min die Durchflusszeit t_M für ein chromatografisches System.
Retentionsfaktor: $k' = 3{,}75$
Gesamtretentionszeit: $t_R = 7{,}42$ min

Ü 5 Berechnen Sie die Retentionsfaktoren für die chromatische Trennung von Naphthalin und Phthalsäuredipropylester. Die Durchflusszeit wird mit $t_M = 2{,}00$ min ermittelt. Die Retentionszeit beträgt für Naphthalin $t_R = 5{,}36$ min und für Phthalsäuredipropylester $t_R = 6{,}68$ min.

Ü 6 Mithilfe der HPLC werden p-Hydroxybenzoesäuremethylester und p-Hydroxybenzoesäurepropylester getrennt. Dabei werden bei der Trennung mit einer mobilen Phase aus Methanol und Wasser folgende Retentionszeiten ermittelt:
p-Hydroxybenzoesäuremethylester: $t_R = 2{,}31$ min
p-Hydroxybenzoesäurepropylester: $t_R = 5{,}16$ min
Die Durchflusszeit bei diesem Verfahren beträgt $t_M = 1{,}00$ min.

Berechnen Sie den Retentionsfaktor k' für jede der beiden Substanzen.

Ü 7 Von der Aufnahme eines Chromatogramms sind folgende Daten bekannt:
$\dot{V} = 2{,}61$ mL/min, $V_M = 6{,}8$ mL, $t_R = 14{,}8$ min.

Berechnen Sie in mL das reduzierte Retentionsvolumen V_R' für die Bestimmung.

Ü 8 Der Innendurchmesser einer GC-Säule beträgt $d_i = 450$ µm, die Säulenlänge $L = 25{,}0$ m. Die Retentionszeit der eingesetzten Durchflusszeitmarker-Substanz beträgt $t_M = 88{,}6$ s.

Berechnen Sie den mittleren Volumenstrom $\dot{V}$ in mL/min.

Ü 9 Durch eine GC-Säule mit der Länge $L = 25{,}0$ m strömt ein Trägergas mit der mittleren linearen Geschwindigkeit $\bar{u} = 22{,}5$ cm/s. Das Durchflussvolumen beträgt $V_M = 58{,}2$ mL.

Berechnen Sie den Volumenstrom $\dot{V}$ in mL/min.

Ü 10 Die Länge einer Trennsäule mit der Bodenzahl $N = 3210$ beträgt $L = 32{,}5$ m.

Berechnen Sie in mm die Bodenhöhe H einer Trennstufe.

Ü 11 Bei einer gaschromatografischen Trennung wird eine Säule mit einer Bodenzahl von $N = 94000$ und einer Länge von $L = 25{,}0$ m eingesetzt.

Berechnen Sie in mm die Höhe H eines theoretischen Bodens.

Übungsaufgaben

Ü 12 Für einen Analyten wird in einem Chromatogramm eine Peakfußbreite von $w_b = 18{,}4$ s ermittelt. Die Retentionszeit für diesen Peak beträgt $t_R = 4{,}18$ min. Bei der Analyse wird eine Säule mit der Länge $L = 40{,}0$ m eingesetzt.

Berechnen Sie die Trennstufenhöhe H in cm.

Ü 13 Berechnen Sie anhand folgender Peakdaten die Bodenzahl N einer chromatografischen Trennsäule: Retentionszeit des Peaks $t_R = 2{,}75$ min, Peakbreite in halber Höhe $w_h = 24{,}0$ s.

Ü 14 Aus einem HPLC-Chromatogramm werden für einen Peak mit Tailing folgende Peakdaten entnommen:
Retentionszeit: $t_R = 8{,}250$ min
Peakbreite in halber Höhe: $w_h = 0{,}4250$ min
Peakbreite auf der Grundlinie: $w_b = 2{,}350$ min

Berechnen Sie aus diesen Daten die Bodenzahl N der Trennsäule.

Ü 15 Die Trennstufenzahl einer Säule beträgt $N = 78200$.

Berechnen Sie in s die Peakfußbreite w_b eines Peaks, der mit dieser Säule bei einer Retentionszeit von $t_R = 27{,}8$ min entsteht.

Ü 16 Die Peakbreite von einem Analyten beträgt auf der Grundlinie $w_b = 1{,}74$ min. Die dazugehörige Retentionszeit beträgt $t_R = 12{,}6$ min.

Berechnen Sie die Peakbreite in halber Höhe w_h in min.

Ü 17 Bei einer gaschromatografischen Analyse wird eine Trennsäule mit der Trennstufenzahl $N = 7200$ eingesetzt. 4,25 min nach der Injektion erscheint ein Peak auf dem Chromatogramm. Der Schreiber bewegt sich mit einer Geschwindigkeit von $v = 1{,}75$ cm/min.

Berechnen Sie die Peakfußbreite w_b in mm.

Ü 18 Bei einer gaschromatografischen Trennung wird eine Säule mit einer Bodenzahl von $N = 68500$ eingesetzt.

Berechnen Sie in *s* die Retentionszeit t_R eines Analytenpeaks mit einer Peakbreite in halber Höhe von $w_h = 1{,}82$ s.

Ü 19 Aus einem Chromatogramm für die Trennung von zwei Komponenten werden folgende Daten entnommen:
Gesamtretentionszeiten: $t_{R1} = 2{,}48$ min, $t_{R2} = 3{,}72$ min
Peakbreiten auf der Grundlinie: $w_{b1} = 4{,}28$ s und $w_{b2} = 6{,}74$ s

Berechnen Sie die Auflösung R_s zwischen den Komponentenpeaks.

Ü 20 Für die chromatografische Trennung von p-Hydroxybenzoesäurebutylester und Naphthalin betragen die Gesamtretentionszeiten $t_{R1} = 197$ s und $t_{R2} = 240$ s. Die Peakfußbreiten betragen $w_{b1} = 19{,}8$ s und $w_{b2} = 18{,}2$ s.

Berechnen Sie die Peakauflösung R_s.

Ü 21 Aus einem Chromatogramm zur Trennung von zwei Komponenten unter Zumischung eines Durchflusszeitmarkers werden folgende Messdaten entnommen:
Retentionszeit Komponente A: $t_R = 3{,}65$ min

Übungsaufgaben

Ü 21 Retentionszeit Komponente B: t_R = 4,95 min
Durchflusszeit des Durchflusszeitmarkers: t_M = 75,0 s

Berechnen Sie den Selektivitätskoeffizienten (Trennfaktor) α zwischen den beiden Komponentenpeaks.

Ü 22 Bei einer chromatografischen Trennung von p-Hydroxybenzoesäurebutylester und Naphthalin betragen die Gesamtretentionszeiten t_{R1} = 3,28 min und t_{R2} = 4,00 min. Die Durchflusszeit des Durchflusszeitmarkers Uracil beträgt t_M = 60,0 s.

Berechnen Sie den Trennfaktor α zwischen den beiden Komponentenpeaks.

Ü 23 Von der Durchführung von Analysen unter Einsatz der HPLC sind folgende Parameter bekannt:

Anzahl der Injektionen	n = 42
Volumenanteil Ethanol in der mobilen Phase	φ(Ethanol) = 24,8 %
Volumenanteil Wasser in der mobilen Phase	φ(Wasser) = 75,2 %
Durchflussgeschwindigkeit der mobilen Phase	v = 2,50 mL/min
Dauer eines Analysenlaufs	t_1 = 5,50 min
Equilibrierzeit je Analysenlauf	t_2 = 1,25 min

Berechnen Sie in mL das Volumen V an Ethanol, das für die Durchführung der Analysen benötigt wird.

Ü 24 Es werden 50 Proben mithilfe der HPLC chromatografiert. Jede der Proben wird doppelt in die HPLC-Anlage eingespritzt und untersucht. Als mobile Phase wird ein Gemisch mit dem Volumenanteil φ(Methanol) = 37,5 % und dem Volumenanteil φ(Wasser) = 62,5 % eingesetzt. Ein Analysenlauf dauert t_1 = 7,25 min, die Durchflussgeschwindigkeit an mobiler Phase beträgt v = 2,50 mL/min und die Equilibrierzeit vor jedem Lauf beträgt t_2 = 90,0 s.

Berechnen Sie in mL das Volumen an Methanol, das für die Durchführung der Analysen benötigt wird, wenn ein Überschuss an Methanol von 5,00 % eingeplant wird.

Ü 25 Von einer Kalibrierlösung mit β(Analyt) = 1,25 mg/100 mL werden V_1 = 50,0 µL in ein HPLC-Gerät injiziert. Diese Injektion ergibt eine Peakfläche von A_1 = 42725 cts. Von dem reinen Analyten werden m = 250 mg in einen Messkolben eingewogen, der mit Lösemittel auf ein Volumen von V_2 = 500 mL aufgefüllt wird. V_3 = 15,0 mL dieser Lösung werden in einen 200-mL-Messkolben pipettiert und mit Lösemittel bis zur Marke aufgefüllt. Von dieser Lösung werden V_4 = 20,0 µL unter gleichen Bedingungen wie die Kalibrierlösung chromatografiert.

Berechnen Sie die zu erwartende Peakfläche A_2 in cts.

Ü 26 Eine Kalibrierlösung mit β(Analyt) = 7,50 mg/L ergibt bei einem Injektionsvolumen von V_1 = 30,0 µL eine Peakfläche von A_1 = 28320 cts. Zur Bestimmung von w(Analyt) in einer Feststoffprobe wird die Masse m(Probe) = 3,25 g in einem 100-mL-Messkolben aufgelöst und aufgefüllt. V_2 = 20,0 mL dieser Lösung werden in einen 200-mL-Messkolben pipettiert und ebenfalls bis zur Messmarke aufgefüllt. V_3 = 10,0 µL dieser Probenmesslösung werden unter gleichen Bedingungen wie die Kalibrierlösung chromatografiert und ergeben dabei eine Peakfläche von A_2 = 24717 cts.

Berechnen Sie in % den Massenanteil w(Analyt) in der Feststoffprobe.

Übungsaufgaben

Ü 27 Mithilfe der HPLC wird der Gehalt an Acetylsalicylsäure (ASS) in einem Schmerzmittel bestimmt. Zur Quantifizierung wird eine Einpunktkalibrierung durchgeführt. Folgende Informationen zur Standardlösung sind bekannt:
Die Masse m_1 = 150,4 mg reine ASS wird in einem 100-mL-Messkolben gelöst.
Aus dem bis zur Marke aufgefüllten Messkolben werden V_1 = 500 µL pipettiert und auf V_2 = 25,0 mL verdünnt. Von dieser Lösung wird fünfmal jeweils ein Volumen von V_3 = 12,5 µL in das System eingespritzt.

Einspritzung Nr.	**1**	**2**	**3**	**4**	**5**
cts	349345	346745	347252	346374	345988

Folgende Informationen zur Probelösung sind bekannt:
Die Masse m_2 = 75,8 mg Tablettenpulver wird in einem 50,0-mL-Messkolben gelöst und der Kolben bis zur Marke aufgefüllt. Von dieser Lösung wird fünfmal jeweils ein Volumen von V_4 = 12,5 µL chromatografiert.

Einspritzung Nr.	**1**	**2**	**3**	**4**	**5**
cts	260123	259574	258975	259684	259172

Berechnen Sie, wie viel Milligramm Acetylsalicylsäure eine Tablette enthält, wenn die durchschnittliche Masse einer Tablette m_3 = 2,50 g beträgt.

Ü 28 Bei der GC-Analyse eines Gemischs aus Propan-2-ol und Butan-2-on werden folgende Peakflächen ermittelt:
Propan-2-ol: $A_1 = 2{,}94 \cdot 10^5$ cts
Butan-2-on: $A_2 = 1{,}76 \cdot 10^5$ cts
Die Detektorenempfindlichkeit S (Responsefaktor R) ist für beide Analyten gleich.

Berechnen Sie nach der 100-%-Methode den Massenanteil w(Propan-2-ol) in %.

Ü 29 Die gaschromatografische Analyse einer Gasmischung aus Kohlenstoffdioxid und Sauerstoff ergibt folgende Peakflächen:
Kohlenstoffdioxid: A_1 = 14186 cts
Sauerstoff: A_2 = 274202 cts
Die Detektorenempfindlichkeit S (Responsefaktor R) ist für beide Analyten gleich.

Berechnen Sie in % den Volumenanteil $\varphi(CO_2)$ in der Gasmischung nach der 100-%-Methode.

Ü 30 Bei einer chromatografischen Analyse werden nacheinander drei Kalibrierlösungen eines Analyten injiziert und jeweils die Peakfläche bestimmt.

Injektion Nr.	**Massenkonzentration**	**Peakfläche**
1	β_1 = 0,175 mg/L	A_1 = 12415 cts
2	β_2 = 0,450 mg/L	A_2 = 33842 cts
3	β_3 = 0,825 mg/L	A_3 = 70635 cts

Berechnen Sie für jedes Konzentrationsniveau die Detektorenempfindlichkeit S (Responsefaktor R) in $cts \cdot L \cdot mg^{-1}$.

Übungsaufgaben

Ü 31 Bei einer gaschromatografischen Analyse wurden aus einer Kalibrierlösung, β(Analyt) = 20,0 g/L, unterschiedliche Volumina injiziert. Folgende Peakflächen sind dabei ermittelt worden:

Injektion Nr.	injiziertes Volumen	Peakfläche
1	V_1 = 2,00 µL	A_1 = 25195 cts
2	V_2 = 5,00 µL	A_2 = 62386 cts
3	V_3 = 8,00 µL	A_3 = 96474 cts

Berechnen Sie in cts · L · mg^{-1} die Detektorenempfindlichkeit *S* (Responsefaktor *R*) für jede Messung.

Ü 32 Bei der Zeitpunktkalibrierung einer HPLC-Analyse werden folgende Daten ermittelt:

Einwaage Analyt	Peakfläche
m_1 = 2,50 mg	A_1 = 29250 cts
m_2 = 5,00 mg	A_2 = 55638 cts

Die Masse m_3 = 3,25 mg des reinen Analyten wird zu einer analytfreien Probenmatrix gegeben und analysiert. Die dabei ermittelte Peakfläche beträgt A_3 = 36920 cts.

Berechnen Sie die Wiederfindungsrate *WFR* in %.

Ü 33 Zur Herstellung von zwei Kalibrierlösungen werden m_1 = 0,400 mg und m_2 = 0,650 mg eines Analyten in Methanol gelöst und auf jeweils *V* = 100 mL aufgefüllt. Bei der Messung werden Peakflächen von A_1 = 29768 cts und A_2 = 48210 cts ermittelt. Zur Bestimmung der Wiederfindungsrate werden m_3 = 0,550 mg des Analyten in Methanol gelöst und auf *V* = 100 mL aufgefüllt. Die bei der Messung ermittelte Peakfläche beträgt A_3 = 40582 cts.

Berechnen Sie die Wiederfindungsrate *WFR* in %

Ü 34 Bei der chromatografischen Bestimmung eines Zweistoffgemischs, das Pentan-1-ol und n-Nonan enthält, wird Hexan-1-ol als interner Standard verwendet.
Bei der Analyse werden folgende Werte ermittelt:

Einwaage: *m*(Analysensubstanz)	=	2,128 g
Einwaage: *m*(Hexan-1-ol)	=	1,006 g
Peakfläche: *A*(Pentan-1-ol)	=	11087 cts
Peakfläche: *A*(Hexan-1-ol)	=	11472 cts
Methodenfaktor f_M	=	1,318

Berechnen Sie den Massenanteil *w*(Pentan-1-ol) in % der Probe.

Ü 35 Mittels HPLC wird der Glucosegehalt in einer Probe quantifiziert. Als interner Standard wird bei der Bestimmung Fructose eingesetzt. Folgende Daten werden bei der Analyse gemessen:

Analyt	Massenkonzentration	Peakfläche
Fructose	β_1 = 1,25 mg/L	A_1 = 43472 cts
Glucose	β_2 = 1,75 mg/L	A_2 = 69214 cts

Berechnen Sie den Kalibrierfaktor $f_{i,St}$(Methodenfaktor f_M) für die Bestimmung.

16 Spektroskopie

Die Grundlagen der Spektroskopie wurden bereits im Kapitel 10.1 Fotometrie näher erläutert. Während dort – bezogen auf die Ausbildung zur Chemielaborantin/zum Chemielaboranten – aus mathematischer Sicht ausschließlich Aufgaben auf Pflichtqualifikationsniveau gestellt wurden, beschäftigt sich Kapitel 16 mit tiefergehenden Aufgabenstellungen auf Wahlqualifikationsniveau.

Im Pflichtbereich wurden die Grundlagen zur UV/VIS- und zur IR-Spektroskopie vermittelt, auf Wahlqualifikationsniveau werden die spektroskopischen Themen AAS, AES (inkl. ICP-OES), MS, NMR und weiterführend auch die UV/VIS und IR (inkl. IR-ATR) behandelt.

In der Theorie mögen diese Themen grundlegend unterschieden werden können, mathematisch gesehen reduziert sich das Spektrum nahezu ausschließlich auf rechnerische Varianten des Bouguer-Lambert-Beer-Gesetzes $E = \varepsilon \cdot c \cdot d$.

Dieses Kapitel stellt Aufgaben zur Verfügung, in denen man mit den mathematischen Grundlagen der Fotometrie, aber insbesondere mit dem Bouguer-Lambert-Beer-Gesetz nicht nur umgehen, sondern in der Erarbeitung der Lösung verschiedene Gleichungen anwenden, gegebenenfalls umformulieren und Beziehungen zueinander schaffen können muss.

Wichtige Beziehungen, die sich auch in der Formelschreibweise wiederfinden:

- Die Wellenzahl $\tilde{\nu}$ ist der Wellenlänge λ umgekehrt proportional.
- Die Frequenz f (oder auch ν) ergibt sich aus dem Quotienten von Lichtgeschwindigkeit c und Wellenlänge λ.
- Die Energie E errechnet sich als Produkt aus der Naturkonstante h (Planck'sches Wirkungsquantum) und der Frequenz f.
- Die Extinktion E ist der negative Logarithmus des Transmissionsgrads T (oder auch τ).

Das sind für dieses Kapitel die wichtigsten spektroskopischen Beziehungen. Weitere mathematische Grundlagen aus anderen Bereichen, die hier zur Anwendung kommen, können den entsprechenden Kapiteln dieses Buches entnommen werden.

$$\tilde{\nu} = \frac{1}{\lambda} \qquad f = \frac{c}{\lambda}$$

$$E = \varepsilon \cdot \frac{\beta}{M} \cdot d \qquad E = \varepsilon \cdot c \cdot d$$

$$E = -\lg T;\ E = -\lg \tau \qquad T = 100\,\% - \alpha; \quad \tau = 100\,\% - \alpha$$

$$E = W = h \cdot f$$

$$\frac{c_1}{c_2} = \frac{E_1}{E_2} \qquad \frac{\alpha_1}{\alpha_2} = \frac{E_1}{E_2}$$

$$y = a \cdot x + b \qquad a = \frac{E_2 - E_1}{\beta_2 - \beta_1} \qquad b = E_1 - a \cdot \beta_1 = E_2 - a \cdot \beta_2$$

Beispiele

B 1

Von einer wässrigen Lösung, c_1(Mangan) = 0,150 mmol/L, wird bei der fotometrischen Bestimmung die Extinktion E_1 = 0,416 gemessen.
Wie groß ist die Extinktion E_2, die bei unveränderten Bedingungen für die Stoffmengenkonzentration, c_2(Mangan) = 0,181 mmol/L, ermittelt wird?

Gegeben:
c_1(Mn) = 0,150 mmol/L
E_1 = 0,416

Gesucht:
E_2 für c_2(Mn) = 0,181 mmol/L

Berechnung:

$$E_2 = \frac{E_1 \cdot c_2(\text{Mn})}{c_1(\text{Mn})} = \frac{0{,}416 \cdot 0{,}181\ \text{mmol/L}}{0{,}150\ \text{mmol/L}} = 0{,}502$$

B 2

Die Extinktion bei der fotometrischen Bestimmung einer Kupfersalzlösung mit der Massenkonzentration β(Kupfer) = 250 µg/100 mL beträgt bei der Messung in einer Küvette mit der Schichtdicke d_1 = 5,00 mm E_1 = 0,148.
Wie groß ist die Extinktion E_2 derselben Lösung, wenn die Messung in einer Küvette mit der Schichtdicke d_2 = 20,0 mm durchgeführt wird?

Gegeben:
d_1 = 5,00 mm
E_1 = 0,148
d_2 = 20,0 mm
β(Kupfer) = 250 µg/100 mL

Gesucht:
E_2

Berechnung:
β(Kupfer) und ε bleiben gleich, deshalb gilt

$$E_2 = \frac{d_2 \cdot E_1}{d_1} = \frac{20{,}0\ \text{mm} \cdot 0{,}148}{5{,}00\ \text{mm}} = 0{,}592$$

B 3

Eine Farbstofflösung mit der Stoffmengenkonzentration c_1(Farbstoff) = 0,442 mol/L absorbiert bei einer Schichtdicke von d_1 = 1,00 cm α_1 = 51,8 % der einfallenden elektromagnetischen Strahlung.
Wie viel Prozent der elektromagnetischen Strahlung werden von einer Lösung mit der Stoffmengenkonzentration c_2(Farbstoff) = 0,250 mol/L bei gleicher Wellenlänge und einer Schichtdicke von d_2 = 2,00 cm absorbiert?

Gegeben:
c_1(Farbstoff) = 0,442 mol/L
d_1 = 1,00 cm
α_1 = 51,8 %
c_2(Farbstoff) = 0,250 mol/L
d_2 = 2,00 cm

Gesucht:
α_2

Berechnung:

$$a_2 = \frac{d_2 \cdot c_2 \cdot a_1}{d_1 \cdot c_1} = \frac{2{,}00\ \text{cm} \cdot 0{,}250\ \text{mol/L} \cdot 51{,}8\ \%}{1{,}00\ \text{cm} \cdot 0{,}442\ \text{mol/L}} = 58{,}6\ \%$$

B 4

Die Frequenz einer elektromagnetischen Strahlung beträgt $f = 1{,}3103 \cdot 10^{15}$ Hz.
Welche Wellenlänge λ in nm hat diese elektromagnetische Strahlung?
$c = 2{,}998 \cdot 10^8$ m/s

Beispiele

B 4

Gegeben:	$f = 1{,}3103 \cdot 10^{15}$ Hz $c = 2{,}998 \cdot 10^{8}$ m/s
Gesucht:	λ
Berechnung:	$\lambda = \frac{c}{f} = \frac{2{,}998 \cdot 10^{8}\ \text{m/s}}{1{,}3103 \cdot 10^{15}\ \text{Hz}} = 2{,}288 \cdot 10^{-7}\ \text{m}$ mit $1\ \text{Hz} = 1\ \frac{1}{\text{s}}$
Umrechnung in nm:	$\lambda = 2{,}288 \cdot 10^{-7}\ \text{m} \cdot 1{,}000 \cdot 10^{9}\ \text{nm/m} = 228{,}8\ \text{nm}$

B 5

Wie groß ist in cm^{-1} die Wellenzahl $\tilde{\nu}$ einer elektromagnetischen Strahlung mit der Wellenlänge λ = 490 nm?

Gegeben:	$\lambda = 490$ nm
Gesucht:	$\tilde{\nu}$
Berechnung:	$\tilde{\nu} = \frac{1}{\lambda} = \frac{1}{490\ \text{nm}} = 2{,}04 \cdot 10^{-3}\ \text{nm}^{-1} = 2{,}04 \cdot 10^{4}\ \text{cm}^{-1}$

B 6

Calcium absorbiert elektromagnetische Strahlung bei einer Wellenlänge von λ = 422,6 nm.
Wie groß ist in J die Energie *E*, die von den Calciumatomen bei dieser Wellenlänge absorbiert wird?
$h = 6{,}626 \cdot 10^{-34}$ J · s, c = 300000 km/s

Gegeben:	$\lambda = 422{,}6$ nm $h = 6{,}626 \cdot 10^{-34}$ J · s c = 300000 km/s
Gesucht:	E
Berechnung *f*:	$f = \frac{c}{\lambda} = \frac{300000\ \text{km/s} \cdot 1{,}000 \cdot 10^{12}\ \text{nm/km}}{422{,}6\ \text{nm}} = 7{,}099 \cdot 10^{14} \cdot \text{s}^{-1}$
Berechnung *E*:	$E = h \cdot f = 6{,}626 \cdot 10^{-34}\ \text{J} \cdot \text{s} \cdot 7{,}099 \cdot 10^{14} \cdot \text{s}^{-1} = 4{,}704 \cdot 10^{-19}\ \text{J}$

B 7

Eine Farbstofflösung mit der Stoffmengenkonzentration c_1(Farbstoff) = 400 mmol/L absorbiert bei einer Schichtdicke von d = 1,00 cm α_1 = 42,1 % der einfallenden elektromagnetischen Strahlung. Wie groß ist in mmol/L die Stoffmengenkonzentration c_2(Farbstoff) einer anderen Farbstofflösung, für die bei gleicher Wellenlänge und gleicher Schichtdicke ein Transmissionsgrad von τ_2 = 68,4 % ermittelt wird?

Gegeben:	c_1(Farbstoff) = 400 mmol/L d = 1,00 cm α_1 = 42,1 % τ_2 = 68,4 %
Gesucht:	c_2(Farbstoff)
Berechnung α_2:	$\alpha_2 = 100\ \% - \tau_2 = 100\ \% - 68{,}4\ \% = 31{,}6\ \%$

Beispiele

B 7

Berechnung c_2(Farbstoff):

$$c_2(\text{Farbstoff}) = \frac{c_1(\text{Farbstoff}) \cdot \alpha_2}{\alpha_1} = \frac{400\ \text{mmol/L} \cdot 31{,}6\ \%}{42{,}1\ \%}$$

$$c_2(\text{Farbstoff}) = 300\ \text{mmol/L}$$

B 8

Von einer Kalibrierlösung mit der Massenkonzentration β(Bi) = 50,0 mg/L wird bei der fotometrischen Messung ein Transmissionsgrad von τ_1 = 39,8 % ermittelt. Die Masse *m* = 200 mg der Probensubstanz wird auf *V* = 500 mL verdünnt und aufgefüllt. Bei der Messung dieser Lösung beträgt der Transmissionsgrad τ_2 = 68,3 %.
Wie groß ist der Massenanteil *w*(Bi) in %?

Gegeben:

τ_1 = 39,8 %
τ_2 = 68,3 %
β(Bi) = 50,0 mg/L
m = 200 mg
V = 500 mL

Gesucht: *w*(Bi)

Berechnung E_1:

$$E_1 = -\lg \tau_1 = -\lg \frac{39{,}8\ \%}{100\ \%} = 0{,}40012$$

Berechnung E_2:

$$E_2 = -\lg \tau_2 = -\lg \frac{68{,}3\ \%}{100\ \%} = 0{,}16558$$

Berechnung m_1(Bi):

$$m_1(\text{Bi}) = \frac{\beta(\text{Bi}) \cdot V \cdot E_2}{E_1} = \frac{50{,}0\ \text{mg/L} \cdot 0{,}500\ \text{L} \cdot 0{,}16558}{0{,}40012} = 10{,}3456\ \text{mg}$$

Berechnung *w*(Bi):

$$w(\text{Bi}) = \frac{m_1(\text{Bi})}{m(\text{Bi})} \cdot 100\ \% = \frac{10{,}3456\ \text{mg}}{200\ \text{mg}} \cdot 100\ \% = 5{,}17\ \%$$

B 9

Für die fotometrische Bestimmung des Massenanteils von Phosphor in einem Düngemittel wird die Masse *m* = 1,21 g Düngemittel eingewogen, aufgeschlossen und in einen Messkolben V_1 = 2000 mL überführt, der mit Wasser bis zur Marke aufgefüllt wird. Ein aliquoter Teil von V_2 = 10,0 mL wird in einen Messkolben V_3 = 1000 mL pipettiert, mit Reagenzlösungen versetzt und anschließend bis zur Marke aufgefüllt. Diese Lösung ergibt bei der Messung in einer Küvette, *d* = 10,0 mm, eine Extinktion von *E* = 0,428.
Wie groß ist der Massenanteil *w*(Phosphor) in % des Düngemittels?
M(P) = 30,9738 g/mol, ε(P) = 13125 L/(mol · cm)

Gegeben:

m(Düngemittel) = 1,21 g = 1210 mg
V(Lösung$_1$) = V_1 = 2000 mL
V(aliquoter Teil) = V_2 = 10,0 mL
V(Lösung$_2$) = V_3 = 1000 mL = 1,00 L
d = 10,0 mm = 1,00 cm
E = 0,428
ε(P) = 13125 L/(mol · cm)
M(P) = 30,9738 g/mol

Beispiele

B 9	Gesucht:	$w(\mathrm{P})$
	Berechnung $c(\mathrm{P})_{\mathrm{aliquot}}$:	$c(\mathrm{P}) = \dfrac{E}{\varepsilon \cdot d} = \dfrac{0{,}428}{13125\ \mathrm{L/(mol \cdot cm)} \cdot 1{,}00\ \mathrm{cm}} = 3{,}261 \cdot 10^{-5}\ \mathrm{mol/L}$
	Berechnung $\beta(\mathrm{P})_{\mathrm{aliquot}}$:	$\beta(\mathrm{P}) = c(\mathrm{P}) \cdot M(\mathrm{P}) = 3{,}261 \cdot 10^{-5}\ \mathrm{mol/L} \cdot 30{,}9738\ \mathrm{g/mol}$ $\beta(\mathrm{P}) = 1{,}01 \cdot 10^{-3}\ \mathrm{g/L} = 1{,}01\ \mathrm{mg/L}$
	Berechnung $m(\mathrm{P})_{\mathrm{gesamt}}$:	$m(\mathrm{P})_{\mathrm{gesamt}} = \dfrac{\beta(\mathrm{P}) \cdot V_3 \cdot V_1}{V_2} = \dfrac{1{,}01\ \mathrm{mg/L} \cdot 1{,}00\ \mathrm{L} \cdot 2000\ \mathrm{mL}}{10{,}0\ \mathrm{mL}}$ $m(\mathrm{P})_{\mathrm{gesamt}} = 202\ \mathrm{mg}$
	Berechnung $w(\mathrm{P})$ in %:	$w(\mathrm{P}) = \dfrac{m(\mathrm{P}) \cdot 100\ \%}{m(\mathrm{Düngemittel})} = \dfrac{202\ \mathrm{mg} \cdot 100\ \%}{1210\ \mathrm{mg}} = 16{,}7\ \%$
B 10		**Zur Bestimmung der Massenkonzentration eines Proteins in wässriger Lösung werden zwei Protein-Standardlösungen und die Probelösung fotometrisch bei der Wellenlänge λ = 625 nm in Küvetten von d = 5,00 mm Länge gemessen.** **Folgende Extinktionen sind bei der Messung ermittelt worden:** **Protein-Standardlösung A: β_A = 12,5 µg in 50,0 mL mit E_1 = 0,418** **Protein-Standardlösung B: β_B = 20,0 µg in 50,0 mL mit E_2 = 0,705** **Probelösung: E_3 = 0,539** **Wie groß ist in µg/L die Massenkonzentration β(Protein) in der Probelösung?**
	Gegeben:	d = 5,00 mm E_1 = 0,418 β_A = 12,5 µg/50,0 mL E_2 = 0,705 β_B = 20,0 µg/50,0 mL E_3 = 0,539
	Gesucht:	β(Protein)
	Berechnung $\Delta\beta$(Protein) der Standardlösungen B und A:	$\Delta\beta$ = 20,0 µg/50,0 mL – 12,5 µg/50,0 mL = 7,50 µg/50,0 mL
	Berechnung ΔE_S der Standardlösungen B und A:	$\Delta E_S = E_2 - E_1 = 0{,}705 - 0{,}418 = 0{,}287$
	Berechnung ΔE_P der Probelösung und Standardlösung A:	$\Delta E_P = E_3 - E_1 = 0{,}539 - 0{,}418 = 0{,}121$

Beispiele

B 10

Berechnung m(Protein) in 50,0-mL-Probe:	$m(\text{Protein}_{50}) = 12{,}5\ \mu g + \dfrac{\Delta m \cdot \Delta E_P}{\Delta E_s}$ $m(\text{Protein}_{50}) = 12{,}5\mu g + \dfrac{7{,}50\ \mu g \cdot 0{,}121}{0{,}287} = 15{,}662\ \mu g$
Berechnung β(Protein):	$m(\text{Protein}_{1000}) = \dfrac{15{,}662\ \mu g \cdot 1000\ mL}{50{,}0\ mL} = 313\ \mu g$ $\beta(\text{Protein}) = 313\ \mu g/L$

B 11

Für ein Analyseverfahren wird durch die Methode interner Standard eine Wiederfindungsrate von *WFR* = 92,1 % ermittelt. Bei der fotometrischen Messung der Probelösung und einer Standardlösung mit β_s(Analyt) = 15,0 µg/L werden folgende Messergebnisse ermittelt:
Standardlösung E_S = 0,6281
Probelösung E_P = 0,4616
Blindwert E_B = 0,0842
Wie groß ist in µg/L die Massenkonzentration β(Analyt) der Probelösung unter Berücksichtigung der Wiederfindungsrate *WFR*?

Gegeben:	*WFR* = 92,1 % E_S = 0,6281 β_S(Analyt) = 15,0 µg/L E_P = 0,4616 E_B = 0,0842
Gesucht:	β_P(Analyt)
Berechnung E_{S0}:	$E_{S0} = E_S - E_B = 0{,}6281 - 0{,}0842 = 0{,}5439$
Berechnung E_{P0}:	$E_{P0} = E_P - E_B = 0{,}4616 - 0{,}0842 = 0{,}3774$
Berechnung β_P(Analyt):	$\beta_P(\text{Analyt}) = \dfrac{\beta_s(\text{Analyt}) \cdot E_{P0} \cdot 100\ \%}{E_{S0} \cdot WFR} = \dfrac{15{,}0\ \mu g/L \cdot 0{,}3774 \cdot 100\ \%}{0{,}5439 \cdot 92{,}1\ \%} = 11{,}3\ \mu g/L$

Übungsaufgaben

Ü 1 Bei einer fotometrischen Eisenbestimmung wird von einer wässrigen Lösung mit der Stoffmengenkonzentration c_1(Eisen) = 0,125 mmol/L die Extinktion E_1 = 0,238 gemessen.

Berechnen Sie die Extinktion E_2, die bei unveränderten Bedingungen für die Stoffmengenkonzentration c_2(Eisen) = 0,222 mmol/L ermittelt wird.

Ü 2 Für eine Cobaltsalzlösung mit der Massenkonzentration β_1(Cobalt) = 242 µg/L wird bei der spektroskopischen Bestimmung die Extinktion E_1 = 0,486 gemessen.

Berechnen Sie die Extinktion E_2, die sich bei unveränderten Bedingungen für eine Massenkonzentration von β_2(Cobalt) = 38,7 µg/100 mL ergibt.

Übungsaufgaben

Ü 3 Von einer Lösung mit der Massenkonzentration β(Analyt) = 27,5 µg/L wird bei der Messung in einer Küvette mit der Schichtdicke d_1 = 2,00 cm die Extinktion E_1 = 0,358 ermittelt.

Berechnen Sie die Extinktion E_2 derselben Lösung, die sich bei der Messung in einer Küvette mit der Schichtdicke d_2 = 5,00 cm ergibt.

Ü 4 Bei der fotometrischen Bestimmung einer Phosphorsalzlösung mit der Massenkonzentration β(Analyt) = 1,92 mg/100 mL wird bei der Messung eine Küvette mit der Schichtdicke d_1 = 1,00 cm verwendet. Die Extinktion dieser Messung beträgt E_1 = 0,426.

Berechnen Sie die Extinktion E_2 derselben Lösung, wenn bei der Messung eine Küvette mit der Schichtdicke d_2 = 5,00 mm eingesetzt wird.

Ü 5 Eine Kupfersalzlösung c_1(Kupfer) = 2,24 µmol/L wird mit einem Fotometer in einer Küvette mit der Schichtdicke d_1 = 50,0 mm gemessen. Die ermittelte Extinktion beträgt E_1 = 0,624.

Berechnen Sie, welche Extinktion E_2 gemessen wird, wenn die Stoffmengenkonzentration c_2(Kupfer) = 9,20 µmol/L beträgt und bei der Messung eine Küvette mit der Schichtdicke d_2 = 1,00 cm eingesetzt wird.

Ü 6 Bei der spektroskopischen Bestimmung einer Benzoesäurelösung mit der Massenkonzentration β_1 = 12,5 mg/L wird in einer Küvette mit der Schichtdicke d_1 = 5,00 cm eine Extinktion von E_1 = 0,826 gemessen. Eine Benzoesäurelösung mit β_2 = 36,2 mg/L wird anschließend in eine Küvette mit d_2 = 2,00 cm eingefüllt und gemessen.

Berechnen Sie, welche Extinktion E_2 bei dieser Lösung mit der verwendeten Küvette gemessen wird.

Ü 7 Berechnen Sie, wie sich die Extinktion gemäß dem Gesetz von Bouguer-Lambert-Beer verändert, wenn die Analytkonzentration bei der Messung halbiert und gleichzeitig die Schichtdicke d verfünffacht wird.

Ü 8 In einer Küvette mit der Schichtdicke d_1 = 1,00 cm befindet sich eine Lösung mit der Stoffmengenkonzentration c(Mangan) = 0,250 µmol/L. Der mit diesen Parametern gemessene Transmissionsgrad beträgt T_1 = 72,0 %.

Berechnen Sie den Transmissionsgrad T_2 dieser Lösung in einer Küvette mit der Schichtdicke d_2 = 5,00 mm.

Ü 9 Die Massenkonzentration einer Vitamin-B-Lösung, β(Vitamin B) = 125 µg/L, wird UV-spektroskopisch bestimmt. Bei der Messung in einer Küvette mit der Schichtdicke d_1 = 10,0 mm beträgt der Transmissionsgrad T_1 = 64,0 %.

Berechnen Sie den Transmissionsgrad T_2 dieser Lösung in einer Küvette mit der Schichtdicke d_2 = 50,0 mm.

Ü 10 Einer Farbstofflösung mit der Stoffmengenkonzentration c_1(Farbstoff) = 500 mmol/L absorbiert bei einer Schichtdicke von d_1 = 2,00 cm α_1 = 34,8 % der einfallenden elektromagnetischen Strahlung.

Berechnen Sie, wie viel Prozent der elektromagnetischen Strahlung von einer Lösung mit der Stoffmengenkonzentration c_2(Farbstoff) = 225 mmol/L bei gleicher Wellenlänge und einer Schichtdicke von d_2 = 0,500 cm absorbiert werden.

Übungsaufgaben

Ü 11 Die Frequenz einer elektromagnetischen Strahlung beträgt $f = 5{,}090 \cdot 10^{14}$ Hz.

Berechnen Sie in nm die Wellenlänge λ dieser elektromagnetischen Strahlung.
$c = 2{,}998 \cdot 10^{8}$ m/s

Ü 12 Eine elektromagnetische Strahlung hat die Frequenz $f = 1{,}038 \cdot 10^{15}$ Hz.

Berechnen Sie in nm die Wellenlänge λ dieser elektromagnetischen Strahlung.
$c = 2{,}998 \cdot 10^{8}$ m/s

Ü 13 Ein Analyt absorbiert elektromagnetische Strahlung einer Wellenlänge von $\lambda = 324{,}8$ nm.

Berechnen Sie in Hz die Frequenz f dieser Wellenlänge.
$c = 299800$ km/s

Ü 14 Berechnen Sie in J die Energie E, die von Kalium-Ionen bei der Wellenlänge $\lambda = 766{,}5$ nm emittiert wird.
$c = 300000$ km/s, $h = 6{,}63 \cdot 10^{-34}$ Js

Ü 15 Berechnen Sie in J die Energie E und in cm^{-1} die Wellenzahl $\tilde{\nu}$ eines Photons des blauen Lichts der Wellenlänge $\lambda = 457$ nm.
$h = 6{,}6257 \cdot 10^{-34}$ Js, $c = 300000$ km/s

Ü 16 Berechnen Sie in J die Energie E, die von Barium-Ionen mit der Wellenlänge $\lambda = 455$ nm emittiert wird.
$c = 300000$ km/s, $h = 6{,}626 \cdot 10^{-34}$ Js

Ü 17 Eine Probe absorbiert die Energie $E = 6{,}000 \cdot 10^{-20}$ J.

Berechnen Sie die Wellenlänge λ in nm.
$h = 6{,}626 \cdot 10^{-34}$ Js, $c = 3{,}000 \cdot 10^{8}$ m/s

Ü 18 Die Anregungsenergie für ein Farbstoffmolekül beträgt $E = 3{,}72 \cdot 10^{-19}$ J.

Berechnen Sie in nm die Wellenlänge λ des von diesem Farbstoff absorbierten Lichts.
$h = 6{,}626 \cdot 10^{-34}$ Js, $c = 2{,}998 \cdot 10^{8}$ m/s

Ü 19 Chrom absorbiert elektromagnetische Strahlung bei einer Wellenlänge von $\lambda = 357{,}9$ nm.

a) Berechnen Sie in Hz die Frequenz f dieser Wellenlänge.
b) Berechnen Sie in J die Energie E, die von den Chromatomen bei der angegebenen Wellenlänge absorbiert wird.
$h = 6{,}626 \cdot 10^{-34}$ Js, $c = 300000$ km/s

Ü 20 Eine Absorptionsbande befindet sich in einem IR-Spektrum bei der Wellenzahl $\tilde{\nu} = 1743\ cm^{-1}$.

Berechnen Sie
a) in nm die Wellenlänge λ,
b) in s^{-1} die Frequenz f,
c) in J die Energie E
der absorbierten elektromagnetischen Strahlung.
$h = 6{,}626 \cdot 10^{-34}$ Js, $c = 2{,}998 \cdot 10^{8}$ m/s

Übungsaufgaben

Ü 21 Ein Spektrometer arbeitet mit einer Strahlungsenergie von $E = 2{,}75 \cdot 10^{-19}$ J.

Berechnen Sie
a) in s^{-1} die Frequenz f,
b) in nm die Wellenlänge λ,
c) in cm^{-1} die Wellenzahl $\tilde{\nu}$
der für das Spektrometer verwendeten elektromagnetischen Strahlung.
$h = 6{,}63 \cdot 10^{-34}$ Js, $c = 300000$ km/s

Ü 22 Zur Dissoziation von Chlormolekülen benötigt man eine Energie von $E = 243{,}6$ kJ/mol.

Berechnen Sie
a) in nm die Wellenlänge λ,
b) in cm^{-1} die Wellenzahl $\tilde{\nu}$,
c) in Hz die Frequenz f
der Strahlung, die mindestens zur Spaltung von einem Chlormolekül benötigt wird.
$h = 6{,}63 \cdot 10^{-34}$ Js, $c = 300000$ km/s, $N_A = 6{,}023 \cdot 10^{23}$ mol^{-1}

Ü 23 Eine als Startermolekül bei der Polymerisation verwendete Verbindung benötigt zur Spaltung eine Dissoziationsenergie von $E = 128{,}8$ kJ/mol.

Berechnen Sie in kJ/mol die Energie E von violettem Licht mit der Wellenlänge $\lambda = 400$ nm, um zu überprüfen, ob dieses Licht das Startermolekül spalten kann.
$h = 6{,}63 \cdot 10^{-34}$ Js, $c = 3{,}00 \cdot 10^{8}$ m/s, $N_A = 6{,}022 \cdot 10^{23}$ mol^{-1}

Ü 24 Bei einer fotometrischen Quantifizierung von Kupfer mit BCO-Reagenz wird von einer Standardsubstanz mit der Masse $m_1(Cu) = 18{,}5$ µg der Transmissionsgrad $\tau_1 = 42{,}8$ % gemessen. Für eine Probe beträgt der Transmissionsgrad $\tau_2 = 68{,}2$ %.

Berechnen Sie in µg die Masse $m_2(Cu)$ in der Probe.

Ü 25 Phosphor wird fotometrisch nach Anfärben mit Vanadat/Molybdat-Reagenz bestimmt. Von einer Standardsubstanz mit $m_1(P) = 4{,}72$ mg wird der Transmissionsgrad $\tau_1 = 36{,}2$ % gemessen. Bei der Bestimmung des Phosphorgehalts in einer Bodenprobe beträgt der Transmissionsgrad $\tau_2 = 57{,}4$ %.

Berechnen Sie in mg die Masse m_2 an Phosphor in der Bodenprobe.

Ü 26 Cobalt-Ionen bilden mit Nitroso-R-Salz einen rot gefärbten, wasserlöslichen Komplex, dessen Farbintensität bei der Wellenlänge $\lambda = 490$ nm in einem Fotometer gemessen wird. Eine Probe mit der Massenkonzentration $\beta(Co) = 1{,}75$ mg/L ergibt bei der Messung in einer Küvette mit der Schichtdicke $d = 10{,}0$ mm eine Extinktion von $E = 0{,}496$.

Berechnen Sie in L/(mol · cm) den molaren Extinktionskoeffizienten ε für die Cobalt-Bestimmung.
$M(Co) = 58{,}9332$ g/mol

Übungsaufgaben

Ü 27 Mangan wird fotometrisch als Permanganat bestimmt. Folgende Angaben für die Messung sind bekannt:

Schichtdicke	d = 2,000 cm
Wellenlänge	λ = 525 nm
Massenkonzentration Mangan	β = 7,219 mg/L
Extinktion	E = 0,6268
molare Masse Mangan	M = 54,938 g/mol

Berechnen Sie in L/(mol · cm) den molaren Extinktionskoeffizienten ε für die Mangan-Bestimmung.

Ü 28 Eine Kalibrierlösung mit der Massenkonzentration β(Mn) = 125 mg/L ergibt bei der fotometrischen Messung einen Transmissionsgrad von τ_1 = 58,2 %. Die Masse m = 250 mg der Probensubstanz wird auf V = 200 mL aufgefüllt. Die Messung dieser Lösung ergibt einen Transmissionsgrad von τ_2 = 76,2 %.

Berechnen Sie den Massenanteil w(Mn) in %.

Ü 29 Für die fotometrische Bestimmung des Massenanteils von β-Carotin in Paprika wird die Masse m = 300 g Paprika eingewogen, das β-Carotin extrahiert und der Extrakt in einen Messkolben mit V_1 = 250 mL überführt und bis zur Marke aufgefüllt. Ein aliquoter Teil von V_2 = 25,0 mL wird in einen Messkolben mit V_3 = 200 mL pipettiert und anschließend bis zur Marke aufgefüllt. Diese Lösung ergibt bei der Messung in einer Küvette mit d = 20,0 mm bei der Wellenlänge λ = 490 nm eine Extinktion von E = 0,374.

Berechnen Sie den Massenanteil w(β-Carotin) in % der Paprikaprobe.
M(β-Carotin) = 536,90 g/mol, ε(β-Carotin) = $1{,}38 \cdot 10^4$ L · mol^{-1} · cm^{-1}

Ü 30 Die Extinktion einer Nitratlösung mit unbekannter Massenkonzentration beträgt bei der Wellenlänge λ = 413 nm E_1 = 0,473. Die Extinktion eines Standards mit $c = 2{,}25 \cdot 10^{-4}$ mol/L beträgt bei der Messung in einer Küvette mit gleicher Schichtdicke und gleicher Wellenlänge E_2 = 0,614.

Berechnen Sie in mg/L die Massenkonzentration $\beta(NO_3^-)$ der unbekannten Lösung.
$M(NO_3^-)$ = 62,01 g/mol

Ü 31 Folgende Extinktionen werden bei einer fotometrischen Bestimmung ermittelt:
Blindwert: E_B = 0,1246
Standard 1: β_1 = 10,0 mg/L, E_1 = 0,3180
Standard 2: β_2 = 20,0 mg/L, E_2 = 0,5942
Probe: E_3 = 0,4724

Berechnen Sie in mg/L die Massenkonzentration β des Analyten in der Probe.

Ü 32 Zur Quantifizierung einer wässrigen Co^{2+}-haltigen Lösung wird eine Zweipunktkalibrierung durchgeführt. Folgende Extinktionen werden ermittelt:
Standardlösung 1: β_1 = 50,0 mg/L, E_1 = 0,348
Standardlösung 2: β_2 = 80,0 mg/L, E_2 = 0,466

Berechnen Sie in mg/L den Blindwert der Cobalt-Bestimmung.

Übungsaufgaben

Ü 33 Für eine Benzoesäure-Bestimmung mittels UV-Spektroskopie werden zur Kalibrierung zwei Standardlösungen angesetzt und gemessen. Dabei werden folgende Werte ermittelt:
Lösung 1: β_1 = 1,50 mg/L, E_1 = 0,146
Lösung 2: β_2 = 5,00 mg/L, E_2 = 0,429

Berechnen Sie in mg/L den Blindwert für diese Bestimmung.

Ü 34 Bei der Zeitpunktkalibrierung einer UV/VIS-spektroskopischen Bestimmung werden folgende Werte ermittelt:
Standard 1: β_1(Analyt) = 12,0 µg/L, E_1 = 0,238
Standard 2: β_2(Analyt) = 24,0 µg/L, E_2 = 0,442

Berechnen Sie in µg/L die Massenkonzentration β(Analyt), die durch den Blindwert verursacht wird.

Ü 35 Bei der UV-spektroskopischen Bestimmung von Vitamin-B_1 werden folgende Werte ermittelt:
Standardlösung 1: β_1 = 6,25 mg/500 mL, E_1 = 0,324
Standardlösung 2: β_2 = 9,00 mg/500 mL, E_2 = 0,418
Probe: E_3 = 0,382

Berechnen Sie in mg/L die Massenkonzentration β an Vitamin-B_1 in der Probe.

Ü 36 Für die Bestimmung der Massenkonzentration an Kupfer-Ionen in einer wässrigen Lösung werden zwei Standardlösungen und die Probe mit BCO-Reagenz angefärbt und am Fotometer gemessen. Folgende Daten sind für die Auswertung bekannt:

Messlösungen	β(Messlösung)	E(Messlösung)
Standardlösung 1	β_1 = 10,0 mg/100 mL	E_1 = 0,148
Standardlösung 2	β_2 = 30,0 mg/100 mL	E_2 = 0,322
Probe	β_3 = ?	E_3 = 0,214

Berechnen Sie in mg/Ldie Massenkonzentration β_3 an Kupfer-Ionen der wässrigen Probelösung.

Ü 37 Die Massenkonzentration von Zink-Ionen in einem Abwasser wird durch Messung mit der ICP-AES bestimmt. Zur Kalibrierung werden zwei Lösungen hergestellt und gemessen.
$\beta_1(Zn^{2+})$ = 2,00 mg/L, A_1 = 2652 Counts/s
$\beta_2(Zn^{2+})$ = 4,00 mg/L, A_2 = 5056 Counts/s

Berechnen Sie in Counts/s die Signalgröße A_3 einer Kalibrierlösung mit $\beta_3(Zn^{2+})$ = 6,00 mg/L, wenn von einer Kalibriergeraden ausgegangen werden kann.

Ü 38 Ni^{2+}-Ionen in einer Abwasserprobe werden mithilfe der ICP-AES quantifiziert. Zur Kalibrierung werden zwei Standardlösungen hergestellt und gemessen.
$\beta_1(Ni^{2+})$ = 250 µg/L, A_1 = 3356 Counts/s
$\beta_2(Ni^{2+})$ = 500 µg/L, A_2 = 6824 Counts/s

Berechnen Sie in Counts/s die Signalgröße A_3 einer Standardlösung mit $\beta_3(Ni^{2+})$ = 375 µg/L, wenn von einer Kalibriergeraden ausgegangen werden kann.

Übungsaufgaben

Ü 39 Zur Berücksichtigung von Verlusten durch die Probenpräparation erfolgt eine fotometrische Bestimmung unter Addition eines internen Standards. Eine Messung der Probe und eines Standards, β_1(Analyt) = 5,00 mg/L, ergab folgende Messwerte:

Untersuchungslösungen	Extinktion
Blindwert	$E_B = 0{,}0760$
Standard	$E_1 = 0{,}7243$
Probe	$E_2 = 0{,}5628$

Die Wiederfindungsrate des internen Standards beträgt *WFR* = 94,8 %.

Berechnen Sie die Massenkonzentration β_2(Analyt) der Probe in mg/L unter Berücksichtigung der Wiederfindungsrate des internen Standards.

Ü 40 Um Verluste der Probenpräparation und der Analysenmethode zu erfassen, wird das Verfahren unter Addition eines internen Standards durchgeführt. Bei den fotometrischen Messungen zur Bestimmung der Massenkonzentration β von Nickel in einer Abwasserprobe werden folgende Messwerte ermittelt:
Blindwert: $E_B = 0{,}0418$
Standardlösung: β_1(Ni) = 250 µg/L, $E_1 = 0{,}4624$
Abwasser: Verdünnung 1 : 10, $E_2 = 0{,}3068$
Mit dem internen Standard wird für das Analyseverfahren eine Wiederfindungsrate von *WFR* = 92,9 % ermittelt.

Berechnen Sie in mg/L die Massenkonzentration β(Ni) in der unverdünnten Probe unter Berücksichtigung der Wiederfindungsrate.

17 Mikrobiologie

Chemielaborantinnen/-laboranten werden in der Ausbildung mit dem Bereich der Biologie nur in den Wahlqualifikationen konfrontiert. Während in der Ausbildung die unterschiedlichsten Stoffgebiete der Biologie gewählt werden können, wird in diesem Übungsbuch der Schwerpunkt ausschließlich auf die Mikrobiologie gelegt.

Die Mikrobiologie ist die Wissenschaft der Mikroorganismen. Mikroorganismen sind kleiner als 20 µm und mit dem menschlichen Auge nicht mehr sichtbar. Demnach beschäftigt sich die Mikrobiologie vorwiegend mit Bakterien und Pilzen. Manche dieser Pilze und bestimmte Lebensformen der Mikroorganismen sind allerdings auch sichtbar. Auch die Viren werden im Stoffgebiet der Mikrobiologie behandelt, obwohl sie strenggenommen keine Mikroorganismen sind.

Um Mikroorganismen sichtbar zu machen, benötigt man ein Mikroskop. Während die Auflösung bei einem Lichtmikroskop bei maximal 200 nm liegt, vergrößert sich die Auflösung bei einem Elektronenmikroskop um das Tausendfache.

Die Mikrobiologie erforscht den Bau, die Lebensweise und die Vererbungsvorgänge der Mikroorganismen. Die angewandte Mikrobiologie beschäftigt sich mit dem Schutz des Menschen, der Tiere und Pflanzen sowie der Nahrungsmittel vor Schäden, die durch Mikroorganismen verursacht werden können. Mikroorganismen werden aber auch gezielt zur Herstellung von Nahrungsmitteln (z. B. Käse), Genussmitteln (z. B. Bier) sowie Medikamenten (z. B. Antibiotika) verwendet.

Bei den mikrobiologischen Untersuchungen von Wein und Lebensmitteln ist eine besondere Probenahme erforderlich, da davon die genaue Bestimmung der Keimzahl abhängt. Um einen Verderb ausschließen zu können, müssen eventuell nachgewiesene Keime exakt jene sein, die sich ursprünglich in den Lebensmitteln befunden haben.

Eine wesentliche Aufgabe in der Mikrobiologie ist die Messung des mikrobiellen Wachstums. Dazu werden die Bestimmung der Gesamtkeimzahl und die Lebendkeimzahl herangezogen. Bei der Gesamtkeimzahlzählung werden die Zellen direkt unter dem Mikroskop gezählt. Dabei kommen Zählkammern zum Einsatz.

Beim Verfahren der Lebendkeimzahlzählung werden auf einem geeigneten Nährmedium die Zellen aufgetragen und breiten sich danach in Kolonien aus. Deshalb nennt man die Auswertung auch Koloniezählung. Besondere Färbetechniken können dabei zur besseren Unterscheidung der einzelnen Zellen herangezogen werden.

Bei der Herstellung der Nährmedien für die Agarplatten werden die Grundlagen zur Berechnung des Herstellens von Lösungen aus Feststoffen angewendet. Auch werden vorhandene Nährlösungen oftmals verdünnt. Hier sind die nachfolgenden Aufgaben eine Anwendung der Berechnungsgrundlagen aus dem Kapitel 8.

$$N_n = N_0 \cdot 2^n$$

$$n = \frac{\log N_n - \log N_0}{\log 2}$$

$$n = \frac{t}{t_g}$$

$$\text{förderliche Vergrößerung} = \frac{\text{Objektiv} \cdot \text{Okular}}{\text{Apertur}}$$

Beispiele

B 1

Auf der Skala eines Okularmikrometers wird eine Strecke von Strich 0 bis Strich 12 mit l = 39,1 µm auf dem Objektmikrometer abgebildet. Zur Bestimmung der Länge eines Glockentierchens wird dieses auf der Okularskala von Strich 7 bis Strich 36 abgebildet. Welche Länge l in µm hat das Glockentierchen?

Gegeben:	Strecke Okularskala	= Strich 0 bis Strich 12
	Strecke Objektmikrometer	= 39,1 µm
	Glockentierchen Okularskala	= Strich 7 bis Strich 36
Gesucht:	l(Glockentierchen) in µm	
Berechnung Strichdifferenzen:	Strichdifferenz Okularskala	⇨ Strich 12 – Strich 0 = 12
	Strichdifferenz Glockentierchen	⇨ Strich 36 – Strich 7 = 29

Berechnung l(Glockentierchen):

$$l(\text{Glockentierchen}) = \frac{\text{Strecke Objektmikrometer} \cdot \text{Strichdifferenz Glockent.}}{\text{Strichdifferenz Okular}}$$

$$l(\text{Glockentierchen}) = \frac{39{,}1\ \mu\text{m} \cdot 29}{12} = 94{,}5\ \mu\text{m}$$

B 2

Ein 100-fach-Objektiv wird in einem Lichtmikroskop mit einer numerischen Apertur von 1,30 verwendet. Welche Größe hat das benötigte Okular, wenn die förderliche Vergrößerung des Mikroskops bei dem 962-Fachen der numerischen Apertur des eingesetzten Objektivs liegt?

Gegeben:	Objektiv	= 100-fach
	numerische Apertur	= 1,30
	förderliche Vergrößerung	= 962-fach
Gesucht:	Größe des Okulars	

Berechnung Größe Okular:

$$\text{Okular} = \frac{\text{Apertur} \cdot \text{förderliche Vergrößerung}}{\text{Objektiv}}$$

$$\text{Okular} = \frac{1{,}30 \cdot 962}{100} = 12{,}5\text{-fach}$$

B 3

Ein Abwasser wird dreimal 1 : 25 und zweimal 1 : 10 verdünnt. Von dieser Verdünnung werden V_1 = 0,25 mL auf einer Agarplatte ausgestrichen und bebrütet. Bei der Auswertung der Kultur werden 32 Kolonien gezählt. Wie groß ist die Keimzahl in V_2 = 1,0 L des Abwassers?

Gegeben:	Verdünnung ⇨ dreimal 1 : 25, zweimal 1 : 10	
	V(verdünntes Abwasser)	= V_1 = 0,25 mL
	n	= 32 Kolonien
	V(Abwasser)	= V_2 = 1,0 L
Gesucht:	Keimzahl pro L	

Berechnung Keimzahl:

$$\text{Keimzahl pro L} = \text{Kolonien} \cdot \text{Verdünnung} \cdot \frac{V_2}{V_1}$$

Beispiele

B 3

$$\text{Keimzahl pro L} = 32 \cdot 25 \cdot 25 \cdot 25 \cdot 10 \cdot 10 \cdot \frac{1000\ \text{mL}}{0{,}25\ \text{mL}}$$

$$\text{Keimzahl pro L} = 2{,}0 \cdot 10^{11}$$

B 4

Zur Herstellung einer Stammlösung werden m = 500 mg Wirkstoff, w(Wirkstoff) = 92,0 %, gelöst und mit Aqua demin. auf V_1 = 1000 mL aufgefüllt. Aus dieser Stammlösung werden V_2 = 20,0 mL einer Prüflösung mit der Massenkonzentration β(Wirkstoff) = 37,5 µg/mL hergestellt. Wie viel Milliliter der Stammlösung werden hierfür benötigt?

Gegeben:

m(Wirkstoff) = m(WS) = 500 mg
w(Wirkstoff) = w(WS) = 92,0 %
V(Prüflösung) = V_2 = 20,0 mL
β(Wirkstoff, Prüflösung) = 37,5 µg/mL

Gesucht: V(Stammlösung)

Berechnung m(Wirkstoff$_{100}$):

$$m(\text{Wirkstoff}_{100}) = \frac{m(\text{Wirkstoff}_{92,0}) \cdot w(\text{Wirkstoff})}{100\,\%}$$

$$m(\text{Wirkstoff}_{100}) = \frac{500\ \text{mg} \cdot 92{,}0\ \%}{100\,\%} = 460\ \text{mg}$$

Berechnung m(WS$_{100}$) in Prüflösung:

m(WS) = β(WS, Prüflösung) · V_2(Prüflösung)
m(WS) = 37,5 µg/mL · 20,0 mL = 750 µg

Berechnung V(Stammlösung):

β(WS, Stammlösung) = 460 mg/L ≙ 460 µg/mL

$$V(\text{Stammlös.}) = \frac{m(\text{WS, Prüflösung})}{(\text{WS, Stammlös.})} = \frac{750\ \mu\text{g}}{460\ \mu\text{g/mL}} = 1{,}63\ \text{mL}$$

B 5

250 Petrischalen mit dem Durchmesser d = 10,0 cm werden mit einer Nähragarschicht mit der Höhe h = 5,00 mm gefüllt. Welches Volumen V in L an Nähragar wird dafür benötigt?

Gegeben:

n = 250 Petrischalen
d = 10,0 cm
h = 5,00 mm = 0,500 cm

Gesucht: V(Nähragar)

Berechnung V(Petrischale):

$$V = \pi \cdot r^2 \cdot h = \pi \cdot (5{,}00\ \text{cm})^2 \cdot 0{,}500\ \text{cm} = 39{,}27\ \text{cm}^3$$

Berechnung V(Nähragar):

1 Petrischale = 39,27 cm³
250 Petrischalen = 39,27 cm³ · 250 = 9,82 · 10³ cm³
V(Nähragar) = 9,82 · 10³ cm³ = 9,82 L

B 6

Die Masse m_1 = 2,50 g Dinatriumhydrogenphosphat wird gelöst, mit Wasser auf V_1 = 500 mL aufgefüllt und anschließend im Verhältnis 1 : 100 verdünnt. Wie groß ist in mg die Masse m_2 an Natrium, die in einem Ansatz mit einem Volumen von V_2 = 20,0 mL enthalten ist? M(Na) = 22,990 g/mol, M(Na_2HPO_4) = 141,96 g/mol

Beispiele

B 6	Gegeben:	$m(Na_2HPO_4) = m_1 = 2{,}50\ g = 2500\ mg$ $V(\text{Lösung}) = V_1 = 500\ mL$ Verdünnungsverhältnis = 1 : 100 = 0,0100 $V(\text{Ansatz}) = V_2 = 20{,}0\ mL$ $M(Na) = 22{,}990\ g/mol$ $M(Na_2HPO_4) = 141{,}96\ g/mol$
	Gesucht:	$m(Na)$
	Berechnung $m(Na_2HPO_4)_{Ansatz}$:	$m(Na_2HPO_4)_{Ansatz} = \frac{m(Na_2HPO_4) \cdot \text{Verd.-verhältnis} \cdot V_2(\text{Ansatz})}{V_1(\text{Lösung})}$ $m(Na_2HPO_4)_{Ansatz} = \frac{2500\ mg \cdot 0{,}0100 \cdot 20{,}0\ mL}{500\ mL} = 1{,}00\ mg$
	Berechnung $m(Na)_{Ansatz}$:	$m(Na)_{Ansatz} = \frac{m(Na_2HPO_4)_{Ansatz} \cdot 2 \cdot M(Na)}{M(Na_2HPO_4)}$ $m(Na)_{Ansatz} = \frac{1{,}00\ mg \cdot 2 \cdot 22{,}990\ g/mol}{141{,}96\ g/mol} = 0{,}324\ mg$
B 7		**Bei einer Zellzählung mit einer Zählkammer werden in 6 Gruppenfeldern insgesamt n_1 = 360 Zellen gezählt. Die Kantenlänge eines Gruppenfelds beträgt l = 0,200 mm, die Höhe h = 0,100 mm. Wie groß ist die Anzahl Zellen n_K pro mL in der Kultur?**
	Gegeben:	n_1 = 360 Zellen l = 0,200 mm h = 0,100 mm n = 6 Gruppenfelder
	Gesucht:	Anzahl Zellen pro mL
	Berechnung V(Quadrat):	$V(\text{Quadrat}) = l^2 \cdot h = (0{,}200\ mm)^2 \cdot 0{,}100\ mm = 4{,}00 \cdot 10^{-3}\ mm^3$
	Umrechnung in mL:	$4{,}00 \cdot 10^{-3}\ mm^3 \cdot 0{,}001\ mL/mm^3 = 4{,}00 \cdot 10^{-6}\ mL$
	Berechnung V(6 Felder):	$V = V(\text{Quadrat}) \cdot n = 4{,}00 \cdot 10^{-6}\ mL \cdot 6 = 2{,}40 \cdot 10^{-5}\ mL$
	Berechnung Anzahl Zellen n_K:	$n_K = \frac{n_1}{V} = \frac{360\ \text{Zellen}}{2{,}40 \cdot 10^{-5}\ mL}$ $n_K = 1{,}50 \cdot 10^7$ Zellen/mL
B 8		**Eine Zellsuspension enthält $N_n = 7{,}35 \cdot 10^9$ Zellen in V = 50,0 mL der Suspension. In welchem Verhältnis muss die Zellsuspension verdünnt werden, damit die Zelldichte $N_V = 5{,}25 \cdot 10^3$ Zellen pro Milliliter beträgt?**
	Gegeben:	$N_n = 7{,}35 \cdot 10^9$ Zellen (in 50 mL) $N_V = 5{,}25 \cdot 10^3$ Zellen (in 1 mL)

Beispiele

B 8

Gesucht:	Verdünnungsverhältnis
Berechnung N'_n (N_n pro mL):	$N'_n = \frac{N_n \cdot V(\text{Vorgabe})}{V(\text{Suspension})}$ $N'_n = \frac{7{,}35 \cdot 10^9 \cdot 1{,}00\ \text{mL}}{50{,}0\ \text{mL}} = 1{,}47 \cdot 10^8$
Berechnung Verdünnungsverhältnis:	$\text{Verdünnung} = \frac{N'_n}{N_V} = \frac{1{,}47 \cdot 10^8\ \text{Zellen}}{5{,}25 \cdot 10^3\ \text{Zellen}} = 28000$ Verdünnungsverhältnis = 1 : 28000

B 9

Die Anzahl Zellen wächst innerhalb der Zeit $t = 6{,}50$ h von $N_0 = 2{,}10 \cdot 10^2$ Zellen/mL auf $N_n = 1{,}72 \cdot 10^6$ Zellen/mL.
Wie groß ist in min die Generationszeit t_g dieser Zellkultur?

Gegeben:	$N_0 = 2{,}10 \cdot 10^2$ Zellen/mL $N_n = 1{,}72 \cdot 10^6$ Zellen/mL $t = 6{,}50$ h
Gesucht:	t_g
Berechnung Anzahl Teilungen:	$n = \frac{\log N_n - \log N_0}{\log 2} = \frac{\log 1{,}72 \cdot 10^6 - \log 2{,}10 \cdot 10^2}{\log 2}$ $n = 13$ Teilungen
Berechnung Generationszeit:	$t_g = \frac{t}{n} = \frac{6{,}50\ \text{h}}{13} = 0{,}500\ \text{h} = 0{,}500\ \text{h} \cdot 60\ \text{min/h} = 30{,}0\ \text{min}$

Übungsaufgaben

Ü 1 Auf der Skala eines Okularmikrometers wird eine Strecke von Strich 0 bis Strich 15 mit $l = 48{,}8$ µm auf dem Objektmikrometer abgebildet. Zur Bestimmung der Länge eines Objekts wird dieses auf der Okularskala von Strich 9 bis Strich 32 abgebildet.

Berechnen Sie in µm die Länge l des Objekts.

Ü 2 Bei der Messung der Länge eines Objekts wird dieses auf einer kalibrierten Okularskala von Strich 4 bis Strich 51 abgebildet. Die Strecke von Strich 0 bis Strich 11 auf der Skala eines Okularmikrometers wird auf der Skala eines Objektmikrometers mit $l = 28{,}4$ µm abgebildet.

Berechnen Sie in µm die Länge l des Objekts.

Ü 3 Berechnen Sie die Vergrößerung eines Lichtmikroskops, wenn mit einem 10-fach-Objektiv und einem 8-fach-Okular gearbeitet wird.

Übungsaufgaben

Ü 4 Bei einem Lichtmikroskop wird ein 40-fach-Objektiv mit der numerischen Apertur 0,649 verwendet.

Berechnen Sie die Größe des benötigten Okulars, wenn die förderliche Vergrößerung des Mikroskops bei dem 770-Fachen der numerischen Apertur des eingesetzten Objektivs liegt.

Ü 5 Es wird mit einem Lichtmikroskop mit einer 10-fach-Objektiv-25-fach-Okular-Kombination mikroskopiert.

Berechnen Sie die numerische Apertur des verwendeten Objektivs, wenn die förderliche Vergrößerung des Mikroskops bei dem 1000-Fachen der numerischen Apertur liegt.

Ü 6 Für eine Lebendkeimzahlbestimmung wird eine Bakterienkultur zweimal 1 : 200 und einmal 1 : 25 verdünnt. Von dieser Verdünnung wird das Volumen $V = 400\ \mu L$ auf einer Platte ausgestrichen. Auf der Platte werden $n = 64$ Kolonien gezählt.

Berechnen Sie in KBE/mL die Anzahl der Keime, die in der Bakterienkultur enthalten sind.

Ü 7 Zur Lebendkeimzahlbestimmung wird ein Brauwasser fünfmal 1 : 50 verdünnt. Von der letzten Verdünnung werden jeweils $V_1 = 250\ \mu L$ auf drei Platten ausgestrichen. Auf der Platte Nr. 1 werden $n_1 = 48$ Kolonien, auf der Platte Nr. 2 werden $n_2 = 50$ Kolonien und auf der Platte Nr. 3 werden $n_3 = 46$ Kolonien ausgezählt.

Berechnen Sie die Anzahl Keime in $V = 1{,}0$ mL des Brauwassers.

Ü 8 Eine Agarplatte wird mit $V_1 = 0{,}500$ mL Probenflüssigkeit aus einer Verdünnungsstufe 1 : 50000 beimpft. Nach der Bebrütung werden $n = 116$ Kolonien gezählt.

Berechnen Sie den Keimgehalt in $V = 100$ mL der Ursprungslösung.

Ü 9 Um die Lebendkeimzahl zu bestimmen, wird eine Abwasserprobe einmal 1 : 200 und einmal 1 : 100 verdünnt. Von dieser Verdünnung werden $V_1 = 375\ \mu L$ auf einer Agarplatte ausgestrichen. Nach der Bebrütung werden bei der Auswertung der Kultur $n = 104$ Kolonien gezählt.

Berechnen Sie die Lebendkeimzahl in $V = 500$ mL des Abwassers.

Ü 10 Eine Bakteriensuspension wird zur Lebendkeimzahlbestimmung mehrfach verdünnt. Von jeder Verdünnung werden jeweils $V_1 = 25{,}0\ \mu L$ auf einer Agarplatte ausgestrichen und bebrütet. Bei der Auswertung der Kulturen werden folgende Ergebnisse ermittelt:

1. Verdünnung: Ausgangslösung 1 : 50 verdünnt, Kolonien nicht auszählbar.
2. Verdünnung: Lösung der 1. Verdünnung wird 1 : 50 verdünnt, Kolonien nicht auszählbar.
3. Verdünnung: Lösung der 2. Verdünnung wird 1 : 20 verdünnt, $n_3 = 65$ Kolonien gezählt.

Berechnen Sie die Anzahl KBE in $V = 10{,}0\ \mu L$ der Ausgangslösung.

Ü 11 Die 8. Stufe einer geometrischen Verdünnungsreihe mit dem Verdünnungsverhältnis 1 : 4 (Verdünnungsfaktor 0,25) enthält 55 koloniebildende Einheiten (KBE)/µL.

Berechnen Sie die Anzahl KBE/mL in der Ausgangskultur.

Ü 12 Berechnen Sie in g/L die Massenkonzentration β_1, die eine Wirkstofflösung haben muss, damit deren Wirkstoffgehalt in der 4. Verdünnungsstufe mit dem Verdünnungsverhältnis 1 : 10 (Verdünnungsfaktor 0,100) $\beta_2 = 2{,}5$ mg/L beträgt.

Übungsaufgaben

Ü 13 Es werden V = 10,0 L einer Desinfektionslösung mit der Volumenkonzentration σ(Desinfektionsmittel) = 1,75 % angesetzt.

Berechnen Sie in mL das Volumen V unverdünntes Desinfektionsmittel, das dazu benötigt wird.

Ü 14 Die Massenkonzentration einer Lösung beträgt β(Wirkstoff) = 1,00 mg/mL.

Berechnen Sie in µL das Volumen V, mit dem eine Geltasche gefüllt werden muss, wenn diese mit m = 7,50 µg Wirkstoff zu beladen ist.

Ü 15 Die 6. Stufe einer geometrischen Verdünnungsreihe mit dem Verdünnungsverhältnis 1 : 5 (Verdünnungsfaktor 0,20) enthält 32 koloniebildende Einheiten (KBE)/µL.

Berechnen Sie die Anzahl KBE/mL in der Ausgangskultur.

Ü 16 Eine Kultur enthält $N_0 = 2{,}75 \cdot 10^7$ Zellen/L. Mit dieser Suspension werden 75 Kulturflaschen mit einem Volumen von V_1 = 10,0 mL und einer Zelldichte von $N_n = 4{,}80 \cdot 10^5$ Zellen/mL hergestellt.

Berechnen Sie in L, welches Volumen V der Suspension dazu benötigt wird, wenn Abfüllverluste von 5,00 % auftreten.

Ü 17 Zur Herstellung einer Stammlösung werden m = 50,0 mg α-Aminopropansäure (Alanin) gelöst und mit Aqua demin. auf V_1 = 200 mL aufgefüllt. Mit dieser Stammlösung werden V_2 = 20,0 mL für eine biologische Untersuchung benötigte Prüflösung mit der Massenkonzentration β(α-Aminopropansäure) = 25,0 µg/mL hergestellt.

Berechnen Sie, wie viel Milliliter der Stammlösung dafür mit Aqua demin. ad V_2 = 20,0 mL aufgefüllt werden müssen.

Ü 18 Aus einer Stammlösung mit m(Wirkstoff) = 250 mg, w(Wirkstoff) = 85,0 %, gelöst mit Aqua demin. ad V_1 = 500 mL werden V_2 = 12,5 mL einer Prüflösung mit der Massenkonzentration β(Wirkstoff) = 75,0 µg/mL hergestellt.

Berechnen Sie, wie viel Milliliter der Stammlösung hierfür benötig werden.

Ü 19 Für eine mikrobiologische Analyse werden zur Herstellung einer Stammlösung m = 250 mg Wirkstoff mit VE-Wasser ad V_1 = 500 mL gelöst. Diese Stammlösung dient als Ausgangslösung für die Herstellung einer Prüflösung mit der Massenkonzentration β(Wirkstoff) = 25,0 µg/mL.

Berechnen Sie, wie viel Milliliter der Stammlösung zum Ansetzen von V_2 = 20,0 mL der Prüflösung benötigt werden.

Ü 20 Von einer Wirkstofflösung, β(Wirkstoff) = 4,25 g/L, werden V_1 = 200 mL durch Abdampfen von Lösemittel auf V_2 = 12,5 mL eingeengt.

Berechnen Sie in mg/mL die Massenkonzentration β(Wirkstoff) des Konzentrats.

Ü 21 Es werden V = 750 mL einer Nährlösung mit der Stoffmengenkonzentration $c(Ca(NO_3)_2)$ = 100 mmol/L hergestellt. Folgende Lösungen stehen hierfür zur Verfügung:
Lösung 1: $c(Ca(NO_3)_2)$ = 500 mmol/L und $\beta(NaNO_3)$ = 200 mg/L
Lösung 2: $\beta(NaNO_3)$ = 125 mg/L

Übungsaufgaben

Ü 21 a) Berechnen Sie in mL, welche Volumina V der beiden Lösungen zur Herstellung der Nährlösung benötigt werden.
b) Berechnen Sie in mg/L die Massenkonzentration $\beta(NaNO_3)$ der hergestellten Nährlösung.

Ü 22 Für ein gepuffertes Zellkulturmedium wird eine Stoffmengenkonzentration von $c(NaHCO_3)$ = 2,75 mmol/L benötigt.

Berechnen Sie in mL das Volumen V einer Stammlösung, $\beta(NaHCO_3)$ = 5,25 mg/mL, das zur Herstellung von V = 500 mL des Zellkulturmediums erforderlich ist.
$M(NaHCO_3)$ = 84,007 g/mol

Ü 23 Es wird eine Stammlösung für einen TRIS-Acetat-Puffer mit folgender Zusammensetzung hergestellt: β(TRIS) = 102 g/L, $\beta(CH_3COONa)$ = 27,4 g/L, β(EDTA) = 42,8 g/L. Zur Herstellung einer Gebrauchslösung werden V_1 = 72,0 mL der Stammlösung mit VE-Wasser auf V_2 = 2000 mL aufgefüllt.

Berechnen Sie in mmol/L die Stoffmengenkonzentration $c(CH_3COONa)$ der Gebrauchslösung.
$M(CH_3COONa)$ = 82,034 g/mol

Ü 24 Eine Laktoselösung, c(Laktose) = 2,50 mol/L, ρ = 1,31 g/mL, wird im Verhältnis 1 : 200 (Verdünnungsfaktor 0,00500) verdünnt.

Berechnen Sie in g/L die Massenkonzentration β(Laktose) und in % den Massenanteil w(Laktose) der verdünnten Lösung.
M(Laktose) = 342,3 g/mol

Ü 25 Berechnen Sie in L das Volumen V eines Nähragars, das anzusetzen ist, wenn 100 Petrischalen mit dem Radius r = 5,25 cm jeweils mit einer Nähragarschicht von der Höhe h = 3,50 mm zu befüllen sind.

Ü 26 Von einem Nähragar wird ein Volumen V = 7,25 L angesetzt.

Berechnen Sie die Anzahl Petrischalen mit dem Durchmesser d = 12,5 cm, die mit einer Nähragarschicht von der Höhe h = 8,50 mm befüllt werden können.

Ü 27 Sechs verschiedene Pflanzenarten werden auf ihre Empfindlichkeit gegen zwei unterschiedliche Herbizide getestet. Dazu wird jede Pflanzenart mit jedem der beiden Herbizide in jeweils acht Dosen untersucht. Jede Dosis wird dabei im Dreifachansatz geprüft. Die verwendeten Töpfe für die Pflanzen haben jeweils eine quadratische Standfläche von A = 49,0 cm^2.

Berechnen Sie in cm die Tischlänge l, die benötigt wird, um alle Pflanztöpfe, die für die Versuchsreihe benötigt werden, bei einer Tischtiefe von l = 95,0 cm vollständig auf den Tisch stellen zu können.

Ü 28 Es werden 75 Flaschen mit dem Radius r = 30,0 mm bis zu der Füllhöhe h = 15,0 cm mit einer Antibiotikumlösung, β(Antibiotikum) = 3,25 mg/mL, befüllt.

Berechnen Sie in g, welche Masse m Antibiotikum in den Flaschen enthalten ist.

Übungsaufgaben

Ü 29 Von einem Genfragment wird eine Probe mit folgender Zusammensetzung angesetzt:
V_1 = 2,50 µL DNA-Lösung, β(DNA) = 52,4 µg/mL
V_2 = 4,00 µL Restriktionspuffer
V_3 = 3,25 µL Restriktionsenzym
V_4 = 4,00 µL Auftragspuffer
V_5 = 20,0 µL Aqua demin.
Von diesem Ansatz wird das Volumen V = 10,0 µL zur weiteren Untersuchung auf ein Agarosegel aufgebracht.

Berechnen Sie in µg die Masse m(DNA), die auf das Gel aufgetragen wird.

Ü 30 Für eine Untersuchungsreihe werden 1500 Röhrchen benötigt, gefüllt mit jeweils V = 200 µL einer Lösung mit dem Enzym Urease, c(Urease) = 75,0 µmol/L.

Berechnen Sie in g die für diese Untersuchungsreihe erforderliche Masse m(Urease).
M(Urease) = 545000 g/mol

Ü 31 Es werden 3000 Teströhrchen mit jeweils V = 1,25 mL einer Lösung eines Peptids, c(Peptid) = 37,5 µmol/L, befüllt.

Berechnen Sie in g die für die Befüllung erforderliche Masse m(Peptid).
M(Peptid) = 25000 g/mol

Ü 32 Es werden V = 1250 mL einer Pufferlösung mit folgender Zusammensetzung hergestellt: c(Glycin) = 375 mmol/L, c(SDS) = 0,425 mmol/L und c(TRIS) = 62,0 mmol/L.

Berechnen Sie in g die Massen m der angegebenen Substanzen, die zum Ansetzen der Lösung einzuwiegen sind.
M(Glycin) = 75,07 g/mol, M(SDS) = 288,4 g/mol, M(TRIS) = 121,1 g/mol

Ü 33 Für eine Batch-Fermentation werden V = 2,50 L einer Lösung mit folgender Zusammensetzung benötigt: Masse m_1 = 24,2 g Laktose pro Liter Lösung, Masse m_2 = 7,25 g Glucose pro Liter Lösung.

Berechnen Sie in g die Massen m Laktosemonohydrat und Glucosemonohydrat, die zum Ansetzen der Lösung einzuwiegen sind.
M(Glucose) = 180 g/mol, M(Laktose) = 342 g/mol, M(Wasser) = 18,0 g/mol

Ü 34 Eine Masse von m = 102 mg Dikaliumhydrogenphosphat wird mit Aqua demin. ad V_1 = 200 mL gelöst und anschließend im Verhältnis 1 : 500 verdünnt.

Berechnen Sie in µg die Masse m an Kalium, die in einem Ansatz mit einem Volumen von V = 12,5 mL enthalten ist.
M(K) = 39,098 g/mol, $M(K_2HPO_4)$ = 174,18 g/mol

Ü 35 Von einer Kaliumacetatlösung, $\beta(CH_3COOK)$ = 3,75 g/L, wird einem Hamster ein Volumen V = 2,75 mL appliziert.

Berechnen Sie in mg die Masse m(Kalium), die dem Hamster appliziert wird.
M(K) = 39,098 g/mol, $M(CH_3COOK)$ = 98,142 g/mol

Übungsaufgaben

Ü 36 Es werden $V = 5{,}00$ L eines Nährmediums mit der Massenkonzentration β(Kohlenstoff) = 9,75 g/L benötigt. Als Kohlenstoffquelle wird Glucose verwendet.

Berechnen Sie in g die Masse m an Glucose, die zur Herstellung des Nährmediums benötigt wird.
$M(C_6H_{12}O_6) = 180{,}16$ g/mol, $M(C) = 12{,}011$ g/mol

Ü 37 Von einem Nährmedium mit der Massenkonzentration β(Kohlenstoff) = 8,75 g/L werden $V = 1250$ mL hergestellt. Ribose, w(Ribose) = 97,5 %, steht als Kohlenstoffquelle zur Verfügung.

Berechnen Sie in g die Masse m an Ribose, die zur Herstellung des Nährmediums benötigt wird.
$M(C_5H_{10}O_5) = 150{,}14$ g/mol, $M(C) = 12{,}011$ g/mol

Ü 38 Glucose wird durch alkoholische Gärung zu Ethanol und Kohlenstoffdioxid umgesetzt. Am Ende der Gärzeit wird ein Kohlenstoffdioxidvolumen von $V_1 = 365$ mL im Normzustand ermittelt. Von der vergorenen Lösung liegen $V_2 = 15{,}8$ mL mit der Dichte $\rho = 1{,}118$ g/mL vor.

Berechnen Sie den Massenanteil w(Ethanol) in % der vergorenen Lösung.
$C_6H_{12}O_6 \longrightarrow 2\ CO_2 + 2\ C_2H_5OH$
$M(C_2H_5OH) = 46{,}0$ g/mol, V_{nm}(22,4 L/mol)

Ü 39 Unter anaeroben Bedingungen vergären Hefezellen Glucose zu Ethanol und Kohlenstoffdioxid.

Berechnen Sie in L, welches Volumen V Kohlenstoffdioxid (der in der Lösung verbleibende Anteil ist vernachlässigbar) mit der Temperatur $T = 296$ K und dem Druck $p_{abs} = 1005$ mbar bei der Vergärung von $m = 12{,}9$ g Glucose freigesetzt wird.
$C_6H_{12}O_6 \longrightarrow 2\ CO_2 + 2\ C_2H_5OH$
M(Glucose) = 180,16 g/mol, $V_{mn}(CO_2) = 22{,}4$ L/mol, $R = 0{,}08314\ \text{bar} \cdot \text{L} \cdot \text{K}^{-1} \cdot \text{mol}^{-1}$

Ü 40 Bei der alkoholischen Gärung wird Glucose zu Ethanol und Kohlenstoffdioxid umgesetzt.

Berechnen Sie in kg, welche Masse m(Glucose) vergoren werden muss, damit ein Volumen $V = 348$ L Kohlenstoffdioxid mit der Temperatur $T = 293$ K und dem Druck $p_{abs} = 988$ mbar entsteht, wenn bei der Gärung von der Ausbeute $\eta = 91{,}6$ % ausgegangen werden kann.
$C_6H_{12}O_6 \longrightarrow 2\ CO_2 + 2\ C_2H_5OH$
M(Glucose) = 180,16 g/mol, $V_{mn}(CO_2) = 22{,}4$ L/mol, $R = 0{,}08314\ \text{bar} \cdot \text{L} \cdot \text{K}^{-1} \cdot \text{mol}^{-1}$

Ü 41 Eine Injektionslösung mit der Massenkonzentration β(Wirkstoff) = 2,50 g/L wird so verdünnt, dass in der verdünnten Lösung die Massenkonzentration β(Wirkstoff) = 1,25 µg/µL enthalten ist.

Berechnen Sie das Verdünnungsverhältnis.

Ü 42 In $V = 25{,}0$ mL einer Zellsuspension sind $n_1 = 8{,}45 \cdot 10^8$ Zellen enthalten.

Berechnen Sie das Verhältnis, mit dem diese Zellsuspension verdünnt werden muss, damit eine Zelldichte von $n_2 = 3{,}25 \cdot 10^3$ Zellen/mL erreicht wird.

Übungsaufgaben

Ü 43 Um die Empfindlichkeit bestimmter Keime gegen Streptomycin festzustellen, wird eine Ausgangslösung mit der Massenkonzentration β(Streptomycin) = 2,75 mg/mL eingesetzt. Aus dieser Lösung wird eine geometrische Verdünnungsreihe mit dem Verdünnungsverhältnis 1 : 5 (Faktor = 0,200) hergestellt. Bei der Versuchsdurchführung wird festgestellt, dass eine Hemmung der Keime bis zu einer Wirkstoffkonzentration von β(Streptomycin) = 1,20 µg/mL erfolgt.

Berechnen Sie, ab welcher Verdünnungsstufe eine Wirkung von Streptomycin nicht mehr zu erkennen ist.

Ü 44 Mit einer Zählkammer wird die Anzahl Zellen von einer Hefesuspension bestimmt. In acht Gruppenfeldern mit einer Kantenlänge und einer Zählkammerhöhe von jeweils l = 0,100 mm werden bei einer Fünffachbestimmung 38, 40, 41, 39 und 37 Hefezellen gezählt.

Berechnen Sie die Anzahl Zellen/mL Hefesuspension.

Ü 45 Von einer Anzuchtkultur wird eine Zellzählung mit einer Zählkammer durchgeführt. Dabei werden in vier Gruppenfeldern insgesamt 426 Zellen gezählt. Die Kantenlänge eines Gruppenfelds beträgt l = 0,0200 mm, die Höhe der Gruppenfelder beträgt h = 0,100 mm.

Berechnen Sie die Anzahl Zellen/mL in der Anzuchtkultur.

Ü 46 Mithilfe einer Zählkammer wird die Zelldichte einer Bakteriensuspension bestimmt. Dabei werden sieben Gruppenfelder mit einer Kantenlänge von jeweils l = 0,0500 mm ausgezählt. Die Kammerhöhe beträgt h = 0,100 mm. Bei der Zählung wird folgende Anzahl Zellen ermittelt:

Feld Nr.	1	2	3	4	5	6	7
Anzahl Zellen	29	25	26	29	25	27	28

Berechnen Sie, in welchem Verhältnis die Bakteriensuspension verdünnt werden muss, damit eine Zellanzahl von $2{,}50 \cdot 10^5$ Zellen/mL erreicht wird.

Ü 47 Aus einer Eiweißlösung mit dem Volumen V(Eiweißlösung) = 750 mL mit dem Massenanteil w(Eiweiß) = 3,75 % und der Dichte ρ = 1,05 g/mL wird mithilfe eines Ultrafilters die Masse m = 232 g Wasser entzogen.

Berechnen Sie den Massenanteil w(Eiweiß) in % des entstandenen Konzentrats.

Ü 48 Durch Mischen von Restbeständen folgender Lösungen des gleichen Wirkstoffs wird eine Wirkstofflösung hergestellt:

Lösung	**Masse**	***w*(Wirkstoff)**
Nr. 1	m_1 = 82,6 g	w_1 = 3,85 %
Nr. 2	m_2 = 51,2 g	w_2 = 4,39 %
Nr. 3	m_3 = 38,5 g	w_3 = 5,24 %

Berechnen Sie den Massenanteil w(Wirkstoff) in % der Mischung.

Übungsaufgaben

Ü 49 Folgende Lösungen des gleichen Wirkstoffs werden mit 500 g Wasser gemischt:

Lösung	Masse	w(Wirkstoff)
Nr. 1	m_1 = 225 g	w_1 = 2,82 %
Nr. 2	m_2 = 175 g	w_2 = 3,68 %
Nr. 3	m_3 = 125 g	w_3 = 5,75 %

Berechnen Sie den Massenanteil w(Wirkstoff) in % der Mischung.

Ü 50 Die Generationszeit von Salmonellen beträgt bei einer Temperatur von ϑ = 37,0 °C t_g = 30,0 min. Zu Beginn der Untersuchung sind N_0 = 112 Salmonellen vorhanden.

Berechnen Sie die Anzahl Salmonellen N_t, die nach einer Zeit von t = 4,50 h vorliegen.

Ü 51 Die Anzahl der Zellen in einer Zellkultur steigt in der Zeit t = 24,0 h von $N_0 = 2{,}50 \cdot 10^4$ Zellen/mL auf $N_t = 8{,}00 \cdot 10^5$ Zellen/mL.

Berechnen Sie in min die Generationszeit t_g dieser Zellkultur.

Ü 52 Innerhalb von t = 30,0 Stunden wächst die Anzahl Zellen von $N_0 = 1{,}50 \cdot 10^3$ Zellen/mL auf $N_t = 1{,}92 \cdot 10^5$ Zellen/mL.

Berechnen Sie in min die Generationszeit t_g dieser Zellkultur.

Ü 53 Bei Beginn der Anzüchtung einer Bakterienkultur liegen $N_0 = 7{,}25 \cdot 10^3$ Bakterien/mL in einer optimalen Nährlösung vor. Die lag-Phase (Anlaufphase) beträgt t = 40,0 min und die Generationszeit t_g = 20,0 min.

Berechnen Sie die Anzahl Bakterien N_t pro mL, die nach der Zeit t = 240 min vorliegen.

18 Beschichtungsstoffe und Lackrohstoffe

Chemielaborantinnen und -laboranten werden in der Ausbildung nur dann mit Beschichtungsstoffen konfrontiert, wenn dies als Wahlqualifikationseinheit festgelegt wird. Dieses Kapitel enthält daher ausschließlich mathematische Aufgaben, die dem Wahlqualifikationsniveau im Ausbildungsberuf Chemielaborant/-in entsprechen: Bestimmung von Kennzahlen, -daten und Messwerten und deren Auswertung, um eine Aussage über die Eigenschaften und Qualität eines Beschichtungsstoffs, einer Beschichtung oder von Lackrohstoffen zu erzielen.

Zu den Lackrohstoffen zählen Bindemittel, Farbmittel, Lösemittel und Additive.

Wichtige Fachbegriffe:

- **Farbmittel** zählen zu den Lackrohstoffen; dazu zählen generell alle farbgebenden Stoffe.
- **Pigmente** sind unlösliche Farbmittel und liegen in Form von Partikeln vor.
- **Füllstoffe** sind Substanzen in körniger oder in pulvriger Form, die im Anwendungsmedium unlöslich sind und in Beschichtungsstoffen verwendet werden, um bestimmte physikalische Eigenschaften zu erreichen oder zu beeinflussen.
- **Additive, Hilfsstoffe, Zusatzstoffe** sind Substanzen, die einem Beschichtungsstoff in kleinen Mengen zugesetzt werden, um Eigenschaften des Beschichtungsstoffs zu beeinflussen; hierzu zählen unter anderem auch die sogenannten Antihautmittel.
- **Sikkative** sind Stoffe, die ölhaltigen Lacken zugesetzt werden, um die Trocknung zu beschleunigen.
- **Nichtflüchtige Anteile:** Darunter versteht man den durch Eindampfen unter festgelegten Prüfbedingungen erhaltenen Rückstand. Die nichtflüchtigen Anteile werden auch als Feststoffgehalt bezeichnet.
- **Bindemittel** zählen zu den Lackrohstoffen und verbinden Pigmentteilchen untereinander und mit dem Untergrund. Sie bilden so mit ihnen gemeinsam die fertige Beschichtung. Sie können auch als der nichtflüchtige Anteil eines Beschichtungsstoffs ohne Pigment und Füllstoff, aber einschließlich Trockenstoffen und anderen nichtflüchtigen Hilfsstoffen verstanden werden. Auch reaktive flüchtige Stoffe gehören zu den Bindemitteln, soweit sie durch chemische Reaktion Bestandteil der Beschichtung werden. Bindemittel können in organischen Lösemitteln gelöst und/oder in Wasser verteilt sein (Dispersion, Emulsion).
- **Trockenfilmdichte:** Die Bestimmung der Trockenfilmdichte ist ein Hilfsmittel zur Ermittlung des Volumens nichtflüchtiger Anteile von Beschichtungsstoffen und ähnlichen Produkten; Temperaturbereich und Trocknungs- bzw. Härtungsdauer können dabei beliebig festgelegt werden. Durch die Messung der Trockenfilmdichte kann das Volumen einer trockenen Beschichtung bestimmt werden. Man erhält es aus dem gegebenen Volumen des flüssigen Beschichtungsstoffes. Dieses Volumen ist das aussagekräftigste Maß für das Deckvermögen eines Beschichtungsstoffs.
- **Trockenfilmvolumen** ist ein Maß für die Ergiebigkeit eines Beschichtungsstoffs. Daraus kann bestimmt werden, wie viel Quadratmeter an zu lackierender Fläche mit einem Kilogramm eines Lacksystems in einer definierten Schichtdicke (trocken) lackiert werden können. Das Volumen ergibt sich aus $V = \frac{m(\text{nfA})}{\rho(\text{nfA})}$.
- **Pigmentvolumenkonzentration** (PVK) ist der Volumenanteil der Pigmente und Füllstoffe in Prozent am gesamten Trockenfilmvolumen eines Beschichtungsstoffs.
- **Deckvermögen** (eines Lackes oder Beschichtungsstoffes): Oberfläche, die bei festgelegter Trockenschichtdicke mit einem bestimmten Volumen abgedeckt wird.

- **H-Aktiväquivalentmasse** ist eine charakteristische Größe für aminofunktionelle Härter. Sie gibt an, in wie viel Gramm Aminhärter 1 Mol aktiver Wasserstoff enthalten ist. Sie wird daher definiert als der Quotient aus der Molmasse des Aminhärters und der Anzahl der reaktiven, an Stickstoff gebundenen Wasserstoffatome. Wasserstoffatome werden in diesem Fall dann als reaktiv bezeichnet, wenn sie in der Lage sind, mit einer Epoxidgruppe unter Bildung einer OH-Gruppe zu reagieren. Beispielsweise besitzt Ethylendiamin (NH_2-CH_2-CH_2-NH_2) demnach vier aktive Wasserstoffatome.
- **VOC** (Volatile Organic Compound = flüchtige organische Verbindung) ist eine organische Verbindung mit einem Siedepunkt von höchstens 250 °C bei normalen Druckbedingungen.
- **VOC-Wert** gibt die Menge an flüchtigen organischen Verbindungen bezogen auf den applikationsfähigen Zustand eines Beschichtungsstoffs an. Der VOC-Wert hat die Einheit g/L und kann nach folgender Gleichung berechnet werden:

$$\mathrm{VOC} = \frac{m(\mathrm{fA}) - m(\mathrm{H_2O})}{V(\mathrm{Beschichtungsstoff}) - V(\mathrm{H_2O})}$$

Die wichtigsten chemischen Strukturen:

- **Polyurethane (PUR):** Kunststoffe oder Kunstharze, die aus der Polyadditionsreaktion von Diolen beziehungsweise Polyolen mit Polyisocyanaten entstehen.
- **Epoxidharze (EP-Harze)** werden entweder durch katalytische Polymerisation von Epoxiden oder durch Umsetzung von Epoxiden mit Diolen hergestellt.
- **Alkydharze** werden durch die Veresterung von mehrwertigen Alkoholen mit Fettsäuren (Ölen) hergestellt. Als Veresterungspartner für die mehrwertigen Alkohole (z. B. Glycerin) kommen Öle wie Leinöl, Ricinusöl oder Olivenöl zum Einsatz.
- **Harnstoffharze:** Kondensationsprodukte aus Harnstoff (bzw. Harnstoffderivaten) und Aldehyden (insbesondere Formaldehyd), die chemisch bzw. thermisch ausgehärtet werden können.
- **Melaminharze** sind Kunststoffe, die aus den Grundbausteinen Melamin und Formaldehyd hergestellt werden.

Lacke selbst werden als 1-Komponenten- oder 2-Komponenten-Systeme angeboten. Im ersten Fall ist der Stammlack bereits mit einem Härter vermischt. Diese Systeme sind meist lösemittelreich und härten aus, indem das Lösemittel verdunstet. Im 2-Komponenten-System werden Stammlack und Härter erst kurz vor der Applikation gemischt, wodurch auf chemischem Weg eine Aushärtung vollzogen wird.

$$\rho = \frac{m}{V}$$

$$m_1 \cdot w_1 + m_2 \cdot w_2 + \ldots + m_n \cdot w_n = m_{\mathrm{ges}} \cdot w_{\mathrm{Lösung}}$$

$$w(\mathrm{Bm, Bs}) = \frac{m(\mathrm{Bm})}{m(\mathrm{Bs})}$$

$$w(\mathrm{Bm, Bs}) = \frac{m(\mathrm{Bm - Lsg}) \cdot w(\mathrm{Bm})}{m(\mathrm{Bs})}$$

$$w(\mathrm{nfA}) = \frac{m(\mathrm{nfA})}{m(\mathrm{Bs})}$$

$$w(\mathrm{nfA}) + w(\mathrm{fA}) = 1$$

$$\varphi(\mathrm{nfA}) + \varphi(\mathrm{fA}) = 1$$

$$\varphi_{\mathrm{nfA}} = \frac{w_{\mathrm{nfA}} \cdot \rho_{\mathrm{Bs}}}{\rho_{\mathrm{nfA}}}$$

$$d_{\mathrm{Nf}} = \frac{V_{\mathrm{Nf}}}{A}$$

$$d_{\mathrm{Tf}} = \varphi_{\mathrm{nfA}} \cdot d_{\mathrm{Nf}}$$

$$PVK = \frac{V(\text{Pigment})}{V(\text{Pigment}) + V(\text{Bindemittel})} \cdot 100\,\%$$

$$V(\text{Trockenfilm}) = \frac{m_2 - m_1}{\rho(\text{Wasser})}$$

$$\frac{m(\text{Bs}) \cdot w(\text{Bm}) \cdot w(\text{OH})}{M(\text{OH})} = \frac{m(\text{NCO}) \cdot w(\text{NCO})}{M(\text{NCO})}$$

$$\xi(\text{Pi, Bm}) = \frac{m(\text{Pi}) + m(\text{Fü})}{m(\text{Bm})}$$

$$M(\text{eq, H}) = \frac{M(\text{Amin})}{z^*(\text{H}) \cdot w(\text{Amin})}$$

$$\frac{m(\text{Bs}) \cdot w(\text{EP-Lsg.}) \cdot w(\text{EP})}{M(\text{eq, EP})} = \frac{m(\text{Zusatz-Lsg.}) \cdot w(\text{Amin})}{M(\text{eq, H})}$$

$$M(\text{eq, EP}) = \frac{1}{\text{EP}}$$

Beispiele

B 1

Es werden m_L = 175 g einer Bindemittellösung mit *w*(Bindemittel) = 26,8 % benötigt. Zur Herstellung stehen folgende Bindemittellösungen zur Verfügung:
Lösung A: *w*(Bindemittel) = 13,8 %
Lösung B: *w*(Bindemittel) = 43,9 %
Wie viel Gramm der Lösung B sind zur Herstellung erforderlich?

Gegeben:	w_A(Bindemittel)	=	13,8 %	= 0,138
	w_B(Bindemittel)	=	43,9 %	= 0,439
	w_L(Bindemittel)	=	26,8 %	= 0,268
	m_L(Bindemittellösung)	=	175 g	
Gesucht:	m_B mit w_B	=	43,9 %	
Berechnung m_A:	m_A	=	$m_L - m_B$	
Berechnung m_B mit w_B:	$(m_L - m_B) \cdot w_A + m_B \cdot w_B$	=	$m_L \cdot w_L$	
	$(175\text{ g} - m_B) \cdot 0{,}138 + m_B \cdot 0{,}439$	=	$175\text{ g} \cdot 0{,}268$	
	$24{,}15\text{ g} - 0{,}138\, m_B + 0{,}439\, m_B$	=	46,9 g	
	$0{,}301\, m_B$	=	22,75 g	

$$m_B = \frac{22{,}75\text{ g}}{0{,}301} = 75{,}6\text{ g}$$

Beispiele

B 2

**Ein Beschichtungsstoff mit der Dichte ρ_{Bs} = 1,192 g/cm³ hat einen Gehalt an nichtflüchtigen Anteilen von w_{nfA} = 61,50 %. Die durchschnittliche Dichte der nichtflüchtigen Anteile beträgt ρ_{nfA} = 1,469 g/cm³.
Zur Beschichtung einer Fläche von A = 5,000 m² werden V_{Bs} = 750,0 cm³ dieses Beschichtungsstoffs aufgetragen.
Welche Schichtdicke d_{Tf} in µm hat der Trockenfilm?**

Gegeben:

ρ_{Bs} = 1,192 g/cm³
w_{nfA} = 61,50 % = 0,6150
ρ_{nfA} = 1,469 g/cm³
A = 5,000 m²
V_{Bs} = 750,0 cm³

Gesucht: d_{Tf}

Berechnung φ_{nfA}:

$$\varphi_{nfA} = \frac{w_{nfA} \cdot \rho_{Bs}}{\rho_{nfA}} = \frac{0{,}6150 \cdot 1{,}192\ \text{g/cm}^3}{1{,}469\ \text{g/cm}^3} = 0{,}4990$$

Berechnung d_{Nf}:

$$d_{Nf} = \frac{V_{Bs}}{A} = \frac{750{,}0\ \text{cm}^3}{50000\ \text{cm}^2} = 1{,}500 \cdot 10^{-2}\ \text{cm}$$

Berechnung d_{Tf}:

$$d_{Tf} = \varphi_{nfA} \cdot d_{Nf} = 0{,}4990 \cdot 1{,}500 \cdot 10^{-2}\ \text{cm} = 7{,}485 \cdot 10^{-3}\ \text{cm}$$
$$d_{Tf} = 7{,}485 \cdot 10^{-3}\ \text{cm} \cdot 10000\ \mu\text{m/cm} = 74{,}85\ \mu\text{m}$$

B 3

Wie groß ist in m² die Fläche A, die mit dem Volumen V = 750,0 mL Beschichtungsstoff, ρ_{Bs} = 1,948 g/cm³, w_{nfA} = 58,20 %, ρ_{nfA} = 2,198 g/cm³, beschichtet werden kann, wenn die geforderte Schichtdicke des Trockenfilms d_{Tf} = 47,20 µm betragen soll und von w_{Vv} = 10,20 % Verarbeitungsverlusten auszugehen ist?

Gegeben:

V_{Bs} = 750,0 mL = 7,500 · 10⁻⁴ m³
ρ_{Bs} = 1,948 g/cm³
w_{nfA} = 58,20 % = 0,5820
ρ_{nfA} = 2,198 g/cm³
d_{Tf} = 47,20 µm
w_{Vv} = 10,20 % = 0,1020

Gesucht: A

Berechnung φ_{nfA}:

$$\varphi_{nfA} = \frac{w_{nfA} \cdot \rho_{Bs}}{\rho_{nfA}} = \frac{0{,}5820 \cdot 1{,}948\ \text{g/cm}^3}{2{,}198\ \text{g/cm}^3} = 0{,}5158$$

Berechnung d_{Nf}:

$$d_{Nf} = \frac{d_{Tf}}{\varphi_{nfA}} = \frac{47{,}20\ \mu\text{m}}{0{,}5158} = 91{,}51\ \mu\text{m} = 9{,}151 \cdot 10^{-5}\ \text{m}$$

Berechnung A:

$$A = \frac{V_{Bs} \cdot (1{,}000 - w_{Vv})}{d_{Nf}} = \frac{7{,}500 \cdot 10^{-4}\ \text{m}^3 \cdot (1{,}000 - 0{,}1020)}{9{,}151 \cdot 10^{-5}\ \text{m}} = 7{,}360\ \text{m}^2$$

B 4

**Ein Beschichtungsstoff, ρ_{Bs} = 1,243 g/cm³, enthält:
m_1 = 132,0 g Bindemittel, Dichte ρ_1 = 1,074 g/cm³
m_2 = 102,5 g Pigment, Dichte ρ_2 = 3,782 g/cm³
m_3 = 275,0 g Lösemittelgemisch
Wie groß ist in g/cm³ die mittlere Dichte ρ_{LMG} des Lösemittelgemischs?**

Beispiele

B 4

Gegeben:	$\rho_{Bs} = 1{,}243\ g/cm^3$ $m_1 = 132{,}0\ g$ $\rho_1 = 1{,}074\ g/cm^3$ $m_2 = 102{,}5\ g$ $\rho_2 = 3{,}782\ g/cm^3$ $m_3 = 275{,}0\ g$
Gesucht:	ρ_{LMG}
Berechnung *m*(Beschichtungsstoff):	$m_{Bs} = m_1 + m_2 + m_3 = 132{,}0\ g + 102{,}5\ g + 275{,}0\ g = 509{,}5\ g$
Berechnung V_1(Bindemittel):	$V_1 = \frac{m_1}{\rho_1} = \frac{132{,}0\ g}{1{,}074\ g/cm^3} = 122{,}9\ cm^3$
Berechnung V_2(Pigment):	$V_2 = \frac{m_2}{\rho_2} = \frac{102{,}5\ g}{3{,}782\ g/cm^3} = 27{,}10\ cm^3$
Berechnung V_{Bs}(Beschichtungsstoff):	$V_{Bs} = \frac{m_{Bs}}{\rho_{Bs}} = \frac{509{,}5\ g}{1{,}243\ g/cm^3} = 409{,}9\ cm^3$
Berechnung V_3(Lösemittelgemisch):	$V_3 = V_{Bs} - V_1 - V_2 = 409{,}9\ cm^3 - 122{,}9\ cm^3 - 27{,}10\ cm^3$ $V_3 = 259{,}9\ cm^3$
Berechnung *ρ*(Lösemittelgemisch):	$\rho_{LMG} = \frac{m_3}{V_3} = \frac{275{,}0\ g}{259{,}9\ cm^3} = 1{,}058\ g/cm^3$

B 5

Zur Bestimmung der Dichte des Trockenfilms eines Beschichtungsstoffs wird der Stoff auf ein Blech aufgetragen und das Blech mit und ohne Trockenfilm in Luft und vollständig in Wasser eingetaucht gewogen. Folgende Massen werden festgestellt:

Blech ohne Trockenfilm in Luft gewogen $m_1 = 71{,}9\ g$
Blech ohne Trockenfilm vollständig in Wasser eingetaucht gewogen $m_2 = 55{,}9\ g$
Blech mit Trockenfilm in Luft gewogen $m_3 = 74{,}2\ g$
Blech mit Trockenfilm vollständig in Wasser eingetaucht gewogen $m_4 = 56{,}7\ g$
Welche Dichte ρ **hat der Trockenfilm in** g/cm^3**?**
ρ**(Wasser) = 0,9982 g/cm³**

Gegeben:	*m*(Blech, ohne Tf), Luft $= m_1 = 71{,}9\ g$ *m*(Blech, ohne Tf), Wasser $= m_2 = 55{,}9\ g$ *m*(Blech, mit Tf), Luft $= m_3 = 74{,}2\ g$ *m*(Blech, mit Tf), Wasser $= m_4 = 56{,}7\ g$ *ρ*(Wasser) $= 0{,}9982\ g/cm^3$
Gesucht:	*ρ*(Trockenfilm)

Beispiele

B 5	Berechnung m(Trockenfilm):	$m(\text{Trockenfilm}) = m_3 - m_1 = 74{,}2\ \text{g} - 71{,}9\ \text{g} = 2{,}30\ \text{g}$
	Berechnung V(Trockenfilm):	$V(\text{Trockenfilm}) = \dfrac{m_4 - m_2}{\rho(\text{Wasser})} = \dfrac{56{,}7\ \text{g} - 55{,}9\ \text{g}}{0{,}9982\ \text{g/cm}^3} = 0{,}8014\ \text{cm}^3$
	Berechnung ρ(Trockenfilm):	$\rho(\text{Trockenfilm}) = \dfrac{m(\text{Trockenfilm})}{V(\text{Trockenfilm})} = \dfrac{2{,}30\ \text{g}}{0{,}8014\ \text{cm}^3} = 2{,}87\ \text{g/cm}^3$
B 6		**Ein Beschichtungsstoff mit der Dichte $\rho_{Bs} = 2{,}524\ \text{g/cm}^3$ hat folgende Zusammensetzung:** **Bindemittel: $w_{Bm} = 28{,}75\ \%$** **Pigmente: $w_{Pi} = 58{,}60\ \%$, Dichte $\rho_{Pi} = 5{,}841\ \text{g/cm}^3$** **Lösemittel: $w_{Lm} = 12{,}65\ \%$, Dichte $\rho_{Lm} = 0{,}824\ \text{g/cm}^3$** **Wie groß ist die Pigmentvolumenkonzentration *PVK* in % dieses Beschichtungsstoffs?**
	Gegeben:	$\rho_{Bs} = 2{,}524\ \text{g/cm}^3$ $w_{Bm} = 28{,}75\ \%$ $w_{Pi} = 58{,}60\ \%$ $\rho_{Pi} = 5{,}841\ \text{g/cm}^3$ $w_{Lm} = 12{,}65\ \%$ $\rho_{Lm} = 0{,}824\ \text{g/cm}^3$
	Gesucht:	PVK_{Bs}
	100,0 g Beschichtungsstoff enthalten:	$m_{Bm} = 100{,}0\ \text{g} \cdot 0{,}2875 = 28{,}75\ \text{g}$ $m_P = 100{,}0\ \text{g} \cdot 0{,}5860 = 58{,}60\ \text{g}$ $m_{Lm} = 100{,}0\ \text{g} \cdot 0{,}1265 = 12{,}65\ \text{g}$
	Berechnung V(Beschichtungsstoff):	$V_{Bs} = \dfrac{m_{Bs}}{\rho_{Bs}} = \dfrac{100{,}0\ \text{g}}{2{,}524\ \text{g/cm}^3} = 39{,}62\ \text{cm}^3$
	Berechnung V(Pigment):	$V_{Pi} = \dfrac{m_{Pi}}{\rho_{Pi}} = \dfrac{58{,}60\ \text{g}}{5{,}841\ \text{g/cm}^3} = 10{,}03\ \text{cm}^3$
	Berechnung V(Lösemittel):	$V_{Lm} = \dfrac{m_{Lm}}{\rho_{Lm}} = \dfrac{12{,}65\ \text{g}}{0{,}824\ \text{g/cm}^3} = 15{,}35\ \text{cm}^3$
	Berechnung V(Bindemittel):	$V_{Bm} = V_{Bs} - V_{Pi} - V_{Lm} = 39{,}62\ \text{cm}^3 - 10{,}03\ \text{cm}^3 - 15{,}35\ \text{cm}^3$ $V_{Bm} = 14{,}24\ \text{cm}^3$
	Berechnung PVK:	$PVK_{Bs} = \dfrac{V_{Pi}}{V_{Pi} + V_{Bm}} \cdot 100{,}0\ \%$ $PVK_{Bs} = \dfrac{10{,}03\ \text{cm}^3}{10{,}03\ \text{cm}^3 + 14{,}24\ \text{cm}^3} \cdot 100{,}0\ \% = 41{,}33\ \%$

Beispiele

B 7

Ein Lack hat folgende Zusammensetzung:
48,5 g Alkydharz-Lösung in Testbenzin, w(AH) = 72,0 %
8,50 g Harnstoff-Formaldehyd-Harz-Lösung in Butanol, w(HFH) = 56,0 %
28,2 g Titandioxid
8,30 g Zinkoxid
6,50 g Lösemittel
Wie groß ist das Pigment-Bindemittel-Massenverhältnis ξ(Pi,Bm)?

Gegeben:
48,5 g Alkydharz-Lösung, w(AH) = 72,0 %
8,50 g Harnstoff-Formaldehyd-Harz-Lösung, w(HFH) = 56,0 %
28,2 g Titandioxid
8,30 g Zinkoxid
6,50 g Lösemittel

Gesucht: ξ(Pi, Bm)

Berechnung m(Pigment):
$m(\text{Pi}) = m(\text{TiO}_2) + m(\text{ZnO}) = 28{,}2\text{ g} + 8{,}30\text{ g} = 36{,}5\text{ g}$

Berechnung m(Bindemittel):
$m(\text{Bm}) = m(\text{AH-Lsg}) \cdot w(\text{AH}) + m(\text{HFH-Lsg}) \cdot w(\text{HFH})$
$m(\text{Bm}) = 48{,}5\text{ g} \cdot 0{,}720 + 8{,}50\text{ g} \cdot 0{,}560 = 39{,}68\text{ g}$

Berechnung ξ(Pi, Bm):
$$\xi(\text{Pi, Bm}) = \frac{m(\text{Pi})}{m(\text{Bm})} = \frac{36{,}5\text{ g}}{39{,}68\text{ g}} = 0{,}920$$

B 8

Ein Polyurethan-Beschichtungsstoff (PUR) mit dem Massenanteil w(hydroxylgruppenhaltiger Polyester) = w(Bm) = 17,5 % wird mit einer Isocyanatlösung, w(NCO) = 8,74 %, vollständig vernetzt. Der Hydroxyl-Massenanteil in dem Polyester beträgt w(OH) = 9,25 %.
Wie viel Gramm Isocyanatlösung, w(NCO) = 8,74 %, werden zur 100-prozentigen Vernetzung von m = 400 g PUR-Beschichtungsstoff benötigt?
M(OH) = 17,0 g/mol, M(NCO) = 42,0 g/mol

Gegeben:
w(Bm) = 17,5 % = 0,175
w(NCO) = 8,74 % = 0,0874
w(OH) = 9,25 % = 0,0925
m(Bs) = 400 g
M(OH) = 17,0 g/mol
M(NCO) = 42,0 g/mol

Gesucht: m(NCO-Lösung)

Berechnung m(OH):
$m(\text{OH}) = m(\text{Bs}) \cdot w(\text{Bm}) \cdot w(\text{OH})$
$m(\text{OH}) = 400\text{ g} \cdot 0{,}175 \cdot 0{,}0925 = 6{,}475\text{ g}$

Berechnung n(OH):
$$n(\text{OH}) = \frac{m(\text{OH})}{M(\text{OH})} = \frac{6{,}475\text{ g}}{17{,}0\text{ g/mol}} = 0{,}38088\text{ mol}$$

Berechnung m(NCO-Lsg.):
$$m(\text{NCO}) = \frac{n(\text{OH}) \cdot M(\text{NCO})}{w(\text{NCO})} = \frac{0{,}38088\text{ mol} \cdot 42{,}0\text{ g/mol}}{0{,}0874} = 183\text{ g}$$

Beispiele

B 9

Aus 2-Aminobutan wird eine Lösung mit w(Amin) = 71,6 % hergestellt. Wie groß ist in g/mol die H-Aktiväquivalentmasse M(eq, H) dieser Aminlösung?
$M(CH_3\text{-}CH(NH_2)\text{-}CH_2\text{-}CH_3)$ = 73,138 g/mol

Gegeben:

w(Amin) = 71,6 % = 0,716
$M(CH_3\text{-}CH(NH_2)\text{-}CH_2\text{-}CH_3)$ = 73,138 g/mol
Anzahl der am N-Atom gebundenen H-Atome, z^* = 2

Gesucht: M(eq, H)

Berechnung:

$$M(\text{eq, H}) = \frac{M(\text{Amin})}{z^*(\text{H}) \cdot w(\text{Amin})} = \frac{73{,}138\ \text{g/mol}}{2 \cdot 0{,}716} = 51{,}1\ \text{g/mol}$$

B 10

In m_1 = 100 g eines Epoxidharzlacks sind m_2 = 42,5 g einer EP-Harzlösung mit w(Harz) = 62,8 % enthalten. Der Lack mit w(100 %) hat den Epoxidwert EP = 0,315 mol/100 g. Die H-Aktiväquivalentmasse des Amins beträgt M(eq, H) = 24,4 g/mol.
Wie groß ist in % der Massenanteil w(Amin), den der Härter in einer Lösung haben muss, wenn bei der Härtung auf m_3 = 300 g Epoxidharzlack m_4 = 50,0 g Aminlösung zugesetzt werden, also ein Mischungsverhältnis von 6 : 1 vorliegt?

Gegeben:

$w(\text{EP-Lsg.}) = \frac{m_2}{m_1} = \frac{42{,}5\ \text{g}}{100\ \text{g}}$ ⇨ 42,5 % = 0,425
w(Harz) = w(EP) = 62,8 % = 0,628
Epoxidwert EP = 0,315 mol/100 g
M(eq, H) = 24,4 g/mol
m(Bs) = m_3 = 300 g
m(Amin-Lsg.) = m_4 = 50,0 g

Gesucht: w(Amin)

Berechnung M(eq, EP):

$$M(\text{eq, EP}) = \frac{1}{\text{EP}} = \frac{1}{0{,}315\ \text{mol/100 g}} = 317{,}46\ \text{g/mol}$$

Berechnung m(Harz):

m(Harz) = m(Bs) · w(EP-Lösung) · w(EP)
m(Harz) = 300 g · 0,425 · 0,628 = 80,07 g

Berechnung m(Amin):

$$m(\text{Amin}) = \frac{m(\text{Harz}) \cdot M(\text{eq, H})}{M(\text{eq, EP})} = \frac{80{,}07\ \text{g} \cdot 24{,}4\ \text{g/mol}}{317{,}46\ \text{g/mol}} = 6{,}1542\ \text{g}$$

Berechnung w(Amin):

$$w(\text{Amin}) = \frac{m(\text{Amin})}{m(\text{Amin-Lsg.})} = \frac{6{,}1542\ \text{g}}{50{,}0\ \text{g}} = 0{,}123 \ \hat{=}\ 12{,}3\ \%$$

Übungsaufgaben

Ü 1 Es werden m_1 = 250 g einer Bindemittellösung, w_1(Bindemittel) = 38,2 %, hergestellt. Zur Verfügung stehen eine Bindemittellösung mit w_2(Bindemittel) = 27,5 % und eine Bindemittellösung mit w_3(Bindemittel) = 62,4 %.

Berechnen Sie, wie viel Gramm der Bindemittellösung mit w_3(Bindemittel) = 62,4 % dafür erforderlich sind.

Ü 2 Für die Herstellung einer Bindemittellösung, w_1(Bindemittel) = 24,6 %, stehen zwei Lösungen mit w_2(Bindemittel) = 12,5 % und w_3(Bindemittel) = 47,1 % zur Verfügung.

Berechnen Sie, wie viel Gramm der Bindemittellösung, w_2(Bindemittel) = 12,5 %, zum Herstellen von m_1 = 525 g dieser Bindemittellösung erforderlich sind.

Ü 3 Die Masse m_1 = 58,2 g einer Bindemittellösung, w_1(Bindemittel) = 18,2 %, wird mit m_2 = 34,8 g Bindemittellösung, w_2(Bindemittel) = 52,5 %, gemischt.

Berechnen Sie den Massenanteil w_3(Bindemittel) in % der Mischung.

Ü 4 Ein Lack hat den Volumenanteil φ(nichtflüchtige Anteile) = 62,5 % und den Volumenanteil φ(flüchtige Anteile) = 37,5 %.

Berechnen Sie in µm die Schichtdicke d_{Tf} des trockenen Lackfilms, wenn eine Nassfilmdicke d_{Nf} = 40,0 µm aufgetragen worden ist.

Ü 5 Ein Beschichtungsstoff hat die Dichte ρ_1 = 1,282 g/cm³ und den Massenanteil an nichtflüchtigen Anteilen w(nfA) = 56,0 %. Die durchschnittliche Dichte der nichtflüchtigen Anteile beträgt ρ_2 = 1,764 g/cm³. Mit dem Volumen V = 1,75 L dieses Beschichtungsstoffs konnte eine Fläche von A = 8,224 m² beschichtet werden.

Berechnen Sie in µm die Schichtdicke d_{Tf} des Trockenfilms.

Ü 6 Mit dem Volumen V = 1,25 L eines Lacks kann eine Fläche von A = 10,5 m² beschichtet werden.

Berechnen Sie in µm die Trockenfilmschichtdicke d_{Tf}, die erreicht werden kann, wenn der Volumenanteil an nichtflüchtigen Bestandteilen in dem Lack φ(nfA) = 38,4 % beträgt und die Verarbeitungsverluste vernachlässigt werden können.

Ü 7 Berechnen Sie in m² die Fläche A, die mit V = 500 mL Lack, ρ = 2,162 g/cm³, w(nfA) = 62,5 %, ρ(nfA) = 2,954 g/mL, beschichtet werden kann, wenn die geforderte Trockenfilmschichtdicke d_{Tf} = 52,5 µm beträgt und von Verarbeitungsverlusten von w_{Vv} = 12,5 % auszugehen ist.

Ü 8 Ein zylindrischer Tank mit einer Länge von l = 7,20 m und einem Außendurchmesser von d_A = 1,80 m wird außen mit einer Trockenfilmschichtdicke von d_{Tf} = 25,0 µm beschichtet. Der dazu verwendete Lack hat die Dichte ρ_1 = 1,218 g/cm³ und den Massenanteil w(Festkörper) = 48,5 %.

Berechnen Sie in µm, welche Nassfilmschichtdicke d_{Nf} aufzutragen ist, wenn der Lack als Lösemittel nur Xylol mit der Dichte ρ = 0,860 g/cm³ enthält.

Ü 9 Ein Weißlack mit der Dichte ρ = 1,152 g/cm³ enthält m_1 = 220,0 g Bindemittel mit ρ_1 = 1,094 g/cm³, m_2 = 130,0 g Pigment mit ρ_2 = 4,108 g/cm³ und m_3 = 370,0 g Lösemittelgemisch.

Berechnen Sie in g/cm³ die mittlere Dichte ρ_3 des Lösemittelgemischs.

Übungsaufgaben

Ü 10 Ein Beschichtungsstoff mit der Dichte ρ = 1,216 g/cm^3 enthält m_1 = 115,0 g Bindemittel mit ρ_1 = 1,134 g/cm^3, m_2 = 34,2 g Titandioxid mit ρ_2 = 4,200 g/cm^3 und m_3 = 74,2 g Lösemittel.

Berechnen Sie in g/cm^3 die mittlere Dichte ρ_3 des Lösemittels.

Ü 11 Zur Bestimmung der Dichte des Trockenfilms eines Beschichtungsstoffs sind folgende Massen festgestellt worden:

Blech ohne Trockenfilm in Luft gewogen	m_1 = 57,60 g
Blech ohne Trockenfilm vollständig in Wasser eingetaucht gewogen	m_2 = 41,50 g
Blech mit Trockenfilm in Luft gewogen	m_3 = 59,10 g
Blech mit Trockenfilm vollständig in Wasser eingetaucht gewogen	m_4 = 42,00 g

ρ(Wasser) = 0,9982 g/cm^3

Berechnen Sie in g/cm^3 die Dichte ρ des Trockenfilms.

Ü 12 Ein Aluminiumblech wird mit einem Lack beschichtet. Zur Dichtebestimmung des Trockenfilms des Lacks wurden folgende Massen ermittelt:

Aluminiumblech ohne Trockenfilm gewogen in Luft	m_1 = 69,8 g
Aluminiumblech ohne Trockenfilm vollständig in Wasser eingetaucht gewogen	m_2 = 53,6 g
Aluminiumblech mit Trockenfilm gewogen in Luft	m_3 = 71,7 g
Aluminiumblech mit Trockenfilm vollständig in Wasser eingetaucht gewogen	m_4 = 54,3 g

ρ(Wasser) = 0,9982 g/cm^3

Berechnen Sie in g/cm^3 die Dichte ρ des Trockenfilms.

Ü 13 Ein Beschichtungsstoff, ρ(Bs) = 1,256 g/cm^3, hat folgende Zusammensetzung: w_1(Bindemittel) = 18,5 %, ρ_1(Bm) = unbekannt, w_2(Pigmente) = 64,2 % mit ρ_2(Pi) = 5,08 g/cm^3 und w_3(Lösemittel) = 17,3 % mit ρ_3(Lm) = 0,805 g/cm^3.

Berechnen Sie die Pigmentvolumenkonzentration *PVK* in % dieses Beschichtungsstoffs.

Ü 14 Ein Lack mit der Dichte ρ = 1,192 g/cm^3 hat folgende Zusammensetzung: w_1(Bindemittel) = 23,8 %, ρ_1(Bm) = unbekannt, w_2(Titandioxid) = 18,9 % mit $\rho_2(TiO_2)$ = 4,20 g/cm^3 und w_3(Lösemittel) = 57,3 % mit ρ_3(Lm) = 0,774 g/cm^3.

Berechnen Sie die Pigmentvolumenkonzentration *PVK* in % des Lacks.

Ü 15 Ein Beschichtungsstoff mit der Dichte ρ = 1,384 g/cm^3 hat folgende Zusammensetzung: w_1(Zinkoxid) = 8,25 % mit ρ_1(ZnO) = 5,61 g/cm^3, w_2(Additive) = 1,35 % mit ρ_2(Ad) = 1,24 g/cm^3, w_3(Lösemittel) = 47,3 % mit ρ_3(Lm) = 0,774 g/cm^3 und w_4(Bindemittel) = 43,1 %, ρ_4(Bm) = unbekannt.

Berechnen Sie die Pigmentvolumenkonzentration *PVK* in % des Lacks.

Übungsaufgaben

Ü 16 Ein Schutzlack wird nach folgender Rezeptur angesetzt:
m_1 = 53,6 g Alkydharzlösung, w(Alkydharz) = 69,3 %
m_2 = 18,4 g Lösemittel
m_3 = 22,9 g Zinkoxid
m_4 = 5,10 g Kreide als Füllstoff

Berechnen Sie das Pigment-Bindemittel-Massenverhältnis ξ des Schutzlacks.

Ü 17 Ein Beschichtungsstoff besteht unter anderem aus den folgenden Komponenten:
m_1 = 12,5 g Polyesterharzlösung, w(Polyesterharz) = 73,0 %
m_2 = 41,2 g Alkydharzlösung, w(Alkydharz) = 62,0 %
m_3 = 24,4 g Pigment
m_4 = 21,9 g Lösemittel

Berechnen Sie den Massenanteil an Bindemitteln w(Bm) in % des Beschichtungsstoffs.

Ü 18 Bei der Herstellung eines Lacks werden unter anderem folgende Komponenten eingesetzt:
m_1 = 58,2 g Alkydharzlösung, w(Alkydharz) = 68,0 %
m_2 = 18,6 g Melaminharz, w(Melaminharz) = 100 %
m_3 = 10,8 g Zinkoxid
m_4 = 12,4 g Testbenzin

Berechnen Sie den Massenanteil an Bindemitteln w(Bm) in % des Lacks.

Ü 19 Ein Beschichtungsstoff wird unter anderem aus folgenden Komponenten hergestellt:
m_1 = 16,2 g Polyesterharzlösung, w(Polyester) = 65,0 %
m_2 = 36,8 g Alkydharzlösung, w(Alkydharz) = 54,5 %
m_3 = 19,9 g Pigment
m_4 = 27,1 g Lösemittel

Berechnen Sie den Massenanteil an nichtflüchtigen Bestandteilen w(nfA) in % des Beschichtungsstoffs.

Ü 20 Die Rezeptur zur Herstellung eines Lacks erhält unter anderem die folgenden Komponenten:
m_1 = 38,4 kg Alkydharzlösung in Xylol, w(Alkydharz) = 72,0 %
m_2 = 42,8 kg Melaminharzlösung in Butanol, w(Melaminharz) = 81,5 %
m_3 = 8,50 kg Titandioxid
m_4 = 4,20 kg Butanol
m_5 = 6,10 kg Xylol

Berechnen Sie den Massenanteil an nichtflüchtigen Bestandteilen w(nfA) in % des Lacks.

Ü 21 In der Rezeptur zur Herstellung von m = 50,0 kg eines Beschichtungsstoffs sind unter anderem enthalten:
m_1 = 12,2 kg Alkydharzlösung in Xylol, w_1(Alkydharz) = 68,5 %
m_2 = 10,8 kg Xylol
Die Rezeptur wird geändert, weil für die Produktion nur noch Alkydharzlösung in Xylol mit w_2(Alkydharz) = 60,8 % zur Verfügung steht.

Berechnen Sie die für die nach geänderter Rezeptur durchzuführende Herstellung von m_5 = 125 kg des Beschichtungsstoffs erforderlichen Massen m_3 an Alkydharzlösung in Xylol, w_2(Alkydharz) = 60,8 %, und m_4 an Xylol in kg.

Übungsaufgaben

Ü 22 Für die Herstellung eines Lacks wird folgende Rezeptur festgelegt:
m_1 = 12,4 kg Alkydharz, w(Alkydharz) = 100 %
m_2 = 6,40 kg Melamin-Formaldehyd-Harz, w(Melamin-Formaldehyd-Harz) = 100 %
m_3 = 18,2 kg Zinkoxid
m_4 = 14,6 kg Xylol
m_5 = 9,10 kg Butan-1-ol
m_6 = 2,80 kg 2-Butoxylethanol
Es ist erforderlich, diese Rezeptur auf folgende Betriebslösungen umzurechnen:
Alkydharzlösung in Xylol, w(Alkydharz) = 62,5 %
Melamin-Formaldehyd-Harz-Lösung in Butan-1-ol, w_1(Melamin-Formaldehyd-Harz) = 48,2 %

Berechnen Sie in kg die Masse m(Butan-1-ol), die zum Komplettieren erforderlich ist, um m = 250 kg des Lacks herzustellen.

Ü 23 Zu der Masse m_1 = 250 g eines PUR-Stammlacks mit dem Massenanteil w(OH-gruppenhaltiger Polyester) = 18,4 % werden zur Vernetzung laut Vorschrift m_2 = 68,5 g NCO-haltige Komponente mit w(NCO) = 12,2 % zugesetzt.

Berechnen Sie in % den Massenanteil w(OH) des Polyesters, wenn bei dem angegebenen Mischungsverhältnis von einer 100-prozentigen Vernetzung ausgegangen wird.
M(OH) = 17,007 g/mol, M(NCO) = 42,017 g/mol

Ü 24 Ein PUR-Stammlack mit w(OH-gruppenhaltiger Polyester) = 24,6 % wird zur vollständigen Vernetzung mit m_1 = 68,4 g NCO-haltiger Komponente, w(NCO) = 14,2 %, je m_2 = 200 g Stammlack versetzt.

Berechnen Sie den Hydroxylmassenanteil w(OH) in % des Polyesters.
M(OH) = 17,007 g/mol, M(NCO) = 42,017 g/mol

Ü 25 Ein Polyurethan-Stammlack enthält den Massenanteil w(OH-gruppenhaltiger Polyester) = 21,8 % mit w(OH) = 10,8 %. Der Beschichtungsstoff wird mit einer Isocyanatlösung, w(NCO) = 12,5 %, vernetzt.

Berechnen Sie, wie viel Gramm der Isocyanatlösung zur 100-prozentigen Vernetzung von m = 75,0 g des PUR-Stammlacks benötigt werden.
M(OH) = 17,007 g/mol, M(NCO) = 42,017 g/mol

Ü 26 Ein hydroxylgruppenhaltiger Polyester mit w(OH) = 10,8 % ist in einem PUR-Beschichtungsstoff mit w(Polyester) = 24,9 % enthalten. Durch Zugabe einer Isocyanatlösung, w(NCO) = 11,8 %, wird eine Untervernetzung von w = 98,0 % angestrebt.

Berechnen Sie in g, welche Masse m an Isocyanatlösung zur Vernetzung von m = 425 g des PUR-Beschichtungsstoffs benötigt wird.
M(OH) = 17,007 g/mol, M(NCO) = 42,017 g/mol

Ü 27 Aus Dipropylentriamin wird eine Lösung mit w(Amin) = 65,5 % hergestellt.

Berechnen Sie in g/mol die H-Aktiväquivalentmasse M(eq, H) dieser Aminlösung.
$M(H_2N\text{-}(CH_2)_3\text{-}NH\text{-}(CH_2)_3\text{-}NH_2)$ = 131,22 g/mol, M(H) = 1,0079 g/mol, M(C) = 12,011 g/mol, M(N) = 14,0067 g/mol

Übungsaufgaben

Ü 28 Aus Ethylendiamin wird eine Lösung mit w(Ethylendiamin) = 72,8 % hergestellt.

Berechnen Sie in g/mol die H-Aktiväquivalentmasse M(eq, H) dieser Lösung.
$M(H_2N\text{-}(CH_2)_2\text{-}NH_2)$ = 60,098 g/mol, M(H) = 1,0079 g/mol, M(C) = 12,011 g/mol, M(N) = 14,0067 g/mol

Ü 29 Die Masse m_1 = 200 g eines Epoxidharzlacks enthält m_2 = 98,0 g einer EP-Harzlösung, w(Harz) = 54,6 %. Das Harz, w(100 %), hat den Epoxidwert EP = 0,165 mol/100 g. Die H-Aktiväquivalentmasse des verwendeten reinen Amins beträgt M(eq, H) = 29,1 g/mol.

Berechnen Sie in % den Massenanteil w(Amin), den der Härter in einer Lösung haben muss, wenn bei der Härtung auf m_3 = 200 g Epoxidharzlack m_4 = 40,0 g Aminlösung zugesetzt werden, also ein Mischungsverhältnis von 5 : 1 vorliegt.

Ü 30 Ein Epoxidharzlack mit w(Epoxidharzlösung) = 54,8 % mit dem Massenanteil w(EP-Harz) = 48,5 % wird vollständig mit einer Aminlösung vernetzt. Der Epoxidwert des Harzes beträgt EP = 0,236 mol/100 g, die H-Aktiväquivalentmasse des Amins (w = 100 %) hat einen Wert von M(eq, H) = 65,6 g/mol.

Berechnen Sie den Massenanteil w(Amin) in % der eingesetzten Aminlösung, wenn das Mischungsverhältnis von Epoxidharz und Aminlösung 2,5 : 1 beträgt.

19 Qualitätsmanagement

Unter Qualität versteht man gemäß der Qualitätsnorm EN ISO 9000 ff. „das Vermögen einer Gesamtheit inhärenter Merkmale eines Produktes, eines Systems oder eines Prozesses zur Erfüllung von Forderungen von Kunden und anderer interessierter Gruppen.“ Inhärente Merkmale sind dabei als feste Bestandteile eines Produktes, Systems oder Prozesses zu verstehen, zum Beispiel technische Merkmale wie der Durchmesser einer Schraube oder die Produktionsleistung einer Maschine. Demgegenüber stehen die zugeordneten Merkmale (zum Beispiel der Preis eines Produktes), die die Qualität im Sinne der Qualitätsnorm nicht beeinflussen.

Unter Qualitätsmanagement versteht man die Gesamtheit der Maßnahmen zur Sicherung und Verbesserung der Qualität. Qualitätsmanagement und die daraus abgeleiteten Berechnungen umfassen alle Schritte einer Produktion – von der Planung über die Durchführung bis hin zur Kontrolle und Ableitung von Verbesserungsmaßnahmen.

Um die Qualität eines Produktes, eines Systems oder eines Prozesses definieren zu können, müssen zunächst Kundenanforderungen ermittelt und anschließend Sollwerte festgelegt werden, mit denen diese Qualität erfüllt wird. Berechnungen zum Qualitätsmanagement können daher immer als Vergleiche von Ist- und Sollwerten und als Grundlage zur Prozessoptimierung verstanden werden.

Wichtige Fachbegriffe:

- **relative Abweichung (und relativer Fehler):** Im Gegensatz zur „Abweichung“ (oder zum „Fehler“), die/der einen Istwert vom Sollwert absolut unterscheidet, wird die relative Abweichung (oder der relative Fehler) aus der Differenz der beiden Werte und dem Sollwert als Dezimal- oder Prozentwert berechnet.
- **Gesamtfehler bei additiver Betrachtung bzw. additive Messunsicherheit:** Der Gesamtfehler F ist ein Maß für die Qualität einer Messung, eines Verfahrens oder Methode. Im Gesamtfehler F werden alle Unsicherheiten von Einzelschritten (f_1 bis f_n) zusammengefasst, die auf eine Messung, ein Verfahren oder eine Methode einwirken. Die Unsicherheit des Gesamtprozesses ergibt sich aus der Wurzel der Summe aus den quadrierten Unsicherheiten der Einzelergebnisse.
- **Wiederfindungsrate *WFR*:** Verhältnis der Menge eines Analyten, der vor der Probenvorbereitung zu einer Probe gegeben wird, zur Menge dieses Analyten, die als Messergebnis gefunden wird.
- **Spannweite (range) *R*:** Wird berechnet aus dem Unterschied zwischen dem größten und dem kleinsten Messwert.
- **Mittelwert $\bar{x}$ (arithmetisches Mittel $\bar{x}$):** Wird berechnet aus der Summe aller Einzelwerte x_1 bis x_n dividiert durch den Stichprobenumfang n.
- **Median $\tilde{x}$:** Zentralwert (Halbierungspunkt) einer Datenreihe. Demnach liegen oberhalb und unterhalb des Medians gleich viele Messwerte.
- **Standardabweichung s_x:** Beschreibt die Streuung der Einzelwerte um den Mittelwert.
- **Variationskoeffizient *VK* (relative Standardabweichung s_r) in %:** Gibt den Teil der Standardabweichung s vom Mittelwert $\bar{x}$ an.
- **Vertrauensbereich *VB* (mit einer statistischen Sicherheit von xx %), auch Konfidenzbereich:** Bereich um den Stichprobenmittelwert, in dem mit einer bestimmten Wahrscheinlichkeit (hier die Angabe der statistischen Sicherheit von xx %) der Mittelwert der Grundgesamtheit liegt. In seine Berechnung fließen die Standardabweichung s, der Wert t und die Größe der Stichproben n ein. Der Wert t wird meist Tabellen entnommen; in seinen Wert fließen die statistische Sicherheit oder Irrtumswahrscheinlichkeit und der zur Standardabweichung gehörende Frei-

heitsgrad f ein. Man formuliert dann beispielsweise: „Für $f = 6$ beträgt der t-Wert bei einer statistischen Sicherheit von 99,0 % $t = 3{,}71$."

- **Eingriffsgrenzen** liegen vor, wenn die Messwerte den Mittelwert $\bar{x}$ mit mindestens dreifacher Standardabweichung s über- oder unterschreiten.
- **Nachweisgrenze:** gerade noch zuverlässig nachweisbare Menge eines Analyten; liegt in einem festgelegten Vertrauensbereich; Werte unterhalb des Vertrauensbereichs gelten als nicht nachweisbar.
- **Bestimmungsgrenze:** kleinste Menge eines Analyten, die mit einer festgelegten Genauigkeit gerade noch quantitativ bestimmt werden kann.
- **Modalwert:** Wert, der in einer Zahlenreihe am häufigsten vorkommt.
- **Ausreißer:** Werte einer Messreihe, die nicht den festgelegten Erwartungen entsprechen, das heißt, beispielsweise nicht in einem bestimmten Streuungsbereich liegen.

$$f_r = \frac{(\text{Sollwert} - \text{Istwert}) \cdot 100\,\%}{\text{Sollwert}}$$

$$F = \sqrt{f_1^2 + f_2^2 + f_3^2 + \ldots\ldots\ldots + f_n^2}$$

$$\text{Richtigkeit } R = \frac{\text{Istwert} - \text{Sollwert}}{\text{Sollwert}} \cdot 100\,\%$$

$$WFR = \frac{x_g}{x_r} \cdot 100\,\%$$

$$\text{Spannweite } R = x_{max} - x_{min}$$

$$\bar{x} = \frac{\sum x_i}{n}$$

$$s_X = \sqrt{\frac{\sum x_i^2 - \frac{(\sum x_i)^2}{n}}{n-1}}$$

$$VK = s_r = \frac{s_X \cdot 100\,\%}{\bar{x}}$$

$$VB = \bar{x} \pm \frac{s_X \cdot t}{\sqrt{n}}$$

$$a_{1,2} = \frac{E_2 - E_1}{\beta_2 - \beta_1} \qquad b_{1,2} = E_1 - \frac{E_2 - E_1}{\beta_2 - \beta_1} \cdot \beta_1$$

$$\text{Eingriffsgrenzen} = \bar{x} \pm 3 \cdot s_x$$

$$\text{Signal-Rausch-Verhältnis} = \frac{h(\text{Probe})}{2 \cdot h(\text{Rauschen})}$$

$$\text{Nachweisgrenze} = \frac{3{,}3}{\text{Signal-Rausch-Verhältnis}} \cdot \beta$$

Beispiele

B 1

Der Sollwert einer Standardlösung beträgt β(Soll) = 85,0 mg/L, der bei der fotometrischen Messung ermittelte Istwert beträgt β(Ist) = 83,3 mg/L. Wie groß ist in % der relative Fehler f_r der Messung?

Gegeben: β(Soll) = 85,0 mg/L
β(Ist) = 83,3 mg/L

Gesucht: f_r

Berechnung:
$$f_r = \frac{(\text{Soll} - \text{Ist}) \cdot 100\,\%}{\text{Soll}} = \frac{(85{,}0\text{ mg/L} - 83{,}3\text{ mg/L}) \cdot 100\,\%}{85{,}0\text{ mg/L}} = 2{,}00\,\%$$

B 2

Eine Vollpipette mit V = 12,50 mL wird bei ϑ = 20 °C kalibriert. Bei den Wägungen des aus der Pipette ausfließenden Wasservolumens werden folgende Ergebnisse festgestellt:

Wägung Nr.	Masse	Wägung Nr.	Masse
1	m_1 = 12,53 g	4	m_4 = 12,51 g
2	m_2 = 12,58 g	5	m_5 = 12,52 g
3	m_3 = 12,49 g	6	m_6 = 12,55 g

Welchen Wert in % hat die Richtigkeit R (Abweichung vom Sollwert)?
$\rho(H_2O)$ = 0,9982 g/mL

Gegeben:
V = 12,5 mL
m_1 = 12,53 g, m_2 = 12,58 g, m_3 = 12,49 g,
m_4 = 12,51 g, m_5 = 12,52 g, m_6 = 12,55 g
n = 6

Gesucht: R

Berechnung $\sum x_i$:
$\sum x_i = m_1 + m_2 + m_3 + m_4 + m_5 + m_6$
$\sum x_i$ = 12,53 g + 12,58 g + 12,49 g + 12,51 g + 12,52 g + 12,55 g = 75,18 g

Berechnung $\bar{x}$(m):
$$\bar{x}(\text{m}) = \frac{\sum x_i}{n} = \frac{75{,}18\text{ g}}{6} = 12{,}53\text{ g}$$

Berechnung $\bar{x}$(V):
$$\bar{x}(\text{V}) = \frac{\bar{x}(\text{m})}{\rho} = \frac{12{,}53\text{ g}}{0{,}9982\text{ g/mL}} = 12{,}55\text{ mL}$$

Berechnung R:
$$R = \frac{\bar{x}(\text{Istwert}) - \text{Sollwert}}{\text{Sollwert}} \cdot 100{,}0\,\% = \frac{12{,}55\text{ mL} - 12{,}50\text{ mL}}{12{,}50\text{ mL}} \cdot 100\,\%$$

R = 0,4000 %

B 3

Durch Messung mit einem ICP-OES-Spektrometer wird der Schwefelgehalt in einer Bodenprobe bestimmt. Die Messunsicherheiten für die Probenahme, die Probenvorbereitung und die Messung werden wie folgt abgeschätzt:
Probenahme: f_1 = 2,50 %
Probenvorbereitung: f_2 = 2,00 %
Messung: f_3 = 1,25 %
Wie groß ist die Gesamtmessunsicherheit F in %, wenn von einer additiven Betrachtung ausgegangen wird?

Beispiele

B 3

Gegeben: $f_1 = 2{,}50\ \%$, $f_2 = 2{,}00\ \%$, $f_3 = 1{,}25\ \%$

Gesucht: F

Berechnung: $F = \sqrt{f_1^2 + f_2^2 + f_3^2} = \sqrt{(2{,}50\ \%)^2 + (2{,}00\ \%)^2 + (1{,}25\ \%)^2} = 3{,}44\ \%$

B 4

Zur Überprüfung einer Methodenvorschrift wird eine Futtermittelprobe (wirkstofffrei) mit der Masse $m_1 = 174{,}0$ mg eines Wirkstoffs mit der Reinheit w(Wirkstoff) = 95,00 % aufgestockt. Die Analyse der Probe ergibt die Masse $m_g = 164{,}8$ mg Wirkstoff.
Wie groß ist in % die Wiederfindungsrate *WFR* bei der zu prüfenden Methodenvorschrift?

Gegeben:
$m_1 = 174{,}0$ mg
$w(\text{Wirkstoff}) = 95{,}00\ \% = 0{,}9500$
$m_g = 164{,}8$ mg

Gesucht: *WFR*

Berechnung m(Wirkstoff) aufgestockt:
$m_r = m_1 \cdot w(\text{Wirkstoff}) = 174{,}0\ \text{mg} \cdot 0{,}9500 = 165{,}3\ \text{mg}$

Berechnung *WFR*:
$$WFR = \frac{m_g}{m_r} \cdot 100{,}0\ \% = \frac{164{,}8\ \text{mg}}{165{,}3\ \text{mg}} \cdot 100\ \% = 99{,}70\ \%$$

B 5

Durch Mehrfachbestimmung wird die Brechzahl eines Stoffs bestimmt. Dabei werden folgende Werte gemessen:
$n_1 = 1{,}3585$, $n_2 = 1{,}3545$, $n_3 = 1{,}3582$, $n_4 = 1{,}3556$, $n_5 = 1{,}3578$, $n_6 = 1{,}3568$.
Wie groß sind das arithmetische Mittel $\bar{x}$ und der Median $\tilde{x}$ bei dieser Bestimmung?

Gegeben:
$n_1 = 1{,}3585$, $n_2 = 1{,}3545$, $n_3 = 1{,}3582$,
$n_4 = 1{,}3556$, $n_5 = 1{,}3578$, $n_6 = 1{,}3568$
$n = 6$

Gesucht: $\bar{x}$, $\tilde{x}$

Berechnung $\sum x_i$:
$\sum x_i = n_1 + n_2 + n_3 + n_4 + n_5 + n_6$
$\sum x_i = 1{,}3585 + 1{,}3545 + 1{,}3582 + 1{,}3556 + 1{,}3578 + 1{,}3568$
$\sum x_i = 8{,}1414$

Berechnung $\bar{x}$:
$$\bar{x} = \frac{\sum x_i}{n} = \frac{8{,}1414}{6} = 1{,}3569$$

Werte nach Größe ordnen: 1,3545, 1,3556, 1,3568, 1,3578, 1,3582, 1,3585

Beispiele

B 5

Werte paarweise von außen streichen:

~~1,3545~~, 1,3556, 1,3568, 1,3578, 1,3582, ~~1,3585~~

~~1,3556~~, 1,3568, 1,3578, ~~1,3582~~

Berechnung $\bar{x}'$:

$$\frac{1{,}3568 + 1{,}3578}{2} = 1{,}3573$$

Berechnung $\tilde{x}$:

$\tilde{x} = 1{,}3573$

B 6

Bei einer volumetrischen Bestimmung werden folgende Titer für eine Maßlösung ermittelt:
t_1 = 09984, t_2 = 09952, t_3 = 0,9896, t_4 = 0,9916, t_5 = 0,9962
Wie groß sind die Spannweite *R*, die Standardabweichung s_x und die relative Standardabweichung s_r (Variationskoeffizient *VK*) des Titers?

Gegeben:

$t_1 = 0{,}9984$, $t_2 = 0{,}9952$, $t_3 = 0{,}9896$, $t_4 = 0{,}9916$, $t_5 = 0{,}9962$

$n = 5$

Gesucht:

R, s_x, s_r

Berechnung R:

$R = t_{max} - t_{min} = 0{,}9984 - 0{,}9896 = 0{,}008800$

Berechnung $\sum x_i$:

$\sum x_i = t_1 + t_2 + t_3 + t_4 + t_5$

$\sum x_i = 0{,}9984 + 0{,}9952 + 0{,}9896 + 0{,}9916 + 0{,}9962 = 4{,}971$

Berechnung $\bar{x}$:

$$\bar{x} = \frac{\sum x_i}{n} = \frac{4{,}971}{5} = 0{,}9942$$

Berechnung $(\sum x_i)^2$:

$(\sum x_i)^2 = t_1^2 + t_2^2 + t_3^2 + t_4^2 + t_5^2 = (4{,}971)^2 = 24{,}710841$

Berechnung $\sum x_i^2$:

$\sum x_i^2 = 0{,}9984^2 + 0{,}9952^2 + 0{,}9896^2 + 0{,}9916^2 + 0{,}9962^2$

$\sum x_i^2 = 4{,}94221876$

Berechnung s_X:

$$s_X = \sqrt{\frac{\sum x_i^2 \cdot \frac{(\sum x_i)^2}{n}}{n \cdot 1}} = \sqrt{\frac{4{,}94221876 \cdot \frac{24{,}710841}{5}}{4}} = 0{,}003555$$

Berechnung s_r (*VK*):

$$s_r = \frac{s_x \cdot 100{,}0\,\%}{\bar{x}} = \frac{0{,}003555 \cdot 100{,}0\,\%}{0{,}9942} = 0{,}3576\,\%$$

B 7

Eine Vollpipette wird durch Wägung der dosierten Volumina überprüft. Folgende Auswaagen werden notiert:

Auswaage Nr.	1	2	3	4	5	6	7
Masse *m* Auswaage	4,985 g	4,974 g	4,968 g	5,025 g	4,979 g	4,957 g	4,965 g

Für den Freiheitsgrad *f* = 6 beträgt der *t*-Wert bei einer statistischen Sicherheit von 99,0 % *t* = 3,71.
Wie groß ist der Vertrauensbereich *VB* für den Mittelwert bei einer statistischen Sicherheit von 99,0 %?

Beispiele

B 7

Gegeben:

$m_1 = 4{,}985$ g, $m_2 = 4{,}974$ g, $m_3 = 4{,}968$ g, $m_4 = 5{,}025$ g,
$m_5 = 4{,}979$ g, $m_6 = 4{,}957$ g, $m_7 = 4{,}965$ g
$n = 7$
$t = 3{,}71$

Gesucht: VB

Berechnung $\sum x_i$:

$\sum x_i = m_1 + m_2 + m_3 + m_4 + m_5 + m_6 + m_7$
$\sum x_i = 4{,}985\text{ g} + 4{,}974\text{ g} + 4{,}968\text{ g} + 5{,}025\text{ g} + 4{,}979\text{ g} + 4{,}957\text{ g} + 4{,}965\text{ g}$
$\sum x_i = 34{,}853\text{ g}$

Berechnung $\bar{x}$:

$$\bar{x} = \frac{\sum x_i}{n} = \frac{34{,}853\text{ g}}{7} = 4{,}979\text{ g}$$

Berechnung $(\sum x_i)^2$:

$(\sum x_i)^2 = (34{,}853\text{ g})^2 = 1214{,}7316\text{ g}^2$

Berechnung $\sum x_i^2$:

$\sum x_i^2 = m_1^2 + m_2^2 + m_3^2 + m_4^2 + m_5^2 + m_6^2 + m_7^2$
$\sum x_i^2 = (4{,}985^2 + 4{,}974^2 + 4{,}968^2 + 5{,}025^2 + 4{,}979^2 + 4{,}957^2 + 4{,}965^2)\text{ g}^2$
$\sum x_i^2 = 173{,}5361\text{ g}^2$

Berechnung s_X:

$$s_X = \sqrt{\frac{\sum x_i^2 - \frac{(\sum x_i)^2}{n}}{n-1}} = \sqrt{\frac{173{,}5361\text{ g}^2 - \frac{1214{,}7316\text{ g}^2}{7}}{6}} = 0{,}02241\text{ g}$$

Berechnung Vertrauensbereich VB:

$$VB = \bar{x} \pm \frac{s_x \cdot t}{\sqrt{n}} = 4{,}979\text{ g} \pm \frac{0{,}02241\text{ g} \cdot 3{,}71}{\sqrt{7}} = 4{,}979\text{ g} \pm 0{,}03142\text{ g}$$

B 8

Zur Überprüfung der Genauigkeit einer Analysenwaage wird eine Regelkarte angelegt. In einer Vorperiode wird ein Massestück dazu sechsmal gewogen. Folgende Werte werden protokolliert:

Wägung Nr.	1	2	3	4	5	6
Masse *m* in g	25,0254	25,0641	25,0412	24,9883	25,0153	24,9857

Die Vorgabe für die Eingriffsgrenzen liegt bei $\bar{x} \pm 3 \cdot s_x$.
Wie groß ist die obere und die untere Eingriffsgrenze für das Massestück?

Gegeben:

$m_1 = 25{,}0254$ g, $m_2 = 25{,}0641$ g, $m_3 = 25{,}0412$ g,
$m_4 = 24{,}9883$ g, $m_5 = 25{,}0153$ g, $m_6 = 24{,}9857$ g
$n = 6$

Gesucht: OEG, UEG

Berechnung $\sum x_i$:

$\sum x_i = m_1 + m_2 + m_3 + m_4 + m_5 + m_6$
$\sum x_i = 25{,}0254\text{ g} + 25{,}0641\text{ g} + 25{,}0412\text{ g} + 24{,}9883\text{ g} + 25{,}0153\text{ g} + 24{,}9857\text{ g}$
$\sum x_i = 150{,}120\text{ g}$

Berechnung $\bar{x}$:

$$\bar{x} = \frac{\sum x_i}{n} = \frac{150{,}120\text{ g}}{6} = 25{,}0200\text{ g}$$

Beispiele

B 8

Berechnung $(\sum x_i)^2$:

$(\sum x_i)^2 = (150{,}120\ g)^2 = 22536{,}0144\ g^2$

Berechnung $\sum x_i^2$:

$\sum x_i^2 = m_1^2 + m_2^2 + m_3^2 + m_4^2 + m_5^2 + m_6^2$

$\sum x_i^2 = (25{,}0254^2 + 25{,}0641^2 + 25{,}0412^2 + 24{,}9883^2 + 25{,}0153^2 + 24{,}9857^2)\ g^2$

$\sum x_i^2 = 3756{,}0070\ g^2$

Berechnung s_x:

$$s_x = \sqrt{\frac{\sum x_i^2 - \frac{(\sum x_i)^2}{n}}{n-1}} = \sqrt{\frac{3756{,}0070\ g^2 - \frac{22536{,}0144\ g^2}{6}}{5}}$$

$s_x = 0{,}0303315\ g$

Berechnung Eingriffsgrenzen:

$OEG = \bar{x} + 3 \cdot s_x = 25{,}0200\ g + 3 \cdot 0{,}0303315\ g = 25{,}1110\ g$

$UEG = \bar{x} - 3 \cdot s_x = 25{,}0200\ g - 3 \cdot 0{,}0303315\ g = 24{,}9290\ g$

B 9

Bei einer fotometrischen Cobalt-Bestimmung werden für fünf Kalibrierlösungen die nachstehenden Extinktionen gemessen:

Nr.	Massenkonzentration	Extinktion
1	$\beta_1 = 0{,}250$ mg/L	$E_1 = 0{,}148$
2	$\beta_2 = 0{,}500$ mg/L	$E_2 = 0{,}297$
3	$\beta_3 = 0{,}750$ mg/L	$E_3 = 0{,}442$
4	$\beta_4 = 1{,}00$ mg/L	$E_4 = 0{,}593$
5	$\beta_5 = 1{,}25$ mg/L	$E_5 = 0{,}743$

Wie groß sind der Proportionalitätsfaktor (die Steigung) *a* und der Achsenabschnitt *b*, die sich aus den Kalibrierlösungen 2 und 4 ergeben?

Gegeben: $\beta_2 = 0{,}500$ mg/L, $\beta_4 = 1{,}00$ mg/L
$E_2 = 0{,}297$, $E_4 = 0{,}593$

Gesucht: *a* und *b*

Berechnung Steigung:

$$a_{2,4} = \frac{E_4 - E_2}{\beta_4 - \beta_2} = \frac{0{,}593 - 0{,}297}{1{,}00 - 0{,}500} = 0{,}592$$

Berechnung Achsenabschnitt:

$$b_{2,4} = E_2 - \frac{E_4 - E_2}{\beta_4 - \beta_2} \cdot \beta_2 = 0{,}297 - \frac{0{,}593 - 0{,}297}{1{,}00 - 0{,}500} \cdot 0{,}500$$

$b_{2,4} = 0{,}00100$

B 10

Bei einer GC-Methode wird für das Rauschen eine Höhe $h_R = \pm 1{,}00$ cm ermittelt. Die Peakhöhe für eine stark verdünnte Probelösung mit der Massenkonzentration $\beta = 50{,}0$ µg/L beträgt $h_P = 12{,}4$ cm.
Die Nachweisgrenze eines Messverfahrens wird als das 3,3-Fache des Nulllinienrauschens definiert.
Wie groß ist die Nachweisgrenze für diese GC-Methode?

Gegeben:
$h_R = \pm 1{,}00$ cm
$\beta = 50{,}0$ µg/L
$h_P = 12{,}4$ cm

Gesucht: Nachweisgrenze

Beispiele

B 10	Berechnung Signal-Rausch-Verhältnis:	$\text{Signal-Rausch-Verhältnis} = \frac{h_P}{2 \cdot h_R}$ $\text{Signal-Rausch-Verhältnis} = \frac{12{,}4\ \text{cm}}{2 \cdot 1{,}00\ \text{cm}} = 6{,}20$
	Berechnung Nachweisgrenze:	$\text{Nachweisgrenze} = \frac{3{,}30}{\text{Signal-Rausch-Verhältnis}} \cdot \beta$ $\text{Nachweisgrenze} = \frac{3{,}30}{6{,}20} \cdot 50{,}0\ \mu\text{g/L} = 26{,}6\ \mu\text{g/L}$

Übungsaufgaben

Ü 1 Berechnen Sie anhand der folgenden Daten in % die relative Abweichung f_r für diese Analyse.
Sollwert einer zertifizierten Probe: $w_1 = 84{,}3$ mg/g
Ermittelter Wert bei der Analyse: $w_2 = 82{,}7$ mg/g

Ü 2 Der Sollwert einer Substanz beträgt $\beta_1 = 31{,}6$ mg/L, der gefundene Istwert beträgt $\beta_2 = 30{,}4$ mg/L.

Berechnen Sie den relativen Fehler f_r in %.

Ü 3 Der Sollwert einer Substanz beträgt $\beta_1 = 250$ µg/100 mL.

Berechnen Sie den gemessenen Istwert β_2, wenn der relative Fehler bei der Bestimmung mit $f_r = 1{,}25$ % angegeben wird.

Ü 4 Für eine 25,0-mL-Bürette ist eine Toleranz von $V = \pm\, 0{,}0500$ mL angegeben.

Berechnen Sie die relative Abweichung f_r in %, wenn der Verbrauch an Maßlösung $V_1 = 23{,}8$ mL beträgt.

Ü 5 Eine 20,00-mL-Vollpipette wird bei $\vartheta = 20$ °C kalibriert. Die Wägungen des aus der Pipette ausfließenden Wasservolumens ergeben folgende Ergebnisse:

Wägung Nr.	Masse
1	$m_1 = 19{,}94$ g
2	$m_2 = 19{,}90$ g
3	$m_3 = 19{,}96$ g
4	$m_4 = 19{,}93$ g
5	$m_5 = 19{,}95$ g
6	$m_6 = 19{,}94$ g
7	$m_7 = 19{,}91$ g

Dichte $\rho(H_2O) = 0{,}9982$ g/mL

Berechnen Sie die Abweichung vom Sollwert Δx in %.

Übungsaufgaben

Ü 6 Für ein HPLC-System werden vom Hersteller folgende Fehler angegeben. Die Angabe der Streuung der unterschiedlichen Geräteeinflüsse erfolgt in %.

Injektion:	f_1 = 1,25 %
mobile Phase:	f_2 = 0,375 %
Trennung:	f_3 = 0,625 %
Detektion:	f_4 = 0,500 %

Berechnen Sie in % den Gesamtfehler F, der bei der Messung zu erwarten ist, wenn bei der Fehlerrechnung von einer additiven Betrachtung ausgegangen wird.

Ü 7 Bei einer fotometrischen Quantifizierung von Phosphor in einer Bodenprobe wird von folgender Fehlerabschätzung für die Probenvorbereitung und für die verwendeten Geräte ausgegangen:

Probenvorbereitung:	f_1 = 2,50 %
Waage:	f_2 = 0,175 %
Volumenmessgeräte:	f_3 = 0,450 %
Küvette:	f_4 = 0,125 %
Monochromator:	f_5 = 0,350 %

Berechnen Sie in % den Gesamtfehler F der Phosphorquantifizierung, der zu erwarten ist, wenn von einer additiven Betrachtung bei der Fehlerrechnung ausgegangen wird.

Ü 8 Bei der gaschromatografischen Bestimmung von Ethansäurebutylester in Gras-Silagen darf der Gesamtfehler nicht größer als F = 1,25 % sein. Bei der Fehlerberechnung ist von einer additiven Fehlerbetrachtung auszugehen. Die Messunsicherheiten für die bei der Bestimmung eingesetzten Geräte werden wie folgt abgeschätzt:

Waage:	f_1 = 0,200 %
Volumenmessgeräte:	f_2 = 0,225 %
Injektion durch Autosampler:	f_3 = 0,275 %
Detektorfehler:	f_4 = 0,150 %

Berechnen Sie in % den zulässigen Fehler f des restlichen GC-Systems, damit die vorgegebene Gesamtfehlergrenze nicht überschritten wird.

Ü 9 Durch Messung mit einem ICP-OES-Spektrometer wird der Nickelgehalt in einem Klärschlamm bestimmt. Der Gesamtfehler bei der Analyse darf nicht größer als F = 3,75 % sein. Bei der Fehlerberechnung ist von einer additiven Fehlerbetrachtung auszugehen. Es wird von folgender Fehlerabschätzung für die bei der Analyse des Klärschlamms verwendeten Geräte ausgegangen:

Waage:	f_1 = 0,200 %
Volumenmessgeräte:	f_2 = 0,225 %
Messungenauigkeit ICP-OES-Spektrometer:	f_3 = 1,00 %

Berechnen Sie in % den zulässigen Fehler f, der bei der Gefriertrocknung der Klärschlammprobe maximal vorliegen darf, damit die Gesamtfehlergrenze nicht überschritten wird.

Ü 10 Eine Stammlösung wird im Verhältnis 1 : 40 verdünnt. Von der verdünnten Lösung werden V_1 = 200 mL benötigt. Die Verdünnung wird wie folgt vorgenommen:
V_2 = 20,0 mL Lösung werden mit einer Vollpipette in einen 100-mL-Messkolben pipettiert und bis zur Marke aufgefüllt. Davon werden V_3 = 25,0 mL mit einer Vollpipette abgenommen, in einen 200-mL-Messkolben gegeben und mit Wasser aufgefüllt.

Übungsaufgaben

Ü 10 Für die verwendeten Volumenmessgeräte werden vom Hersteller folgende Messunsicherheiten (als Standabweichungen s_x) angegeben:

Volumenmessgeräte	Toleranz
20,0-mL-Pipette	± 0,025 mL
25,0-mL-Pipette	± 0,030 mL
100-mL-Messkolben	± 0,10 mL
200-mL-Messkolben	± 0,14 mL

Berechnen Sie in % die Gesamtmessunsicherheit *F* für die Verdünnung. Bei der Berechnung ist von einer additiven Fehlerbetrachtung auszugehen.

Ü 11 Bei der Herstellung eines Produkts wird die Präzision über den Variationskoeffizienten *VK* ausgedrückt. Für den gesamten Herstellungsprozess darf der Variationskoeffizient nach Vorgabe des Kunden nicht über *VK*(gesamt) = 4,75 % betragen.
Folgende Präzisionsangaben für den Herstellungsprozess sind bekannt:
VK(Probenahme) = 2,25 %
VK(Probenvorbereitung) = 1,80 %
VK(Reinheit Edukte) = 1,20 %
VK(Analytik) = 1,00 %

Berechnen Sie in % den Variationskoeffizienten *VK*(Herstellung), der bei der Herstellung des Produkts im Rahmen der Gesamtpräzision noch möglich ist.

Ü 12 In einer Tablette ist die Masse m_1 = 215 mg Wirkstoff enthalten. Nach Aufstockung mit der Masse m_2 = 280 mg Wirkstoff wird bei der Analyse eine Masse m_3 = 491 mg Wirkstoff gefunden.

Berechnen Sie die Wiederfindungsrate *WFR* in %.

Ü 13 Eine Standardlösung mit einem Nitratgehalt von m_1 = 200 µg wird mit einem Nitratgehalt von m_2 = 250 µg aufgestockt. Bei der Messung wird ein Nitratgehalt von m_3 = 447 µg festgestellt.

Berechnen Sie die Wiederfindungsrate *WFR* in %.

Ü 14 Eine wirkstofffreie Probenmatrix wird mit der Masse m_1 = 250 mg eines Wirkstoffs mit der Reinheit *w*(Wirkstoff) = 97,5 % aufgestockt. Bei der Analyse wird die Masse m_2 = 242,8 mg Wirkstoff festgestellt.

Berechnen Sie die Wiederfindungsrate *WFR* in %.

Ü 15 Zur Ermittlung der Richtigkeit einer Prüfmethode durch das Aufstockverfahren werden vier Proben, die jeweils die Masse *m* = 62,50 mg an Wirkstoff enthalten, mit unterschiedlichen Aufstockmengen an Wirkstoff versetzt.
Bei der Analyse werden folgende Ergebnisse erhalten:

Probe Nr.	zugesetzte Masse an Wirkstoff	gefundene Masse an Wirkstoff
1	m_1 = 100,0 mg	m_5 = 159,8 mg
2	m_2 = 150,0 mg	m_6 = 213,4 mg
3	m_3 = 200,0 mg	m_7 = 263,1 mg
4	m_4 = 250,0 mg	m_8 = 311,6 mg

Berechnen Sie den Mittelwert $\bar{x}$ der Wiederfindungsraten in %.

Übungsaufgaben

Ü 16 Von einer Kondensmilch wird mit einem Biegeschwinger die Dichte bestimmt. Bei einer Fünffachbestimmung werden folgende Dichten festgestellt:
ρ_1 = 1,0307 kg/L, ρ_2 = 1,0304 kg/L, ρ_3 = 1,0289 kg/L, ρ_4 = 1,0302 kg/L, ρ_5 = 1,0301 kg/L

Geben Sie in g/L die Spannweite *R* bei der Bestimmung der Dichte an.

Ü 17 Zur Kontrolle der Routineanalytik ist an zehn Tagen der Phosphorgehalt einer Bodenprobe mit folgenden Ergebnissen analysiert worden:

Phosphorgehalt *m* in mg/100 g Boden									
33,2	33,8	33,5	33,1	33,5	33,8	33,5	33,8	33,2	33,5

Geben Sie den Modalwert in mg/100 g Boden an.

Ü 18 Von einem Ackerboden werden neun Parzellen beprobt und jede Probe auf den Nitratgehalt untersucht. Dabei werden folgende Nitratgehalte festgestellt:

24,6 kg/ha	25,2 kg/ha	26,0 kg/ha
24,2 kg/ha	23,9 kg/ha	24,6 kg/ha
24,9 kg/ha	25,6 kg/ha	25,8 kg/ha

Berechnen Sie den Mittelwert $\bar{x}$ und den Median $\tilde{x}$ in kg Nitrat/ha für die Ackerfläche.

Ü 19 Durch Mehrfachbestimmung mit einem Aräometer wird die Dichte einer wässrigen Bariumchloridlösung bestimmt. Dabei sind folgende Werte ermittelt worden:
ρ_1 = 1,0734 g/mL, ρ_2 = 1,0738 g/mL, ρ_3 = 1,0731 g/mL, ρ_4 = 1,0736 g/mL,
ρ_5 = 1,0738 g/mL, ρ_6 = 1,0733 g/mL

Berechnen Sie das arithmetische Mittel $\bar{x}$ und den Median $\tilde{x}$ für diese Bestimmung.

Ü 20 Bei einer fotometrischen Cobalt-Bestimmung werden bei einer Sechsfachbestimmung folgende Extinktionswerte ermittelt:
E_1 = 0,362, E_2 = 0,323, E_3 = 0,360, E_4 = 0,361, E_5 = 0,363, E_6 = 0,360
Bei der Bestimmung wird ein Messwert als Ausreißer erkannt.

Berechnen Sie den Mittelwert $\bar{x}$ und den Median $\tilde{x}$ ohne den Extinktionswert des Ausreißers.

Ü 21 Von einem verunreinigten Natriumcarbonat-Salz wird maßanalytisch durch eine Sechsfachbestimmung die Masse an reinem Natriumcarbonat ermittelt. Die Bestimmung hat folgende Ergebnisse an Natriumcarbonat ergeben:
m_1 = 162,6 mg, m_2 = 162,3 mg, m_3 = 162,4 mg, m_4 = 162,3 mg, m_5 = 162,5 mg,
m_6 = 162,2 mg

Berechnen Sie die Standardabweichung s_x dieser maßanalytischen Bestimmung.

Ü 22 Zur Titerbestimmung einer Natronlauge, $\tilde{c}$(NaOH) = 0,10 mol/L, wird Oxalsäure-Dihydrat als Urtitersubstanz verwendet. Durch eine Fünffachbestimmung werden folgende Titer der Natronlauge festgestellt:
t_1 = 1,0049, t_2 = 1,0042, t_3 = 1,0038, t_4 = 1,0044, t_5 = 1,0046

Berechnen Sie die Standardabweichung s_x und den Variationskoeffizienten *VK* (relative Standardabweichung s_r) des Titers.

Übungsaufgaben

Ü 23 Eine 15,00-mL-Vollpipette wird bei der Temperatur ϑ = 20,0 °C kalibriert. Bei der Wägung des bei der Kalibrierung ausgeflossenen Wasservolumens sind folgende Auswaagen festgestellt worden:

Nr.	1	2	3	4	5	6	7	8
Masse m	14,94 g	15,02 g	14,96 g	14,90 g	14,97 g	15,03 g	14,95 g	14,99 g

Berechnen Sie die Standardabweichung s_x und den Variationskoeffizienten *VK* (relative Standardabweichung s_r) der Wägungen.

Ü 24 Ein Verfahren für die Bestimmung mit dem Höppler-Kugelfall-Viskosimeter wird kalibriert. Dazu werden die Fallzeiten der Kugel im Viskosimeter achtmal gemessen.

Berechnen Sie aus den aufgeführten Messwerten die Standardabweichung s_x und die relative Standardabweichung s_r (Variationskoeffizient *VK*). Fallzeiten der Kugel:

Messung Nr.	Fallzeit	Messung Nr.	Fallzeit
1	t_1 = 102,4 s	5	t_5 = 101,9 s
2	t_2 = 101,6 s	6	t_6 = 102,4 s
3	t_3 = 101,3 s	7	t_7 = 102,6 s
4	t_4 = 102,7 s	8	t_8 = 102,0 s

Ü 25 Bei der fotometrischen Bestimmung des Eisengehalts eines Abwassers werden bei einer Sechsfachbestimmung der Probelösung folgende Extinktionswerte festgestellt:
E_1 = 0,382, E_2 = 0,378, E_3 = 0,385, E_4 = 0,381, E_5 = 0,386, E_6 = 0,383

Berechnen Sie die Standardabweichung s_x und die relative Standardabweichung s_r (Variationskoeffizienten *VK*) der Extinktionswerte.

Ü 26 Bei der Bleibestimmung in einem Abwasser mit zehn Stichproben wird ein arithmetischer Mittelwert der Massenkonzentration von β(Pb) = 31,6 mg/L festgestellt. Die Standardabweichung beträgt s_x = 1,08 mg/L, für den Freiheitsgrad f = 9 beträgt der t-Wert bei einer statistischen Sicherheit von 95,0 % t(zweiseitig) = 2,26.

Berechnen Sie den Vertrauensbereich *VB* für den Mittelwert für eine statistische Sicherheit von 95,0 % für die Bleibestimmung.

Ü 27 Bei der Fünffachbestimmung des Kupfergehalts einer Probe mittels Atomabsorptionsspektroskopie werden folgende Ergebnisse ermittelt:

Messung Nr.	1	2	3	4	5
Masse m (Kupfer)	425,0 µg	434,0 µg	431,0 µg	427,0 µg	429,0 µg

Für den Freiheitsgrad f = 4 beträgt der t-Wert bei einer statistischen Sicherheit von 95,00 % t(zweiseitig) = 2,780.

Berechnen Sie den Vertrauensbereich *VB* für den Mittelwert für eine statistische Sicherheit von 95,00 % für die Kupferbestimmung.

Übungsaufgaben

Ü 28 Bei der Kalibrierung einer Mikroliter-Pipette durch Wägung ergeben sich folgende Messwerte:

Messung Nr.	**1**	**2**	**3**	**4**	**5**	**6**
Masse *m*	994,6 mg	990,8 mg	992,1 mg	995,1 mg	989,2 mg	993,5 mg

t-Werte für eine statistische Sicherheit von 95,00 %:

Freiheitsgrad *f*	***t*-Wert (zweiseitig)**
5	2,570
6	2,450
7	2,370

Berechnen Sie den Vertrauensbereich *VB* für den Mittelwert für eine statistische Sicherheit von 95,00 % für die Kalibrierung der Pipette.

Ü 29 Zur Überwachung eines Routineverfahrens zur Bestimmung eines Wirkstoffs mittels GC wird eine Standardsubstanz, die die Masse m = 75,0 mg Wirkstoff enthält, untersucht und die ermittelten Ergebnisse werden auf einer Regelkarte erfasst. Bei der Analyse werden folgende Werte ermittelt:

Analyse Nr.	**Counts**
1	37842
2	37964
3	37915
4	37876
5	37902
6	37892
7	37931
8	37925

Die Eingriffsgrenzen liegen bei $\bar{x} \pm 3 \cdot s_x$.

Berechnen Sie die obere und die untere Eingriffsgrenze für das GC-Verfahren.

Ü 30 Zur Kontrolle der Dichtebestimmung mit einem Biegeschwinger wird die Dichte von Ethanol in einer Vorperiode ermittelt und die Ergebnisse werden auf einer Regelkarte eingetragen. Zur weiteren Überwachung von Dichtebestimmungen wird die Dichte der Ethanollösung immer mitgemessen. Folgende Dichten haben sich bei der Vorperiode ergeben:

Bestimmung Nr.	**1**	**2**	**3**	**4**	**5**	**6**	**7**	**8**
Dichte *ρ* in g/mL	0,7897	0,7889	0,7892	0,7887	0,7898	0,7890	0,7897	0,7887

Die Eingriffsgrenzen liegen bei $\bar{x} \pm 3 \cdot s_x$.

Berechnen Sie die obere und die untere Eingriffsgrenze für die Dichtebestimmung.

Übungsaufgaben

Ü 31 Zur Kontrolle der Genauigkeit einer fotometrischen Phosphorbestimmung in Bodenproben wird bei jedem Analysenlauf eine Probe mit dem Massenanteil w = 50,0 mg Phosphor pro 100 g Boden analysiert. In einer Vorperiode wird die Bodenprobe dazu zehnmal analysiert. Folgende Werte werden ermittelt:

Analyse Nr.	1	2	3	4	5	6	7	8	9	10
Massenanteil w in mg/100 g	49,3	50,1	50,4	49,7	49,5	48,9	49,7	50,8	50,7	49,5

Die Eingriffsgrenzen werden mit $\bar{x} \pm 3 \cdot s_x$ berechnet.

Berechnen Sie die obere und die untere Eingriffsgrenze für die Phosphorbestimmung.

Ü 32 Für eine fotometrische Kupferbestimmung wird eine Zweipunktkalibrierung durchgeführt. Dabei werden folgende Extinktionen gemessen:

Massenkonzentration Kupfer	Extinktion
β_1 = 12,50 mg/L	E_1 = 0,2480
β_2 = 25,00 mg/L	E_2 = 0,5040

Berechnen Sie den Proportionalitätsfaktor a und den Ordinatenabschnitt b der Kalibriergeraden für die Kupferbestimmung.

Ü 33 Bei der Zweipunktkalibrierung einer GC-Methode werden folgende Peakflächen ermittelt:

Massenkonzentration Analyt	Peakfläche
β_1 = 10,00 µg/100,0 mL	3570 Counts
β_2 = 20,00 µg/100,0 mL	6692 Counts

a) Berechnen Sie den Proportionalitätsfaktor (die Steigung) a und den Ordinatenabschnitt b der Kalibriergeraden.

b) Formulieren Sie mit den unter a) errechneten Werten die Geradengleichung.

Ü 34 Bei einer HPLC-Methode wird für das Rauschen eine Höhe h = ± 9,25 mm ermittelt. Von einer stark verdünnten Probelösung mit der Massenkonzentration β = 72,0 µg/L beträgt die Peakhöhe h = 11,8 cm. Die Nachweisgrenze eines Messverfahrens wird als das 3,3-Fache des Nulllinienrauschens definiert.

Berechnen Sie die Nachweisgrenze für diese Methode.

Ü 35 Bei einer GC-Methode wird für das Rauschen eine Höhe h = ± 8,25 mm ermittelt. Die Peakhöhe für eine stark verdünnte Probelösung mit der Massenkonzentration β = 85,0 µg/L beträgt h = 13,8 cm. Die Bestimmungsgrenze eines Messverfahrens ist als das 10-Fache des Nulllinienrauschens festgelegt.

Berechnen Sie die Bestimmungsgrenze für diese GC-Methode.

Formelzeichen und Größen

Formelzeichen	Größe
A	Absorption
A	Fläche
A_{AUFG}	Peakfläche der aufgestockten Probe
A_{ISTD}	Peakfläche des internen Standards
$A_{\mathrm{Kal\text{-}STD}}$	Peakfläche des Kalibrierstandards
A_{Pr}	Peakfläche der Probe
$b(\mathrm{X})$	Molalität der Substanz X
Bm	Bindemittel
Bs	Beschichtungsstoff
c	spezifische Wärmekapazität
c	Lichtgeschwindigkeit
$c(\mathrm{eq})$	Äquivalentkonzentration
$c(\mathrm{X})$	Stoffmengenkonzentration der Substanz X
d	Schichtdicke
d	Durchmesser
E	Energie
E	Extinktion
E	Extraktionsmittel
E	Potenzial
EP	Epoxidwert
f	Freiheitsgrad
f	Frequenz
fA	flüchtige Anteile
f_{a}	aliquoter Faktor, Verdünnungsfaktor
$f_{\mathrm{i,St}}$	Kalibrierfaktor, interner Standard
$f\mathrm{M}$	Methodenfaktor
f_{r}	relativer Fehler
F	Gesamtfehler

Formelzeichen	Größe
F	Kraft
F(X)	analytischer Faktor für die Substanz X
h	Höhe
h	Planck'sches Wirkungsquantum
H	Höhe eines Trennbodens
I	Stromstärke
k'	Retentionsfaktor, Kapazitätsfaktor
K	Kapillarkennzahl Ubbelohde-Viskosimeter
K	Nernst´scher Verteilungskoeffizient
K	Zellkonstante einer Leitfähigkeitsmesszelle
KBE	koloniebildende Einheit
K_c	Gleichgewichtskonstante, konzentrationsbezogen
K_B	Basenkonstante
K_H	Kugelkonstante- Höppler-Kugelfall-Viskosimeter
K_L	Löslichkeitsprodukt
K_b	ebullioskopische Konstante – auf den Siedepunkt („boiling") bezogen
K_m	kryoskopische Konstante – auf den Gefrierpunktpunkt („melting") bezogen
K_P	Gleichgewichtskonstante, druckbezogen
K_R	Gerätekonstante Rotationsviskosimeter
K_S	Säurekonstante
K_W	Ionenprodukt des Wassers
l	Länge
L	Säulenlänge des chromatografischen Systems
$L^*(X, \vartheta)$	Löslichkeit der Substanz X bei gegebener Temperatur
m(X)	Masse der Substanz X
m_{ges}	Gesamtmasse
m_{ISTD}	Masse an internem Standard
$m_{Kal\text{-}STD}$	Masse an Kalibrierstandard
m_L	Masse der Lösung

Formelzeichen	Größe
M(X)	molare Masse der Substanz X
n	Anzahl Messwerte
n	Anzahl Zellteilungen
n	Brechzahl
n(X)	Stoffmenge der Substanz X
n_0	Stoffmenge zu Beginn einer Reaktion
nfA	nichtflüchtige Anteile
n_z	bei einer Reaktion umgesetzte Stoffmenge
N	Bodenzahl
N	Trennstufenzahl
N_0	Anzahl Zellen zu Beginn der Teilung
N_A	Avogadro-Zahl
Nf	Nassfilm
N_n	Anzahl Zellen am Ende der Teilung
N_t	Anzahl Zellen nach der Generationszeit
OEG	obere Eingriffsgrenze
p	Druck
p_{abs}	Gesamtdruck
$\mathrm{p_{amb}}$	Umgebungsdruck
p_e	Überdruck
pH	negative dekadische Logarithmus der H^+-Ionen-Konzentration
pOH	negative dekadische Logarithmus der OH^--Ionen-Konzentration
P	Leistung
PVK	Pigmentvolumenkonzentration
q	spezifische Schmelzwärme bzw. -energie
Q	Ladungsmenge
r	Radius
r	spezifische Verdampfungswärme bzw. -energie
r	Stoffmengenverhältnis

Formelzeichen	Größe
R	Extraktionsgut
R	Responsefaktor
R	Richtigkeit
R	Spannweite
R	universelle Gaskonstante
R	Widerstand
R_{D}	Molekularrefraktion
R_{ges}	Gesamtwiderstand
R_{s}	Peakauflösung
RSD	relative Standardabweichung
s	Weg
s_{r}	relative Standardabweichung
s_{x}	Standardabweichung
S	Detektorenempfindlichkeit
t	Titer
t	t-Wert
t	Zeit
t_{g}	Generationszeit
t_{M}	Durchflusszeit
t_{R}	Retentionszeit
t_{R}'	reduzierte Retentionszeit
T	absolute Temperatur in K
T	Transmissionsgrad
Tf	Trockenfilm
TM	Trockenmasse
$\bar{u}$	mittlere Lineargeschwindigkeit
U	elektrische Spannung
UEG	untere Eingriffsgrenze
v	Strömungsgeschwindigkeit

Formelzeichen	Größe
V	Volumen
$\dot{V}$	Volumenstrom
VB	Vertrauensbereich
VK	Variationskoeffizient
V_{M}	Durchflussvolumen
V_{R}	Gesamtretentionsvolumen
V_{R}'	reduziertes Retentionsvolumen
$\bar{x}$	Mittelwert
$\tilde{x}$	Median
$w(\mathrm{X})$	Massenanteil der Substanz X
w_{b}	Peakbreite auf der Grundlinie
w_{h}	Peakbreite in halber Höhe
W	elektrische Arbeit
WFR	Wiederfindungsrate
x_{i}	Einzelwert
z	Anzahl der Extraktionen
z	Ladungszahl
z^*	Äquivalentzahl

Formelzeichen (griech.)	Größe
ϑ	Temperatur in °C
Λ(X)	molare Leitfähigkeit der Substanz X
α	Absorptionsgrad
α	Dissoziationsgrad
α	Protolysegrad
α	Trennfaktor, Selektivitätskoeffizient
β(X)	Massenkonzentration der Substanz X
κ(X)	Elektrolytleitfähigkeit der Substanz X
χ(X)	Stoffmengenanteil der Substanz X
ε	molarer Extinktionskoeffizient
ε	spezifischer Extinktionskoeffizient
η	Ausbeute
η	dynamische Viskosität
φ(X)	Volumenanteil der Substanz X
λ	Wellenlänge
ν	Frequenz
ν	kinematische Viskosität
$\tilde{\nu}$	Wellenzahl
ρ	Dichte
ρ	spezifischer Widerstand
σ	Repetenz
σ(X)	Volumenkonzentration der Substanz X
τ	Transmissionsgrad
ξ(Pi, Bm)	Pigment-Bindemittel-Massenverhältnis
ψ	Volumenverhältnis
ζ	Massenverhältnis

Sachwortverzeichnis